规划环境影响评价
典型案例分析与点评

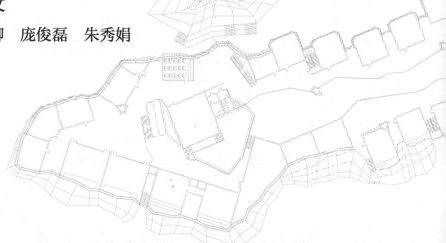

主　编　王贯中　佘雁翎　周丽娜

副主编　王黎明　祁　超　张　艳　江洪龙
　　　　周　玲　程少文

编　委　余梦宇　胡雪柳　庞俊磊　朱秀娟

南京师范大学出版社

图书在版编目(CIP)数据

规划环境影响评价典型案例分析与点评 / 王贯中，佘雁翎，周丽娜主编. — 南京：南京师范大学出版社，2024.3
ISBN 978 - 7 - 5651 - 5987 - 9

Ⅰ. ①规… Ⅱ. ①王… ②佘… ③周… Ⅲ. ①环境影响—评价—案例—中国 Ⅳ. ①X820.3

中国国家版本馆 CIP 数据核字(2024)第 002461 号

书　　名	规划环境影响评价典型案例分析与点评
主　　编	王贯中　佘雁翎　周丽娜
策划编辑	翟姗姗
责任编辑	陈　晨
出版发行	南京师范大学出版社
地　　址	江苏省南京市玄武区后宰门西村 9 号(邮编：210016)
电　　话	(025)83598919(总编办)　83598412(营销部)　83598009(邮购部)
网　　址	http://press.njnu.edu.cn
电子信箱	nspzbb@njnu.edu.cn
照　　排	南京凯建文化发展有限公司
印　　刷	盐城志坤印刷有限公司
开　　本	889 毫米×1194 毫米　1/16
印　　张	22.5
字　　数	700 千
版　　次	2024 年 3 月第 1 版
印　　次	2024 年 3 月第 1 次印刷
书　　号	ISBN 978 - 7 - 5651 - 5987 - 9
定　　价	88.00 元
出 版 人	张　鹏

前　言

党的二十大报告指出,必须牢固树立和践行绿水青山就是金山银山的理念,站在人与自然和谐共生的高度谋划发展;推动经济社会发展绿色化、低碳化是实现高质量发展的关键环节;加快推动产业结构、能源结构、交通运输结构等调整优化;实施全面节约战略,推进各类资源节约集约利用,加快构建废弃物循环利用体系;推动形成绿色低碳的生产方式和生活方式。2023 年 7 月,习近平总书记在全国生态环境保护大会上进一步强调,要正确处理好高质量发展和高水平保护之间的关系,把建设美丽中国摆在强国建设、民族复兴的突出位置,推动城乡人居环境明显改善、美丽中国建设取得显著成效,以高品质生态环境支撑高质量发展,加快推进人与自然和谐共生的现代化。环境影响评价作为我国环境管理的重要制度之一,对于推动经济社会绿色转型及高质量发展,建设美丽中国起到了不可估量的作用。

环境影响评价,是指对规划和建设项目实施后可能造成的环境影响进行分析、预测和评估,提出预防或者减轻不良环境影响的对策和措施,进行跟踪监测的方法与制度。《中华人民共和国环境影响评价法》(以下简称《环评法》)自 2003 年 9 月 1 日实施起至今已超过 20 周年,《环评法》规定国务院有关部门、设区的市级以上地方人民政府及其有关部门,对其组织编制的工业、农业、畜牧业、林业、能源、水利、交通、城市建设、旅游、自然资源开发的有关专项规划,应当在该专项规划草案上报审批前,组织进行环境影响评价,并向审批该专项规划的机关提出环境影响报告书。《规划环境影响评价条例》进一步明确加强对规划的环境影响评价工作,提高规划的科学性,从源头预防环境污染和生态破坏,促进经济、社会和环境的全面协调可持续发展;对环境有重大影响的规划实施后,规划编制机关应当及时组织规划环境影响的跟踪评价,将评价结果报告规划审批机关,并通报环境保护等有关部门。20 多年来,《环评法》及《规划环境影响评价条例》的实施对我国经济发展的绿色低碳循环化转型起到了重要作用,特别是规划环评工作的推进,为调整产业结构、优化产业布局、提升资源能源利用效率、减污降碳从而促进高质量发展等发挥了关键性作用。近些年来,各地各部门越来越重视规划环评工作,随之而来的是不断增加的规划环评咨询及管理技术需求,目前各规划环评咨询机构及咨询人员技术水平良莠不齐,国家和地方各级生态环境管理部门也不断加大对规划环评报告的抽查考核力度。为总结规划环评工作的实践经验,促进技术水平的提高,同时为纪念《环评法》实施 20 周年,我们决定编辑出版《规划环境影响评价典型案例分析与点评》。

本书选取了具有代表性的规划环境影响评价案例(含规划环境影响跟踪评价),其中包含了各项目参与者的总结分析,并有相关领域专家的点评,解读其特点、难点与创新实践经验,同时指出相关不足之处等,旨在方便相关环境管理人员和技术人员了解、熟悉和掌握规划环境影响评价的基本特点、工作要求、技术路线及方法等。本书精选了 7 个典型实例,涵盖面较为广泛:从审查级别上看,包括了国家级开发区、省级开发区和地市级开发区;从区域开发性质上看,包括了工业园区、旅游度假区和产城融合的城市新区等;从规划属性方面看,包括了总体规划、发展规划、开发建设规划等,具有较强的代表性。

本书在编制过程中得到了各相关案例参与者的大力支持,在此向他们表示由衷感谢!同时,也向公司总师办的同事们表示致敬,没有他们的辛勤组织和督促,难以完成本书的编写。最后,由于各案例参与者众多,未能把所有参与者的姓名一一列出,恳请见谅。

由于时间较为仓促,书中难免有不当之处,恳请读者批评指正。

目 录

产业园区
规划环境影响评价

☞　产业园区既是资源与能源集中消耗的大户,也是污染相对集中的管控单元,是工业领域污染防治的主战场,面临着艰巨的减污降碳压力。产业园区规划环评主要是立足于规划方案以及区域资源生态环境特征,识别规划实施主要生态环境影响和风险因子,分析规划实施生态环境压力、污染物减排和节能降碳潜力,预测与评价规划实施的环境影响和潜在风险,分析资源与环境承载状态,论证规划产业定位、发展规模、产业结构、布局、建设时序及环境基础设施等的环境合理性,并提出优化调整建议和不良环境影响的减缓对策、措施,制定或完善产业园区环境准入及产业园区环境管理要求,最终形成评价结论与建议。

案例一　江宁经济技术开发区总体发展规划 （2020—2035）环境影响评价

1　总论

1.1　任务由来

江宁经济技术开发区（原"江宁经济开发区"）位于江苏省南京市江宁区,1993 年 11 月经江苏省人民政府批准为省级经济开发区（苏政复〔1993〕56 号）,批复面积 6.8 km²。根据中华人民共和国发改委公告 2006 年第 66 号第八批通过审核公告的省级开发区名单,以及中华人民共和国国土资源部公告 2006 年第 29 号第十四批落实四至范围的开发区公告,江宁经济开发区包括九龙湖片区、科学园产业区、高新产业区、原上坊工业园、原秣陵工业园、原禄口华商科技园 6 个片区,总面积为 38.47 km²,主导产业为电子信息、汽车、电气机械及器材。

2010 年 11 月,国务院办公厅下发《关于江宁经济开发区升级为国家级经济技术开发区的复函》（国办函〔2010〕163 号）,江宁经济开发区升级为国家级经济技术开发区,定名为江宁经济技术开发区,总面积为 38.47 km²,区域范围同审核公告确定的范围。

2012 年,为将开发区现有分散的 6 个发展片区进行有效的整合,同时考虑开发区实际的控制面积及行政管理范围,开发区管委会组织编制了《江宁经济技术开发区总体发展规划（2012—2030）》,规划面积为 348.7 km²,重点发展信息通信、汽车、新能源、电力自动化与智能电网、航空和生命科技等产业,还有软件及服务外包、商务商贸、现代物流、文化创意等服务业;并同步开展了规划环评工作,于 2015 年 10 月 12 日获得原环境保护部的审查意见（环审〔2015〕210 号）。

在新时期新阶段,需重新审视发展环境,上一轮规划已不能满足开发区的发展需求。为更好地贯彻落实国家、江苏省、南京市和江宁区有关要求,加快推进江宁经济技术开发区产业结构调整和产业布局优化,提升区域环境承载力,促进开发区全面协调可持续发展,管委会决定组织编制《江宁经济技术开发区总体发展规划（2020—2035）》,并重新开展规划环境影响评价工作,规划范围和面积同上一轮规划环评,即 348.7 km²。本次规划环评在规划纲要编制阶段介入,与规划专题研究和规划编制、修改、完善全程互动。评价单位在对开发区进行现场踏勘、收集有关资料、开展专题研究和广泛征询意见等工作的基础上,编制完成《江宁经济技术开发区总体发展规划（2020—2035）环境影响报告书》。2021 年 11 月 11 日,生态环境部环境影响评价与排放管理司主持召开了审查会,2022 年 4 月 24 日,《江宁经济技术开发区总体发展规划（2020—2035）环境影响报告书》获得生态环境部审查意见（环审〔2022〕46 号）。

1.2　规划概述

1.2.1　规划范围与规划期限

规划范围:东至青龙山—大连山,东南至汤铜公路,南至禄口新城、城市三环,西至吉山及吉山水库和牛首山、祖堂山沿线,北至秦淮新河、东山老城和上坊地区。规划总面积为 348.7 km²。

规划期限:2020—2035 年,其中规划近期至 2025 年,远期至 2035 年。现状基准年为 2019 年(部分数据更新至 2020 年)。

1.2.2 规划定位和发展目标

(1)功能定位

国际性科技创新先行区、制造业高质量发展示范区、江苏国际航空枢纽核心区、南京主城南部中心标志区、江宁生态人文融合活力区。

(2)发展目标

近期发展目标:经济综合实力全面进入全国最前列,力争建成产业特色鲜明、整体创新效能突出、管理服务高效、经济与生态协调发展的现代化国际性高科技产业新城。推动产业转型和升级,调整发展路径,聚焦科技创新、先进制造业、现代服务业和带动力强的新兴产业,积极引入高水平人才和资金,积极构建健全、规范、国际化的发展环境,积极保护生态环境,打造高质量发展示范区。

远期发展目标:规划围绕现代化国际性高科技产业新城发展定位,努力打造国际性科技创新先行区、制造业高质量发展示范区、江苏国际航空枢纽核心区、南京主城南部中心标志区、江宁生态人文融合活力区,加快建设"创新高地、智造强区、开放枢纽、魅力新城、生态都市",注重建设社会和谐、宜居宜业的现代、生态、文明之城,奋力由全国前列迈向全国最前列。

1.2.3 产业发展规划

(1)产业体系

坚持以实体经济为基石、以科技创新为引领,形成包含绿色智能汽车等三大支柱产业、高端智能装备等三大战略性新兴产业、文化休闲旅游等三大现代服务业、人工智能和未来网络等一批科技未来产业的"3+3+3+1"高端现代产业体系。

三大支柱产业:绿色智能汽车产业,智能电网产业,新一代信息技术产业。

三大战略新兴产业:高端智能装备产业,生物医药产业,节能环保和新材料产业。

三大现代服务业:现代物流和高端商务商贸业,软件信息、科技和金融服务业,文化休闲旅游产业。

未来产业:将围绕量子计算机与量子通信、智能应用、"互联网+"以及大健康领域、航空制造业等一批具有重大产业变革前景的颠覆性技术及其不断创造的新业态、新模式,超前布局未来网络、人工智能、生命健康、航空制造、未来材料、未来探测产业等先进制造业和现代服务业,打造发展新优势、新动能、新格局。

(2)产业发展引导

① 绿色智能汽车产业。把握未来汽车轻量化、绿色化、智能化的发展方向,加快推动传统汽车产业向节能汽车和搭载先进车载传感器、控制器、执行器等装置,具备复杂环境感知、智能决策、协同控制等功能的智能网联汽车转型,推进新能源乘用车、商用车整车以及动力电池、大功率驱动电机、智能控制系统等新能源汽车配套产业发展,打造新能源汽车和智能网联汽车产业集群。

② 智能电网产业。智能电网产业是开发区最具特色的战略性新兴产业之一,先后被科技部批准为"国家级电力自动化产业基地",被工信部批准为"装备制造(智能电网装备)领域国家新型工业化产业示范基地"和"国家电网公司智能电网科研产业(南京)基地"。以南瑞集团等 12 家上市企业为龙头规划的 7.7 km² 的智能电网产业园,拥有南瑞集团等为代表的智能电网企业,形成了覆盖发电、输电、变电、配电、用电和调度等六大环节的完整产业链,在全国同级别区域中智能电网产业集聚度高,掌握了全国智能电网自动化继电保护领域 90% 以上的技术标准。

③ 新一代信息技术产业。围绕新型显示技术和芯片制造技术的突破及产业化,加快打造液晶显示规模化发展、有机发光二极管(OLED)产业化应用和激光显示核心技术获得突破的新型显示产业体系,壮大

集成电路设计、制造、封装测试及配套设备制造协同发展产业链,形成以新型显示、新一代无线通信、集成电路等为方向的产业集群。

④ 高端智能装备产业。智能制造领域集聚了菲尼克斯、埃斯顿、科远自动化等多家智能制造企业,建有江苏省高档数控机床及智能装备制造业创新中心等创新平台,"智能工厂""智能车间"占南京"半壁江山"。依托航空、高档数控机床等现状基础,大力推进以自主创新为核心驱动的智能制造战略,推动制造企业转型升级,深入落实南京建成具有全球影响力的创新名城的"121"战略,通过信息化和工业化深度融合,硬件设备和软件系统双轨并行,大力发展智能制造产业,形成智能制造产业集群。

⑤ 生物医药产业。开发区现拥有以金斯瑞、迈瑞医疗为代表的多家企业。依托中国药科大学、南京医科大学等高校资源,江宁药谷、南京生命科技小镇、科技创新走廊等载体,通过强化创新引领、优化产业生态,以"新药创制+生命健康+生物医药研发服务外包"为产业导向,建设一个可为企业提供药物发现、药学研究、成药性评价、临床研究、上市后再评价等一站式全流程服务的生物医药创新转化集聚区,构建"项目聚集、人才聚集、资本聚集"完整的创新产业生态圈,打造生物医药产业集群。

⑥ 节能环保和新材料产业。节能环保产业主要包括节能产业、资源循环利用产业和环保装备产业,涉及节能环保技术与装备、节能产品和服务等。依托大唐环保、中电环保等产业基础,推动高效节能装备技术及产品应用以及节能技术系统集成和示范应用,加强先进适用的环保技术装备推广应用和集成创新,促进节能环保装备产业发展。以国内新材料产业龙头中材科技、混凝土外加剂名牌苏博特、特种材料设备领军制造商中圣集团等为基础,重点发展一批新材料品种、关键技术与专用装备,扩大高性能纤维和复合材料以及特种材料等新材料的应用,延伸拓展产业链,实现产业突破式发展。

⑦ 现代物流和高端商务商贸业。依托现状基础,围绕"以国内大循环为主体、国内国际双循环相互促进的新发展格局",依托长三角世界级机场群重要枢纽的优势,推动区域经济发展和产业结构升级,形成现代物流产业集群。

⑧ 软件信息、科技和金融服务业。加快新一代软件和信息网络技术开发推广,提升新型网络、智能终端和新兴信息服务业的发展规模;强化信息和软件技术创新,推动云计算、大数据、虚拟现实等产业规模进一步提升;探索更高效、更实用、更宜推广的技术实现模式,大力促进智慧产业、分享经济、平台经济、物联网等产业前端进一步提速发展,加强软件信息、科技与制造业融合协同,驱动智能制造创新发展。

⑨ 文化休闲旅游产业。依托规划区优良的生态和人文资源,大力发展主题娱乐、工业旅游、乡村休闲旅游等旅游产品。规划区集聚了方山地质公园、银杏湖主题乐园等旅游景点,方山风景区获批国家地质公园、江苏省科普教育基地,牛首山文化旅游区、汤山温泉度假区、江宁美丽乡村等遍布周边。

⑩ 未来产业。以未来网络试验设施(CENI)、紫金山网络通信与安全实验室等重大科技装置,以及江苏微机电(MEMS)智能传感器研究院等新型研发机构为引领,加快核心技术突破、科技成果孵化和上下游关联项目集聚,以"强链、构链、扩链、延链"的产业链发展思路为指引,促进科技企业发展,大航空先进制造、临空高科技产业集群。

1.2.4　用地布局规划

(1)空间布局结构

规划至2035年江宁经济技术开发区的总体空间结构为"1核2元、2轴连心、3楔2廊、分片统筹",构建高效、系统、生态、和谐的创新型、国际化、花园式、幸福乐居的产业与宜居新城。

根据空间和功能,将开发区348.7 km²划分为江南主城东山片区、淳化—湖熟片区和禄口空港片区三大片区,统筹城乡功能、设施与景观,统筹经济社会发展,以实现一个"品质均优、城乡一体"的都市区域。这三大片区主导功能和特色如下表1.2-1所示。

表 1.2－1　三大片区名称主导功能和特色

片区名称	主导功能和特色
江南主城东山片区	国际化中心城区
淳化—湖熟片区	大学科教、创新研发与湖熟先进制造业
禄口空港片区	航空产业和战略新兴产业

（2）产业发展空间布局

① 产业布局分布——制造业。制造业主要集中分布在江南主城东山片区、淳化—湖熟片区、禄口空港片区三大片区。

江南主城东山片区主导产业方向：智能电网、绿色智能汽车产业、新一代信息技术、智能制造装备产业、轨道交通产业等。重点发展：电力自动化、新一代智能变电站技术、汽车整车、新能源汽车、汽车发动机、汽车零部件及配件、高档数控机床整机及零部件、工业机器人核心部件等。

淳化—湖熟片区的主导产业方向：生物医药、新能源、高端装备制造、节能环保和新材料等。重点发展：生物药［抗体药物、抗体偶连药物（ADC）、全新结构蛋白、融合蛋白、多肽药物、核酸药物及系统靶点药物等］、新型化药（新机制、新靶点、新结构，新剂型、药物缓控释技术、给药新技术等）、细胞与基因治疗［基因工程药物、以嵌合抗原受体 T 细胞免疫治疗（CAR－T）技术为代表的免疫细胞治疗、干细胞药物、基因检测、基因编辑等］、新型疫苗（单位疫苗、合成肽疫苗、抗体疫苗、基因工程疫苗、核酸疫苗等）、研发服务外包与生产［临床前医药研发外包（CRO）、临床 CRO、高端制剂研发与生产外包、定制研发生产（CDMO）等］、高端医疗器械（影像设备、植介入器械、医疗机器人、下一代测序技术设备、体外诊断仪器与设备、高值耗材、人工器官、手术精准定位于导航系统、高值耗材、放疗设备、维纳医疗器械、慢病管理、医疗大数据、分子诊断等）以及其他产业（再生医学、合成生物学、生物信息学前沿技术、精准医疗、人工智能等）和产业配套等。

禄口空港片区主导产业方向：航空及其配套产业、航空制造业、临空高科技产业等。重点发展：航空制造、航空维修等。

制造业产业布局引导图如图 1.2－1 所示。

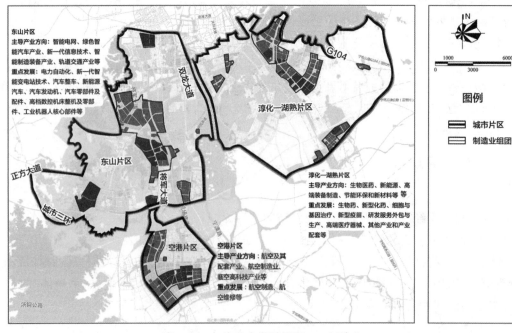

图 1.2－1　产业布局引导图——制造业

② 产业布局分布——服务业。服务业主要分布在五个片区,包括北部服务业片区、中部服务业片区、西部服务业片区、南部服务业片区和东部服务业片区。

东部服务业片区主导产业方向:生物医药研发等。

北部服务业片区主导产业方向:总部经济、金融商务、文化创意等。

中部服务业片区主导产业方向:信息网络通信、网络安全等。

西部服务业片区主导产业方向:软件及外包、文化创意等产业。

南部服务业片区主导产业方向:临空现代物流、航空运输服务、会议会展、航空金融租赁等。

服务业产业布局引导图如图1.2-2所示。

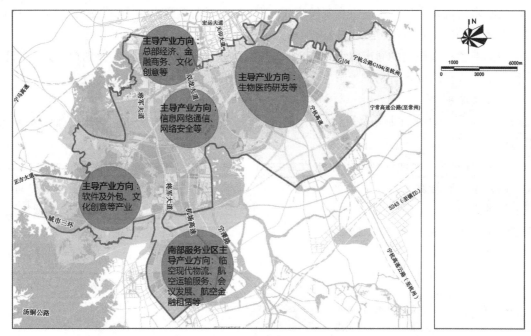

图1.2-2 产业布局引导图——服务业

1.2.5 土地利用规划

2025年规划区城乡建设用地为178.5 km²,其中城镇建设用地161.62 km²,乡村地区建设用地16.88 km²;2035年规划区城乡建设用地为193.93 km²,其中城镇建设用地180.10 km²,乡村地区建设用地13.83 km²。开发区土地利用规划如表1.2-2所示。

表1.2-2 江宁经济技术开发区城乡用地汇总表

用地名称	近期(2025年)		远期(2035年)	
	面积/km²	占规划面积比重/%	面积/km²	占规划面积比重/%
城乡建设用地	178.5	51.19	193.93	55.62
城乡非建设用地	170.2	48.81	154.77	44.38
总用地	348.7	100	348.70	100

1.2.6 基础设施规划

(1)给水工程规划

规划范围内用水除依托规划区内各个自来水厂外,还将依托规划区外滨江水厂。给水设施规划如

表 1.2-3 所示。

表 1.2-3 水厂规划一览表

单位:万 m³/d

序号	水厂名称	现状规模	规划规模	备注
1	江宁开发区水厂	30	30	现状保留
2	江宁科学园水厂	15	15	现状保留
	合计	45	45	—

江宁经济技术开发区规划范围内的水厂规模共达到 45 万 m³/d,不能满足内部需求,剩余的用水量由规划区外的滨江水厂提供。滨江水厂供水规模为 45 万 m³/d,规划至 2035 年,其供水规模为 110 万 m³/d,且主要向规划区范围内供水,可满足规划区内用水需求。

规划保留的特色村及规划的新市镇,由城市供水管网供水,规划将供水管敷设到户,形成枝状供水管网,并逐渐完善,形成环状供水管网。为解决水压可能不足的问题,宜建设局部增压设施。

(2)排水工程规划

① 排水体制。优化排水体制,开发区排水体制为雨污分流制,乡村地区建立初步的排水管网系统,近期采用雨污合流,远期采用截流式管网系统。

② 污水收集与处理。合理规划布置排水设施厂站,完善排水管网体系。逐步建立健全污水处理系统。开发区内污水厂有开发区污水处理厂、科学园污水处理厂、空港污水处理厂和南区污水处理厂,同时部分区域依托区外谷里污水处理厂、禄口污水处理厂、湖熟污水处理厂和城北污水处理厂。规划区内污水处理厂规划情况如表 1.2-4 和图 1.2-3 所示。

表 1.2-4 开发区规划污水处理厂一览表

单位:万 m³/d

序号	设施名称	位置	服务范围	现状规模	2025 年规划规模	2035 年规划规模
1	开发区污水处理厂	区内	北至秦淮新河,南至秣周中路,西至牛首山风景名胜区,东至沿河路	8	8	16
2	科学园污水处理厂		东山副城、淳化新市镇,北至牛首山—外港河一线,南至绕城公路—解溪河一线,西至牛首山,东至十里长山,约 117.7 km²	24	24	32
3	空港污水处理厂		爱陵路以西,宁丹高速以东,云台山河以南,诚信大道以北,总面积约 32.29 km²	4	9	14
4	南区污水处理厂		绕越公路以南,板霞线以北,秦淮河以西的区域	6	15	15
5	谷里污水处理厂	区外	谷里新市镇(谷里)以及南京市大方地区	1	3	5.5
6	禄口污水处理厂		禄口街道机场高速以西片区和机场高速以东片区,总面积 15.2 km²	2.2	8	12
7	湖熟污水处理厂		湖熟新城,包含部分江宁区以外(湖熟新城范围内)污水	0.6	5	5
8	城北污水处理厂		老城区北片,即南京绕城公路至外港河以北地区、岔路片区东部区域及机场片区	8	12	20
	合计			53.8	84	119.5

图 1.2-3　污水工程规划图

污水遵守集中与分散处理相结合的原则,结合乡村实际情况,选用分散式污水处理装置处理后排放。

(3) 供热工程规划

① 热源规划。规划范围内实行集中供热,供热以南京协鑫燃机热电有限公司南京蓝天燃机热电联产项目作为热源,保留现 2×180 MW 级燃气—蒸汽联合循环热电联产机组,规划建设 1 台 60 t/h 的小锅炉作为备用热源。协鑫燃机热电主要供应东山、淳化以及秣陵片区。由于空港片区处于协鑫燃机热电集中供热管网的末端,协鑫燃机不能满足其供热需求。因此为确保空港片区未来产业的发展,规划建设 1 处集中供热锅炉房用地,位于空港片区越秀路与乾清路交叉口西南侧,用地面积为 0.033 km²,规模为 3 台 50 t/h 天然气蒸汽锅炉(2 用 1 备),主要供热于空港片区。供热范围内逐步淘汰企业自备锅炉。供热范围外,企业根据供热需求,可自备供热锅炉,需使用天然气等清洁能源。

② 热力管网规划。以热源厂为中心合理划分供热分区,各分区内供热管网自成体系,主要采用枝状结构。相邻供热分区的供热管道可考虑连通为环网,互为备用,提高供热可靠性。对现状架空管道进行绿化遮挡或入地改造,以改善其对开发区景观的影响。新建供热管道原则上采用埋地敷设方式,工业区在满足美观前提下可采用低支架架空敷设。

(4) 固废处置规划

规划区内的生活垃圾处理依托南京江南静脉产业园生活垃圾焚烧发电厂,该厂处理规模为 3 600 t/d,位于江宁区铜井社区(区外)。

规划区内现有南京伊环环境服务有限公司 1 家危险废物集中收集贮存单位,危废经营许可证核准经营范围:实验室废物 HW49(900-047-49)、废药品 HW49(900-999-49)、沾染物 HW49(900-041-49)、废有机溶剂 HW06(900-401-06、900-402-06、900-403-06)。最大收集贮存量为 2 000 t/a。

规划区内现有大唐南京环保科技有限责任公司 1 家危险废物处置单位。企业主要从事脱硝催化剂的再生,危险废物经营类别为收集、贮存、处置综合经营,处置类别为 HW50 烟气脱硝过程中产生的废钒钛系催化剂(772-007-50),处置规模为 8 300 t/a。

规划区内企业产生的危险固废均交由区内或周边区域有资质单位进行处理处置。

1.2.7 本轮规划与上轮规划的主要变化

根据南京市"创新名城、美丽古都"新南京的发展愿景,以及统筹安排开发区合理布局与经济建设的全面、可持续发展,本次规划在上轮规划的基础上对功能定位、产业定位与布局、用地布局、用地规划、基础设施等方面进一步完善和优化。

本轮规划和上一轮规划相比主要优化内容如下:

① 根据南京市"创新名城、美丽古都"新南京的发展愿景,进一步完善开发区功能定位。

② 进一步优化产业定位,打造地标产业,壮大新兴产业,提升现代服务业,前瞻布局未来产业,构建形成"3+3+3+1"的高端现代化产业体系,推动产业迈向中高端。

③ 进一步优化产业布局,制造业分布主要集中在三大片区,服务业主要分布在五个片区,与上一轮规划中的"第二产业布局分为十个片区、第三产业主要分布在四大板块"相比,本轮规划加强龙头企业带动高端制造业的进一步集聚,加快形成以现代制造业和现代服务业为主体,技术领先、结构优化、特色鲜明的现代产业体系。

④ 基础设施方面,结合上位规划及开发需求,调整了污水厂及供热规模。

【专家点评】

开发区规划范围较大,根据空间和功能,将开发区 348.7 km² 划分为江南主城东山片区、淳化—湖熟片区和禄口空港片区三个片区,可根据布局进行分区规划,以此明确产业片区及各片区产业定位、重点发展方向。开发区城乡建设用地平衡表中城乡非建设用地占比约 50%,需明确城乡非建设用地类型、占地面积及占比。同时关注本轮规划和上一轮规划对比分析的内容,对于主要用地性质的调整,如建设用地的调整,需说明原因并且分析合理性。

钱谊(南京师范大学)

1.3 评价思路

1.3.1 评价重点

① 规划协调性分析。分析并识别规划内容与相关法律法规、政策、上层位规划、江苏省、南京市"三线一单"(生态保护红线、环境质量底线、资源利用上线、生态环境准入清单)生态环境分区管控方案及其他相关规划的符合性和协调性。

② 开发区发展回顾评价。主要通过对开发区上一轮规划土地开发利用、布局结构、产业发展、基础设施建设等实施情况,以及资源能源利用效率、主要行业污染物排放强度、环境质量的变化进行回顾分析,并对上一轮规划环评审查意见的落实情况进行评价,提出本次规划应关注的主要资源、环境、生态问题,以及解决问题的途径。

③ 资源环境承载力分析。识别规划实施的主要生态环境影响和风险因子,分析规划实施的生态环境压力、污染物减排和节能降碳潜力,预测与评价规划实施的环境影响和潜在风险,分析资源与环境承载状态。

④ 资源生态环境要素影响分析。依据资源环境承载力,重点分析开发区规划的产业定位、发展规模、产业结构、布局及环境基础设施等环境合理性。

⑤ 提出规划优化调整建议和环境影响减缓措施。根据规划方案的环境合理性和可持续发展论证结

果,提出开发区今后的产业结构、布局和发展规模的优化调整建议;针对评价推荐的环境可行的规划方案实施后所产生的不良环境影响,提出环境影响减缓对策和措施;制定开发区环境准入要求,形成评价结论与建议。

1.3.2　评价范围、评价因子

(1)评价范围

评价时间维度:2020—2035 年。

评价空间范围:以开发区规划范围为主,总面积为 348.7 km²。

表 1.3‑1　评价的空间范围

序号	类别	评价范围
1	大气	开发区规划范围并外扩 2.5 km
2	地表水	开发区纳污河流、流经开发区及开发区周边的主要河流,主要有秦淮新河江宁段、秦淮河江宁段、牛首山河、云台山河、解溪河、新林河、句容河、索墅河、胜利河、横溪河;主要湖泊和水库为百家湖、九龙湖、风波坝水库、谷里水库、天印湖、梅龙湖、青龙湖等
3	地下水	本次地下水调查评价范围:北部以秦淮新河为界,东部以青龙山、大连山为界,东南部、南部以汤水河、句容河、横溪河为界,西部以将军山、牛首山、吉山和龙山等为界。结合调查区水文地质条件,面积约 708.61 km²
4	声	开发区规划范围及外扩 0.2 km
5	生态	开发区规划范围外扩 3 km 涉及的生态红线和生态空间管控区域,面积约 811.5 km²,重点关注开发区评价范围内生态红线、生态空间管控区域及敏感水体
6	环境风险	开发区规划范围并外扩 3 km,重点关注开发内生态红线、生态空间管控区域及敏感水体以及环境敏感目标等
7	土壤	规划范围内及周边的基本农田及一般耕地

(2)评价因子

根据总体发展规划中提出的产业定位及规划区内现有的主要污染源、污染因子,确定本次环境影响评价因子,如表 1.3‑2 所示。

表 1.3‑2　环境影响评价因子

环境要素		评价因子	预测评价因子	总量控制因子
环境空气		SO_2、NO_2、PM_{10}、$PM_{2.5}$、O_3、CO、苯、甲苯、二甲苯、硫酸雾、氨气、硫化氢、氯化氢、氟化物、甲醇、非甲烷总烃、总挥发性有机物(TVOC)	SO_2、NO_2、PM_{10}、$PM_{2.5}$、甲苯、二甲苯、硫酸雾、氯化氢、非甲烷总烃	SO_2、NO_x、颗粒物、挥发性有机物(VOCs)
地表水	河流	水温、pH、溶解氧、高锰酸盐指数、化学需氧量(COD)、五日生化需氧量(BOD_5)、氨氮、总磷、总氮、石油类、硫化物、氰化物、氟化物、挥发酚、铅、砷、镉、六价铬、镍、锌、锰、阴离子表面活性剂(LAS)	高锰酸盐指数、氨氮、总磷	COD、氨氮、总磷、总氮
	水库及湖泊	水温、透明度、叶绿素 a、pH、溶解氧、高锰酸盐指数、化学需氧量、五日生化需氧量、氨氮、总磷、总氮、石油类、硫化物、氰化物、氟化物、挥发酚、铅、砷、镉、六价铬、镍、锌、锰、LAS	—	—
	地下水	水位、K^+、Na^+、Ca^{2+}、Mg^{2+}、CO_3^{2-}、HCO_3^-、Cl^-、SO_4^{2-}、pH、氨氮、硝酸盐、亚硝酸盐、挥发酚、氰化物、砷、汞、铬(六价)、总硬度、铅、铜、镉、铁、锰、溶解性总固体、高锰酸盐指数、硫酸盐、氯化物、总大肠菌群、锌、镍、氟化物、阴离子表面活性剂	COD、氨氮、总磷、阴离子表面活性剂、石油类、总磷、总氮、锌、镍	—

续 表

环境要素	评价因子	预测评价因子	总量控制因子
声环境	等效连续 A 声级	等效连续 A 声级	—
土壤环境	《土壤环境质量建设用地土壤污染风险管控标准》(GB 36600—2018)表 1 中 45 项指标＋pH＋石油烃	—	—
底泥	pH、砷、汞、铅、锌、镉、铜、镍、铬	—	—
生态环境	生态系统、植被覆盖度、物种多样性	生态适宜度评价	—
固体废物	一般工业固废、危险固废、生活垃圾	—	工业固废

【专家点评】

本次评价要抓住与上轮规划对比得到的"变化"和"不同",再结合目前长江流域高质量发展和高水平保护倡导的"新目标""新指标""新标准""新要求",并针对开发区发展的"新定位""新阶段""新问题""新影响""新风险"等开展深入评价,形成有效的对策措施和优化调整意见,核心目标是"升级(产业结构)、优化(发展空间)、完善(管控措施)、提升(发展质量)",确保开发区环境质量持续改善、环境管理绩效稳步提高、经济发展与环境保护更加协调,实现无净增环境损害、污染负荷和风险隐患。

李巍(北京师范大学)

1.4 规划分析

1.4.1 与区域发展规划的相符性分析

江宁经济技术开发区本轮规划的功能定位和发展目标为:规划围绕现代化国际性高科技产业新城发展定位,努力打造国际性科技创新先行区、制造业高质量发展示范区、江苏国际航空枢纽核心区、南京主城南部中心标志区、江宁生态人文融合活力区,加快建设"创新高地、智造强区、开放枢纽、魅力新城、生态都市",建设社会和谐、宜居宜业的现代、生态、文明之城,奋力由全国前列迈向全国最前列。本次规划功能定位和发展目标强调了提升科技创新能力和推动高质量发展,同时依托空港航空枢纽,打造江苏国际航空枢纽核心区,作为江南主城的一部分,打造南京现代化国际性新城区。本轮规划与《长江三角洲区域一体化发展规划纲要》《〈长江三角洲区域一体化发展规划纲要〉江苏实施方案》《省政府关于印发苏南国家自主创新示范区一体化发展实施方案(2020—2022 年)的通知》等规划和方案中功能定位和目标要求相符。

开发区本轮规划坚持以实体经济为基石、以科技创新为引领,形成"3＋3＋3＋1"的高端现代化产业体系。通过将本次规划产业发展的主要内容与各层次的相关产业发展要求进行比较分析,可知本次规划的产业属于国家、省、市重点发展的先进制造业、战略性新兴产业及现代服务业,与《长江三角洲区域一体化发展规划纲要》《〈长江三角洲区域一体化发展规划纲要〉江苏实施方案》《省政府关于印发苏南国家自主创新示范区一体化发展实施方案(2020—2022 年)的通知》《江苏省国民经济和社会发展第十四个五年规划和二〇三五年远景目标纲要》《南京市国民经济和社会发展第十四个五年规划和二〇三五年远景目标纲要》中产业发展要求相符。开发区本轮规划制造业主要集中分布在江南主城东山片区、淳化—湖熟片区、禄口空港片区三大片区。服务业主要分布在五个片区,包括北部服务业片区、中部服务业片区、西部服务业片区、南部服务业片区和东部服务业片区。开发区以科技创新为引领,发展先进制造业、战略性新兴产业和现代服务业。本轮规划进一步压缩江南主城东山片区工业用地,提高制造业用地产出效率,并重点发展城市型经济;制造业主要向淳化—湖熟片区和空港片区转移发展。规划产业布局与《南京市城市总体规划(2018—2035)》草案、《南京市江宁区城乡总体规划(2010—2030)》相符。

1.4.2　与国土空间规划协调性分析

(1)与上位城市/城乡总体规划协调性分析

由于《南京市城市总体规划(2011—2020)》(国函〔2016〕119 号)已到期,与《江宁区国土空间总体规划(2019—2035)》阶段性成果进行相符性分析:按照南京市统一安排,结合市委、市政府于 2019 年 10 月 28日召开的全市国土空间总体规划编制启动会的精神和下发的《南京市国土空间总体规划(2019—2035 年)编制工作方案》(宁政发〔2019〕177 号)的要求,江宁区正在组织开展《江宁区国土空间总体规划(2019—2035)》编制工作,该规划现已形成初步成果,阶段性完成"城镇开发边界、生态保护红线、永久基本农田"三线划定工作。根据对比分析,开发区规划中城市建设用地布局和功能分区与在编的国土空间总体规划基本一致,开发区规划的集中建设用地均位于阶段性成果的城镇开发边界内,开发区规划建设用地不涉及永久基本农田。在开发区后续开发中,应确保用地开发与国土空间总体规划一致,在取得用地指标许可后再开发。

(2)与《南京市江宁区国土空间规划近期实施方案》协调性分析

2021 年 5 月 31 日,江苏省自然资源厅发布《江苏省自然资源厅关于同意南京市所辖区国土空间规划近期实施方案的函》(苏自然资函〔2021〕577 号),同意南京市所辖区近期实施方案,《南京市江宁区国土空间规划近期实施方案》正式获批。

通过开发区本轮规划与《南京市江宁区国土空间规划近期实施方案》用地性质的对比分析,可知开发区本轮规划中的近期、远期规划建设用地均不占用永久基本农田,但涉及部分一般耕地,建设用地涉及一般耕地的面积约为 29.17 km^2。本轮规划要求建设用地占用一般耕地的,按照"占一补一"的原则予以占补平衡,并将永久基本农田范围划为禁建区。

1.4.3　与产业相关政策、法规、规划的协调性分析

(1)与产业发展相关政策的协调性分析

对照《产业结构调整指导目录(2019 年本)》《外商投资准入特别管理措施(负面清单)(2020 年版)》《〈长江经济带发展负面清单指南〉江苏省实施细则(试行)》《江苏省工业和信息产业结构调整限制、淘汰目录和能耗限额》(苏政办发〔2015〕118 号)、《南京市制造业新增项目禁止和限制目录(2018 年版)》(宁委办发〔2018〕57 号)等产业政策,开发区的规划产业中重点发展的项目不含以上文件中的禁止、淘汰类项目。开发区本轮规划产业发展方向与相关产业政策相符。

(2)与产业发展相关规划的协调性分析

开发区把项目建设和产业培育作为核心工作,形成了先进制造业和现代服务业双轮驱动的发展格局。本轮规划在现有产业基础上,规划主导产业符合国家、省、市、区产业重点发展方向,强化投入产出效益高、技术含量高、综合影响力强的产业,推动符合产业发展方向、有提升潜力和社会经济效益的产业;以创新引领产业转型升级,进一步提高自主创新能力,加快新技术、新产品、新工艺研发应用,运用高新技术加快改造提升传统产业;优先培育环境友好型的特色新兴产业,重点优化服务业内部结构,加快发展生产性服务业,实现资源利用效率和经济发展质量同步提升。

经分析,开发区的产业发展方向和重点与《省政府关于推进绿色产业发展的意见》(苏政发〔2020〕28号)、《省政府关于推动生物医药产业高质量发展的意见》《南京市推进产业链高质量发展工作方案》《中国制造 2025 江宁区行动纲要》(江宁政发〔2016〕35 号)等政策和规划的要求相符。

1.4.4　与生态空间保护区域相关规划的协调性分析

对照《江苏省国家级生态保护红线规划》,开发区范围内涉及的国家级生态红线共 5 处,本轮规划建设

用地不涉及国家级生态保护红线;对照《江苏省生态空间管控区域规划》,开发区范围内涉及的江苏省生态空间管控区域共 10 处。开发区范围内涉及的自然保护地共 6 处。

对照《江苏省政府办公厅关于印发江苏省生态空间管控区域调整管理办法的通知》(苏政办发〔2021〕3号),生态空间管控区域允许开展"保留在生态空间管控区域内且无法搬迁退出的居民点建设以及非居民单位生产生活设施的运行和维护;现有且合法的农业、交通运输、水利、旅游、安全防护、生产生活等各类基础设施及配套设施的运行和维护;必要且无法避让的殡葬、宗教设施建设、运行和维护"等对生态功能不造成破坏的有限的人为活动,对开发区生态空间管控区内现状建设用地的使用,均属于上述生态空间管控区域内允许开展的对生态功能不造成破坏的有限的人为活动。

江宁区自然保护地均已纳入国家级生态红线或江苏省生态空间管控区域。根据《江苏省政府办公厅关于印发江苏省生态空间管控区域调整管理办法的通知》(苏政办发〔2021〕3号)、《省政府办公厅关于印发江苏省生态空间管控区域监督管理办法的通知》(苏政办发〔2021〕20号),"因自然保护地、饮用水水源保护区、生态公益林、重要湿地等依法依规设立的各类保护区域按规定程序调整,需要同步调整生态空间管控区域的"以及"省级以上人民政府确定的重大产业项目建设,确实无法避让生态空间管控区域的",可依申请调整生态空间管控区域。江宁区拟对上述涉及的江苏省生态空间管控区域进行调整,在自然保护地整合优化方案未得到国家批复前,以及江苏省生态空间管控区域调整前,仍需按照现有自然保护地和生态空间管控区域管控要求执行。

1.4.5 与生态环境保护和污染防治相关规划、政策的协调性分析

(1)与生态环境保护相关规划的协调性分析

开发区本轮规划制定了环境保护规划目标和主要指标体系,明确了资源利用、产业结构调整、环境质量改善、污染物排放总量控制、生态建设的要求,提出了大气环境、水环境、声环境和土壤环境的治理措施以及生态系统保护要求,通过空间管制,划定适宜建设区、限制建设区、禁止建设区,构建开发区发展的生态安全格局。综上分析,以国家、江苏省和南京市在资源节约、环境保护和生态建设方面的相关要求为依据,开发区本轮规划与《长江经济带生态环境保护规划》《省政府办公厅关于印发江苏省长江保护修复攻坚战行动计划实施方案的通知》(苏政办发〔2019〕52号)、《江苏省"十四五"生态环境保护规划》《南京市"十四五"生态环境保护规划》要求相符。

(2)与推进生态环境治理体系和治理能力现代化相关政策的协调性分析

开发区按照省、市生态文明建设及"两减六治三提升专项行动"、污染防治攻坚等要求,大力推动节能减排、绿色低碳和可持续发展。开发区本轮规划对部分区域实施工业用地置换,有效提升开发区土地的利用效率,也有助于区域环境质量的改善。为推进污染减排,开发区加强对区内重点污染源的控制,落实环境污染物排放与总量控制指标;建立污染物排放总量动态管理机制;持续完善污染源自动监控系统,对重点污染源初步实现实时监控。在环境安全与应急方面,近年来未发生重大污染事故或重大生态破坏事件,本轮规划进一步对环境风险进行识别与分析,完善应急体系建设。为确保环境安全,开发区针对区域行业特点,进行潜在的环境风险分析,制定实施了区域突发环境事件应急预案和环境风险评估技术报告。上述内容与《中共中央 国务院关于深入打好污染防治攻坚战的意见》(2021年11月2日)、《中共江苏省委 江苏省人民政府关于全面加强生态环境保护坚决打好污染防治攻坚战的实施意见》(苏发〔2018〕24号)、《中共江苏省委 江苏省人民政府关于深入推进美丽江苏建设的意见》要求相协调。

开发区正在按照要求开展园区污染物排放限值量管理实施方案的编制工作;将探索建立工业园区碳排放总量管控机制,建立工业园区、重点行业和重点企业的能耗和二氧化碳排放统计、监测、报告、评估机制。开发区目前已建立生态环境监测监控体系,开发区内有彩虹桥(国控)、九龙湖(省控)大气自动监测站点,具有多个水质自动监测站点。这与《江苏省工业园区(集中区)污染物排放限值限量管理工作方案(试行)》(苏污防攻坚指办〔2021〕56号)要求相符。

（3）与大气污染防治相关政策的协调性分析

开发区全面推进蓝天保卫战计划,包括产业结构调整、燃煤锅炉淘汰、燃气锅炉低氮改造、VOCs污染治理,包含重点行业综合治理项目、汽车维修行业污染治理项目、餐饮油烟治理项目、油气回收治理改造项目、堆场扬尘治理项目等7大类项目。开发区规划分类实施原材料绿色化替代,在技术成熟领域全面推广低VOCs含量涂料,在技术尚未全部成熟领域开展替代试点。严格控制家具、汽修行业VOCs排放。开发区已经关停南京协鑫生活污泥发电有限公司燃煤机组,开发区内目前燃煤锅炉已全部关停或进行了煤改气改造,燃气锅炉已完成低氮改造,生物质锅炉实施超低排放改造。开发区本轮规划将进一步推进全域实现集中供热,供热范围内逐步淘汰企业自建锅炉。开发区本轮规划将强化多污染物协同控制和区域协作防治,推进PM$_{2.5}$和臭氧浓度"双控双减",加强挥发性有机化合物减排防控,深化建筑工地扬尘管控。这些与《国务院关于印发打赢蓝天保卫战三年行动计划的通知》(国发〔2018〕22号)、《江苏省人民政府关于印发江苏省打赢蓝天保卫战三年行动计划实施方案的通知》(苏政发〔2018〕122号)、《江苏省挥发性有机物清洁原料替代工作方案》(苏大气办〔2021〕2号)要求相协调。

（4）与水污染防治相关规划、政策的协调性分析

开发区在全面落实"河长制"的基础上,统筹水环境综合治理工程,不断健全完善"河长制"管理的体制机制,突出抓好源头治理;不断优化开发区河道水环境质量,全面推进打赢碧水保卫战。根据现状监测,开发区内部分河流和湖泊存在氨氮、总磷超标现象,主要原因是河流周边及上游存在农业面源及村庄污水污染,开发区已针对横溪河、胜利河等不达标水体制定整治方案,加快雨污分流及管网建设,加强农村生活污水防治,实施节污、清淤、河道边坡整治等,根据2020年水质监测断面监测情况,句容河、胜利河等水质得到改善。本轮规划将加快污水管网排查及改造修复工程,提高工业废水集中处理率,并实施污水处理厂提标改造工作,进一步改善和提升区域水环境质量,这与《国务院关于印发水污染防治行动计划的通知》(国发〔2015〕17号)、《市政府关于印发南京市水污染防治行动计划的通知》(宁政发〔2016〕1号)要求相协调。污水厂规划规模与《南京市城乡生活污水处理专项规划(2018—2035)》相协调。

（5）与土壤污染防治相关政策的协调性分析

开发区推进生活垃圾分类收集,推广循环经济,鼓励对一般工业固废的循环使用。委托有资质的单位处置危废,对于危废的收集运输实施转移联单制度和分类收集制度。环境质量现状监测表明,开发区土壤满足相关标准。本次规划将进一步促进园区产业结构转型升级、优化空间布局、推进循环利用。开发区大力推进产业转型升级的同时需进一步强化土壤污染管控和修复,防范企业拆除活动污染土壤,严格控制用地准入,强化污染地块的风险管控。这些与《国务院关于印发土壤污染防治行动计划的通知》(国发〔2016〕31号)、《省政府关于印发江苏省土壤污染防治工作方案的通知》(苏政发〔2016〕169号)要求相协调。

1.4.6　与"三线一单"生态环境分区管控方案的相符性分析

《省政府关于印发江苏省"三线一单"生态环境分区管控方案的通知》(苏政发〔2020〕49号)要求严守生态保护红线,实行最严格的生态空间管控制度,确保全省生态功能不降低、面积不减少、性质不改变,切实维护生态安全。本轮规划应进一步优化规划用地布局,避让生态空间保护区域。

根据《南京市"三线一单"生态环境分区管控实施方案》(2020年12月18日),开发区内生态保护红线和生态空间管控区域划定为优先保护单元,江宁经济技术开发区(扣除区内优先保护单元)及区内的南京综保区(江宁片区)为重点管控单元,区内无一般管控单元。管控要求有:对优先保护单元,严格按照生态保护红线和生态空间管控区域管理规定进行管控,依法禁止或限制开发建设活动,优先开展生态功能受损区域生态保护修复活动,恢复生态系统服务功能;对重点管控单元,主要推进产业布局优化、转型升级,不断提高资源利用效率,加强污染物排放控制和环境风险防控,解决突出的生态环境问题。本轮规划基于开发区生物医药产业发展现状和需求,拟对生物医药产业禁止清单进一步细化。开发区应做好与南京市"三线一单"动态更新的衔接工作,完善开发区生态环境准入要求。

【专家点评】

开发区内分布多处生态保护红线和江苏省生态空间管控区域,生态环境敏感。应坚持绿色发展和协调发展理念,加强规划引导。落实国家、区域发展战略,坚持生态优先、高效集约,以生态环境质量改善为核心,做好与各级国土空间规划和"三线一单"生态环境分区管控方案的衔接,进一步优化规划布局、产业定位和发展规模。

崔云霞(南京师范大学)

规划分析需关注规划与江苏省和南京市"十四五"生态环境保护规划、南京市国土空间总体规划阶段性成果、《南京市江宁区国土空间规划近期实施方案》的符合性分析,分析与现行有效的上位规划的相符性;做好与江苏省及南京市"三线一单"生态环境分区管控方案的衔接及符合性分析,以及与重点管控区、生态敏感区的管控要求的相符性分析,并落实管控要求。

钱谊(南京师范大学)

2 现状调查与回顾性评价

2.1 用地现状

2019 年,规划范围内城镇建设用地为 110.06 km²,占城乡总用地面积的 31.56%,其他用地(包括乡、村庄的建设用地、特殊用地及非建设用地)为 238.64 km²,占城乡总用地面积的 68.44%。城镇建设用地中,工业用地为 37.10 km²,占比 33.71%;其次为居住用地,为 29.90 km²,占比 27.17%;公共管理与公共服务设施用地为 13.26 km²,占比 12.05%。

2.2 入区企业概况

开发区现有主要入驻企业 409 家,其中根据调查结果,装备制造(含高端智能装备)、绿色智能汽车产业、智能电网产业、电子信息产业等企业占开发区企业数量的 52.3%。开发区入区企业项目数量为 681 个,其中已建项目 573 个(占比 84.1%),在建项目 54 个(占比 7.9%),拟建项目 36 个(占比 5.3%),停产及未投产项目 18 个(占比 2.6%)。

根据区内不符合产业定位的企业的污染程度,分别提出对策建议。对纺织服装、包装等污染较轻的企业,建议加强管理,确保污染物达标排放;对废水量产生较大的食品饮料企业,建议加强管理,确保污染物达标排放,禁止新(扩)建工业废水排水量大于 1 000 t/d 的项目;对于区内美星鹏化工企业,建议在 2025 年之前实施转型或搬迁,未转型或搬迁前,在其涂料车间设置 100 m 卫生防护距离,企业不得新(扩、改)建化工生产项目,严禁新增污染物排放量,加强管理,确保污染物稳定达标排放;对于区内海欣丽宁印染企业,要求企业加强管理,确保污染物达标排放,在 2025 年之前取消印染工序,推进转型升级。

2.3　污染源调查与评价

2.3.1　废气污染物

（1）工业企业常规污染物

通过收集整理开发区环统数据、排污许可数据、环评数据以及第二次全国污染源数据等，开发区 SO_2、NO_x 和烟粉尘年排放量分别为 289.93 t、1 018.36 t、214.29 t。从污染源的行业类别来看，SO_2 污染物排放主要集中在热力生产（66.6%）、绿色智能汽车产业（12.5%）、装备制造（含高端智能装备）（12.6%）等行业，合计占 SO_2 污染物排放总量的 91.7%；NO_x 污染物排放主要集中在热力生产（73.4%）、绿色智能汽车产业（17.9%）等行业，合计占 NO_x 污染物排放总量的 91.3%；烟粉尘污染物排放主要集中在绿色智能汽车产业（64.2%）、装备制造（含高端智能装备）（12.5%）等行业，合计占烟粉尘污染物排放总量的 76.7%。开发区内常规污染物各行业排放占比情况如图 2.3-1 所示。

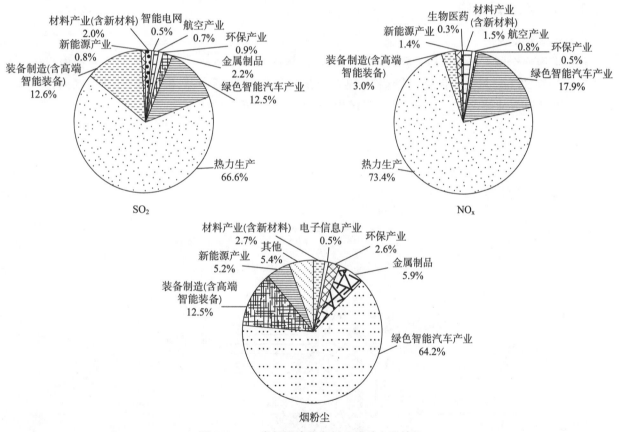

图 2.3-1　常规污染物各行业排放占比情况

（2）特征污染物

废气特征污染因子包括酸雾（HCl、硫酸雾、硝酸雾等）、有机物（非甲烷总烃、甲苯、二甲苯、三甲苯、乙苯、苯酚、甲醛、乙二醛、三乙胺、丁酮、乙酸丁酯、甲醇、乙醇、异丙醇、四氯乙烯、苯甲醇、环己酮、丙酮、乙醚、乙腈、乙酸、丙烯酸等）及硫化氢、氨、一氧化碳、氰化物、氟化物、漆雾、锡及其化合物等。特征污染物中，非甲烷总烃排放量较高，达 475.18 t，其次为二甲苯、甲苯。其中绿色智能汽车产业（64.8%）、电子信息产业（7.1%）、橡胶和塑料制品业（6.6%）以及装备制造（含高端装备制造）（5.7%）占比较高，合计84.2%。如图 2.3-2 所示。

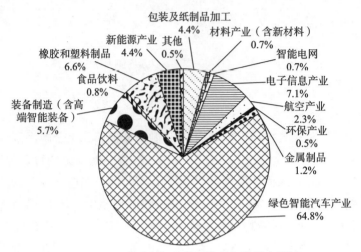

图 2.3－2 开发区各行业非甲烷总烃排放占比情况

2.3.2 废水污染物

（1）生活污染源

根据第七次全国人口普查相关数据,目前开发区内常住人口约为 120 万人,人均用水系数为 250 L/d,产物系数为 0.85,通过计算,目前开发区内生活污水量约为 9 340.9 万 t/a,根据调查,开发区内各污水处理厂已接管生活污水量 7 939.8 万 t/a,开发区生活污水集中处理率约为 85.0％。

（2）工业企业污染源

据统计,2019 年开发区污水年排放量 10 424.4 万 t,其中开发区工业废水年排放总量为 1 085.68 万 t,工业废水处理率达 100％,排放量较大的行业主要是电子信息产业、食品饮料、绿色智能汽车产业等行业。各行业废水量情况如图 2.3－3 所示。

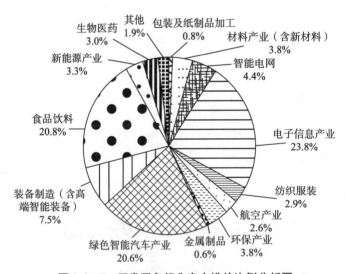

图 2.3－3 开发区各行业废水排放比例分析图

① 常规污染物。通过收集整理开发区环统数据、排污许可数据、环评数据以及第二次全国污染源数据等,可知开发区常规污染物 COD、氨氮、总氮、总磷的排放量分别为 316.68 t/a、20.93 t/a、102.74 t/a 和 3.419 t/a;废水常规污染物排放以绿色智能汽车、电子信息、食品饮料、装备制造(含高端智能装备)类企业为主,上述行业 COD、氨氮、总氮、总磷排放量分别占整个开发区企业排放总量的 72.7％,74.3％、78.9％、75.3％。重点企业分行业废水污染物排放情况如图 2.3－4 所示。

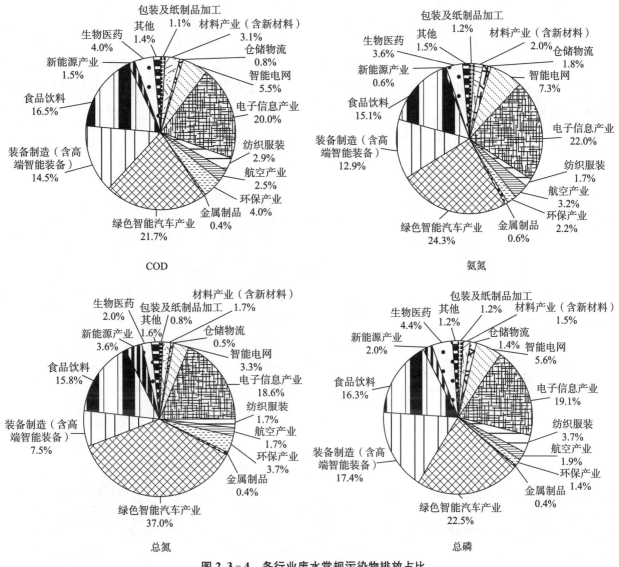

图 2.3-4　各行业废水常规污染物排放占比

② 特征污染物。开发区内废水除常规因子外,还有特征污染物重金属(总镍、总锌、总铬、六价铬、总锰、总锑、钒)、有机物(石油类、动植物油、挥发酚)、氰化物、氟化物、LAS 等排放。开发区特征污染物排放量较大的是 LAS (9.95 t/a)、石油类(5.21 t/a),此外总铬排放量为 2.43 kg/a,六价铬排放量为 0.61 kg/a。开发区涉镍、铬、钒等重金属排放的主要企业合计 11 家。开发区应严格执行重金属污染物排放标准并落实相关总量控制指标,加大监督检查力度,要求各一类重金属排放企业在车间排口安装在线监控设施,严格落实国家涉重金属重点工业行业清洁生产技术推行方案有关要求,鼓励企业采用先进适用的生产工艺和技术。

2.3.3　固体废弃物

通过收集整理开发区环统数据、排污许可数据、环评数据以及第二次全国污染源数据等,可知开发区一般工业固废产生量约 20.12 万 t/a,开发区产生的一般工业固废主要包括废金属、废包装材料、污泥等,一般工业固废采用综合利用、焚烧填埋等安全处置方式,2019 年一般工业固废综合利用率为 98.1%。开发区危险废物产生量为 1.83 万 t/a,其中绿色智能汽车产业、装备制造(含高端智能装备)、新能源产业危废产生量较大。各企业均委托有资质单位处置危废,安全处置率 100%,均按规定由相关企业自行贮存。

2.4　基础设施建设运行现状

经过多年的建设发展,江宁经济技术开发区给水、排水、供电、供热、供气等基础设施配套较完善,已基本实现污水集中处理和集中供热,开发区现有基础设施均运行正常。2020 年开发区自建及依托的基础设施建设情况如表 2.4-1 所示。

表 2.4-1　开发区自建及依托的基础设施建设情况表

类别	名称	相对位置	现状规模
给水	江宁开发区水厂	区内	30 万 m³/d
	江宁科学园水厂		15 万 m³/d
排水	开发区污水处理厂	区内	8 万 m³/d
	科学园污水处理厂		24 万 m³/d
	空港污水处理厂		4 万 m³/d
	南区污水处理厂		6 万 m³/d
	谷里污水处理厂	区外	1 万 m³/d
	禄口污水处理厂		2.2 万 m³/d
	湖熟污水处理厂		0.6 万 m³/d
	城北污水处理厂		8 万 m³/d
供热	南京蓝天燃机热电联产	区内	2×180 MW 燃气—蒸汽联合循环热电联产机组
供电	变电站	—	东善桥变电站 500 kV;3 座 220 kV 变电站,即殷巷变电站、苏庄变电站和华科变电站
燃气	以"川气东输"天然气为气源	区外	在开发区东南部设 1 座天然气门站,以"川气东输"天然气为气源,向东山组团供应天然气
环卫和固废	南京江南静脉产业园光大生活垃圾焚烧发电厂	区外	3 600 t/d
	大唐南京环保科技有限责任公司	区内	处置类别为 HW50 烟气脱硝过程中产生的废钒钛系催化剂(772-007-50),处置规模为 8 300 t/a
	南京伊环环境服务有限公司	区内	2 000 t/a 危险废物集中收集贮存项目

2.4.1　污水集中处理

规划区范围内排水主要依托规划范围内及周边的 8 座城镇污水处理厂,城镇生活污水集中处理率约达到 85%,企业污水集中收集率为 100%。位于开发区范围内的污水处理厂有 4 座,已建再生水回用规模 6.5 万 t/d,其中开发区污水处理厂、南区污水处理厂以及科学园污水处理厂厂区外尚未建设中水回用管道,再生水主要用于厂区内机房冲洗、厂区内及周边绿化、道路清洗等。空港污水处理厂于越秀路建设有 DN400 再生水管网,再生水主要用于市政杂用、附近景观河道补水等。

表 2.4－2　开发区自建及依托的污水处理厂情况　　　　　　　　　　　　单位:万 t/d

序号	设施名称	建设规模	实际处理量	处理工艺	再生水利用规模	尾水去向	现状排放标准
1	开发区污水处理厂	8	6.91	一期为奥贝尔(ORBAL)氧化沟,二期为 A²O 氧化沟,三期为双沟式氧化沟	2	秦淮新河	《城镇污水处理厂污染物排放标准》(GB 18918—2002)一级 A 标准
2	科学园污水处理厂	24	10.43	一、二期为生物移动床反应器(MBBR),三期为改良的 A²/O＋MBBR,四期为改良的 A²/O 生化池	2	方山渠(汇入秦淮河)	《地表水环境质量标准》(GB 3838—2002)中Ⅳ类标准,总氮按照《城镇污水处理厂污染物排放标准》(GB 18918—2002)表1中一级 A 标准执行
3	空港污水处理厂	4	1.78	一期为 A/O 生物脱氮,二期为改良的 A²/O＋转盘滤池工艺	1	云台山河	《城镇污水处理厂污染物排放标准》(GB 18918—2002)表1中一级 A 标准
4	南区污水处理厂	6	5.58	A²/O＋深度处理	1.5	云台山河	《城镇污水处理厂污染物排放标准》(GB 18918—2002)表1中一级 A 标准
5	谷里污水处理厂	1	0.33	A²/O＋深度处理	—	板桥河	《城镇污水处理厂污染物排放标准》(GB 18918—2002)表1中一级 A 标准
6	禄口污水处理厂	2.2	1.54	A²/O＋MBBR	0.09	横溪河	《地表水环境质量标准》(GB 3838—2002)中Ⅳ类标准,总氮按照《城镇污水处理厂污染物排放标准》(GB 18918—2002)表1中一级 A 标准执行
7	湖熟污水处理厂	0.6	0.34	A²/O	—	句容河	《城镇污水处理厂污染物排放标准》(GB 18918—2002)表1中一级 A 标准
8	城北污水处理厂	8	7.02	A²/O＋深化处理	2	秦淮河	《城镇污水处理厂污染物排放标准》(GB 18918—2002)表1中一级 A 标准

2.4.2　供热工程建设现状

(1)集中供热工程建设情况

南京协鑫燃机热电有限公司南京蓝天燃机热电联产项目,位于开发区内,该项目已建成总容量 2×180 MW 燃气—蒸汽联合循环热电联产机组,采用清洁能源天然气作为燃料。

根据南京蓝天燃机热电联产项目验收监测报告、在线监测数据以及重点排污单位监督监测数据,南京协鑫燃机热电有限公司均可实现稳定达标排放。

(2)企业自备工业锅炉建设情况

开发区内目前燃煤锅炉已全部关停或进行了煤改气改造,燃气锅炉已完成低氮改造,城市建成区生物质锅炉实施超低排放改造。开发区将进一步推进全域实现集中供热,逐步淘汰企业自建锅炉。

2.5　资源利用现状

2019 年单位工业用地面积工业增加值为 23.96 亿元/km²,远大于《国家生态工业示范园区标准》(HJ

274—2015)中"单位工业用地面积工业增加值≥9亿元/km²"的要求。2019年开发区工业企业新鲜水耗为1 935.42万 m³,单位工业增加值新鲜水耗为2.177 m³/万元,远低于《国家生态工业示范园区标准》(HJ 274—2015)的要求。2019年,开发区工业企业综合能耗为509 927.84 t标煤,单位工业增加值综合能耗为0.057 t标煤/万元,达到了《国家生态工业示范园区标准》(HJ 274—2015)中"单位工业增加值综合能耗≤0.5 t标煤/万元"的评价指标要求。

2.6 环境质量现状评价及变化趋势

(1)环境空气质量

区域环境空气自动监测:根据《2020年南京市环境状况公报》,南京市为大气环境质量不达标区,不达标因子为O_3。根据开发区内环境空气自动监测站点彩虹桥站2019年全年监测数据,本区域为不达标区,不达标因子为O_3。

现状补充监测:开发区现状监测中除牛首山PM_{10}超标外其余各监测点位各项监测因子均达到相应环境质量标准或未检出。

变化趋势分析:近年来,开发区区域大气环境质量有所提高。通过开发区内2015—2020年多年监测数据对比,区域内SO_2、NO_2、CO等污染物浓度基本满足区域环境质量标准要求,PM_{10}、$PM_{2.5}$等主要污染物浓度呈逐年下降趋势,区域内主要污染因子为O_3。

(2)地表水环境质量

现状补充监测:开发区范围内地表水总体水质较好,除句容河 COD 浓度,横溪河 COD、BOD_5、氨氮浓度及胜利河监测断面氨氮浓度超标外,其余监测断面监测因子均达到相应水环境质量标准。句容河、横溪河及胜利河水质超标原因主要为周边存在农田、鱼塘等面源污染以及未接管的农村生活污水的排入。目前开发区已针对横溪河、胜利河、句容河等不达标水体制定整治方案,加快雨污分流及管网建设,加强农村生活污水防治,实施节污、清淤,河道边坡整治等。根据2020年地表水环境质量例行监测结果,句容河、胜利河年均水质达标。

变化趋势分析:开发区近年来全面实施河道水质除劣提升工程,通过控源截污、清淤疏浚、引流蓄水、生态修复等工程提升水环境质量。对比2013—2020年各监测断面监测数据可知,开发区近年来水环境质量有所提升。

(3)声环境质量

现状补充监测:开发区各类功能区的噪声测点均能达标,区内声环境状况良好。

变化趋势分析:对2013—2019年开发区区域噪声及交通噪声例行监测值进行对比分析可知,开发区区域及交通噪声监测平均值的总体变化较小。

(4)地下水环境质量

现状补充监测:根据《地下水质量标准》(GB/T 14848—2017),规划区范围内地下水各监测点位基本达到Ⅳ、Ⅴ类水平,主要污染指标为铁、锰。

变化趋势分析:对比开发区2014—2019年的地下水监测数据,地下水中高锰酸盐指数、铁浓度、锰浓度有明显升高趋势,在2014年及2019年有明显升高趋势,总大肠菌群数和硝酸盐浓度呈先上升后下降趋势,其余监测因子浓度变化较小,较稳定。

(5)土壤环境质量

根据现状补充监测结果可知,开发区现状监测中 T1~T4、T7、T11~T13、T17 及 T19~T21 土壤监测点的所有指标均低于《土壤环境质量 建设用地土壤污染风险管控标准(试行)》(GB 36600—2018)中第一类用地筛选值,T5~T6、T8~T10、T14~T16、T18 及 T22~T24 土壤监测点的所有指标均低于上述标准中第二类用地筛选值,T25点位土壤监测指标均低于《土壤环境质量 农用地土壤污染风险管控标准(试行)》(GB 15618—2018)风险筛选值。

(6)底泥环境质量

现状补充监测:开发区规划范围内底泥环境状况良好,各监测断面底泥中各监测因子浓度均低于《土壤环境质量 农用地土壤污染风险管控标准》(GB 15618—2018)中污染物风险筛选值。

变化趋势分析:对比2013年监测数据可知,除开发区污水处理厂排口底泥中镍升高外,其余各污水厂排口底泥的金属离子浓度总体呈下降趋势,底泥环境质量整体变好。

(7)生态现状

江宁经济技术开发区虽然区域开发程度高,人类活动强度大,但整体自然生态本底优越,秦淮河穿城而过,东西两侧生态绿楔(西侧毗邻将军山—牛首山,东侧毗邻大连山—青龙山)渗透到开发区内,开发区内沟渠纵横,水网密布,分布有百家湖、九龙湖、青龙湖、谷里水库等众多淡水湖泊。

本次评价对生态环境现状进行了实地调查,包括生态系统、维管植物、陆生脊椎动物和水生生物的生物多样性调查,同时搜集生态评价范围及其周边的相关文献资料进行调查。调查方法参照《规划环境影响评价技术导则 总纲》(HJ 130—2019)、《规划环境影响评价技术导则 产业园区》(HJ 131—2021)、《环境影响评价技术导则 生态影响》(HJ 19—2011)和《生物多样性观测技术导则》(HJ 710)等相关标准执行。

生态系统类型现状调查采用"3S"技术与现场调查相结合的方法,选取2020年2月20日美国陆地卫星计划第8颗卫星(Landsat 8)遥感影像(融合后空间分辨率为15 m,编号为LO81200382020051SNC00),在ENVI 5.3和ArcGIS 10.2软件中用监督分类工具进行土地利用类型分类,结合现场调查,对解译后的数据进行检查修正,最终得到生态评价范围的生态系统类型,如表2.6-1所示。生态评价范围的主要生态系统类型可分为农田生态系统、林地生态系统、湿地生态系统和城市生态系统,主要以农田生态系统、城市生态系统和林地生态系统为主,分别占生态评价范围总面积的38.0%、34.4%和24.4%,湿地生态系统占比较小,为3.1%。

表2.6-1 生态评价范围生态系统类型和面积

序号	生态系统类型	面积/km²	占比/%
1	城市生态系统	279.3	34.4
2	林地生态系统	198.3	24.4
3	湿地生态系统	25.2	3.1
4	农田生态系统	308.8	38.0
	合计	811.6	100

生态评价范围内城市生态系统占地面积约279.3 km²,主要包括城乡建设用地、工业用地、道路交通用地等,这里土地开发程度较高,人口密度高,城市植物主要是公园绿地和道路、居住、单位附属绿地中的园林植物,动物群落主要由一些小型哺乳动物以及麻雀、喜鹊、白头鹎等伴人鸟类组成。

生态评价范围内林地生态系统占地面积约198.3 km²,主要包括牛首—祖堂风景名胜区、牛首山森林公园、东坑生态公益林和方山森林公园等森林地块及城市内的公共绿地等,区域动植物种类繁多,群落结构复杂,为两栖爬行类、鸟类及哺乳动物提供了重要的栖息场所,在涵养水源、调节气候等方面也起着至关重要的作用。

生态评价范围内湿地生态系统占比最小,占地面积约25.2 km²,主要包括百家湖、九龙湖和青龙湖等淡水湖泊,秦淮河、句容河和解溪河等河流湿地。河流湖泊中的主要湿生植物有芦苇、菰、菹草、金鱼藻等,鸟类有小䴙䴘、池鹭、白鹭等,鱼类有麦穗鱼、鲫和似鳊等。生态评价范围内的湿地生态系统在蓄洪抗旱、调节气候、改善水质等方面发挥着重要作用,同时也为众多的野生动植物特别是水禽繁殖和越冬提供了重要的栖息场所,也是水生生物的迁徙廊道。

生态评价范围内农田生态系统占地面积约 308.8 km²，主要分布于生态评价范围东部、南部和西部。该系统中的生物群落结构简单，优势群落往往只有一种或数种作物；养分循环主要靠系统外投入而保持平衡。

【专家点评】

环境影响回顾性评价，需根据对开发区开发现状、环境质量状况、资源能源利用、环境风险防范及环境管理状况的回顾性分析，以及上一轮规划环评审查意见和减缓措施的落实情况，提出产业园区发展及规划实施需重点关注的资源、生态、环境等方面的制约因素，明确新一轮规划实施需优先解决的涉及生态环境质量改善、环境风险防控、资源能源高效利用等方面的问题。

结合江宁经济技术开发区实际情况，需关注以下几点：分析近年来区内臭氧超标且呈加重趋势的原因；区内企业污水第一类污染物的产生、处理和车间处理设施，排放口达标排放情况及事故状态下现有的应急管控措施与机制；开发区内部分企业应急预案已过期需及时开展新一轮突发环境事件应急预案编制及风险评估，应督促企业做好应急预案备案工作，配备应急防护设施，每年开展应急演练；梳理开发区在用地性质调整、产业定位不符、公众环保投诉、环境风险隐患等方面的既有环境问题，列出企业问题清单和整改方案，明确整改目标、整改时限。

崔云霞（南京师范大学）

3 评价指标体系

3.1 环境目标

改善环境质量，保障生态安全，符合长江经济带环境保护规划相关要求，符合江苏省和南京市"三线一单"环境管控要求。至规划期末，环境空气质量和水环境质量达标，地下水和土壤环境风险得到严格控制，规划产业满足清洁生产和循环经济要求。开发区将建成"创新高地、智造强区、开放枢纽、魅力新城"，奋力由全国前列迈向全国最前列。

3.2 环境评价指标

本次评价以环境影响识别为基础，结合开发区总体发展规划及规划涉及的区域环境保护目标，参考国家、江苏省、南京市相关要求，从环境质量、应对气候变化、资源利用、污染排放、环境管理、生态建设等方面，考虑可定量数据的获取，同时结合现状调查与评价的结果，以及确定的资源与环境制约因素，建立规划环境影响评价的指标体系，各规划指标值依据《江苏省国民经济和社会发展第十四个五年规划和二〇三五年远景目标纲要》《国家生态工业示范园区标准》（HJ 274—2015）等相关要求进行确定，如表 3.2-1 所示。

【专家点评】

以引导开发区向绿色低碳方向转型为目的，结合规划特点、"双碳"目标等，针对性地设定开发区的碳排放总量、碳排放强度目标或碳排放强度下降目标等指标值。

钱谊（南京师范大学）

通过分析主要特征企业已有的能耗、水耗、单位土地产出表,设定开发区资源能源利用水平的现状值及规划目标,并分析目标指标的可达性。

逄勇(河海大学)

表 3.2‑1　本规划环评的评价指标体系

项目	环境目标	序号	评价指标	单位	现状值(2019/2020年)	近期目标(2025年)	远期目标(2035年)	依据来源(见表注)
环境质量	环境空气质量得到逐步改善;水环境质量得到提高和改善,逐步达到相应的水环境功能的要求;地下水基本达到Ⅳ类及以上水平	1	空气质量优良天数比例	%	82.3	83.1	85	[3]
		2	地表水环境功能区水质达标率	%	90	95	100	[4]
		3	地表水省考以上断面达到或优于Ⅲ类比例	%	100	100	100	[3]
		4	地下水环境质量	—	基本达到Ⅳ、Ⅴ类水平	维持现状水平	维持现状水平	—
应对气候变化	达到省、市、区2030年碳达峰目标,并进一步削减	5	单位GDP二氧化碳排放下降率	%	—	21.72	4	
		6	碳排放总量	万t	464.49	509.91	完成上级下达目标	[4]
		7	非化石能源占一次能源消费比重	%	—	完成上级下达目标		[3]
资源利用	缓解对土地、水资源等的压力,提高资源能源利用效率,完善清洁能源供给体系	8	单位工业用地面积工业增加值	亿元/km²	23.96	26	30	[2]
		9	单位工业增加值综合能耗	t标煤/万元	0.06	≤0.055	≤0.05	[2]
		10	单位工业增加值新鲜水耗	m³/万元	2.18	≤2	≤1.80	[2]
		11	工业用水重复利用率	%	50	85	85	[2]
		12	工业固体废物综合利用率	%	90	95	97	[2]
污染控制	工业废气全部达标排放,且符合总量控制要求。区域能源结构得到改善,主要污染物排放水平较现状有所降低,开展挥发性有机污染物的全面防治工作。提高污水集中处理率,废水污染物达标排放,且符合总量控制要求。一般工业固废综合利用率逐步提高;危险固废全部安全处置;生活垃圾无害化处理率达到100%。固废产生最小化	13	工业园区重点污染源稳定排放达标情况	%	达标	达标	达标	[2]
		14	单位工业增加值COD排放量	kg/万元	0.036	0.033	0.030	[2]
		15	单位工业增加值SO_2排放量	kg/万元	0.033	0.032	0.030	[2]
		16	工业废水集中收集处理率	%	100	100	100	—
		17	危险废物处理处置率	%	100	100	100	[2]
		18	生活垃圾无害化处理率	%	100	100	100	[2]
		19	生活垃圾分类收集率	%	—	90	95	[3]

项目	环境目标	序号	评价指标	单位	现状值 (2019/ 2020年)	近期目标 (2025年)	远期目标 (2035年)	依据 来源 (见表 注)
环境 管理	提高区域环境管理水平，建立公平共享的环境服务体系，促进社会、环境的可持续发展	20	环境管理制度与能力	—	完善	完善	完善	[2]
		21	建设项目环境影响评价实施率	%	100	100	100	[1]
		22	建设项目"三同时"验收率	%	93.4	100	100	[1]
		23	工业园区内企事业单位发生特别重大、重大突发环境事件数量	—	0	0	0	[2]
		24	工业园区重点企业清洁生产审核实施率	%	100	100	100	[2]
		25	污水集中处理设施	—	具备	具备	具备	[2]
		26	园区环境风险防控体系建设完善度	%	100	100	100	[2]
		27	生态工业信息平台的完善度	%	100	100	100	[2]
生态 建设	保护区域生态系统多样性，保护湿地生态系统，减少可能产生的生态不利影响，构建安全和谐的生态格局	28	建成区绿化覆盖率	%	47.3	48	55	[2]

注：[1] 开发区本轮总体发展规划相关要求；
　　[2]《国家生态工业示范园区标准》(HJ 274—2015)；
　　[3]《江苏省国民经济和社会发展第十四个五年规划和二〇三五年远景目标纲要》以及国家"十四五"规划的相关要求；
　　[4]《江苏省"十四五"应对气候变化规划》(征求意见稿)。

4　规划环境影响预测与评价

4.1　污染物排放量估算

4.1.1　估算思路

开发区污染源强估算考虑三大类污染源：工业污染源、农业污染源和生活污染源。预测期分为规划近期(2025年)和规划远期(2035年)。

(1) 废气污染源强估算主要考虑工业污染源

高架点源、工业企业面源分开进行估算。开发区点源主要是南京协鑫燃机热电有限公司和空港越秀路供热站，其中协鑫燃机热电有限公司已建成总容量2×180 MW 燃气—蒸汽联合循环热电联产机组，主要供应东山、淳化以及秣陵片区，可满足片区供热需求，不再规划新增；空港片区近期规划新增越秀路供热站，设计规模为3台50 t/h天然气蒸汽锅炉(两用一备)。工业企业污染源统一作为面源进行分析和测算。通过对区内已运营企业进行污染源调查，结合类比分析、工业用地优化调整规划、能源规划等，确定各行业特征污染因子及排污系数，估算规划实施后废气污染物的削减量、新增量及排放总量。

(2) 废水污染源强估算主要考虑工业污染源、农业污染源和生活污染源

工业污染源：以区内现有企业排污水平为基础，根据同类产业类比分析确定各行业单位占地排污系

数;对各地块估算工业用地面积,采用地均系数法估算该地块规划期工业废水量,并结合现状污染源统计结果,估算出开发区的工业废水新增量。农业污染源:农业面源按单位面积排污系数法估算污染源强,估算时考虑污染物流失系数。生活污染源:根据规划期人口预测规模,采用人均排污系数法估算园区生活污水的排放量。规划区内近、远期城镇废水截污率达到100%,生产及生活污水全部进入污水处理厂进行处理。因此,水污染物排放量由废水排放预估量和污水处理厂污染物预测排放浓度进行估算所得。

（3）固体废物产生量估算主要考虑工业污染源和生活污染源

工业污染源:根据园区土地利用和空间布局规划,按单位土地面积排污系数法估算一般工业固废和危险废物的产生量。生活污染源:根据规划期人口的预测规模,采用人均排污系数法估算园区生活垃圾的产生量。

4.1.2　污染源汇总

规划期开发区废气、废水污染物排放量以及固体废物产生量汇总情况如表4.1-1所示。

表4.1-1　开发区规划期污染物排放量估算汇总表　　　　　　　　　　　　单位:t/a

污染种类	项目	现状(2019年)	规划近期(2025年)		规划远期(2035年)	
			新增量	总量	新增量	总量
废气污染物	SO_2	360.167	23.940	384.107	27.477	387.644
	NO_x	1 167.071	47.439	1 214.510	54.441	1 221.512
	颗粒物	214.462	−5.210	209.252	−1.068	213.394
	甲苯	65.066	12.753	77.819	14.236	79.302
	二甲苯	147.807	26.140	173.947	29.056	176.863
	VOCs	475.18	−7.854	467.326	0.229	475.409
	HCl	0.961	0.230	1.191	0.255	1.216
	硫酸雾	0.408	0.135	0.543	0.151	0.559
废水污染物	COD	4 697.33	−383.40	4313.93	−527.87	4 169.46
	氨氮	512.93	−96.10	416.83	−188.22	324.71
	总氮	1 309.14	383.80	1 692.94	641.29	1 950.43
	总磷	94.41	−25.43	68.98	−27.61	66.80
固体废物*	一般工业固废	20.090 万	6.424 万	26.514 万	7.366 万	27.456 万
	危险废物	1.82 万	0.39 万	2.21 万	0.468 万	2.288 万
	生活垃圾	40.00 万	4.35 万	44.35 万	17.67 万	57.67 万

注:* 固体废物为产生量。

📢【专家点评】

　　规划实施后,开发区近远期SO_2、NO_x的排放量均比现状增加,因此总体预测SO_2、NO_x的浓度是上升的。建议进一步分析开发区减排潜力,结合区域污染物削减计划,完善环境影响预测结果,确保区域环境质量目标可达。

　　同时,根据园区产业转型升级和企业搬迁整改情况细化完善大气污染物减排清单和方案,应明确规划实施影响大气环境的范围和程度。

崔云霞(南京师范大学)

4.2 大气环境影响分析

4.2.1 模式预测基本参数

（1）预测模式选择

受低山、丘陵等地形地貌及长江、秦淮河等水系影响，规划区域周边气象场较复杂，且本规划实施后排放 SO_2、NO_x、$PM_{2.5}$ 和非甲烷碳氢化合物（NMHC）等污染物，在预测中需考虑 SO_2 和 NO_x 等前体污染物经化学反应生成二次细颗粒物的过程。

根据《环境影响评价技术导则 大气环境》（HJ 2.2—2018），当存在局地尺度特殊风场时，需考虑岸边熏烟问题，可选用非稳态拉格朗日烟团模型（CALPUFF 模型）进行模拟预测。因此本项目采用《环境影响评价技术导则 大气环境》（HJ 2.2—2018）推荐的含有简单化学机制的 CALPUFF 模式对特征污染物的环境影响进行预测，该系统以扩散统计理论为出发点，假设污染物浓度在一定程度上服从高斯分布。模式系统可用于多种排放源（包括点源、线源、面源和体源），也适用于乡村环境和城市环境、平坦地形和复杂地形、地面源和高架源等多种排放扩散情形的模拟和预测。

针对常规污染因子，包括 $PM_{2.5}$ 等二次污染因子，采用《环境影响评价技术导则 大气环境》（HJ 2.2—2018）推荐的区域光化学模型 CMAQ 模式对大气污染物的环境影响进行预测。两个模式气象场均由 WRF‑CALMET 和地面气象站耦合模拟计算得到。

（2）WRF 主要参数

气象场是空气质量模式描述污染物的输送、扩散和稀释作用的主要动力因子，气象场的质量优劣直接影响模拟结果的精度。在空气质量模拟的前期准备工作中，尽可能获得真实的气象场是至关重要的。本次预测采用的气象场由中尺度气象模式 WRF（Weather Research and Forecasting Model）模型提供。

鉴于气象要素对污染物在大气中的化学转化、区域输送、扩散、干湿沉降等过程有着很重要的影响，本节首先对模式的气象场进行了评估，挑选南京气象站 1、4、7、10 各月的两米气温、十米风速、两米相对湿度、地表气压、逐小时累计降水的空间平均值，分析模拟结果的准确性，并进行适当调整。

从统计结果来看气压和温度的模拟效果最好，平均值、中值、标准差都非常接近；相对湿度模拟值略大于观测值，但相关系数仍能达到 0.756 6；对于风速的模拟存在一定的偏差，模拟的平均值约比观测值大 30%，可能是因为观测站点位于城市，受建筑物的影响较大，而模式中下垫面分辨率较粗，对城市建筑的考虑存在一定的缺陷，这会造成对风速模拟的影响，但 WRF 整体的模拟能很好地抓住风向的转变过程。

（3）CALPUFF 主要参数

CALPUFF 模式系统主要包括 CALMET（California Meteorological Model）气象模式、CALPUFF 扩散模式以及一系列前/后处理程序。CALMET 模式可利用地形、土地类型、气象观测数据以及中尺度气象模式数据，生成 CALPUFF 扩散模式所需的时空变化的三维气象场，包括风场、温度场以及二维的混合层高度、扩散特性等。

考虑到烟团回流情况，CALPUFF 中的气象网格和计算网格均设置了一定的缓冲区，分辨率为 1 km。在计算小时或日平均浓度时，假定 NO_2 占所有氮氧化物的 90%；在计算年平均浓度时，假定 NO_2 占 75%。本项目在进行预测时采用通用横墨卡托投影（UTM）坐标系。CALPUFF 其他参数选用模式推荐值。

高空探空数据的提取位置为东经 118.73°，北纬 32.05°。高空探空气象数据参数包括时间（年、月、日、时）、探空数据层数、每层的气压、海拔高度、气温、风速、风向（以角度表示），同时采用中尺度气象模式 WRF 数据，结合南京气象站 2020 年地面观测数据，经 CALMET 诊断气象模式处理生成三维格点气象场，供 CALPUFF 扩散模式使用。考虑到烟团的回流等情况，CALMET 气象网格和 CALPUFF 计算网格均在预测范围各方向设置了一定的缓冲区,最终的气象网格范围为 79 km×79 km,分辨率为 1 km。

(4) 预测情景设置

考虑到项目实施情况以及规划方案的不确定性,本次预测设置近期和远期两个规划期,每个规划期分为新增、叠加共两个情景。具体如表 4.2-1 所示。

表 4.2-1　预测情景设置

规划期	情景	源强	预测内容	评价内容
近期	新增影响	近期源强	短期浓度 长期浓度	叠加环境质量现状浓度后的保证率日平均质量浓度和年平均质量浓度的达标情况,或短期浓度的达标情况,年平均质量浓度变化率
	叠加影响	近期源强＋削减源		
远期	新增影响	远期源强		
	叠加影响	远期源强＋削减源		

4.2.2　预测结果分析

根据对江宁经济技术开发区及周边主要敏感点及区域大气环境的模拟,常规因子 SO_2、NO_2、PM_{10}、$PM_{2.5}$ 采用区域光化学模型 CMAQ(Community Multiscale Air Quality)模式进行计算,规划近期及规划远期新增污染源的保证率日平均质量浓度贡献值的最大浓度占标率均小于 100%,年平均质量浓度贡献值的最大浓度占标率均小于 30%;叠加背景浓度、削减污染源及新增污染源的环境影响后,各类污染的保证率日平均质量浓度和年平均质量浓度均符合环境质量标准。

特征因子甲苯、二甲苯、硫酸雾、氯化氢、非甲烷总烃采用导则推荐的 CALPUFF 模型进行计算,新增污染源短期浓度贡献值的最大浓度占标率不超过 100%,且叠加后的短期浓度符合环境质量标准。

因此,江宁经济技术开发区近期及远期规划对区域大气环境的影响是可以接受的。

4.3　地表水环境影响分析

4.3.1　预测方案

根据《环境影响评价技术导则　地表水环境》(HJ 2.3—2018)要求,选取近 10 年最枯月平均流量作为河流不利枯水条件。本次评价收集到了 2008—2017 年武定门闸流量的资料,其中 2009 年 5 月武定门闸过水流量月平均值最小,为近 10 年最枯月,作为本次评价的不利水文条件。

根据秦淮新河闸抽水站运行调度情况,2009 年 5 月共有 11 天从长江引水进入秦淮新河,引水期间平均补水量为 32.58 m³/s,因此本次预测方案分别考虑秦淮新河闸引水和不引水两种情况,秦淮河各工况下最不利水文条件取值如表 4.3-1 所示。

表 4.3-1　秦淮河各工况下最不利水文条件取值表

单位:m³/s

工况	武定门闸过水量	秦淮新河闸引水量
秦淮新河闸不引水	15.53	0
秦淮新河闸引水	17.43	32.58

综合考虑水文、水体污染来源等因素,对评价范围内入秦淮河的污染源进行概化,并根据最不利水文条件和水功能区边界水质,利用已建立的评价范围内水环境数学模型,通过对规划年污染物入河量和秦淮新河引水流量进行组合,并结合实际情况,预测秦淮河流域各河道水质变化情况。其中方案 1 为根据现状污水厂规模模拟水环境现状,方案 2 和方案 3 为根据《南京市城乡污水处理专项规划(2018—2035)》确定

的污水厂近、远期规模预测的水环境情况,各方案下根据秦淮新河闸运行调度情况分为引水和不引水两种工况。

方案1:在最不利水文条件下,水质边界假设未受到污染,取Ⅱ~Ⅲ类水水质。秦淮新河闸引水、不引水两种工况下,在现状各污水处理厂按实际处理水量运行,现状农村生活污染源和农业面源入河的情况下,预测秦淮河流域各河道水质情况,与规划年水质进行对比分析。

方案2和方案3:在最不利水文条件下,水质边界假设未受到污染,取Ⅱ~Ⅲ类水水质。秦淮新河闸引水、不引水两种工况下,在近期规划(方案2)和远期规划(方案3)各类污染物排放情况下,预测秦淮河流域各河道水质变化情况。

4.3.2 预测结果分析

根据各预测方案结果,可得出以下结论。

在最不利水文条件下,现状年污染物入河的情况下,秦淮新河闸不引水时,秦淮新河为Ⅳ类水质,秦淮河、云台山河、横溪河为Ⅲ类水质,句容河为Ⅱ类水质,能够满足水质要求;考核断面洋桥断面为Ⅲ类水质,将军大道桥断面为Ⅲ类水质,上坊门桥断面为Ⅲ类水质,黄桥断面为Ⅲ类水质,各考核断面水质总体较好。秦淮新河闸引水时,秦淮新河、秦淮河、横溪河、云台山河均为Ⅲ类水质,句容河为Ⅱ类水质,能够满足水质要求;考核断面洋桥断面为Ⅱ类水质,将军大道桥断面为Ⅲ类水质,上坊门桥断面为Ⅲ类水质,黄桥断面为Ⅲ类水质,各考核断面水质总体较好。

在最不利水文条件下,近期规划年污染物入河的情况下,秦淮新河闸不引水时,秦淮新河为Ⅳ类水质,秦淮河、横溪河为Ⅲ类水质,句容河为Ⅲ类水质,云台山河为Ⅳ类水质,达到水质目标;考核断面洋桥断面为Ⅲ类水质,将军大道桥断面为Ⅲ类水质,上坊门桥断面为Ⅲ类水质,黄桥断面为Ⅲ类水质,能够达到水质目标。秦淮新河闸引水时,由近期规划年污染物入河量计算结果可知,秦淮新河为Ⅲ类水质,秦淮河、句容河、横溪河为Ⅲ类水质,云台山河为Ⅳ类水质,达到水质目标;考核断面洋桥断面为Ⅱ类水质,将军大道桥断面为Ⅲ类水质,上坊门桥断面为Ⅲ类水质,黄桥断面为Ⅲ类水质,能够达到水质目标。

在最不利水文条件下,远期规划年污染物入河的情况下,秦淮新河闸不引水时,秦淮新河为Ⅳ类水质,秦淮河、句容河、横溪河为Ⅲ类水质,云台山河为Ⅳ类水质,达到水质目标;考核断面洋桥断面为Ⅲ类水质,将军大道桥断面为Ⅲ类水质,上坊门桥断面为Ⅲ类水质,黄桥断面为Ⅲ类水质,能够达到水质目标。秦淮新河闸引水时,秦淮新河为Ⅲ类水质,秦淮河、句容河、横溪河为Ⅲ类水质,云台山河为Ⅳ类水质,达到水质目标;考核断面洋桥断面为Ⅱ类水质,将军大道桥断面为Ⅲ类水质,上坊门桥断面为Ⅲ类水质,黄桥断面为Ⅲ类水质,能够达到水质目标。

根据现状补充监测可知,各河道LAS、石油类、镍、六价铬、锌等特征污染物均能满足水质要求,表明现有污染物排放强度对河道水质影响较小。在规划近、远期,LAS、石油类、镍、六价铬、锌等特征污染物对河道水质不会产生较大影响,能够满足水功能区的水质管理要求。

📢【专家点评】

根据开发区规划期水污染物排放量的汇总,可知科学园污水处理厂、空港污水处理厂、南区污水处理厂、禄口污水处理厂、湖熟污水处理厂接入的工业污水量均有增加。根据规划用地类型及现状企业排污情况,应分现状年和规划年,分析各类(工业、生活等)水污染物的排放量、入河量,预测各类污染物的量,提出具有针对性及可实施的污染物削减方案。对照区域水体纳污能力及排污许可的要求,严格控制规划实施后的污染物总量(特别是工业污染物总量),以保证区域水源地等敏感目标的水质安全。

结合各方案的河网的水文情势分析,计算中明确水文设计保证率的取值及取值依据。根据区域污染源情况,同时基于区域污水接管率,合理设定河网模型中污染源的取值,在此基础上进行预测,明确对考核断面等水环境保护目标的影响,提出相应的污染防治措施。

开发区含涉镍、铬、钒等重金属排放的企业,除此之外,应基于等标污染分析结果,预测其余重金属等特征污染物对水环境的影响,提出相应的对重金属等特征污染物的管控措施。

逄勇(河海大学)

4.4　地下水环境影响分析

参照《环境影响评价技术导则　地下水环境》(HJ 610—2016)要求,对评价区地下水环境影响进行计算分析与预测,污染物数值模拟预测结果显示,非正常状况下污染物扩散范围会跟随时间的推移不断扩大,应着重加强区内污染风险源(污水处理站、反应池和化粪池等)的防渗措施与监测执行标准,并布设地下水长期监测孔网、点,对地下水水质进行跟踪监测。

正常状况下,20年后开发区污水处理厂中的污染物最大迁移距离约47.12 m,科学园污水处理厂中的污染物最大迁移距离约31.40 m,南区污水处理厂中的污染物最大迁移距离约11.97 m,空港污水处理厂中的污染物最大迁移距离约23.23 m,上汽大众厂内污水预处理站中的污染物在水平方向上的最大迁移距离为4.80 m,爱立信熊猫厂内化粪池中的污染物在水平方向上的最大迁移距离为5.25 m,奥赛康药业厂内污水处理站中的污染物在水平方向上的最大迁移距离为3.78 m,污染物主要集中在厂区和周边很小的范围内。因此,开发区地下水环境影响基本可以接受。

非正常状况下,地下水水质的跟踪监测频率一般为一个季度(90天),当污染物迁移100天时,通过对地下水水质的跟踪监测基本能够发现污染问题并启动应急方案进行处理。因此以污染物迁移100天为例,开发区污水处理厂内污染物在水平方向上的最大迁移距离约7.34 m,最大影响深度约3.30 m;科学园污水处理厂内污染物在水平方向上的最大迁移距离约7.74 m,最大影响深度约2.81 m;南区污水处理厂内污染物在水平方向上的最大迁移距离约5.80 m,最大影响深度约2.20 m;空港污水处理厂内污染物在水平方向上的最大迁移距离约6.32 m,最大影响深度约3.15 m。开发区地下水环境影响基本可以接受。

综上分析,评价区内环境水文地质条件整体良好,项目所在地综合污水处理区(污水处理站、反应池等)污染物的扩散范围能够满足《地下水质量标准》(GB/T 14848—2017)Ⅲ类标准的相关要求,开发区及建设项目地下水环境影响基本可以接受。

4.5　声环境影响预测与评价

开发区主要噪声包括居住、商业、工业区的区域环境噪声和道路交通干线的交通噪声。

对于区域环境,开发区规划远期人口规模为158万,人口密度为0.45万人/km²,区域环境噪声均值为58.2 dB(A),比现状增加3.3 dB(A)。

对于交通环境,在道路旁无任何声阻碍物(如绿化带)的情况下,对照交通干线噪声质量标准,所有道路两侧20 m范围内昼间未超过国家交通噪声标准,夜间超出4.37~9.31 dB(A)。道路两侧40 m范围内昼间未超过国家交通噪声标准,夜间超出1.36~6.3 dB(A)。一般交通噪声可能会造成道路两侧噪声超标,但根据同类区域的类比调查,道路两侧若建设10 m宽的松树或杉树林带,可降低交通噪声2.8~3.0 dB(A);若建设10 m宽30 cm高的草坪,可降低噪声0.7 dB(A);单层绿篱可降低噪声3.5 dB(A)左右,双层绿篱则可降低噪声5 dB(A)。按照开发区规划,在主要道路两侧均将实行绿化工程,建设10~50 m宽的立体防护绿化带,这样就可降低交通噪声5~10 dB(A)。如噪声降低10 dB(A),则昼、夜间所有道路两侧40 m外声环境质量将全部达标。

对于铁路环境,在声环境敏感点铁路边界处共设置551处测点,近期昼间、夜间预测等效声级分别为

48.0～72.1 dB(A)、41.5～65.6 dB(A),分别超过标准限值0.1～2.1 dB(A)、0.1～5.6 dB(A)。噪声敏感点共计551处,敏感点测点近期昼间、夜间预测等效声级分别为53.9～74.8 dB(A)、47.7～68.2 dB(A),分别超过标准限值0.1～10.7 dB(A)、0.1～15.3 dB(A)。在项目建设过程中,将严禁在噪声4b类区内规划新建学校、医院(卫生所)、住宅等环境敏感项目,重点区域设置声屏障和采取隔声措施防治铁路噪声影响,保证噪声敏感建筑物的声环境质量符合国家有关标准。

4.6 固体废物环境影响分析

(1)临时存放可能产生的环境影响

固废的细微颗粒在临时堆放的过程中,若工程设施建设不够或不当,会因表面的干燥而引起扬尘,对周围的大气环境造成尘害。而某些固废中的有害物质会因风吹雨淋而散发出大量有毒气体。

在临时存放点也有可能由于雨水的浸淋,固废的渗出和滤沥液会污染土地,进而流入周围的河流,同时也会影响到地下水,造成整个周围地区水环境的污染。

固废及其渗出液接触到土壤,常会改变土质和土壤结构,也可能影响土壤中微生物的活动,阻碍植物根茎的生长,一些有毒物质也会在土壤中积累造成土壤性质的变化,最终造成土壤质量的下降。

(2)运输过程中产生的环境影响

在运输过程中,如果密闭措施不好,以及突发交通运输事故,可能会产生扬尘及散发异味,废物抛洒滴漏,对沿途的环境造成一定的影响。

(3)危险固废的潜在影响

由于危险固废本身具有一定毒性和腐蚀性,因此它在临时存放、运输过程以及最后的处理过程中,由于一些突发事故的不可预见性和不可控制性,可能对周围的生态环境造成一定的影响,特别是对规划区的工作人员以及居民的健康造成影响,甚至造成生命危险。

因此,固体废物的不适当堆置或处置,将对视觉景观、环境卫生、人体健康和生态环境造成不可忽视的影响,入区企业应对其产生的固废特别是危险废物加强管理,按照废物的性质及特点进行减量化、无害化、资源化处理,不向环境中排放,以确保不造成环境危害。

综上所述,开发区内应根据废物性质进行分类收集、安全储存,回收、处置和综合利用;区内产生的危险废物送往有危险废物处置资质的单位处置,对危险废物进行有效控制,其对环境将不会产生明显的污染。在规划实施过程中,必须加强清洁生产,从源头削减固废的产生量,同时加强工业固废资源化利用,减少固废堆存量。

4.7 生态环境影响分析

4.7.1 生物多样性影响分析

(1)植被多样性影响分析与评估

在规划期内,开发区部分农田和林地将被综合服务用地、城镇居住用地、文教科研用地、一类和二类工业用地等建设用地取代。被占用的农田主要为茶园,被占用的林地主要为低海拔的阔叶林(包括加杨、女贞、楝树等)。此部分农田的农作物和林地植被将变为建设用地及行道树等植被,植被覆盖度降低,生物量有所损失,但按照一般农田"占补平衡"的要求,被占用的农田将在异地进行恢复,损失的生物量基本会得到恢复。

(2)鸟类多样性影响分析与评估

在规划期内,该区域中原农田栖息鸟类(主要为环颈雉、珠颈斑鸠等)将转移至其他农田区域,原林地栖息鸟类(主要为各种雀形目林鸟)将转移至周边其他林地区域,取而代之的是一些亲人鸟类(主要为麻雀、喜鹊、白头鹎、白鹡鸰、乌鸫、戴胜等),造成该区域鸟类群落结构发生变化。由于鸟类活动能力较强,且被占用的农田和林地周边有大量可替代地块,故本规划对鸟类多样性的影响可接受。

(3)其他陆生脊椎动物影响分析与评估

与鸟类相比,两栖、爬行和哺乳动物等其他陆生脊椎动物的活动能力相对较弱,故本轮规划对其他陆生脊椎动物的影响相对更大些。该区域原农田中栖息的部分两栖动物(主要为泽陆蛙、中华蟾蜍等)、爬行动物(主要为赤链蛇、黑眉锦蛇、红纹滞卵蛇等)、哺乳动物(主要为东北刺猬、黑线姬鼠、黄胸鼠、草兔等)将转移至其他农田区域,原林地中栖息的爬行动物(主要有多疣壁虎、短尾蝮、黑眉锦蛇、赤链蛇、红纹滞卵蛇、乌梢蛇、丽斑麻蜥和北草蜥等)和哺乳动物(主要为灰麝鼩、黑线姬鼠、黄胸鼠、狗獾等)将转移至周边其他林地。

但上述部分动物可能会由于行动不及时或行动速度慢而灭失,本轮规划建成后,该区域中两栖动物、爬行动物和哺乳动物的数量都将减少,种群也会发生变化,两栖动物将会很少见,爬行动物中仅有多疣壁虎和少量赤链蛇,哺乳动物数量也会减少,且主要变为伴人种(如小家鼠、褐家鼠等),故本轮规划对两栖动物、爬行动物和哺乳动物的影响相对较大,后续建设单位将采取建设本杰土堆等措施来补偿本次生态损失。

(4)水生生物多样性影响分析与评估

开发区内分布有百家湖、九龙湖、梅龙湖、谷里水库等淡水湖泊和水库,以及秦淮河、句容河、云台山河等河流,开发区本轮规划不占用上述湿地空间,施工生活污水、施工废水及施工固体废弃物等均不向湿地排放,且施工不从湿地取水,不会导致开发区内湿地面积减少,且各湿地沿岸有一定的生态空间预留。根据地表水预测结论,各纳污河道水质均能达到水质目标,本轮规划实施对开发区水体和水生生物的负面影响可接受。

4.7.2　开发区建设用地生态适宜性评价

(1)评价方法

建设用地生态适宜性评价主要是根据土地系统固有的生态条件,结合社会经济因素,评价土地作为建设用地的适宜程度。本次评价采用德尔菲法确定开发区建设用地生态适宜性评价因子,以及各评价因子的划分等级和权重,如表4.7-1所示。筛选评价因子的原则:① 对土地的建设开发有较显著的影响,② 在网格的分布上存在较明显的梯度差异。

表4.7-1　开发区建设用地生态适宜性分析评价因子表

因子	适宜性等级	分类条件	单因子得分	权重
河流、水库坑塘	适宜	距离岸线>10 m	6	0.3
	不适宜	距离岸线0~10 m	3	
	很不适宜	河流水面范围	0	
土地利用现状	很适宜	建设用地、道路	9	0.4
	适宜	空闲地	6	
	很不适宜	水域、林地、农田	0	
坡度	适宜	<10%	8	0.3
	较适宜	10%~25%	5	
	不适宜	>25%	1	
生态空间保护区域	国家级生态红线		划入很不适宜区	
基本农田保护区	划入很不适宜区			

以上述各单项评价因子分析为基础,形成开发区各单项评价因子的建设用地生态适宜性程度分级图,然后将不同评价因子的图层进行加权叠加分析,得到开发区建设用地生态适宜性综合评价值的分布范围图(分辨率为 15 m×15 m),根据综合评价图的分值,采用自然间断点分级法将开发区建设用地生态适宜性划分为四个等级:很适宜、适宜、不适宜、很不适宜。

(2)评价结果

开发区规划范围内很适宜建设的用地主要为开发区内已建成区域和空闲地;适宜建设的用地主要为一般农田区域;不适宜建设的用地主要为牛首山、方山、东善桥林场等山体的生态空间管控区域;很不适宜建设的用地主要为国家级生态红线、基本农田保护区等生态敏感区域,开发区坡度大于 25% 的山地,以及湖泊、河流及其两侧部分区域。

开发区开发建设过程中,需合理安排用地布局及开发顺序,建设用地尽量安排在适宜建设的区域,避免开发建设活动对生态空间管控区域和自然生态系统产生不利影响。

4.8 环境风险分析

开发区主要环境风险物质为二甲苯、三乙胺、汽油、硝酸、液氨以及危险废物(主要是废液),根据风险情形分析,开发区主要环境风险为危险物质泄漏引发的火灾、爆炸事件以及开发区内污水处理厂设施故障引发的废水排放事故。开发区环境风险预测结果显示,风险物质泄漏对周边环境敏感目标影响较小,污水处理厂废水排放事故将进一步加剧秦淮河流域水质污染,因此需加强日常管理,杜绝风险事故发生。

为进一步提升环境风险管控能力,开发区应加强预警系统建设,完善环境风险应急体系,开发区层面配备更全更先进的应急救援设施,加强开发区与江宁区、雨花台区和南京市等在应急保障方面的联动,构建有效的应急保障互助机制。强化危险化学品仓储、运输管理,根据开发区已经建设并投入使用的路网规划和入驻企业的分布情况,建立危险品车辆交通监控管理系统,根据实际情况打造一套基于开发区车辆交通管理系统的解决方案。建立健全开发区水环境风险三级防控体系,开发区及河道水利部门应注意加强与企业的联系,在极端水环境事故状态下防止事故废水进入环境敏感区。此外,开发区应进一步加强开发区内部应急联动、南京市区域内应急联动和跨区域应急联动,完善环境风险应急联动机制。

5 开发区碳排放评价

5.1 碳排放量现状调查与评价

5.1.1 碳排放计算方法

本次核算参照《重庆市规划环境影响评价技术指南——碳排放评价(试行)》(渝环〔2021〕15 号)(以下简称《指南》)推荐的碳排放量计算方法。碳排放计算采用排放因子法,即选择相应活动水平的数据并根据相应的排放因子和全球变暖潜势计算碳排放量。根据调查结果,分别计算开发区各种活动产生的碳排放量,具体计算公式见 5.1-1～5.1-12。

碳排放总量计算见公式(5.1-1):

$$AE_{总} = AE_{燃料燃烧} + AE_{净调入电力和热力} \qquad (5.1-1)$$

式中:$AE_{总}$——碳排放总量(tCO$_2$e);$AE_{燃料燃烧}$——燃料燃烧碳排放量(tCO$_2$e);$AE_{净调入电力和热力}$——净调入

电力和热力的碳排放总量(tCO_2e)。

根据燃料用于电力生产和其他工业生产的情况不同,燃料燃烧排放量($AE_{燃料燃烧}$)计算方法不同,具体见公式(5.1-2):

$$AE_{燃料燃烧} = AE_{电燃} + AE_{工燃} \tag{5.1-2}$$

式中:$AE_{电燃}$—电力生产燃料燃烧排放量(tCO_2e);$AE_{工燃}$—工业生产燃料燃烧排放量(tCO_2e)。

用于电力生产的燃料燃烧产生的排放量($AE_{电燃}$)计算方法见公式(5.1-3):

$$AE_{电燃} = \sum (AD_{i燃料} \times EF_{i燃料} + AD_{i燃料} \times EF'_{i燃料} \times GWP_{N_2O}) \tag{5.1-3}$$

式中:i—燃料种类;$AD_{i燃料}$—i 燃料燃烧消耗量(t 或 kNm^3);$EF_{i燃料}$—i 燃料燃烧的二氧化碳排放因子(tCO_2e/kg 或 tCO_2e/kNm^3),按照《指南》附表 D.2 选取,园区企业用于电力生产的燃料为天然气,排放因子为 2.160 tCO_2/kNm^3;$EF'_{i燃料}$—i 燃料燃烧的氧化亚氮排放因子(tCO_2e/kg 或 tCO_2e/kNm^3),按照《指南》附表 D.3 选取,排放因子为 3.89×10^{-5} tN_2O/kNm^3;GWP_{N_2O}—氧化亚氮全球变暖潜势值,按照《指南》表 A.1 选取,取为 310。

用于电力生产之外的其他工业生产的燃料燃烧产生的排放量($AE_{工燃}$)计算方法见公式(5.1-4):

$$AE_{工燃} = \sum (AD_{i燃料} \times EF_{i燃料}) \tag{5.1-4}$$

式中:i—燃料种类;$AD_{i燃料}$—i 燃料燃烧消耗量(t 或 kNm^3);$EF_{i燃料}$—i 燃料燃烧的二氧化碳排放因子(tCO_2e/kg 或 tCO_2e/kNm^3)。

净调入电力和热力的碳排放总量($AE_{净调入电力和热力}$)计算方法见公式(5.1-5):

$$AE_{净调入电力和热力} = AE_{净调入电力} + AE_{净调入热力} \tag{5.1-5}$$

式中:$AE_{净调入电力}$—净调入电力的碳排放量(tCO_2e);$AE_{净调入热力}$—净调入热力的碳排放量(tCO_2e)。

其中,净调入电力的碳排放量($AE_{净调入电力}$)计算方法见公式(5.1-6):

$$AE_{净调入电力} = AD_{净调入电量} \times EF_{电力} \tag{5.1-6}$$

式中:$AD_{净调入电量}$—净调入电量(MWh);$EF_{电力}$—电力排放因子(tCO_2e/MWh)。

净调入热力的碳排放量($AE_{净调入热力}$)计算方法见公式(5.1-7):

$$AE_{净调入热力} = AD_{净调入热力消耗量} \times EF_{热力} \tag{5.1-7}$$

式中:$AD_{净调入热力消耗量}$—净调入热力消耗量(GJ);$EF_{热力}$—热力排放因子(tCO_2e/GJ),为 0.11 tCO_2e/GJ。

参照《工业其他行业企业温室气体排放核算方法和报告指南(试行)》,工业废水厌氧处理的 CH_4 排放量计算公式如下:

$$AE_{CH_4废水} = (TOW - S) \times EF_{CH_4废水} \times GWP_{CH_4} \times 10^{-3} \tag{5.1-8}$$

式中:$AE_{CH_4废水}$—工业废水厌氧处理的 CH_4 排放量(t);TOW—工业废水中可降解有机物的总量,以化学需氧量(COD)为计量指标(kgCOD);S—污泥方式清除掉的 COD 量(kgCOD),如果企业没有统计,则应假设为零;$EF_{CH_4废水}$—工业废水厌氧处理的 CH_4 排放因子($kgCH_4/kgCOD$);GWP_{CH_4}—CH_4 全球变暖潜势值,为 21。

参照《陆上交通运输企业温室气体排放核算方法和报告指南(试行)》,交通源产生的碳排放量($AE_{交通}$)计算方法见公式(5.1-9):

$$AE_{交通} = AE_{交通-CO_2} + AE_{交通-CH_4} + AE_{交通-N_2O} \tag{5.1-9}$$

式中:$AE_{交通}$—车辆燃烧化石燃料产生的温室气体排放量(tCO_2e);$AE_{交通-CO_2}$—车辆燃烧化石燃料产

生的 CO_2 排放量（tCO_2）；$AE_{交通-CH_4}$——车辆燃烧化石燃料产生的 CH_4 排放量（tCO_2e）；$AE_{交通-N_2O}$——车辆燃烧化石燃料产生的 N_2O 排放量（tCO_2e）。

其中，$AE_{交通-CO_2}$ 计算方法见公式（5.1-10）：

$$AE_{交通-CO_2} = \sum AD_{i交通} \times EF_{i交通} \tag{5.1-10}$$

式中：$AD_{i交通}$——第 i 种化石燃料的活动水平（GJ）；$EF_{i交通}$——第 i 种化石燃料的二氧化碳排放因子（tCO_2/GJ）。

$AE_{交通-CH_4}$ 和 $AE_{交通-N_2O}$ 计算方法见公式（5.1-11）：

$$AE_{交通-i} = \sum k_{a,b,c} \times EF_i \times GWP_i \times 10^{-9} \tag{5.1-11}$$

式中：i——燃料种类，即 CH_4 或 N_2O；$k_{a,b,c}$——车辆的不同车型、燃料种类、排放标准的行驶里程（km）；GWP_i——CH_4 和 N_2O 的全球增温潜势；EF_i——甲烷或氧化亚氮排放因子。

用于建筑施工的燃料燃烧产生的排放量（$AE_{建筑}$）计算方法见公式（5.1-12）：

$$AE_{建筑} = \sum (AD_{i建筑} \times EF_{i建筑}) \tag{5.1-12}$$

式中：i——燃料种类；$AD_{i建筑}$——i 燃料燃烧消耗量（t 或 kNm^3）；$EF_{i建筑}$——i 燃料燃烧的二氧化碳排放因子。

5.1.2 碳排放量现状调查结果

根据调查计算结果，开发区 2020 年碳排放量及组成情况如下表和图所示。

表 5.1-1 开发区 2020 年碳排放量及组成情况

类别	工业企业能源消耗	污水处理	交通源	生活及服务业源	建筑源	合计
碳排放量/（万 t/a）	148.75	7.93	8.80	298.92	0.09	464.49
占比/%	32.02	1.71	1.89	64.35	0.02	100

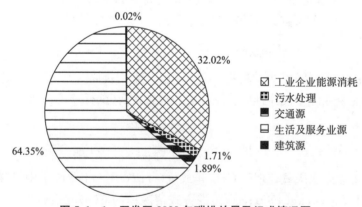

图 5.1-1 开发区 2020 年碳排放量及组成情况图

2020 年开发区碳排放总量约为 464.49 万 t，其中生活及服务业源占 64.35%，工业企业能源消耗占 32.02%，污水处理、交通源、建筑源分别占 1.71%、1.89% 和 0.02%。开发区生活及服务业源碳排放量占比较高的原因为：一是开发区为产城融合的综合性开发区，与普通工业园区相比居住用地占比较大，居民人数较多，服务业较为发达；二是开发区目前已基本完成前期的产业结构升级和清洁能源替代，开发区现重点耗能企业较少，企业清洁生产水平较高。

5.2　碳排放评价指标体系

在碳排放现状调研和分析的基础上,对规划的能源结构、产业结构、用地规模等情况开展规划分析,识别规划实施后重点排放源及碳排放强度等方面的变化,研究设定碳排放评价指标,本次碳排放评价指标如表 5.2－1 所示。

表 5.2－1　碳排放评价指标体系

项目	环境目标	序号	评价指标	现状值(2019 年)	近期目标(2025 年)	远期目标(2035 年)
应对气候变化	达到省、市、区 2030 年碳达峰目标,并进一步削减	1	单位 GDP 二氧化碳排放下降率	—	21.72%	达到上级下达的考核要求
		2	碳排放总量	464.49 万 t	509.91 万 t	达到上级下达的考核要求
		3	非化石能源占一次能源消费比重	—		达到上级下达的考核要求

5.3　碳排放预测与评价

根据《南京市国民经济和社会发展第十四个五年规划和二〇三五年远景目标纲要》中"十四五"时期经济社会发展主要指标,到 2025 年,单位地区生产总值二氧化碳排放比 2020 年下降 20%,非化石能源占一次能源消费比重达到 12%。

本次评价采用单位地区生产总值碳排放量作为碳排放评价指标,预测规划中期即 2025 年的碳排放情况。2020 年度开发区地区生产总值为 1 834.38 亿元,碳排放总量约为 464.49 万 t,单位地区生产总值碳排放量为 0.253 2 t/万元。

开发区 2025 年碳排放量及组成情况预测结果如表 5.3－1 所示。

表 5.3－1　开发区 2025 年碳排放量及组成情况预测

类别	工业企业能源消耗	污水处理	交通源	生活及服务业源	建筑源	合计
碳排放量/(t/a)	160.15	12.5	9.98	327.23	0.05	509.91
占比/%	31.41	2.45	1.96	64.17	0.01	100

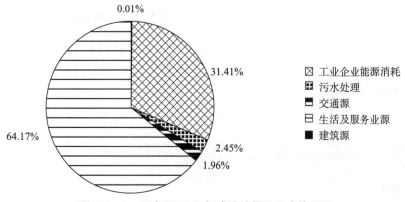

图 5.3－1　开发区 2025 年碳排放量及组成情况图

根据《南京市江宁区国民经济和社会发展第十四个五年规划和二〇三五年远景目标纲要》,江宁区在"十四五"时期地区生产总值年均增速在 7% 左右。按照年均增速 7% 估算,到 2025 年开发区生产总值约为 2 572.81 亿元。2025 年开发区碳排放总量约为 509.91 万 t,计算得到开发区单位地区生产总值碳排放量约为 0.198 2 t/万元,相较 2020 年降低约 21.72%,可以达到《南京市国民经济和社会发展第十四个五年规划和二○三五年远景目标纲要》中单位地区生产总值二氧化碳排放量降低 20% 的指标要求。

5.4　碳排放优化调整建议和管控措施

结合《国务院关于印发 2030 年前碳达峰行动方案的通知》(国发〔2021〕23 号)中各碳达峰行动重点任务要求,主要从优化产业结构、能源调整、减污降碳协同治理三个方面对开发区的碳排放提出优化建议和管控措施。

📢【专家点评】

目前,产业园区碳排放评价的技术方法尚处于尝试阶段。首先是评价方法。碳排放评价工作,第一步是碳排放核算,第二步是碳排放的评价。在碳排放核算方面,国家和地方已发布了一系列的碳排放核算标准。碳权交易有一套市场碳排放权的核算规则,采用确定的基准线。将企业、园区核算的碳排放量与基准线值比较,得出碳排放的评价结果是评价思路之一。其次是碳排放因子的确定。例如电力碳排放因子的选取,使用国家、省、市分能源品种的碳排放因子进行核算还是采用综合因子进行核算,结果差别较大。最后,碳排放核算有联合国政府间气候变化专门委员会(IPCC)碳排放清单核算法、国家考核体系核算方法、碳市场规则核算方法三种,用于不同的使用目的。目前,国家"双碳"工作的碳排放核算方法明确了由国家统计局和国家发改委牵头进行顶层设计。

建议在当前的规划环评碳排放评价工作中主要做好以下工作:

一是从供给侧园区能源规划,分析园区规划的分能源品种的供给能力,对可再生能源发展进行规划。

二是从消费侧收集分析产业园区、区内企业、单位的分能源品种消费量,鼓励采用当地碳排放因子核算碳排放量;鼓励进行园区碳排放量和单位工业增加值碳排放量的分析评价。

三是根据国家、省碳达峰行动方案以及本地区碳达峰计划,进行碳达峰、碳排放量趋势分析。

四是收集开发区、区内企业历史能源消费、碳排放数据,进行碳排放量累计分析。

五是提出为实现碳达峰与碳中和、减污降碳的能源低碳转型、绿色低碳转型发展的规划优化调整建议,以及减污降碳的措施。

建议加强与规划部门的深入交流与沟通,将城市更新理念和实践与生态环境保护、绿色低碳转型发展相结合,与碳达峰和碳中和工作同步推进,优化产业、设施空间布局,产城融合,不断改善生态环境质量。

邱大庆(北京市应对气候变化管理事务中心)

6　资源环境承载力分析

6.1　水资源承载力分析

(1)水资源需求量分析

采用两种方法对规划区给排水量进行预测:方法一是人均综合指标法,方法二是不同性质用地用水量指标计算法。本次采用上述两种方法进行计算,并相互校核。

将两种方法计算的结果进行平均,需水量取平均值,得出规划区内用水情况,如表 6.1-1 所示。

表 6.1-1　规划区内给排水综合计算结果　　　　　　　　　　　单位:万 m³/d

年限	计算方法	用水量预测结果
2025 年	方法一	72.6
	方法二	86.89
	平均	79.75
2035 年	方法一	85.7
	方法二	93.37
	平均	89.54

(2)水资源供需平衡分析

根据规划期分部门水资源需求量预测结果,规划期末开发区城市综合用水量将达到 89.54 万 m³/d,即 3.27 亿 m³/a,江宁经济技术开发区规划范围内的水厂规模共达到 45 万 m³/d,不能满足近、远期内部用水需求,剩余的用水量由规划区外的滨江水厂提供。滨江水厂现供水规模为 45 万 m³/d,规划至 2035年,其供水规模为 110 万 m³/d,且主要向规划区范围内供水,三家水厂供水能力将达到 155 万 m³/d,即5.66 亿 m³/a,可满足规划区内用水需求。

(3)水源供水稳定性分析

长江水资源充沛,南京市长江多年平均过境水量达 9 015 亿 m³,最丰年(1954 年)为 13 592 亿 m³,最枯年(1978 年)为 6 748 亿 m³。规划三家水厂取水量约 5.66 亿 m³/a,主要水源地长江夹江饮用水水源地、子汇洲饮用水水源地,能够为开发区水厂提供稳定、足够的水量。

在水质方面,长江作为开发区用水的主要水源,水质良好,长江夹江饮用水水源地、子汇洲饮用水水源地符合《地表水环境质量标准》(GB 3038—2002)中的Ⅱ类水质标准。

因此,在水源地水质达到功能区划要求的前提下,规划期长江夹江饮用水水源地、子汇洲饮用水水源地可作为开发区稳定的供水水源,江宁开发区水厂、江宁科学园水厂和滨江水厂的供水能力能够满足开发区人口增长和产业发展的需求。

6.2　土地资源承载力分析

6.2.1　土地利用规划分析

按照开发区本轮规划方案,开发区规划用地面积为 348.7 km²。与上一轮规划相比,开发区本轮规划中的土地利用变化主要集中在以下三方面。

(1)挖掘存量,提升建设用地增长空间

开发区土地利用从外延扩展向内涵挖潜转变,严格控制建设用地增量,以尽可能少的土地消耗获得预期的经济增长;逐步置换低效利用的已建用地,清理闲置土地,挖掘存量土地潜力;向"存量"要空间主要通过增资、加密、加层等方式实现。

(2)提高土地利用效率

开发区在工业用地开发强度、建设完成度方面均有较大提升空间,本轮规划倡导提高强度、立体开发,横纵向结合寻找潜力空间,提高土地利用效率,实现工业用地容积率的增长。

(3)均衡土地利用的空间效益与质量

根据各类用地之间的功能联系,合理规划用地比例和位置,增强产业用地之间的关联性、产业用地与居住用地之间的契合性、居住用地与公共服务设施用地之间的可达性,从而减少产业少关联带来的设施重复建设、产居不匹配带来的远距离通勤、设施不便捷带来的增量出行,最终实现对用地的集约和高效利用。新引进企业及现状企业提升改造需符合开发区总体布局和各区发展引导要求,符合经济效益、环境效益和空间效益要求,向高产出、低能耗、低污染方向发展,充分高效地利用土地资源。

因此,从区域土地资源承载能力来看,开发区本轮规划方案并未加剧土地资源供给的压力。通过对开发区现状用地进行以上优化调整,可以提高土地利用的效率,一定程度上将缓解区域土地资源对开发区发展的制约状态。

6.2.2 土地资源人口承载力分析

参考《城市用地分类与规划建设用地标准》(GB 50137—2011),分析土地资源对人口的承载力。该标准规定,居住用地人均用地面积为 23.0～36.0 m²,公共管理与公共服务用地人均用地面积不应小于 5.5 m²,道路与交通设施用地人均用地面积不应小于 12.0 m²,绿地与广场用地人均用地面积不应小于 10.0 m²,四项人均指标的总和不低于 50.5～63.5 m²。依据以上指标估算开发区土地资源对人口的承载力,如表 6.2 - 1 所示。

表 6.2 - 1 规划期土地资源对人口的承载力分析

序号	用地类型	人均用地标准/（m²/人）	远期（2035 年）	
			规划用地规模/km²	对人口的承载力/万人
1	居住用地	23.0～36.0	40.03	111.3
2	公共管理与公共服务用地	5.5	28.96	520.0
3	道路与交通设施用地	12.0	10.10	84.2
4	绿地与广场用地	10.0	30.40	304.0
	合计	50.5～63.5	109.49	1 019.5

通过分项用地的最低人口承载力分析,开发区土地资源对人口的承载力远期为 1 019.5 万人。开发区本轮规划方案中,规划至 2035 年总人口为 158 万人。可见,按照国家建设用地标准进行分析,规划期开发区土地资源可以满足开发区人口增长的需要。

6.2.3 土地资源利用效率分析

2019 年开发区地均地区生产总值为 4.78 亿元/km²,在江苏省国家级开发区中处于较高水平,但与苏州工业园区、南通经济技术开发区等相比尚有差距,土地利用效率仍有提升空间。随着产业发展水平及生产集约化水平的不断提高,三大现代服务业不断升级壮大,开发区单位面积的土地利用率和生产效率将会有进一步的提高,土地资源承载力也将得到进一步加强。

表 6.2 - 2 江苏省国家级开发区土地资源利用效率统计

开发区名称	地区生产总值*/亿元	占地面积/km²	地均地区生产总值/（亿元/km²）
江宁经济技术开发区	1 668.1	348.7	4.78
苏州工业园区	2 743.36	278	9.87
南通经济技术开发区	690.68	134.08	5.15
南京经济技术开发区	1 010	217	4.65
扬州经济技术开发区	532.4	131.2	4.06

开发区名称	地区生产总值*/亿元	占地面积/km²	地均地区生产总值/(亿元/km²)
泰州医药高新技术产业开发区	321.39	87.38	3.68
镇江新区	664.7	223	2.98
连云港经济技术开发区	354.73	126	2.82
宿迁经济技术开发区	133.27	48.51	2.75
盐城经济技术开发区	318.68	117.25	2.72
徐州经济技术开发区	737.54	293.6	2.51
淮安经济技术开发区	380.23	166	2.29

注:*数据来源于《2020年江宁统计年鉴》及统计部门提供的数据。

6.3 大气环境容量与污染物总量控制

6.3.1 区域环境空气容量核算

环境空气容量测算的技术流程包括污染因子的确定、大气污染源数据收集、环境空气质量现状数据收集、气象数据收集和分析、模型选取、环境容量测算等主要环节。

(1)开发区规划 SO_2 环境容量

按照远期规划年工业布局,污染物排放计算得到区域最大的 SO_2 保证率日均浓度预测贡献值、叠加背景浓度后的最终浓度值和相应的 SO_2 排放总量。由表6.3-1可以看出,在该工业布局和排放量情况下,模拟结果叠加背景浓度后的保证率日均浓度也没有任何超标的情况。在执行一级标准情况下,区域最大保证率日均浓度贡献值最大占标率为28.96%。在此情景下,开发区规划 SO_2 的新增排放量为40.59 t。

为测算剩余 SO_2 的最大排放量,将基地内所有工业点源源强平权递增,区域最大保证率日均浓度刚好达到空气质量一级标准。因此,从大气污染物浓度达标角度考虑,开发区剩余 SO_2 环境容量可被认为约3 044.18 t。

(2)开发区规划 NO_x 环境容量

按照远期规划年工业布局,污染物排放计算得到区域最大的 NO_x 保证率日均浓度预测贡献值、叠加背景浓度后的最终浓度值和相应的 NO_x 排放总量。由表6.3-1可以看出,在该工业布局和排放量情况下,模拟结果叠加背景浓度后的保证率日均浓度也没有任何超标的情况。在执行一级标准情况下,区域最大保证率日均浓度贡献值最大占标率为99.15%。在此情景下,开发区规划 NO_x 的新增排放量为87.86 t。

表6.3-1 开发区环境容量计算表

类型	预测贡献/(μg/m³)	背景浓度/(μg/m³)	叠加终值/(μg/m³)	标准值/(μg/m³)	24小时浓度占标率/%	规划排放量/t	环境容量/t
SO_2	0.48	14	14.48	50	28.96	40.59	3 044.18
NO_x	2.32	77	79.32	80	99.15	87.86	113.71
PM_{10}	0.77	98	98.77	150	65.85	48.36	3 274.44

为测算剩余 NO_x 的最大排放量,将基地内所有工业点源源强平权递增,区域最大保证率日均浓度刚好达到空气质量一级标准。因此,从大气污染物浓度达标角度考虑,开发区剩余 NO_x 环境容量可被认为约 113.71 t。

(3)开发区规划 PM_{10} 环境容量

按照远期规划年工业布局,污染物排放计算得到区域最大的 PM_{10} 保证率日均浓度预测贡献值、叠加背景浓度后的最终浓度值和相应的 PM_{10} 排放总量。由表 6.3-1 可以看出,在该工业布局和排放量情况下,模拟结果叠加背景浓度后的保证率日均浓度也没有任何超标的情况。在执行二级标准情况下,区域最大保证率日均浓度贡献值最大占标率为 65.85%。在此情景下,开发区规划 PM_{10} 的新增排放量为 48.36 t。

为测算剩余 PM_{10} 的最大排放量,将基地内所有工业点源源强平权递增,区域最大保证率日均浓度刚好达到空气质量二级标准。因此,从大气污染物浓度达标角度考虑,开发区剩余 PM_{10} 环境容量可被认为约 3 274.44 t。

6.3.2 大气污染物总量控制分析

建议的开发区大气污染物总量控制值如表 6.3-2 所示。

表 6.3-2　开发区大气污染物总量控制情况分析　　　　　　　　单位:t/a

污染物	现状排放量	2025 年规划排放量	2035 年规划排放量
SO_2	360.167	384.107	387.644
NO_x	1 167.071	1 214.51	1 221.512
颗粒物	214.462	209.252	213.394
甲苯	65.066	77.819	79.302
二甲苯	147.807	173.947	176.863
VOCs	475.18	467.326	475.409
HCl	0.961	1.191	1.216
硫酸雾	0.408	0.543	0.559

6.4　水环境容量与污染物总量控制

6.4.1　水环境容量分析

水环境容量通常以单位时间内水体所能承受的污染物总量表示,也可称为水域的纳污能力。本次核算的主要纳污河道秦淮河、云台山河、句容河等均可达水功能区目标,参照《省水利厅、省发展和改革委关于水功能区纳污能力和限制排污总量的意见》(苏水资〔2014〕26 号)中核定的各水功能区纳污能力及限制排放总量,规划区域 COD、氨氮的水环境容量分别为 4 528 t/a、262 t/a。

综合考虑水功能区现状水质、现状污染物入河排放量、污染物削减程度、社会经济发展水平、污染治理程度及下游水功能区的敏感性等因素,根据从严控制、未来有所改善的要求,在水环境容量基础上计算得到限排总量。参照《省水利厅、省发展和改革委关于水功能区纳污能力和限制排污总量的意见》(苏水资〔2014〕26 号),规划区域限制排放总量 COD、氨氮分别为 4 585 t/a、623 t/a。

表 6.4 - 1　开发区规划年污染物排放量与区域限排总量表

单位:t/a

污染物	区域限排总量	现状排放量	2025 年污染物排放量	2035 年污染物排放量
COD	4 585	4 697.33	4 313.93	4 169.46
氨氮	623	512.93	416.83	324.71

6.4.2　水污染物总量控制分析

根据开发区污染源现状调查及污染物排放总量预测结果,确定开发区水污染物总量控制情况,同时考虑进一步加强废水重金属排放管理,禁止新(扩)建项目排放汞、砷、镉、铬、铅等重金属。开发区内水污染物总量控制情况如表 6.4 - 2 所示。

表 6.4 - 2　开发区内水污染物总量控制情况分析

单位:t/a

污染物	2025 年规划排放量	2035 年规划排放量
COD	4 313.93	4 169.46
氨氮	416.83	324.71
总氮	1 692.94	1 950.43
总磷	68.98	66.80
总铬	2.43×10^{-3}	2.43×10^{-3}
六价铬	6.1×10^{-4}	6.1×10^{-4}

为了持续有效改善区域内水环境状况,确保区域水功能区水质达标,规划期各污水处理厂扩建项目的总量需向生态环境主管部门申请;入区企业需根据建设项目环评核算的水污染物排放量申请总量,总量可在开发区污水处理厂总量指标中平衡。

6.5　与上一轮规划环评污染物总量比较分析

2019 年相较 2012 年,开发区二氧化硫削减 1 270.343 t/a,氮氧化物削减 3 501.039 t/a,颗粒物削减 1 414.23 t/a,挥发性有机物削减 38.65 t/a,化学需氧量削减 664.75 t/a,氨氮削减 162.177 t/a,总磷削减 28.312 t/a。本轮规划大气污染物排放量相比现状有新增,但较上一轮规划的 2030 年污染物排放量已有所削减。

7　规划方案综合论证和优化调整建议

7.1　功能定位及发展目标合理性分析

目前,中国工业经济正进入增速换挡、动力转换、模式升级的新常态,复杂多变的国内外形势与转型升级要求,对地方政府提出了更高的发展要求。未来一段时期,是开发区由高速发展转为高质量发展的关键阶段,科技创新与制度创新、管理创新、商业模式创新、业态创新和文化创新相结合,推动发展方式向依靠持续的知识积累、技术进步和劳动力素质提升转变,促进经济向形态更高级、分工更精细、结构更合理的阶段演进。

本次规划的功能定位和发展目标强调了提升科技创兴能力和推动高质量发展,同时依托空港航空枢纽,打造江苏国际航空枢纽核心区,作为江南主城的一部分,打造南京现代化国际性新城区。本次规划提出的发展目标和功能定位,符合国家、省、市等不同层次的《长江三角洲区域一体化发展规划纲要》《〈长江三角洲区域一体化发展规划纲要〉江苏实施方案》《省政府关于印发苏南国家自主创新示范区一体化发展实施方案(2020—2022 年)的通知》等相关文件的要求。

本次规划的功能定位及发展目标总体合理。

7.2 产业发展定位合理性分析

近年来,开发区发展实现了由聚集向聚焦的转变,几个主导产业的规模均位于全国前列。开发区把项目建设和产业培育作为核心工作,形成了先进制造业和现代服务业双轮驱动的发展格局。本轮规划在现有产业基础上,规划的主导产业符合国家、省、市、区产业重点发展方向,强化投入产出效益高、技术含量高、综合影响力强的产业,推动符合产业发展方向、有提升潜力和社会经济效益的产业;以创新引领产业转型升级,进一步提高自主创新能力,加快新技术、新产品、新工艺的研发应用,运用高新技术加快改造和提升传统产业;优先培育环境友好型的特色新兴产业,重点优化服务业内部结构,加快发展生产性服务业,实现资源利用效率和经济发展质量同步提升。

开发区内现有部分企业不符合产业定位,主要为现有南京美星鹏科技实业有限公司 1 家化工企业、1家印染企业,多家包装及纸制品加工、纺织服装、家具制造、金属制品、设备维修、食品饮料、文教娱乐用品、橡胶和塑料制品等企业不符合开发区规划的产业定位。根据区内不符合产业定位的企业的污染程度,分别提出对策建议。对纺织服装、包装等污染较轻的企业,建议加强管理,确保污染物达标排放;对废水量产生较大的食品饮料企业,建议加强管理,确保污染物达标排放,禁止新(扩)建工业废水排水量大于 1 000 t/d的项目;对于区内美星鹏化工企业,建议在 2025 年之前实施转型或搬迁,未转型或搬迁前,根据美星鹏《新增建设年产 10 000 t 阴极电泳涂料项目环境影响评价报告表》,同时参照《大气有害物质无组织排放卫生防护距离推导技术导则》(GB/T 39499—2020),在其涂料车间设置 100 m 卫生防护距离,企业不得新(扩、改)建化工生产项目,严禁新增污染物排放量,加强管理,确保污染物稳定达标排放;对于区内海欣丽宁印染企业,要求企业加强管理,确保污染物达标排放,在 2025 年之前取消印染工序,推进转型升级。

7.3 规划布局合理性分析

开发区本轮空间布局为"1核2元、2轴连心、3楔2廊、分片统筹"。1核——江南主城东山片区中心,为开发区发展核心,并作为南京江南主城一部分,打造国际化中心城区。2元——禄口和淳化新城,是开发区片区中心、各兴特色的产业和宜居新城。2轴——以主城为核心的2条放射性城镇发展轴,分别为南京南站—东山—禄口的主要发展轴线和主城—淳化—湖熟新城的次要发展轴线。3楔——3条跨区域战略性生态楔,形成全区生态开敞空间基底,分别为牛首—云台山山林生态楔、秦淮河湿地生态楔、青龙—紫金山山林生态楔。2廊——2条生态隔离与游憩环带,分别为百里风光带—环城绿色生态圈和板霞路、汤铜路沿线。

(1)空间结构合理性

在主体功能区划方面,江宁经济技术开发区属于《全国主体功能区规划》《江苏省主体功能区规划》中的优化开发区域。开发区的地域面积涉及江宁区 6 个街道,其中东山、淳化、秣陵 3 个街道属于南京市层面的优化开发区域,禄口、湖熟 2 个街道属于南京市层面的重点开发区域;谷里街道属于南京市层面的限制开发区域,其中部分区域实施点状集聚发展规划,加快推进谷里工业集中区转型升级。本轮规划谷里街道区域主要发展先进生产性服务业,部分区域发展智能电网、新能源汽车制造等战略性新兴产业,总体符合《南京市主体功能区实施规划》要求。

（2）空间布局环境合理性

目前开发区上海大众企业、九龙湖片区、百家湖片区周边存在较多居住、文教、行政、科研等敏感目标，经上一轮规划实施，通过用地性质调整、"优二进三"等措施，居住与工业布局混杂的问题基本已解决，但仍存在一些问题，本轮规划需进一步优化企业搬迁整改和布局优化方案。

（3）综合交通布局的环境合理性

开发区规划构建绿色交通出行体系，以公交优先和发展绿色交通为导向，提出轨道交通的主体地位，发挥枢纽可达性的集聚效应，引导枢纽地区用地集约开发，形成沿公共交通走廊的轴向点状空间结构，同时优化片区路网布局，特别是次干路和支路网布局，实现交通发展和城市用地布局的协调互动。开发区规划鼓励和引导绿色交通在开发区的发展，促进低碳集约的交通系统和出行方式在开发区中的应用，重点在于坚持公交优先、慢行友好的交通政策，同时对小汽车交通实行分区控制，从而达到节能减排、降低污染的目的。综合交通布局具有环境合理性。

（4）空间管制分区以及生态敏感区

开发区本轮规划中的禁建区和限建区包含了园区范围内的所有重要生态敏感区域。对于禁建区，规划坚持"生态首位，保护第一"的管制原则，以维持生态平衡、保护环境为第一要务，杜绝任何形式的破坏活动；对于限建区，严格控制建设和人为干扰，禁止各类对生态环境可能构成破坏的活动。开发区本轮规划充分重视对重要生态敏感区的保护，通过四区划定，限制周边邻近区域的建设，以避免工业污染和生态破坏等影响重要生态敏感区。

7.4　基础设施设置合理性论证

7.4.1　污水处理设施设置合理性分析

根据本轮规划，区内开发区污水处理厂、科学园污水处理厂、空港污水处理厂、南区污水处理厂2025年规划规模为6万 m^3/d ，2035年为77万 m^3/d 。目前开发区污水处理厂、南区污水处理厂已接近满负荷运行状态。除南区污水处理厂规划规模为15万 m^3/d 外（现状为6万 m^3/d ，二期再建4万 m^3/d ，三期再建5万 m^3/d ），其他污水厂规划规模与《南京市城乡生活污水处理专项规划(2018—2035)》一致。

开发区规划依托区内现有的4座污水处理厂、区外现有的4座污水处理厂，对开发区污水进行分片收集，并通过对污水处理厂进行规模扩建和提标改造，满足园区废水集中处理的需要。

7.4.2　供热基础设施设置合理性分析

目前开发区集中供热和部分企业自行供热并存，集中供热热源由南京协鑫燃机热电有限公司提供，南京协鑫燃机热电有限公司已经建成2台180 MW(E级)燃气—蒸汽联合循环机组，同时建设1台60 t/h的小锅炉作为备用热源。协鑫燃机热电主要供应东山、淳化以及秣陵片区。

由于空港片区处于协鑫燃机热电集中供热管网的末端，协鑫燃机热电不能满足其供热需求。因此为确保空港片区未来产业的发展，规划建设1处集中供热锅炉房用地，位于空港片区越秀路与乾清路交叉口西南侧，用地面积为0.033 km^2 ，规模为3台50 t/h天然气蒸汽锅炉(2用1备)，主要供热于空港片区。供热范围外，企业根据供热需求，可自备供热锅炉，需使用天然气等清洁能源。

本次规划根据空港片区实际发展需求，新增1处集中供热锅炉，进一步扩大了集中供热范围，可满足开发区企业供热需求。

7.5　规划方案的可持续发展论证

开发区规划严格控制建设用地增量,以尽可能少的土地消耗获得预期的经济增长,逐步置换低效利用的已建设用地,清理闲置土地,挖掘存量土地潜力;制定土地产出、项目准入等标准,实现土地集约化利用,提升土地规模效益;倡导提高强度、立体开发,横纵向结合寻找潜力空间,提高土地利用效率。开发区本轮规划方案的实施可缓解土地资源对开发区发展的制约。开发区规划建立以区外引水、本地地表水和雨水、再生水等非常规水资源为主的多源供水体系,水资源开发、利用、节约和保护的法规政策得到完善,水资源利用效率接近国际领先水平,实现水资源可持续利用和经济社会发展与水资源、水环境承载力相协调。开发区还规划建立集中供热和部分燃气锅炉相结合的能源供应系统,以及以有效节能为主要目的的能源管理体系,实现节能工作从重点用能单位、较高用能单位逐步向包括二产、三产和社区在内的全社会节能推进,控制能源消费总量,降低能源消耗强度,优化能源结构,实现能源利用总体达到国际领先水平。综上所述,开发区本轮规划的实施能够突破土地资源、水资源和能源对园区社会经济发展的制约。

开发区本轮规划通过优化绿化配置,构建地带性植物群落,保护河湖湿地、重要生境等重要生态保育区,恢复湿地生态系统,形成各生态空间有机联系的生态系统网络,使生态系统服务功能和生物多样性得到有效提升,实现区域生态平衡。开发区本轮规划通过实施大气环境、地表水环境、声环境、土壤环境、固体废物治理措施,使区域大气环境容量、地表水环境容量压力逐步得到缓解,区域环境空气质量、地表水环境质量、声环境质量逐步得到改善。综上所述,开发区本轮规划的实施能够突破环境空气质量、水环境容量和生态环境对开发区社会经济发展的制约,保障开发区实现可持续发展。

开发区本轮规划的规划方案从产业发展、资源能源利用、基础设施建设、交通体系规划、生态环境保护等多方面体现了可持续发展的战略思想,这是贯彻国家可持续发展战略的客观需要,与国家全面协调可持续发展战略的要求相符。

开发区本轮规划将使园区有明确的功能定位、发展方向、空间布局、交通等基础设施体系和城市形态,规划的全覆盖将使开发区实现开发建设的有序推进,创造开发区土地出让的高效益,创造可预见、低风险的投资环境,推动开发区的生态化建设,体现综合的社会、经济和生态效益,有利于提高开发区的综合竞争力。开发区本轮规划为企业创造了良好的发展条件,并能有效推动制造业、服务业特别是产业集群的发展,提高整个区域的城市化发展水平,进而推动整个区域经济结构的调整和优化。

综上所述,从可持续发展角度分析,开发区本轮规划方案总体合理。

7.6　规划优化调整建议

(1) 进一步优化东山片区产业布局及用地布局

目前开发区上海大众企业、九龙湖片区、百家湖片区周边存在较多居住、文教、行政、科研等敏感目标,经上一轮规划实施,通过用地性质调整、"优二进三"等措施,居住与工业布局混杂的问题基本已解决,但仍存在一些问题,本轮规划需进一步优化企业搬迁整改和布局优化方案,提出以下优化调整建议。

① 限制上海大众汽车发展规模,强化源头治理,推进企业低 VOCs 含量涂料替代,加强企业全过程无组织废气的收集,强化 VOCs 物料全环节无组织排放的控制,在其涂装车间设置 400 m 卫生防护距离,对其他生产装置根据环保要求设置相应的卫生防护距离,卫生防护距离内严禁布局居住区、学校等敏感保护目标。

② 区内长安福特马自达公司已在其涂装车间以有组织排放点为中心设置了 400 m 防护距离;限制卫岗乳业(九龙湖厂区)发展规模,加强管理,确保污染物达标排放,禁止新(扩)建工业废水排水量大于 1 000 t/d 的项目。

③ 继续推动上一轮"优二进三"试点片区企业转型或搬迁。

④ 开展新一轮低效用地企业搬迁或转型升级工作。本轮规划将对百家湖、九龙湖片区的 14 家企业进行搬迁或转型升级。

（2）充分衔接国土空间规划，推进本轮规划纳入南京市、江宁区国土空间规划体系

按照南京市统一安排，结合市委、市政府于 2019 年 10 月 28 日召开的全市国土空间总体规划编制启动会的精神和下发的《南京市国土空间总体规划(2019—2035 年)编制工作方案》(宁政发〔2019〕177 号)的要求，江宁正在组织开展《江宁区国土空间总体规划(2019—2035)》编制工作。该规划现已形成初步成果，阶段性完成"城镇开发边界、生态保护红线、永久基本农田"三线划定工作。根据分析，开发区规划中城市建设用地布局和功能分区与在编的国土空间总体规划基本一致，开发区规划的集中建设用地均位于国土空间规划阶段性成果的城镇开发边界内，开发区规划建设用地不涉及永久基本农田。在开发区后续开发中，应确保用地开发与国土空间总体规划一致，在取得用地指标许可后再开发。

（3）优化规划用地布局，避让生态空间保护区域

在自然保护地整合优化方案未得到国家批复前，以及江苏省生态空间管控区域调整前，仍需按照现有自然保护地和生态空间管控区域管控要求执行。根据现行《江苏省生态空间管控区域规划》，建议取消生态空间管控区域内不符合相关管控要求的规划建设用地安排。如后续生态空间管控区域调整方案获得批复，可根据调整后方案进行同步规划调整。

（4）加快污水厂扩建工程和提标改造建设

目前区内开发区污水处理厂、南区污水处理厂已接近满负荷运行状态，为满足开发区内污水处理需求，建议加快开发区污水处理厂、南区污水处理厂的扩建工程。同时开发区在不断强化开发区污水处理厂、南区污水处理厂和科学园污水处理厂泵站的互通，加大各片区污水收集处理力度。开发区下一步将继续联合相关部门加快实施开发区 3 号污水泵站 1.5 万 t/d 污水调运科学园污水处理厂的工程，不断优化污水收集路线。建议加快实施污水处理厂提标改造工作，至 2025 年新改扩污水处理厂实现主要指标准Ⅳ类排放，至 2030 年污水处理厂全面实现主要指标准Ⅳ类排放。

📢【专家点评】

结合环保基础设施建设、运行现状及后续发展规模等，优化调整建议可从环保基础设施规划合理性方面考虑，如污水处理厂扩建规模、集中供热中心新建规模的合理性及调整建议，以及节能降碳规划的调整建议等。

崔云霞（南京师范大学）

在产业园区规划层面，建议在规划优化调整中，增加国家"双碳"目标的内容，按照《中共中央 国务院关于完整准确全面贯彻新发展理念做好碳达峰碳中和工作的意见》《国务院关于印发 2030 年前碳达峰行动方案的通知》(国发〔2021〕23 号)的要求，结合江苏省碳达峰行动方案，优化园区规划，调整园区产业结构、能源结构，促进建筑节能低碳发展、绿色低碳交通运输等，大力发展和利用可再生能源减污降碳。

邱大庆（北京市应对气候变化管理事务中心）

7.7　规划环评与本轮规划的全程互动情况

本次规划环评于 2019 年 3 月正式启动，在开发区本轮规划的规划纲要编制阶段即已介入。在规划纲要编制和规划研究阶段（2020 年 3 月至 6 月）、规划编制阶段（2020 年 6 月至 11 月）、规划修改完善阶段（2020 年 11 月至今），评价单位与规划编制单位全过程互动。评价单位的反馈意见情况如表 7.7 - 1 所示。

表 7.7－1　规划方案的优化调整建议及采纳情况

规划阶段	序号	规划要素	评价单位反馈意见	规划采纳情况及说明
规划纲要编制和规划研究	1	产业发展	建议对现状产业进行调研,在现状产业基础上,本轮规划对生物医药产业、高端智能装备产业等进一步发展扩大	规划已采纳
规划编制	1	规划期限	建议规划时限分近期和远期,并补充包括规划规模、土地利用规划、基础设施规划等近期规划内容	规划已采纳。规划期限为 2020—2035 年,其中近期为 2020—2025 年,远期为 2026—2035 年
规划编制	2	人口规模	建议在规划期合理引导人口和城镇布局,控制人口增长,减少人口增长对生态环境的压力	规划已采纳
规划编制	3	产业空间布局	对各片区主导产业进一步优化调整,确定主导产业,形成错位集聚发展	规划已采纳
规划编制	4	基础设施规划	建议根据园区自身用热需求以及现状蓝天燃机的供热能力,合理规划热源供热	规划已采纳。东山、淳化以及秣陵片区供热以南京协鑫燃机热电有限公司南京蓝天燃机热电联产项目作为热源,保留现状 2×180 MW 级燃气—蒸汽联合循环热电联产机组,同时建设一台 60 t/h 的小锅炉作为备用热源。为确保空港片区未来产业的发展,规划建设 1 处集中供热锅炉房,作为补充热源,规模为 3 台 50 t/h 天然气蒸汽锅炉(2 用 1 备)
规划修改完善	1	产业发展	建议研究现有产业发展存在的制约因素,对产业进一步优化	已部分采纳。如生物医药产业,对重污染和化学合成原料药进行限制
规划修改完善	2	产业布局	建议基于现有产业分布基础,统筹各片区特色,进一步优化产业布局,使产业布局、人居布局更合理,产业关系更科学明晰	规划已采纳,制造业主要集中分布在三大片区,规划对各片区主导产业方向和重点发展产业进行了划分;服务业主要分布在五个片区
规划修改完善	3	空间布局	明确江南主城东山片区、淳化—湖熟片区和空港片区三大板块的分区规划	规划已采纳,根据空间和功能,将开发区划分为江南主城东山片区、淳化—湖熟片区和空港片区三个片区,统筹城乡功能、设施与景观,统筹经济社会发展
规划修改完善	4	用地规划	用地规划充分和国土空间规划协调	规划已采纳,园区管委会、规划单位、环评单位多次和南京市规划和自然资源局江宁分局进行沟通,开发区总体发展规划充分和江宁区国土空间总体规划初步成果衔接
规划修改完善	5	生态和环境保护	划定适建区、限建区和禁建区等范围	规划已采纳

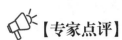【专家点评】

　　规划环评与规划互动,要坚守规划的生态保护底线,并确保规划环评的成果能落实到位。

逄勇(河海大学)

8 环境影响减缓对策和措施

8.1 环境影响减缓措施

8.1.1 优化产业结构与布局

开发区应盘活存量空间,加强对君和纺织、新宁耀玻璃实业有限公司等低效用地的开发或转型升级。同时整合区内可以利用的各类资源,优化开发区的空间结构,通过紧凑布点、集约建设、集中资源以确保高效益发展和品质升级。

着力推进上一轮试点片区剩余10家企业的转型升级,严格要求规定时限内搬迁或转型升级,在整改工作完成之前加强污染防治措施管理,避免对周边敏感目标产生影响。同时,进一步加强开发区内化工企业南京美星鹏科技实业有限公司废气、废水、固废等污染防治措施管理,涂料车间设置100 m卫生防护距离,企业不得新(扩、改)建化工生产项目,严禁新增污染物排放量,加强管理,确保污染物达标排放,2025年之前转型或搬迁。

8.1.2 大气环境保护措施

扩大供热范围。开发区应进一步加快空港越秀路供热站及区内集中供热管网的建设,不断扩大集中供热范围,实现区域内集中供热。区内新建项目如因特殊供热需求需自建供热装置的应使用清洁能源锅炉,不得新增分散燃煤锅炉和炉窑。

严控工业污染。大力推进源头替代。开展并完成VOCs分级管理企业名录更新,对重点企业实施一企一策整治;VOCs管控重点企业应安装自动监控设施;对涉VOCs及硫酸雾等特征污染物的重点企业开展监督性监测。

加强重点信访投诉企业的整改及管理。近年来开发区重点信访投诉主要为工业企业废气的相关投诉,主要有南京高速齿轮制造有限公司、诺玛科(南京)汽车配件有限公司、南京东华智能转向系统有限公司、南京塔塔汽车零部件有限公司等企业。针对此类信访投诉的异味问题,企业应及时开展自查或邀请相关专家开展异味溯源,并制定整改方案。同时,开发区应跟踪督促企业整改,确保异味投诉问题整改到位,并在后续管理中进一步加强对企业废气治理措施及废气监测情况的监督及检查。

8.1.3 地表水环境保护措施

加强源头控制。禁止新(扩)建工业废水排水量大于1 000 t/d的项目,禁止新(扩)建排放汞、砷、镉、铬、铅等重金属以及持久性有机污染物的工业项目。

严格废水处理管理。涉重金属排放的企业应严格执行重金属污染物排放标准并落实相关总量控制指标,在车间或车间处理设施排口处开展监测,确保第一类污染物处理达标后送至污水处理厂。开发区应鼓励企业采用先进、适用的生产工艺和技术,严格落实国家涉重金属重点工业行业清洁生产技术推行方案,并对涉重金属排放的企业加大监督检查力度。

加快污水处理设施建设。开发区需进一步加快污水管网的建设及空港污水处理厂、南区污水处理厂的扩建,实施污水处理厂提标改造工作,至2030年区内污水处理厂主要排放指标均实现准Ⅳ类。

8.1.4 固体废物环境保护措施

（1）生活垃圾

目前开发区规划范围内生活垃圾均依托南京江南静脉产业园光大生活垃圾焚烧发电厂进行处理。对生活垃圾要进行分类处理和综合利用，确保垃圾清运率达100％。

（2）一般工业固废

对开发区内各企业产生的一般工业固废应进行分类收集，提高资源化水平；对部分不能回收利用的一般工业固废，应统一收集后按《一般工业固体废物贮存和填埋污染控制标准》（GB 18599—2020）要求进行规范贮存，并及时委托相应的处置单位进行处置。

（3）危险废物

各企业危险废物暂存场所应严格按照《危险废物贮存污染控制标准》（GB 18597—2001）及标准修改单（公告2013年第36号）、《危险废物收集 贮存 运输技术规范》（HJ 2025—2012）及《省生态环境厅关于进一步加强危险废物污染防治工作的实施意见》（苏环办〔2019〕327号）相关要求来建设，满足防扬散、防流失、防渗漏、防风、防雨、防雷、防晒要求。危险废物贮存设施应设置标识牌、视频监控、照明设施及消防设施等，危险废物应根据形态、化学性质和危害等在贮存设施内分类堆放，并设专业人员进行管理。危险废物应委托有资质单位处置，确保危险废物安全无害化处置。

【专家点评】

预防或减缓不良环境影响的对策措施和环境准入要求，需强化挥发性有机物、硫酸雾等特征污染物的控制，建立完善的监测体系。强化含重金属废水的污染控制措施；对开发区内湖库水环境污染物超标问题，加快区内污水处理厂提标改造和提高区域水资源利用效率、中水回用率，完善水环境整治方案。

逄勇（河海大学）

8.2 生态环境准入清单

在综合考虑规划空间管制要求、污染物排放管控、环境风险防控和资源开发利用要求的基础上，结合江苏省、南京市"三线一单"要求，提出制造业片区鼓励发展的产业建议、禁止发展的产业清单及开发区生态环境准入清单。（相关清单在此不详述。）

【专家点评】

区域生态环境敏感，存在工居混合、居民投诉、大气环境质量不达标等问题，经开区产业及布局存在较大环境风险。因此，应进一步优化规划，强化各项环境保护对策与措施的落实，细化对敏感目标的保护措施以及协同减碳等措施，有效预防和减少经开区规划实施可能带来的不良环境影响。

同时应加强与省市"三线一单"生态环境分区管控实施方案、园区污染物排放限值限量管理工作方案及南京市国土空间规划等的衔接，进一步归纳规划优化调整建议，完善生态环境准入清单。

崔云霞（南京师范大学）

按照三大支柱产业（绿色智能汽车产业、智能电网产业和新一代信息技术产业）、三大战略新兴产业（高端智能装备产业、生物医药产业、节能环保和新材料产业）、未来产业（量子计算机与量子通信、智能应用、"互联网＋"以及大健康领域、航空制造业等),来设置环境准入清单的内容,使其更具操作性,便于项目落地的环评审批。

逢勇(河海大学)

9　公众参与

9.1　公众参与的目的

公众参与旨在获得公众对江宁经济技术开发区建设的意见、要求和看法,在规划环境影响评价中能够全面综合考虑公众的意见,吸取有益的建议,使得江宁经济技术开发区后续发展更趋完善和合理,制定的环保措施更符合环境保护和经济协调发展的要求,从而达到可持续发展的目的,提高开发区的环境效益和经济效益。

此外,公众参与还可加深区内及周边居民、有关单位对江宁经济技术开发区规划建设的了解,使其相互之间架起沟通的桥梁,有利于取得各方面的配合,促进江宁经济技术开发区的发展。

9.2　公众参与总体方案

9.2.1　公众参与对象

公众参与对象包括直接和间接受江宁经济技术开发区规划实施影响的单位和个人,按有效性、广泛性和代表性相结合的原则进行选择。

9.2.2　公众参与形式

根据《中华人民共和国环境影响评价法》《规划环境影响评价条例》《环境影响评价公众参与办法》(生态环境部令第4号)的有关程序及要求,秉承公开、平等、广泛和便利的原则开展公众参与,采取网络公示、报纸公示、张贴公告相结合的方式进行。

9.3　公众参与小结

两次网络公示期间及报纸公示、公告张贴期间,江宁经济技术开发区管委会和规划环评承担机构均未收到公众反馈意见。项目组主要就规划区存在的环境问题与制约因素、规划实施的环境影响、规划方案的环境合理性、优化调整建议、预防或减轻不良环境影响的环保对策等评价结论和开发区各部门进行了座谈,开发区各部门就关注的产业、用地布局、环境管理等问题与项目组进行了沟通,提出的具体意见已在报告中落实。

10　总体评价结论

本规划区域具有一定的环境承载力,规划配套基础设施完善,能够满足江宁经济技术开发区开发建设需求,规划实施对区域环境产生的影响较小,可确保区域生态空间管控得到强化,环境质量逐步得到改善。从环境保护的角度分析,在严格落实本报告提出的污染防治措施、生态保护措施、规划优化调整建议后,环境影响在可接受的范围内,不会降低区域环境功能,江宁经济技术开发区依据本轮规划进行开发建设具备环境可行性。

11 评价体会

江宁经济技术开发区部分区域现状工业、居住、文教区混杂布局,分布多处生态保护红线和江苏省生态空间管控区域,生态环境较敏感。在评价过程中,需关注以下几点:

① 关注上一轮规划环评审查意见及减缓措施的落实情况,重点包括环境质量变化趋势、用地性质的调整、产业定位相符性、环保投诉、环境风险隐患等现状问题,需提出问题清单和整改方案,明确整改目标、整改时限。

② 关注用地与上位规划的相符性,由于评价开展过程中上位规划已到期,国土空间规划尚未发布,开发区用地规划与上位规划的相符性主要通过与"三区三线"划定成果的协调性进行分析,并由相关部门出具说明文件,说明是否位于城镇开发边界内,是否涉及永久基本农田和生态保护红线等,同时提出在开发区后续开发中,应确保用地开发与国土空间总体规划一致,在取得用地指标许可后再开发的要求。

③ 关注开发区涉及生态红线和生态空间管控区域的问题,规划建设用地应进一步避让生态保护红线,对于省级生态空间管控区域,在自然保护地整合优化方案未得到国家批复前,以及江苏省生态空间管控区域调整前,仍需按照现有自然保护地和生态空间管控区域管控要求执行。

同时,为贯彻落实《关于统筹和加强应对气候变化与生态环境保护相关工作的指导意见》(环综合〔2021〕4 号)、《环境影响评价与排污许可领域协同推进碳减排工作方案》的要求,充分发挥规划环评效能,生态环境部选取了具备条件的产业园区,在规划环评中开展碳排放评价试点工作。江宁经济技术开发区为第一批碳排放评价试点产业园区,因此,在本次评价中开展了碳排放评价,分析了减污降碳协同潜力、途径及效果。结合国家和地方碳达峰行动方案的路径要求,从优化开发区产业结构、能源调整和协同污染物削减等方面给出了减污降碳协同控制的具体要求。

【报告书审查意见】

本规划环评报告书在梳理经开区发展历程、开展环境现状调查和回顾性评价的基础上,分析规划与相关法规、政策及其他规划的协调性,识别规划实施的主要资源环境制约因素,预测和评价规划实施可能对区域水环境、大气环境、生态等的不利影响,开展了碳排放评价、环境风险评价和公众参与等工作,论证规划方案的环境合理性,提出规划优化调整建议和减少不良环境影响的对策措施。本规划环评报告书基础资料较翔实,采用的技术路线和方法适当,对主要环境影响的预测分析结果基本合理,提出的规划优化调整建议和减少不良环境影响的对策措施可行,评价结论总体可信。

规划优化调整和实施过程中的意见如下。

(一)坚持绿色发展和协调发展理念,加强规划引导。落实国家、区域发展战略,坚持生态优先、集约高效,以生态环境质量改善为核心,做好与各级国土空间规划和"三线一单"生态环境分区管控体系的协调衔接,进一步优化规划布局、产业定位和发展规模。

(二)根据国家及地方碳达峰行动方案和节能减排工作要求,推进经开区绿色低碳转型发展。优化产业结构、能源结构、交通运输结构等规划内容,促进实现减污降碳协同增效的目标。

(三)着力推动经开区产业结构调整和转型升级。从区域环境质量改善和环境风险防范角度,统筹优化各片区产业定位和发展规模;优化东山片区产业布局及用地布局,限制上海大众、卫岗乳业的发展规模,推进产业升级和环保措施提标改造。加快在试点片区实施"优二进三",以及推进百家湖、九龙湖片区用地效率低的企业搬迁或转型升级,加快落实南京美星鹏科技实业有限公司、南京海欣丽宁长毛绒有限公司等企业的相关管控要求,促进经开区产业转型升级与生态环境保护、人居环境安全相协调。

(四)严格空间管控,优化空间布局。做好规划控制和生态隔离带建设,加强对经开区内森林公园、地质公园等生态敏感区的保护,严禁不符合管控要求的各类开发建设活动。取消南京大塘金省级森林公园、牛首—祖堂风景名胜区、江宁方山省级森林公园和汤山方山国家地质公园等生态保护红线和生态空间管控区域内不符合管控要求的规划建设安排。

(五)严守环境质量底线,强化污染物排放总量管控。根据国家和江苏省关于大气、水、土壤污染防治和江苏省、南京市"三线一单"生态环境分区管控相关要求,制定经济开发区污染减排和环境综合治理方案,采取有效措施减少主要污染物和特征污染物的排放量,推进挥发性有机物和氮氧化物协同减排,确保区域生态环境质量持续改善。

(六)严格入区项目生态环境准入,推动高质量发展。在达到区域"三线一单"生态环境分区管控要求的前提下,落实报告书提出的各片区生态环境准入要求,禁止与主导产业不相关且排污负荷大的项目入区。执行最严格的行业废水、废气排放控制要求,引进项目的生产工艺和设备、资源能源利用效率、污染治理等均需达到同行业国际先进水平,现有企业不断提高清洁生产和污染治理水平,持续降低污染物排放量。

(七)加强环境基础设施建设。加快推进经济开发区污水处理厂、南区污水处理厂扩建及经开区所依托的污水处理厂尾水提标改造,加快污水管网建设,提高经济开发区污水收集率;完善集中供热体系,加快淘汰企业自备锅炉;一般工业固废、危险废物应依法依规收集,并得到妥善、安全处理处置。

(八)健全完善环境监测体系,强化环境风险防范体系。完善包括环境空气、地表水、地下水、土壤、底泥等环境要素的监测体系,根据监测结果适时优化规划;强化区域环境风险防范体系,建立应急响应联动机制,提升环境风险防控和应急响应能力,保障区域环境安全。

案例二 新沂经济开发区开发建设规划 (2021—2035)环境影响评价

1 总论

1.1 任务由来

江苏新沂经济开发区(原名徐州市新沂经济技术开发区,以下简称开发区)位于新沂市城区西部,1995年12月经徐州市人民政府批准成立(徐政复〔1995〕44号),批复面积为13.83 km²,产业定位为化工、纺织、食品。2006年4月经江苏省人民政府批准为省级开发区(苏政复〔2006〕35号),定名为江苏新沂经济开发区。

2007年8月,徐州市人民政府在开发区内批准设立"新沂市化工产业集聚区"(以下简称"集聚区")(徐政复〔2007〕24号),开发区管委会编制了集聚区开发建设规划,集聚区规划总面积为10.09 km²,分为唐店片区以及苏化片区。其中唐店片区面积为9.09 km²,产业定位为精细化工、农用化工、生物化工及化工仓储;苏化片区面积为1 km²,产业定位为农用化工及化工仓储。集聚区同步开展了规划环评工作,于2008年6月3日取得原江苏省环境保护厅审查意见(苏环管〔2008〕110号)。自此,集聚区从开发区分离成为独立的工业园区,规划开发和日常管理由开发区管委会负责。

2007年12月,开发区管委会组织编制了《江苏新沂经济开发区总体规划》,规划面积为58.57 km²,分为开发区中心区、东区和南区三个片区:中心区规划面积为35.50 km²;东区即无锡—新沂工业园,规划面积为13.98 km²;南区即唐店化工集聚区,规划面积为9.09 km²,产业定位为化工、纺织服装(不含印染)、食品、机械电子(不含表面处理、电镀工艺)。开发区同步开展规划环评工作,于2008年6月19日取得原江苏省环境保护厅批复(苏环管〔2008〕129号)。

2017年,开发区管委会组织编制了《新沂市化工产业集聚区开发建设规划(2017—2030)》,对集聚区进行调整,规划面积由10.09 km²缩减为7.16 km²,其中唐店片区面积从9.09 km²缩小为5.65 km²,苏化片区从1.0 km²扩大为1.51 km²。集聚区同步开展规划环评工作,于2018年10月取得了原江苏省环境保护厅审查意见(苏环审〔2018〕37号)。

2018年2月,国家发展改革委、科技部、国土资源部等六部委发布《中国开发区审核公告目录》(公告2018年第4号),核准江苏新沂经济开发区开发面积为5.22 km²,主导产业为新材料、精细化工、冶金金属压延。

2018年9月,江苏省人民政府批准设立省级开发区江苏省锡沂高新技术产业开发(以下简称锡沂高新区)(苏政复〔2018〕82号),并设立了园区管理机构。锡沂高新区规划范围以开发区2007年总体规划中的东区为基础设立,自此,开发区2007年总体规划中的东区独立成为锡沂高新区,由园区新设管理机构负责开发和日常管理工作。

2019年5月,为响应《全省钢铁行业转型升级优化布局推进工作方案》,配套中新钢铁落户,新沂市人民政府在开发区2007年总体规划中的中心片区批准设立"新沂市冶金产业园"(新政复〔2019〕34号),规划面积6.11 km²,规划范围北至徐海西路,东至新墨河,南至北京西路,西至新疆路、新戴运河,产业定位为钢铁、铸造及金属新材料。同步开展的规划环评于 2019 年 9 月取得徐州市新沂生态环境局审查意见(新环许〔2019〕75 号)。

2020 年 8 月,新沂市人民政府在开发区 2007 年总体规划中的中心片区设立"新沂高端纺织产业园",规划面积为 7.51 km²,分为东、西两个片区,其中东片区 3.30 km²,西片区 4.21 km²。同步开展的规划环评于 2021 年 7 月 23 日取得徐州市生态环境局审查意见(徐新环项书〔2021〕35 号)。

开发区规划演变过程如图 1.1-1 所示。

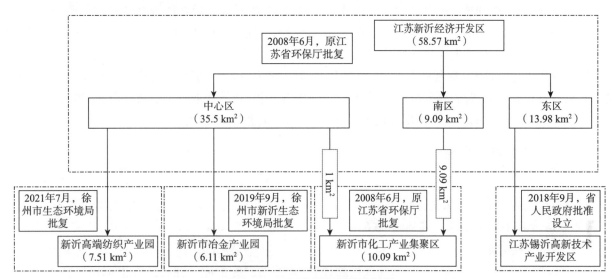

图 1.1-1　开发区规划演变过程

开发区总体规划于 2020 年到期,原规划范围内的化工集聚区以及东片区已独立组建园区并单独开展规划及规划环评工作,为了实现可持续发展,为深化落实《新沂市国土空间总体规划(2021—2035 年)》所提出的战略意图以及各项发展要求,加强与城市总体格局及其他片区发展的联系与协调,开发区组织编制《江苏新沂经济开发区开发建设规划(2021—2035)》,对规划范围、面积和产业定位进行了调整:规划范围为东至臧圩河—新墨河,南至仙水河—纬一路,西至新疆路西—新戴运河,北至发展大道—新墨河—新戴运河,移除了原规划的东片区以及南片区,并在原中心片区的基础上进行调整,向南发展;面积由原58.57 km² 调整为 38.53 km²,减少 20.04 km²;产业定位调整为高端纺织、冶金材料、智能制造、医药健康及新能源。本次规划环评在规划纲要编制阶段介入,与规划专题研究和规划编制、修改、完善进行全程互动。评价单位在对开发区进行现场踏勘、收集有关资料、开展专题研究和广泛征询意见等工作的基础上,编制完成《江苏新沂经济开发区开发建设规划(2021—2035)环境影响报告书》。2022 年 3 月 25 日,江苏省生态环境厅通过网络视频会议主持召开了审查会,2022 年 4 月 12 日,《江苏新沂经济开发区开发建设规划(2021—2035)环境影响报告书》获得江苏省生态环境厅审查意见(苏环审〔2022〕29 号)。

1.2　规划概述

1.2.1　规划范围与规划期限

规划范围:东至臧圩河—新墨河,南至仙水河—纬一路,西至新疆路西—新戴运河,北至发展大道—新墨河—新戴运河,总面积约 38.53 km²。

规划期限:2021—2035 年,其中规划近期至 2025 年,远期至 2035 年。现状基准年为 2020 年。

1.2.2 规划定位和发展目标

（1）规划定位

践行新发展理念和培育发展新动能的引领区；现代产业集聚、品质提档的示范区；生态绿色、循环低碳、环保可持续的先行区；精塑一流环境，打造千亿园区，创建国家级经济开发区。

（2）发展目标

近期发展目标：近期重点推动开发区产业链补强升级，淘汰低端落后产能，增强"纺织—印染—服装"产业链，重点发展高端纺织、冶金材料、智能制造、医药健康、新能源等产业，实现园区的生态化、绿色化、循环化改造，建设全省一流开发园区，创建国家级开发区。

远期发展目标：远期主要将主导产业向高端化、低碳方向发展，建立健全绿色低碳循环发展体系，经济发展质量效益得到显著提高。新兴产业进一步提升智能化程度，传统产业进一步转型升级，提升清洁生产水平，实现产业基础高级化，产业链现代化水平进一步提高，推进产城融合。

1.2.3 产业发展规划

（1）产业体系

规划形成"3+2"的产业体系，即3个优势产业以及2个新兴产业。3个优势产业为高端纺织、冶金材料、智能制造，2个新兴产业为医药健康、新能源。

（2）产业发展引导

① 高端纺织。分三个片区发展：西片区按新凤鸣、鑫冠纺织为主体，按照《新沂市国民经济和社会发展第十四个五年规划和二〇三五年远景目标纲要》中的要求高水平建设新凤鸣产业基地，主攻以长丝织造为核心的纤维新材料产业链，依托新凤鸣聚酯（长丝、短纤、薄膜、切片等）一体化项目，吸引聚酯、聚酰胺及产业链下游企业入驻，发展功能性、差别化涤纶长丝、锦纶长丝以及下游配套纺织产业，打造科技含量高、经济效益好、资源消耗低、环境污染少的具有较强竞争力的产业集群；东片区整合现有荣盛印染项目，布置开发区印染中心，近期形成针织印染能力 12 万 t/a，机织印染能力 1.4 亿 m/a，远期最终形成针织印染能力 18 万 t/a，机织印染能力 2.1 亿 m/a。该片区废水产排量大，靠近此片区新建工业污水处理厂，便于污水收集处理；西南片区以建设水性超纤基地为主，以水性超纤新材料产业链技术应用开发为方向，联合院校、联盟、品牌龙头企业，实现水性超纤新材料产业链上游新材料技术迭代升级，中游平台智慧制造协同体系转型升级，下游应用需求不断开拓，形成从材料研究、工艺开发、清洁生产到销售推广和终端应用的汽车用品一体化业务体系。

② 冶金材料。依托中新钢铁公司，利用新沂市专用铁路线、运河、公路等优势，开展节能低碳行动，延伸钢铁产业链条，配套建设轴承钢、弹簧钢、型钢、紧凑带钢生产（CSP）或全无头带钢生产（ESP）和不锈钢等生产线；重点发展特种板材，并向下游深加工方向延伸，提高金属压延及制品产业的附加值，形成普优特结合，优特为主、普钢为辅的新局面。

③ 智能制造。以智能制造为主攻方向，加快招引志高空调、双鹿空调等一批知名家电产业，提升产业链、供应链整体现代化、智能制造水平，提升产业链协同制造效率，鼓励产业链中的龙头企业加大产业链、供应链体系的技术渗透、网络渗透、数据渗透，龙头企业应协助产业链上、中、下游企业按照统一标准实施智能制造，并推动智能制造人才在产业链中有序流动。

④ 医药健康。以必康新医药产业综合体等企业为载体，全面布局医药生产研发、医药制剂、国家级实验室、医药电子商务、特医食品、食药同源性中药、时尚美妆、个人卫生护理用品、仓储物流、远程医疗、智慧体验等项目，建设集医药研发、医药制造、医药流通、健康体验于一体的医药健康基地，片区不涉及原料药制造。

⑤ 新能源。发展氢气储运设备以及加氢配套设备，促进氢气资源的高效储存和利用，推进氢能源向

周边区域辐射。发展车用燃料电池、便携式移动氢燃料电池、氢燃料电池核心零部件,拓展氢燃料电池应用领域,发展氢燃料电池家用热电联供系统。突破发展氢燃料电池汽车,以氢燃料电池汽车整车为引领,以氢燃料电池汽车电机、电控等关键零部件为突破口,延伸氢燃料电池汽车产业链。完善氢能产业链布局,实现产业集群规模化,氢能产业关键核心技术实现重大突破,打造"淮海氢谷"。

(3)产业规模

① 钢铁:开发区内钢铁企业为中新钢铁集团有限公司。钢铁建成总规模为:炼铁产能598.5万 t/a,炼钢产能570万 t/a。本轮规划开发区钢铁产能规模仍维持原规模,不新增钢铁产能。

② 纺织印染:开发区具有较好的纺织印染发展基础。目前开发区已建成纺织企业12家,年产6.14亿 m 化纤布料产品,1 800万 m^2 水性超纤面料,13 700万 m 坯布织造,服装2 500万件,印染规模0.84亿 m(已批规模2.6亿 m),已形成一定规模的纺织产业基地。此次规划拟将位于新沂市化工产业集聚区内的印染项目搬迁并升级改造建设印染中心。建成后开发区总印染规模近期控制在针织印染能力12万 t/a,机织印染能力1.4亿 m/a;远期控制在针织印染能力18万 t/a,机织印染能力2.1亿 m/a。

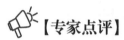 【专家点评】

结合区域资源环境承载能力,重点是水环境的支撑能力,合理确定印染行业的发展规模。

吴以中(南京工业大学)

1.2.4 空间布局规划

规划形成"一心五轴三廊多片"的空间结构。

"一心":产业配套中心,位于神井大道和开放大道交叉口东北角,以复合化整合多重功能,提供一个集居住、商业、教育、科研、展示、研发和服务功能于一体的产业配套中心。

"五轴":产业发展轴,沿开放大道、发展大道、古镇大道、神井大道和上海路构建"两横三纵"的产业发展轴,串联经济开发区各个功能片区,同时与周边片区相互衔接。

"三廊":景观廊道,沿新戴运河、新墨河和连霍高速形成三条生态廊道,打破经济开发区饼状布局形态,同时其作为城市风廊有利于改善城市小气候。

多片区:包括高端纺织片区、冶金材料片区、智能制造片区、医药健康片区以及新能源片区,共五大产业功能片区。各个功能片区形成一定的专业及功能分工。

1.2.5 土地利用规划

2025年规划区建设用地面积为36.1 km^2,非建设用地面积为2.43 km^2;2035年规划区建设用地面积为37.63 km^2,非建设用地面积为0.90 km^2。规划用地情况如表1.2-1所示。

表1.2-1 江苏新沂经济开发区用地汇总表

用地名称	近期(2025年)		远期(2035年)	
	面积/km^2	占规划面积比重/%	面积/km^2	占规划面积比重/%
建设用地	36.10	93.69	37.63	97.66
非建设用地	2.43	6.31	0.90	2.34
总用地	38.53	100	38.53	100

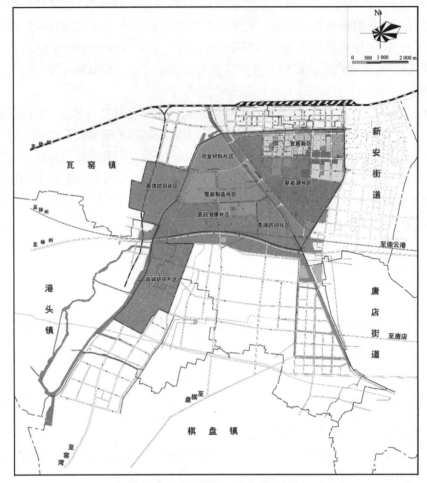

图 1.2-1　开发区产业布局规划图

1.2.6　基础设施规划

（1）给水工程

开发区生活用水由新沂地表水厂供应，新沂地表水厂规划规模为 20 万 m³/d，可满足生活用水需求；工业用水由新沂市经济开发区工业水厂供应，规划供水规模为 10 万 m³/d，可满足工业用水需求。

（2）排水工程

开发区实行"雨污分流、清污分流"的排水体制。

新沂经济开发区工业污水处理厂将接纳开发区全部工业废水，生活污水由新沂市城市污水处理厂接管。规划新建新沂经济开发区工业污水处理厂，规划规模为 6 万 m³/d（近期 3 万 m³/d），污水各指标分别达到一级 A 标准后，经尾水导流排入新沂河北偏泓。新沂市城市污水处理厂现状规模为 10 万 m³/d。印染中心单独建设污水处理站（规划近期新增印染废水产生量 3.24 万 m³/d，远期新增印染废水产生量 4.87 万 m³/d，印染中心污水处理站建设废水处置规模 5 万 m³/d），印染废水经集中处理（回用 50%）后达到《纺织染整工业水污染物排放标准》（GB 4287—2012）及其修改单中的间接排放标准后，接入新沂经济开发区工业污水处理厂。

（3）中水回用

新沂市城市污水处理厂再生水回用率近期（2025 年）规划为 30%（3 万 m³/d），远期（2035 年）规划为 60%（6 万 m³/d）。新沂市城市污水处理厂再生水回用工程中的用水大户主要以冶金材料片区中的新钢铁企业等为主，再生水作为钢铁生产用水。回用水采用的处理工艺为：过滤＋超滤＋反渗透＋回用。规划印染中心废水经印染中心污水处理站处理后回用 50%。

（4）供热工程

根据《新沂市热电联产规划(2021—2025)》，开发区规划设置两处热电厂：阳光热电厂以及新凤鸣阳光热电厂。阳光热电厂位于新沂市宁夏路以南、西藏路以东、兰州路以北，规划供热规模 630 t/h，是新沂西部热源点，服务范围包括新沂经济开发区、徐连高速以北的墨河街道以及瓦窑镇；新凤鸣阳光热电厂为新沂西部热源点的扩建，位于发展大道以南、新疆路以东，距离阳光热电厂 1.4 km，供热规模 900 t/h。

阳光热电厂以及新凤鸣阳光热电厂规划的热水管道主要沿新戴运河北侧、发展大道等布置，管径 DN400～700。

（5）固废处置

规划区内生活垃圾由开发区环卫部门统一收集处置；一般工业固废主要采用综合利用的方式进行处理；规划范围不规划危废处置单位，依托新沂市、徐州市及周边危废处置单位安全有效处置危废。

1.2.7　本轮规划较上轮规划的主要变化

本次规划在上轮规划的基础上对规划范围、产业定位与布局、用地布局、用地规划等方面进一步完善和优化，主要优化内容如下：

① 规划面积由 58.57 km² 调整为 38.53 km²，减少 20.04 km²，主要将原规划范围内的化工集聚区以及东片区已独立组建的园区移出，进一步优化规划范围；

② 进一步优化产业，把握新发展阶段，贯彻新发展理念，构建新发展格局，坚持特色发展、创新发展、绿色发展、集约发展、协同发展基本原则，全力构建"3+2"的产业体系，打造全国区域"枢纽经济"先行区，建设全省一流开发园区，紧紧围绕高质量发展走在苏北前列，建设现代化中等城市的目标定位，接续发力，持续奋斗，努力实现"三个高于、一个率先"。

📢【专家点评】

落实规划期内的开发建设环境管理，明确开发区边界确定的依据及与之匹配的支撑性文件。冶金产业园部分重叠地块是否退出市级园区？其与高端纺织园完全重合但又小于本轮分区规划范围，需明确后期如何实施规划和管理。图、表、文结合完善开发区规划与现状及各层级规划的分析内容。明确近期实施方案中农用地区域在规划期内适度开发的环境管理要求。另外，补充调出区域用地现状及上一轮规划环评审查意见执行情况调查分析内容。

田炯（南京国环科技股份有限公司）

补充区域排水规划的内容介绍，说明开发区依托的污水处理厂（新沂市城市污水处理厂、新沂经济开发区工业污水处理厂）项目是否符合区域排水规划的要求；说明这两座污水处理厂现状及规划接入开发区污水的数量及比例（包括工业废水及生活污水），进一步说明开发区污水接入污水处理厂处理的可行性。

逄勇（河海大学）

1.3　评价思路

1.3.1　评价重点

规划方案分析：重点进行规划与政策法规、上层位规划在资源保护与利用、环境保护、生态建设要求等方面的相符性分析，与同层位规划在环境目标、资源利用等方面进行协调性分析，给出分析结论，重点明确规划之间的冲突与矛盾;基于规划相符性的分析结果,结合环境影响回顾与环境变化趋势的分析结论,明确提出规划实施的资源与环境制约因素。

现状调查与评价:跟踪分析上一轮规划方案实施情况以及上一轮规划环评提出的优化调整意见、环境保护措施的落实情况,对规划区历史环境与现状进行对比分析,分析生态环境质量变化趋势、历史开发活动的环境影响,总结区域开发建设取得的成效以及存在的主要环境问题,提出相应的整改、优化建议,为本次规划实施应关注的主要资源、环境、生态问题提供依据。

环境影响预测与评价:重点对开发区建设可能造成的大气和水环境影响、环境风险、生态影响进行预测与评价,重点关注开发区特征污染物对大气环境、水环境、生态的整体影响。

规划实施的生态环境压力分析:结合主要污染物排放强度及污染控制水平、碳排放特征、园区污染集中处理与资源能源集约利用水平,评估园区水资源、土地资源、能源等需求量,主要污染物排放量及碳排放水平。

碳排放评价:重点调查园区碳排放量,分析节能降碳潜力,提出区域生态环境质量改善、减污降碳协同共治的要求。

规划方案综合论证和优化调整建议:在优化园区产业定位和布局的基础上,制定"三线一单",明确空间管制、总量管控和环境准入等具体要求。根据上述环境合理性论证结果,提出园区今后的产业结构、布局和发展规模优化调整的建议。

提出规划实施过程中环境管理的具体要求:针对园区产业结构的调整,从资源节约、环境友好的角度,提出新进企业环境准入要求,同时提出区域性环境监测计划和跟踪评价方案。

减少不良环境影响的对策措施:针对规划方案实施后可能产生的不良环境影响,提出园区落实区域环境质量改善及污染防控方案的主要措施和要求;针对潜在的环境风险,提出相关产业发展的约束性要求。

1.3.2 评价范围、评价因子

(1)评价范围

以江苏新沂经济开发区规划范围和主导产业为基础,兼顾周边环境现状,充分考虑相互影响,确定本次评价各环境要素的评价范围,如表1.3-1所示。

表1.3-1 评价的空间范围

序号	类别	评价范围
1	大气	以园区规划四至边界为起点,外延2.5 km的区域
2	地表水	园区内及周边主要河流,包括新戴运河、新墨河、新沂河、沭河等
3	声	园区规划范围及其边界外扩0.2 km
4	地下水	园区规划范围并适度考虑地下水流场(东边以臧圩河为界,南边以大墩干渠为界,西边以新戴运河为界,北边以新戴运河为界)
5	土壤	园区及周边1 km范围
6	生态	园区规划范围并适度考虑周边区域,重点关注开发区周边的生态红线区域
7	环境风险	开发区规划范围及其边界外扩3 km,园区周边河流

(2)评价因子

通过对开发区规划发展产业的污染源、污染因子的初步分析,结合区域的环境现状和污染控制标准,确定本次评价的评价因子。

表 1.3 - 2　环境影响评价因子

评价要素	现状评价因子	影响预测因子	总量控制因子
大气	SO_2、NO_x、CO、O_3、PM_{10}、$PM_{2.5}$、NH_3、H_2S、TSP、臭气浓度、HCl、硫酸雾、甲醇、甲醛、乙醛、氟化物、非甲烷总烃、苯、甲苯、二甲苯、汞、二噁英	SO_2、NO_x、PM_{10}、$PM_{2.5}$、NH_3、H_2S、HCl、硫酸雾、VOCs	SO_2、NO_x、颗粒物、VOCs
地表水	水温、pH、DO、COD、高锰酸盐指数、BOD_5、$NH_3 - N$、总磷、石油类、挥发酚、氟化物、砷、汞、镉、铬(六价)、铅、氰化物、锰、镍、总锑、苯胺、LAS、硫化物、乙醛、可吸收卤化物(AOX)	COD、氨氮、总锑、苯胺类	COD、氨氮、总磷、总氮、总锑
地下水	K^+、Na^+、Ca^{2+}、Mg^{2+}、CO_3^{2-}、HCO_3^-、Cl^-、SO_4^{2-}、pH、氨氮、硝酸盐、亚硝酸盐、挥发性酚类、氰化物、砷、汞、铬(六价)、总硬度、铅、氟、镉、铁、锰、溶解性总固体、高锰酸盐指数、硫酸盐、氯化物、总大肠菌群、细菌总数、石油类、铜、锌、镍、苯、甲苯、二甲苯,同时测量地下水水位、井深和埋深	COD、氨氮、锑	—
噪声	等效连续 A 声级	等效连续 A 声级	—
固体废物	一般工业固废、危险废物、生活垃圾	—	—
土壤	pH、镉、汞、铜、铅、铬、锌、镍、砷、六价铬、VOCs 27 项、半挥发性有机物(SVOCs) 11 项、二噁英、氟化物、石油烃、土壤理化性质	—	—
底泥	pH、镉、汞、砷、铜、铅、铬、锌、镍	—	—

1.4　规划分析

1.4.1　与区域发展规划的相符性分析

在主体功能区划方面,江苏新沂经济开发区属于《江苏省主体功能区规划》和《徐州市主体功能区实施规划》中的重点开发区域。

开发区规划以高端纺织、冶金材料、智能制造、医药健康以及新能源为主导产业,打造经济、社会、资源、生态、环境发展水平全面协调的现代化新城区,规划发展目标与《长江三角洲区域一体化发展规划纲要》《江苏省政府关于加快发展先进制造业振兴实体经济的若干政策措施的意见》(苏政发〔2017〕25 号)、《江苏省国民经济和社会发展第十四个五年规划和二○三五年远景目标纲要》《徐州市国民经济和社会发展第十四个五年规划和二○三五年远景目标纲要》中的发展目标以及发展产业要素相符。开发区通过协调发展优势产业与新兴产业,提升区域竞争力,引入龙头企业带动区域产业链延伸,对新沂市乃至徐州地区经济现代化建设起到了引领和推动作用。

1.4.2　与国土空间规划的协调性分析

2019 年 8 月新沂市人民政府启动《新沂市国土空间总体规划(2021—2035 年)》编制工作,目前土地利用近期实施方案已经发布,根据国土空间规划近期实施方案,开发区本轮开发建设规划用地范围 38.53 km²,不占用基本农田,涉及一般农用地 10.43 km²。规划范围内非建设用地主要涉及 5 个地块范围。开发区管委会应做好土地开发时序的管理工作,优先开发土地性质调整到位的地块,一般农田开发建设需按照国土部门要求,按照"占一补一"的原则予以占补平衡,取得建设用地指标后方可开发,逐步将 5个非建设用地地块调整为建设用地,未完成调整前不得进行开发建设。

根据国土空间规划现阶段编制成果,《江苏新沂经济开发区开发建设规划(2021—2035 年)》的规划面积 38.53 km² 已全部纳入《新沂市国土空间总体规划(2021—2035 年)》的规划范围内,用地性质符合新沂市国土空间总体规划的要求。

1.4.3　与产业政策的协调性分析

开发区本轮规划主导产业:高端纺织、冶金材料、智能制造、医药健康、新能源。开发区将严格执行《产业结构调整指导目录(2019 年本)》《外商投资准入特别管理措施(负面清单)(2021 年版)》《产业发展与转移指导目录(2018 年本)》《江苏省工业和信息产业结构调整限制、淘汰目录和能耗限额》(苏政办发〔2015〕118 号)和《徐州市内资企业固定资产投资项目管理负面清单(2014 年本)》等政策,以及《国务院批转发展改革委等部门关于抑制部分行业产能过剩和重复建设引导产业健康发展若干意见的通知》(国发〔2009〕38 号)、《装备制造业标准化和质量提升规划》等相关产业规划或规范要求,不引入以上文件中的禁止、淘汰和限制类项目。

此外,本轮规划环评结合以上产业政策和规划制定了生态环境准入清单,开发区将严格按清单控制入区项目,围绕相关产业政策和规划中鼓励发展的项目进行招商引资。综上所述,开发区规划与相关产业政策和规划具有相符性。

1.4.4　与生态空间保护区域相关规划的协调性分析

对照《江苏省国家级生态保护红线规划》《江苏省生态空间管控区域规划》,距离本规划范围较近的生态保护目标主要有新沂市地下水饮用水水源保护区(东 900 m),本规划范围不占用生态红线和生态空间管控区域,符合江苏省国家级生态保护红线和江苏省生态空间管控区域规划管控的要求。

1.4.5　与环境保护政策、法规、规划的协调性分析

在推动绿色低碳发展方面,开发区实行区域集中供热,逐步推行清洁能源、清洁生产和能源资源节约高效利用,严禁引进焦化、水泥熟料、平板玻璃、电解铝、氧化铝、煤化工等高耗能高排项目,制定严格的生态环境准入清单。

在大气污染控制方面,开发区以热电联产集中供热为主,以天然气等清洁能源为补充的供热方式;对拟入驻开发区的大气污染排放重点监管企业,要求按照行业大气超低排放标准进行建设。

在水污染控制方面,新沂市城市污水处理厂维持现状规模(一期 3 万 m³/d,二期 4 万 m³/d,三期 3 万 m³/d),服务范围包括新沂市城区、开发区生活及配套服务片区等。规划近期将实施 3 万 m³/d 的中水回用工程,远期共实施 6 万 m³/d 的中水回用工程,剩余 4 万 m³/d 经尾水导流排入新沂河北偏泓。新建新沂经济开发区工业污水处理厂,规划规模 6 万 m³/d(近期 3 万 m³/d),服务范围包括高端纺织片区、冶金材料片区、智能制造片区、医药健康片区以及新能源片区,占地约 0.09 km²,污水各指标分别达到一级 A 标准后,经尾水导流排入新沂河北偏泓。

在土壤污染控制方面,规划要求重点行业企业搬迁,按照相关文件要求开展土壤污染调查评估和土壤修复,定期开展地下水环境状况调查评估。

在生态环境安全方面,控制区内企业重金属排放总量,并逐步加强重金属污染治理,降低重金属排放。

在生态环境治理现代化水平方面,开发区管理部门要保证生态环境治理方面的财政支出,并要求入驻企业保证环境治理投入;规划期内根据实际开发建设情况,同时建设运行污水处理厂、固废处置设施等。

综上分析,开发区开发建设与《淮河经济带发展规划》《长江经济带发展负面清单指南(试行,2022 年版)》《南水北调东线工程治污规划》《淮河流域水污染防治暂行条例》《中共中央　国务院关于深入打好污染防治攻坚战的意见》《关于加强高耗能、高排放建设项目生态环境源头防控的指导意见》(环环评〔2021〕45 号)等相关环境保护政策、法规、规划相协调。

1.4.6 与"三线一单"生态环境分区管控方案的相符性分析

根据《江苏省"三线一单"生态环境分区管控方案》《徐州市"三线一单"生态环境分区管控方案》,开发区位于重点管控单元内,同时位于淮河流域,开发区开发规划在空间布局约束、污染物排放管理、环境风险防控、资源利用效率方面的要求与江苏省、徐州市"三线一单"生态环境分区管控方案相协调。

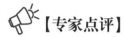

【专家点评】

根据国土空间规划完善开发区规划的相符性分析,按照国家有关耕地保护的政策要求,统筹协调耕地保护与区域开发的关系,进一步调整优化规划方案。

吴以中(南京工业大学)

2 现状调查与回顾性评价

2.1 用地现状

开发区现状城乡建设用地约 23.51 km²,占总规划建设用地面积 38.53 km² 的 61.02%,开发程度适中,已开发建设用地中主要为工业用地以及道路与交通设施用地。非建设用地约 15.02 km²。

2.2 产业发展现状

(1)入区企业现状

江苏新沂经济开发区于 2003 年启动建设,2006 年 4 月 15 日经省政府批准,升级为省级开发区,已形成智能电器、冶金装备、高端纺织、新型建材等产业链体系。

水性超纤及冶金装备等污染物排放量较大的企业主要分布于新墨河以西,为主城区及开发区下风向;纺织、智能电器等污染物排放较少的企业主要分布于新墨河以东区域。开发区整体产业布局较为合理。

本次规划通过现场调研的方式,收集并统计了区内 66 家开发区重点企业,冶金材料企业占比 12%,高端纺织企业占比 20%,智能制造企业占比 27%,仓储企业占比 2%,农副产品生产加工企业占比 8%,非金属矿物制品制造企业占比 8%,建材占比 9%,纸制品占比 6%,其他占比 9%。

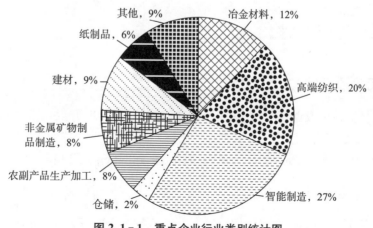

图 2.1-1 重点企业行业类别统计图

（2）主要产业产能

① 钢铁产能规模。新沂市经济开发区内钢铁企业为中新钢铁集团有限公司,钢铁建成总规模为:炼铁产能 598.5 万 t/a,炼钢产能 570 万 t/a。本轮规划开发区钢铁产能规模仍维持原规模,不新增钢铁产能。

② 纺织印染产能规模。开发区具有较好的纺织印染发展基础。目前开发区已建成纺织企业 12 家,年产 6.14 亿 m 化纤布料产品,1 800 万 m² 水性超纤面料,13 700 万 m 坯布织造,服装 2 500 万件,印染规模 0.84 亿 m(已批规模 2.6 亿 m),已形成一定规模的纺织产业基地。

2.3 开发区内产业园概况

（1）新沂冶金产业园

新沂冶金产业园规划范围为北至徐海西路,东至新墨河,南至北京西路,西至新疆路、新戴运河。规划总面积约为 6.11 km²。产业定位为重点发展钢铁、铸造及金属新材料产业。规划形成"一带二轴三片"的空间结构。"一带"为沿新墨河绿色发展带,是片区绿色发展廊道,展示河流绿色魅力,形成生态廊道。"二轴"为沿徐海西路、大桥西路产业发展轴,北部串联铸造片区,南部串联钢铁片区,同时与周边片区相互衔接。"三片"为北部钢铁铸造片区、中部钢铁片区和南部金属新材料片区,发展钢铁铸造装备和金属新材料产业,中部钢铁片区以中新钢铁为主,主要发展钢铁产业,南部金属新材料片区主要发展金属新材料产业。产业园目前已建成以中新钢铁为龙头的钢铁生产企业以及部分中小企业,涉及电子电器、家具板材生产等。目前产业园入区在产企业 12 家,在建企业 2 家,本轮规划环评仅包含新沂冶金材料产业园新戴运河以南区域以及中新钢铁等企业。

（2）新沂高端纺织产业园

2021 年 1 月 5 日,江苏省商务厅发布了"关于评定第三批江苏省特色创新(产业)示范园区的通知",评定"新沂经济开发区高端纺织产业园"为第三批省级特色创新(产业)示范园区。2021 年 5 月,中国化学纤维工业协会评定"新沂高端纺织产业园"为"高端纤维新材料绿色制造基地"。产业园的总体定位是以化纤产业为基础产业,主要发展加弹、长丝织造、印染延伸产业链。依托聚酯(长丝、短纤、薄膜、切片等)一体化项目,吸引聚酯、聚酰胺及产业链下游企业入驻,发展功能性、差别化涤纶长丝、锦纶长丝以及下游配套纺织产业,打造科技含量高、经济效益好、资源消耗低、环境污染少的具有较强竞争力的产业集群。2021 年 7 月 23 日,《新沂高端纺织产业园开发建设规划(2020—2030)环境影响报告书》取得徐州市生态环境局审查意见"许新环项书〔2021〕35 号",批复面积 7.51 km²,分为东、西两个片区,其中东片区 3.30 km²,西片区 4.21 km²。要注重两个产业园区在功能和产业上的协调发展,在规划区统一协调两个园区共享研发、孵化成果,发挥规模和集聚效应。

2.4 污染源调查与评价

2.4.1 废气污染源现状

通过整理开发区排污许可数据、环评数据以及企业监测报告可知,开发区常规污染物排放量分别为:二氧化硫 1 919.252 t/a,氮氧化物 4 748.845 t/a,颗粒物 2 678.061 t/a;特征污染物有 VOCs、氟化物、氨、二噁英类,排放量分别为 10.744 t/a、76.56 t/a、52.768 t/a、12.486g - TEQ。

2.4.2 废水污染源现状

通过整理开发区排污许可数据、环评数据以及企业监测报告可知,开发区废水排放量为 571.957 万 t/a,

废水中主要污染物均为常规污染物,污染物年排放量分别为:COD 507.006 t/a,固体悬浮物(SS)350.006 t/a、氨氮 67.992 2 t/a、总磷 15.091 t/a。开发区废水全部接管至新沂市城市污水处理厂进行集中处理。

2.4.3 固体废弃物现状

通过整理开发区排污许可数据、环评数据以及企业监测报告可知,开发区一般工业固废产生量约120.159 5 万 t/a,主要包括废炉渣、废金属、废包装材料、污泥等,一般工业固废采用综合利用、焚烧填埋等安全处置方式。开发区危险废物产生量为 511 t/a,各企业均委托有资质的单位处置危废,安全处置率为100%,危险废物均由相关企业按规定自行贮存。

2.5 环境基础设施现状

经过多年的建设发展,开发区给水、排水、供电、供气等基础设施配套较完善,已基本实现污水集中处理,开发区现有基础设施均运行正常,基础设施现状情况如表 2.5-1 所示。

表 2.5-1 开发区自建及依托的基础设施现状情况表

项目	名称	位置	现状规模
生活用水	新沂地表水厂	区外	10 万 m³/d
生产用水	新沂市经济开发区工业水厂	区外	5 万 m³/d
排水	新沂市城市污水处理厂	区外	10 万 m³/d
供热	阳光热电厂(在建)	区外	0
	新凤鸣阳光热电厂(已核准)	区内	0
燃气	"西气东输连云港支线"长输管道	—	2 500 万 m³/a

2.5.1 排水工程现状

开发区现状企业污水依托新沂市城市污水处理厂进行处理。新沂市城市污水处理厂位于新沂市上海路 199 号,已建成处理能力 10 万 m³/d,已开发建设用地的污水管网均已敷设到位,开发区污水收集效率已达 100%,处理后的尾水可以达到《城镇污水处理厂污染物排放标准》(GB 18918—2002)一级 A 标准要求,由新沂市尾水导流工程处理。

2.5.2 供热工程现状

规划范围内暂无集中供热,规划建设的热源点项目为阳光热电搬迁项目以及新凤鸣阳光热电局扩建项目,目前阳光热电厂正在建设,新凤鸣阳光热电厂扩建项目已取得徐州市行政审批局核准批复,项目环评报告已送审。

开发区现状企业自备供热锅炉共计 24 台,其中天然气锅炉 19 台,余热锅炉 4 台,煤气锅炉 1 台。花厅生物余热锅炉使用自产沼气,中新钢铁煤气锅炉自产煤气,其余天然气锅炉年天然气消耗量约2 500 万 m³。

2.6 资源能源利用现状

(1) 土地资源

开发区规划面积调整后为 38.53 km²,现状建设用地面积为 23.51 km²,占总规划建设用地面积的

61.02%，开发程度适中，已开发建设用地主要为工业用地以及道路与交通设施用地。

（2）水资源

现状经济开发区建成区生活用水主要由新沂市地表水厂供应，该水厂现状规模为 10 万 m^3/d，水源为骆马湖。工业用水主要由位于神井大道与连霍高速交叉口东南处的新沂经济开发区工业水厂供应，供水规模为 5 万 m^3/d。2020 年开发区总用水量约 1 915 万 m^3/a（5.24 万 m^3/d）。

（3）能源

开发区能源消耗以电能为主，辅以天然气、蒸汽等。目前新沂经济开发区内仅在新沂市化工产业集聚区唐店片区设有 1 座热电厂，即江苏通达热电有限公司。次高压燃气管道引自新沂门站，沿新墨河东—臧圩河西敷设至高中压调压站。现状规划范围内有 220 kV 中新钢铁用户变电站、220 kV 蓝丰用户变电站；3 座 110 kV 变电站，包括 110 kV 卓窑变电站、110 kV 墨河变电站、110 kV 钟吾变电站。开发区煤炭年使用量为 3 158 000 t，天然气年使用量为 2 500 万 m^3，开发区企业净调入电力量 22.406 亿 kW·h，企业净调入热力量 3 443.26 亿 kJ。

2.7 环境质量现状评价及变化趋势

（1）空气质量

根据新沂市 2020 年环境质量公报，新沂市城区空气中二氧化硫、一氧化碳、二氧化氮、臭氧、PM_{10} 均达《环境空气质量标准》（GB 3095—2012）中的二级标准；$PM_{2.5}$ 未达标，该评价区域为不达标区。对比逐年各污染物变化趋势，新沂大气环境质量逐渐改善。《新沂市大气环境质量达标规划》要求：到 2025 年，全市生态环境质量明显改善，$PM_{2.5}$ 年均浓度降至 35 $\mu g/m^3$ 以下，PM_{10} 年均浓度降至 65 $\mu g/m^3$ 以下。

开发区评价因子中的其他污染物 TSP、NH_3、H_2S、臭气浓度、HCl、硫酸雾、甲醇、甲醛、乙醛、氟化物、非甲烷总烃、苯、甲苯、二甲苯、汞、二噁英均能满足相关要求。

根据 2016—2020 年新沂市监测站监测数据，新沂市 2016—2020 年除 O_3 浓度有所波动以外，SO_2、NO_2、CO、PM_{10}、$PM_{2.5}$ 浓度总体呈逐年下降趋势，且到 2020 年，除 $PM_{2.5}$ 以外，其余大气基本污染物均可达到《环境空气质量标准》（GB 3095—2012）二级标准。

（2）地表水环境质量

开发区周边河流主要有新墨河、新戴运河、沭河和新沂河等，共设 3 个国控断面以及 1 个省控断面。其中新沂河设国控断面 1 个（毛林大桥断面）；沭河设国控断面 2 个（李庄断面和雍水坝断面），设省控断面 1 个（新戴河入沭处）。根据《2016—2020 年新沂市环境质量报告书》，2016—2020 年沭河李庄主要污染物指标变化趋势没有显著意义，水质变化平稳；2016—2020 年沭河雍水坝主要污染物指标变化趋势没有显著意义，水质变化平稳；2016—2020 年沭河新戴河入沭处主要污染物指标变化趋势没有显著意义，水质变化平稳；2016—2020 年新沂河毛林大桥主要污染物变化趋势没有显著意义，水质变化平稳。

补充监测结果表明，新戴运河、新沂河各监测断面监测指标均能低于《地表水环境质量标准》（GB 3838—2002）中Ⅲ类标准限值。

（3）声环境质量

补充监测结果表明，监测期间各监测点位的昼间、夜间噪声值均满足《声环境质量标准》（GB 3096—2008）中相应声功能区标准的要求，区域声环境质量总体较好。

（4）地下水环境质量

补充监测结果表明，目前评价区域内的地下水指标除总硬度、砷、锰、硫酸盐、氟化物、挥发酚为《地下水质量标准》（GB/T 14848—2017）Ⅳ类标准，氨氮、硝酸盐为《地下水质量标准》（GB/T 14848—2017）Ⅴ类标准外，其余各点位各监测指标均能达到《地下水质量标准》（GB/T 14848—2017）Ⅲ类及以上标准。区域地下水质量状况较好。

（5）土壤环境质量

补充监测结果表明,各监测点位的监测因子均能达到《土壤环境质量　建设用地土壤污染风险管控标准(试行)》(GB 36600—2018)和《土壤环境质量　农用地土壤污染风险管控标准(试行)》(GB 15618—2018)的标准。土壤环境质量总体较好。

（6）底泥环境质量

监测结果表明,新沂河4个断面处底泥所测得的各项指标均符合《土壤环境质量 农用地土壤污染风险管控标准》中的风险筛选值。

【专家点评】

规划实施的环境制约因素需进一步完善,应突出环境制约因素,建议从土地资源、水环境、大气环境等方面进一步完善。

国延恒(南京市生态环境保护科学研究院)

3　价指标体系

3.1　环境目标

改善环境质量,保障生态安全,符合淮河经济带环境保护规划相关要求,符合江苏省和徐州市"三线一单"环境管控要求;至规划期末,环境空气质量和水环境质量达标,地下水和土壤环境风险得到严格控制;规划产业满足清洁生产和循环经济要求。

3.2　环境评价指标

本次评价以环境影响识别为基础,结合相关规划及环境背景调查情况、规划涉及的区域环境保护目标,参考国家、江苏省生态文明建设相关要求,以及《国家生态工业示范开发区标准》(HJ 274—2015)等相关要求,同时结合开发区规划本身确立的目标指标,以及确定的资源与环境制约因素,建立规划环境影响评价指标体系。

【专家点评】

完善规划环评指标体系,核实并完善指标的规划值。根据开发区现有企业的资源利用水平,完善资源利用水平的现状值,说明规划的资源利用水平是否为省内、国内的先进水平。补充开发区水污染物总量控制值(包括特征污染物),细化指标值,补充指标可达性分析的内容。

逄勇(河海大学)

4 规划环境影响预测与评价

4.1 污染物排放量估算

4.1.1 估算思路

依据开发区用地规划、空间布局,通过对同类行业企业进行调查并结合与清洁生产标准等资料的类比分析,确定各产业片区的污染物排放种类,通过物料衡算法、排污系数法等方法确定整个开发区规划期末的污染物新增排放总量。

新沂经济开发区污染源强估算主要考虑两部分污染源:未开发建设用地拟入驻项目新增污染源和其余未开发建设用地新增污染源。产业定位不符需关停、搬迁的企业污染源以及升级改造削减污染物的应计为开发区削减源。

未开发建设用地拟入驻项目新增污染源:开发区近期有 4 个拟入驻项目,分别为新凤鸣聚酯纤维纺织基地项目、新沂经济开发区印染中心项目、徐州港新沂港区差别化功能纤维配套码头工程项目、新凤鸣阳光热电厂(新沂西部热电联产项目)。拟入驻项目污染源强采用物料衡算法或单位产能排污系数法核算。

4.1.2 污染源汇总

规划期开发区废气、废水污染物排放量以及固体废物产生量情况如表 4.1－1 所示。

表 4.1－1 开发区规划期污染物排放量估算汇总表 单位:t/a

污染种类	项目	现状 (2020 年)	规划近期(2025 年)			规划远期(2035 年)		
			新增	削减	总量	新增	削减	总量
废气污染物	二氧化硫	1 919.25	193.24	13.31	2 099.18	194.79	13.31	2 100.73
	氮氧化物	4 748.85	277.76	26.06	5 000.54	279.68	26.06	5 002.47
	颗粒物	2 678.06	109.42	9.04	2 778.44	130.11	9.04	2 799.13
	VOCs	10.74	166.22	0.85	176.11	201.87	0.85	211.76
	氨气	52.77	2.39	0	55.16	2.62	0	55.39
	硫化氢	0	3.11	0	3.11	3.766	0	3.766
	硫酸雾	0	0.061	0	0.061	0.061	0	0.061
	HCl	0	0.38	0	0.38	0.38	0	0.38
	乙醛	0.501	4.590	0	5.091	4.590	0	5.091
	乙二醇	0.35	3.03	0	3.38	3.03	0	3.38
	氟化物	75.56	0	0	75.56	0	0	75.56
废水污染物	废水量	844.06 万	1 079.88 万	9.64 万	1 914.30 万	1 572.92 万	9.64 万	2 407.34 万
	COD	422.03	539.94	4.82	957.15	786.46	4.82	1 203.67
	氨氮	42.20	53.99	0.48	95.71	78.65	0.48	120.37
	总磷	4.220	5.400	0.048	9.572	7.865	0.048	12.037

污染种类	项目	现状 (2020年)	规划近期(2025年)			规划远期(2035年)		
			新增	削减	总量	新增	削减	总量
废水污染物	总氮	126.61	161.98	1.45	287.14	235.94	1.45	361.10
	总锑	0	0.592	0	0.59	0.89	0	0.89
固体废物	一般工业固废	148.75万	1.80万	0	150.55万	2.18万	0	150.93万
	危险废物	511.0	2 997.5	0	3 508.5	3 640.5	0	4 151.5

4.2 大气环境影响分析

4.2.1 新沂市大气达标规划介绍

为确保新沂市环境空气质量稳定达标,徐州市新沂生态环境局组织编制《新沂市大气环境质量达标规划》,于2021年6月通过专家论证。

达标规划依据各级政府制定的空气质量目标,参考《徐州市"三线一单"技术报告》相关指标,以2019年为基准年,从现有大气污染源、污染物排放量及大气环境质量现状调查评估入手,结合重点大气污染物减排潜力分析和新增排放量估算,对全县大气环境质量进行预测分析,以实现区域污染减排和环境空气质量的逐步改善。基于新沂市2019年大气污染源清单,从工业、交通、面源三方面设置重点减排措施,考虑从产业结构调整、柴油货车管控和淘汰、VOCs强化管控、扬尘管控等方面挖掘污染物减排潜力,提出一般控制情景,并将一般控制情景结合秋冬季重污染天气应急管控(黄色预警减排比例)作为优化达标情景。达标规划通过空气质量模式CMAQ结合中尺度气象模式WRF对研究区域进行了数值模拟,模拟验证了2019年基准条件下的模式性能,并预测了一般减排情景和优化达标情景下新沂市常规污染物浓度场。根据模拟测算,规划期减排情况及规划目标值如表4.2-1所示,已考虑的近期新增项目如表4.2-2所示。

表4.2-1 大气达标规划减排情况一览表　　　　　　　　　　　单位:$\mu g/m^3$

新沂大气达标规划	SO_2	NO_2	PM_{10}	$PM_{2.5}$
2019年背景	13	31	83	44
减排量	2.57	9.39	18.29	9.49
2025年目标值	10.43	21.61	64.71	34.51

表4.2-2 大气达标规划已考虑的开发区近期新增项目

项目类型	项目名称
电力供热	新沂阳光热电搬迁,江苏通达热电新建
钢铁	中新钢铁集团有限公司规划二期建设
纺织	新凤鸣长丝、短纤及新凤鸣阳光热电项目

4.2.2 预测模型

本次评价的大气环境影响预测采用《环境影响评价技术导则 大气环境》(HJ 2.2—2018)推荐的ARESCREEN对规划区规划项目排放污染物的最远距离(D10%)进行确定,从而确定规划的大气影响评价范围。

根据《环境影响评价技术导则 大气环境》(HJ 2.2—2018)表 3 推荐模型,本次选择大气扩散模式(AERMOD)系统进行 SO_2、NO_x、PM_{10}、$PM_{2.5}$、VOCs、氨、硫化氢、硫酸雾、HCl 浓度的预测,该系统以扩散统计理论为出发点,假设污染物的浓度在一定程度上服从高斯分布。模式系统可用于多种排放源(包括点源、面源和体源)的排放,也适用于乡村环境和城市环境、平坦地形和复杂地形、地面源和高架源等多种排放扩散情形的模拟和预测。

4.2.3 预测参数

(1)气象参数

地面气象参数采用新沂市气象站 2020 年的气象资料,1 天 24 次地面观测的数据包括风向、风速、总云量、低云量、干球温度,满足《环境影响评价技术导则 大气环境》(HJ 2.2—2018)对气象数据来源的要求(评价对象与所选用气象站直线距离小于 50 km)。

根据《环境影响评价技术导则 大气环境》(HJ 2.2—2018)中关于地面气象观测资料的调查要求,距离项目最近的地面气象观测站拥有近 3 年内至少连续 1 年的常规地面气象观测资料,该地面气象观测站地理特征与开发区所在区域地理特征基本一致,因此,采用徐州市气象站的气象资料。

(2)地表参数

① 地表参数。开发区地形数据采用 SRTM(Shuttle Radar Topography Mission)90 m 分辨率地形数据。土地利用参数采用 GLCC(Global Land Cover Characteristics)为亚洲区域优化的数据,分辨率为 1 km。

② 土地利用数据。开发区周边土地利用类型设置为城市,反照率取 0.14,鲍恩比取 0.45,表面粗糙度取 0.072 5。

4.2.4 预测方案

本次大气环境影响评价对近期和远期不同情景下规划实施产生的大气污染物变化影响环境空气质量的范围和程度进行预测,并叠加常规因子的大气达标规划目标背景值以及特征因子的现状监测背景值,判断大气环境影响达标情况。本次评价预测方案如下。

① 预测因子:对规划实施产生的污染源进行分析(扣除大气达标规划包含的新凤鸣长丝、短纤及阳光热电项目的新增值),规划增加排放 SO_2 和 NO_x43.327 t/a,小于 500 t/a,根据技术导则要求,无须进行二次污染物 $PM_{2.5}$ 的预测,但考虑到项目所在地目前 $PM_{2.5}$ 不达标,本次预测增加 $PM_{2.5}$;规划增加排放 NO_x 和 VOCs 约 146.505 t/a,小于 2 000 t/a,无须进行 O_3 预测。根据近期规划各产业园主导产业排放的污染物类型、污染物源强推算结果和现有标准情况,筛选出本次预测因子:一次污染物 SO_2、NO_x、PM_{10}、VOCs、氨、硫化氢、硫酸雾、氯化氢,二次污染物 $PM_{2.5}$。

② 预测范围:规划区域外扩 D10%,适当增加的评价范围为规划边界外 2.5 km。

③ 计算点:计算点包括环境空气敏感点、预测范围网格点以及区域最大地面浓度点。预测网格设置采用嵌套直角坐标网格,按照等间距设置。

④ 预测内容:预测评价区域规划方案中近期和远期新增的常规因子叠加达标规划目标背景浓度的保证率日均浓度的达标情况,预测评价特征因子叠加现状监测背景浓度的达标情况,评价区域规划实施后的环境质量变化情况,分析区域规划方案的可行性。

4.2.5 预测结果分析

规划实施后,在规划近期和远期排放的常规污染物 SO_2、NO_x、颗粒物均有所增加,对区域环境质量的影响略微增加,在削减区域污染源、叠加新沂市大气达标规划目标值的前提下,新沂经济开发区常规污染物 SO_2、NO_2、PM_{10}、$PM_{2.5}$ 的保证率日均浓度和年均浓度均符合环境质量二级标准。

规划增加排放的特征污染物有 VOCs、氯化氢、硫酸雾、氨等,对区域环境质量的影响略微增加,在叠加现状监测背景浓度后,近远期 VOCs、氯化氢、硫酸雾、氨、硫化氢的小时浓度符合技术导则附录 D 的浓度限值。

在实施新沂市大气环境质量达标规划及重污染天气应急管控等措施的情况下,开发区规划对周边居民区等保护目标的大气环境影响均达标。近期常规污染物排放对周边保护目标的保证率日均浓度影响最大占标率的污染物为 PM_{10},占标率为 9.54%;年均浓度影响最大占标率的污染物为 $PM_{2.5}$,占标率为 99.28%。远期常规污染物排放对周边保护目标的保证率日均浓度影响最大占标率的污染物为 PM_{10},占标率为 13.91%;年均浓度影响最大占标率最大的污染物为 PM_{10},占标率为 99.79%。近期特征污染物排放对周边保护目标的小时平均浓度影响最大占标率的污染物为硫化氢,占标率为 82.98%。远期特征污染物排放对周边保护目标的小时平均浓度影响最大占标率的污染物为硫化氢,占标率为 91.84%。

4.3　地表水环境影响分析

4.3.1　现状及规划排水工程情况

开发区内企业现状污水全部接管,废水进入新沂市城市污水处理厂。新沂市城市污水处理厂现状建成规模 10 万 m^3/d,处理量 7.8 万 m^3/d。尾水按一级 A 标准通过新沂市尾水导流工程排放至新沂河。

开发区工业污水处理厂建成后,规划近期接入开发区新墨河以西企业废水,规划远期接入开发区全部企业废水,规划规模 6 万 m^3/d(近期 3 万 m^3/d),处理达标后的尾水通过新沂市尾水导流工程最终排入新沂河北偏泓。

规划近期新墨河以东企业废水及开发区生活污水接入新沂市城市污水处理厂,规划远期开发区全部企业废水接入开发区工业污水处理厂,新沂市城市污水处理厂接纳开发区生活污水及开发区外城区生活污水。城市污水处理厂维持现状规模(一期 3 万 m^3/d,二期 4 万 m^3/d,三期 3 万 m^3/d),规划近期将实施 3 万 m^3/d 中水回用工程,远期共实施 6 万 m^3/d 中水回用工程,剩余 4 万 m^3/d 经尾水导流排入新沂河北偏泓。

4.3.2　接管可行性分析

根据开发区污水管网规划情况,开发区新建污水管网,开发区新入驻企业的污水通过规划的污水管网接入经济开发区工业污水厂处理。开发区废水主要为生活废水和生产废水等,废水经企业自建污水处理厂处理后,符合接管及接管水质要求。综上所述,开发区工业污水处理厂建成后开发区企业废水接入开发区工业污水处理厂处理具有接管可行性。

4.3.3　水量可行性分析

新沂经济开发区工业污水处理厂建成后,规划近期接入开发区新墨河以西企业废水,规划远期接入开发区全部企业废水。规划近期开发区新墨河以西企业污水排放量约为 2.66 万 m^3/d,规划远期开发区全区企业污水排放量约为 5 万 m^3/d,开发区工业污水处理厂规划处理能力 6 万 m^3/d,一期工程处理能力为 3 万 m^3/d,目前一期环评已取得批复。因此开发区工业污水处理厂建成后可满足开发区新增工业废水处理水量的要求。

开发区生活污水由新沂市城市污水处理厂接管,规划近期开发区新增生活污水量为 0.45 万 m^3/d,同时新墨河以东企业废水依旧接入城市污水处理厂,接入量为 1.39 万 m^3/d;规划远期新增生活污水量为 0.85 万 m^3/d,开发区工业废水不再接入。新沂市城市污水处理厂现状建成规模 10 万 m^3/d,处理量 7.8 万 m^3/d,尚有余量 2.2 万 m^3/d,规划将逐步削减进入城市污水处理厂的工业废水,因此,城市污水处理厂可满足开发区新增生活污水处理水量的要求。

4.3.4 处理工艺可行性分析

新沂经济开发区工业污水处理厂建成后开发区新增企业废水接入开发区工业污水处理厂处理,开发区污水处理厂处理达标后的尾水由新沂市尾水导流工程处理。

根据《新沂经济开发区工业污水处理厂及配套管网工程环境影响报告书》及其批复,规划新建的开发区工业污水处理厂一期工程采用"粗格栅及进水泵房+细格栅及曝气沉砂池+初沉池+调节池+水解酸化+两级 A/O+二沉池+高效沉淀池+臭氧氧化池+BAF+滤布滤池+消毒"工艺。

开发区工业污水处理厂采用的处理工艺对 COD、五日生化需氧量(BOD_5)、SS、氨氮和总磷等均有较好的去除效果。开发区产生的废水主要为入驻企业产生的工业废水和生活污水,其中工业废水主要为纤维制造、印染等企业产生的废水,主要污染物为 COD、BOD_5、SS、氨氮和总磷等,企业自建污水处理站进行处理,化学纤维标准制造企业废水厂区预处理后达到《合成树脂工业污染物排放标准》(GB 31572—2015)中的水污染物排放标准,印染中心废水厂区预处理后达到《纺织染整工业水污染物排放标准》(GB 4287—2012)及其修改单中的间接排放标准,废水中锑达到江苏省《纺织染整工业废水中锑污染物排放标准》(DB 32/3432—2018),其他污染物预处理后可以达到新沂经开区污水处理厂接管标准,预处理后的废水接入开发区污水处理厂处理,开发区废水可生化性好,开发区污水处理厂废水处理工艺对开发区废水有较好的去除效果,因此开发区废水接入开发区污水处理厂处理工艺上具有可行性。

4.3.5 尾水影响分析

(1)新沂市尾水导流工程

徐州是南水北调东线工程中段中的城市,境内的京杭运河、徐洪河及骆马湖是南水北调东线工程的主要调水通道,南水北调东线工程江苏段有 14 个控制单元,徐州段占了 6 个,因此,徐州段是江苏段的治污重点区域和出境区,按照《南水北调东线工程治污规划》等要求,禁止徐州市域向京杭大运河排放污染物,徐州市对南水北调东线工程有影响的区域尾水通过工程性措施(现有和新建),进行收集、处理、回用、导流,最终输送入海,保证南水北调调水干线徐州段水质达到Ⅲ类水标准。

现状新沂市污水处理厂尾水均达到一级 A 标准后经新沂市尾水导流工程最终排放至新沂河。新沂市尾水导流工程于 2016 年 4 月份获得了新沂市环保局环评变更批复(新环许〔2016〕18 号),变更环评中的工程规模由原设计的 16 万 m^3/d 变更为 13.9 万 m^3/d,其中分配给城市污水处理厂的尾水规模为 10 万 m^3/d,可以满足其排放需求;分配给开发区污水处理厂的尾水规模为 2 万 m^3/d。开发区规划新建开发区工业污水处理厂,总设计处理规模 6 万 m^3/d,一期建设规模 3 万 m^3/d。新沂市国家南水北调工程建设领导小组办公室在《关于对调整南水北调新沂市尾水导流工程接纳尾水分配方案的复函》中,同意经开区工业污水处理厂和城市污水处理厂尾水去向的置换方案,即经济开发区工业污水处理厂尾水达到《城镇污水处理厂污染物排放标准》一级 A 标准后通过南水北调新沂市尾水导流工程排放,对城市污水处理厂尾水近期实施 3 万 m^3/d 的中水回用工程,远期共实施 6 万 m^3/d 的中水回用工程。

本规划实施前,新沂经济开发区污水经新沂市城市污水处理厂处理后接入尾水导流工程,尾水导流分配规模为 10 万 m^3/d,本规划实施后,进入尾水导流工程的总水量不发生改变。

新沂经开区管委会委托第三方机构编制了《新沂市城市污水处理厂中水回用方案》,对中水回用可行性进行了充分论证,得到了相关部门及专家的认可。项目实施后新沂市尾水导流工程可以满足开发区工业污水处理厂尾水排放水量的要求。

(2)尾水影响与评价

新沂市尾水导流工程最终排入新沂河北偏泓,原国家环保总局已对《新沂河整治工程环评》下发了批复(环审〔2003〕156 号),同意开通新沂河北偏泓污水通道,该污水通道已经于 2014 年全面建成使用。由于新沂经济开发区污水处理厂尾水排入新沂河北偏泓后,不会超过设计流量(13.9万t/a),新沂河整治工程环评已获得批复,本次引用新沂河整治工程环境影响报告书的结论:

① 污水处理厂对新沂河水质的影响。新建新沂市经济开发区工业污水处理厂通过与城市污水处理厂尾水量置换进入新沂市尾水导流工程,污染物COD、氨氮排放浓度执行《城镇污水处理厂污染物排放标准》(GB 18918—2002)一级A标准,入河排污口污水排放水量低于13.8万t/d,符合淮委许可〔2011〕60号文件的要求,新沂河水质基本维持现状。根据现状调查,新沂河尾水通道国考断面姜庄水漫桥和省考断面新沂河大桥水质基本能达到Ⅲ类。

② 污水处理厂纳入新沂河北偏泓导流工程对灌河入海口段水质的影响。新沂河北偏泓污水会对灌河入海口段的水环境产生一定影响。根据北偏泓污水入海口处污染物排放量的设计条件值,计算得出退潮时会有大量高浓度污水(50 m³/s)排放,在灌河河口内存在距排放岸边1~35 m的狭长贴岸超标污染带,污染带伸至海区;涨潮时河口内同样存在流向灌河内的较长贴岸超标污染带,超标带长7 000 m,宽5~30 m。而低浓度大量污水排入时,感潮河段超标污染带较小,涨潮时长约4 km,宽约15 m,退潮时可至出口。

③ 污水处理厂纳入新沂河北偏泓导流工程对灌河近海海域水质的影响。新沂河北偏泓污水会对灌河近海海域水质产生一定影响。根据北偏泓污水入海口处污染物排放量的设计条件值,计算得出王庄闸提闸排污(50 m³/s)可使灌河口外海区形成半径7 km,面积约为84 km²的超标混合区。在泄洪时,流量加大,北偏泓、中泓、南偏泓汇成一条宽广河流,最大流量可达到7 800 m³/s,虽然流量增加,但水质浓度降低,入海通量并没有增大。

④ 污水厂排放锑、苯胺类对新沂河水质的影响。开发区废水经开发区工业污水处理厂处理后经新沂市尾水导流工程排入新沂河,排放口位于新沂河嶂山闸—总沭河口段,本次评价对尾水排放对新沂河水质的影响进行预测。

在《地表水环境质量标准》(GB 3838—2002)中苯胺、锑标准值分别为0.1 mg/L、0.005 mg/L,考虑到污水置换后新增苯胺类、锑等特征因子,本次增加预测苯胺类、锑污染物对新沂河北偏泓水质的累积影响。

利用一维模型预测可知,近期污水处理厂排放的苯胺类对下游500 m、1 000 m断面的污染物浓度贡献值为0.012 mg/L、0.012 mg/L,叠加现状本底值后为0.027 mg/L、0.027 mg/L,符合地表水环境质量标准要求;远期污水处理厂排放的苯胺类对下游500 m、1 000 m断面的污染物浓度贡献值为0.018 mg/L、0.017 mg/L,叠加现状本底值后为0.033 mg/L、0.032 mg/L,亦符合地表水环境质量标准要求。因此污水处理厂排放苯胺类对新沂河水质影响较小。

近期污水处理厂排放的锑对下游500 m、1 000 m断面的污染物浓度贡献值为0.002 4 mg/L、0.002 4 mg/L,叠加现状本底值后为0.002 9 mg/L、0.002 9 mg/L,符合地表水环境质量标准要求;远期污水处理厂排放的锑对下游500 m、1 000 m断面的污染物浓度贡献值为0.003 6 mg/L、0.003 6 mg/L,叠加现状本底值后为0.004 1 mg/L、0.004 1 mg/L,亦符合地表水环境质量标准要求。因此污水处理厂排放锑对新沂河水质影响较小。

4.4　地下水环境影响分析

(1) 水文地质概念模型

按照地下水环评导则要求,充分结合水资源分区、水系分布,考虑区域地质、水文地质、环境水文地质条件以及拟建工程对地下水环境影响评价和预测的要求,确定本次模拟区范围。模拟计算区东边以臧圩河为界,南边以大墩干渠为界,西边以新戴运河为界,北边以新戴运河为界。根据区域地下水流场及野外调查的地下水位资料可知,模拟计算区地下水流向为由北向南。

地下水系统符合质量守恒定律和能量守恒定律；含水层分布广、厚度大，在常温常压下地下水运动符合达西定律；考虑浅、深层之间的流量交换以及软件的特点，地下水运动可概化成空间三维流；地下水系统的垂向运动主要是层间的越流，三维立体结构模型可以很好地解决越流问题；参数随空间变化，体现了系统的非均质性以及一定的方向性，所以以参数概化成各向异性。评价区地下水流向主要是自西向东，地下水位随时间的波动较小，概化为稳定流。综上所述，模拟区可概化成非均质各向同性、空间三维结构的稳定地下水流系统，即地下水系统的概念模型。

（2）数值模型

刻画潜水中污染物运移需要运用两个数学模型：地下水流动数学模型和地下水污染物迁移数学模型。对复杂数学模型，采用数值方法求解。

① 地下水流动数学模型：根据水文地质概念模型，评价范围内地下水流动的数学模型可以表示为潜水含水层非均质、各向异性的三维非稳定流数学模型，其控制方程及定解条件如下。

$$\frac{\partial}{\partial x}\left[K_{xx}(h-z)\frac{\partial h}{\partial x}\right]+\frac{\partial}{\partial y}\left[K_{yy}(h-z)\frac{\partial h}{\partial y}\right]+\frac{\partial}{\partial z}\left[K_{ZZ}(h-z)\frac{\partial h}{\partial z}\right]+W=\mu\frac{\partial h}{\partial t} \qquad (4.4-1)$$

式中：K_{xx}，K_{yy}，K_{zz}—主坐标轴方向多孔介质的渗透系数；h—水头；W—单位面积垂向流量，用以表示源汇项；μ—多孔介质的给水度（或饱和差）；z—潜水含水层的底板标高；t—时间。

方程（4.4-1）加上相应的初始条件和边界条件，就构成了描述地下水运动系统的数学模型。本次模拟的定解条件可表示为：

初始条件：
$$H(x,y,z,0)=H_0(x,y,z)\ (x,y,z)\in\Omega \qquad (4.4-2)$$

第一类边界条件：
$$H(x,y,z,t)\Big|_{\Gamma_1}=H_1(x,y,z,t) \qquad (4.4-3)$$

式中：Ω—渗流区域；Γ_1—第一类给定水头边界。

② 地下水污染物迁移数学模型：污染物在地下水中的运移包括对流、弥散以及溶质本身的物理、化学变化等过程。可表示为：

$$\theta\frac{\partial C}{\partial t}=\frac{\partial}{\partial x_i}\left(\theta D_{ij}\frac{\partial C}{\partial x_j}\right)-\frac{\partial}{\partial x_i}(u_iC)+q_sC_s+\sum_{n=1}^{N}REA_n \qquad (4.4-4)$$

式中：θ—介质的有效孔隙度；C—水中溶质组分的浓度；D_{ij}—水动力弥散系数张量；u_i—地下水沿不同方向 i 的渗透流速；q_s—单位体积含水层中源汇项的流量；C_s—源汇项的浓度；t—时间；$\sum_{n=1}^{N}REA_n$—溶质 N 种化学反应的总量。

假设溶质的吸附能达到平衡，同时其化学反应为一阶不可逆的，则方程（4.4-4）可用下面的方程来表示：

$$\theta R\frac{\partial C}{\partial t}=\frac{\partial}{\partial x_i}\left(\theta D_{ij}\frac{\partial C}{\partial x_j}\right)-\frac{\partial}{\partial x_i}(u_iC)+q_sC_s-\lambda_1\theta C-\lambda_2\rho_b\overline{C} \qquad (4.4-5)$$

式中：λ_1 和 λ_2—溶质在溶解相和吸附相中的衰变速率；$\overline{C}$—含水层介质吸附溶质的能力；ρ_b—介质的体积密度；R—阻滞因子，并且 $R=1+\rho_bK_d/\theta$；K_d—溶质吸附相与溶解相的平衡分布系数。

由方程（4.4-5）与其相应的定解条件即可构成评价区地下水污染物迁移数学模型。

③ 数学模型求解：上述数学模型可用不同的数值法来求解。本次模拟计算采用 GMS 软件求解，用 MODFLOW 计算模块求解地下水流动数学模型，用 MT3DMS 模块求解地下水污染物迁移数学模型。

（3）模型参数的选取

① 渗透系数。根据岩土勘察报告,潜水含水层的渗透系数采用经验值,水平方向 $K = 0.3$ m/d,垂向和水平方向渗透系数比值为0.1。

② 孔隙度。岩石和土壤孔隙度的大小与颗粒的排列方式、颗粒大小、分选性、颗粒形状以及胶结程度有关,不同岩性孔隙度大小如表4.4-1所示。研究区的岩性主要为黏土,孔隙度取值为0.4。

表 4.4-1　松散岩石孔隙度参考值
单位:%

松散岩体	孔隙度	沉积岩	孔隙度	结晶岩	孔隙度
粗砾	24~36	砂岩	5~30	裂隙化结晶岩	0~10
细砾	25~38	粉砂岩	21~41	致密结晶岩	0~5
粗砂	31~46	石灰岩	0~40	玄武岩	3~35
细砂	26~53	岩溶	0~40	风化花岗岩	34~57
粉砂	34~61	页岩	0~10	风华辉长岩	42~45
黏土	34~60				

③ 弥散度。D. S. Makuch综合了其他人的研究成果,对不同岩性和不同尺度条件下介质的弥散度大小进行了统计,获得了污染物在不同岩性中迁移的纵向弥散度,其存在尺度效应现象,如图4.4-1所示。对于弥散度值,在充分考虑其尺度效应条件下,结合其他地区室内和野外试验结果,本着风险最大化原则,对本次评价范围潜水含水层纵向弥散度取30 m。

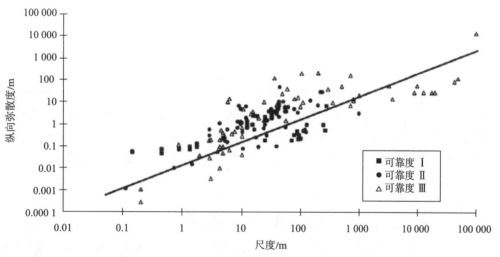

图 4.4-1　松散沉积物的纵向弥散度与研究区域尺度的关系

③ 模型网格剖分。采用GMS软件对数值模拟模型求解,用MODFLOW模块求解地下水流问题时采用有限差分法,需对评价范围进行网格剖分。为更精确模拟厂区污水处理站发生泄漏后溶质运移的规律,在此处加密网格,最小网格空间长度达到10 m。

垂向上将预测范围内土层概化为三层:将第一层黏土层(厚度约13 m)和第二层中砂层(厚度约4 m)作为潜水含水层,第三层黏土层作为相对隔水层(厚度大于15 m)。

（4）模型校正和检验

对数值模型进行计算求解,将模型计算结果与实际观测数据比较,比较两者的差异程度,从而对模型进行校正检验。

模拟计算的含水层地下水水位与实测的地下水水位的关系如图4.4-2所示。从图中可以看出各实际观测井水位与计算的水位误差均在0.54 m以内,模拟误差较小,在一定程度上反映了模型计算的合理性。

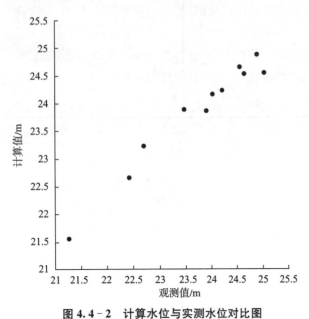

图 4.4-2　计算水位与实测水位对比图

表 4.4-2　计算水位与实测水位对比表　　单位:m

编号	实测地下水水位	计算地下水水位	水位差
GW1	24.89	24.88	0.01
GW2	22.69	23.25	−0.56
GW3	24.64	24.53	0.11
GW4	23.90	23.87	0.03
GW5	21.27	21.56	−0.29
GW6	22.42	22.67	−0.25
GW7	25.03	24.55	0.48
GW8	24.56	24.66	−0.10
GW9	24.02	24.17	−0.15
GW10	24.21	24.24	−0.03
GW11	23.47	23.89	−0.42

表 4.4-3　模拟计算区水均衡结果表　　单位:m³/a

水均衡要素	源	汇
入渗补给—蒸发量	41 020.89	−168 354.425
侧向补给/排泄量	6 374 956.41	−6 244 237.865
总和	6 415 977.30	−6 412 592.290
均衡差	3 385.010	

根据水均衡结果,评价区每年地下水排泄进入地表水 6 244 237.865 m³,表明地下水和地表水存在较密切的水力联系。模型计算结果与实际情况符合,从一定程度上反映了模型计算结果的合理性。

综上,根据对地下水流场、地下水位及水均衡计算结果可知,模型能较好反映该地区地下水流运动特征,可用于地下水环境影响的预测评价。

(5)预测方案

污染物在地下水系统中的迁移转化过程十分复杂,它包括挥发、溶解、吸附、沉淀、生物吸收、化学和生物降解等作用。本次评价遵循风险最大原则,在模拟污染物运移扩散时不考虑吸附作用、化学反应等因素,重点考虑对流弥散作用。在对水流模型进行校正和检验后,输入溶质运移模型参数,模拟污染物运移。

①预测时段。考虑项目建设、运营和退役期,将地下水环境影响预测时段拟定为 10 000 d。结合工程特征与环境特征,预测污染发生 100 d、1 000 d 及 10 000 d 后污染物迁移情况,重点预测对地下水环境保护目标的影响。

②预测因子。根据开发区工业污水处理厂污水处理区污染源强分析,产生的废水中 COD、氨氮和锑较多,造成环境污染的可能性最大。本次 COD 浓度为 150 mg/L,氨氮浓度为 50 mg/L,锑浓度为 0.072 mg/L。本次地下水环境影响预测评价中,同时考虑拟建项目污染因子特征和各因子标准指数评价结果,选取 COD、氨氮和锑为预测因子,模拟其在地下水系统中随时间的迁移过程。在地下水中,COD 一般用高锰酸盐指数法。为保守起见,本次 COD 浓度根据高锰酸盐指数浓度的 4 倍进行折算。

③预测情景。本次预测主要考虑防渗措施因老化而局部失效的情况,此时污废水更容易经包气带进入地下水。设定预测污染源强为正常状况的 100 倍,污染源特征为面源连续污染,据此情景给定污染源强

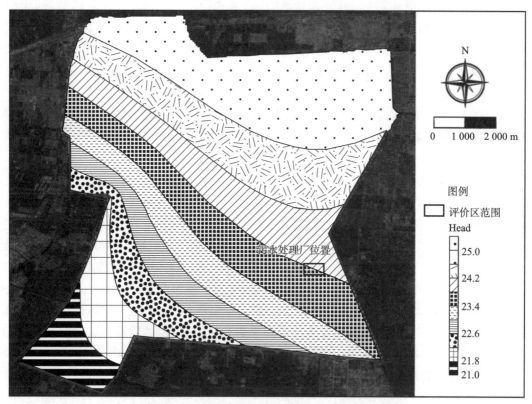

图 4.4‒3　模拟计算区地下水潜水位流场分布图

并预测污染物迁移情况。

(6) 预测结果分析

根据地下水环评导则要求,预测采用数值模拟模型。通过资料收集和野外勘查获取评价区含水层空间分布特征,根据评价区水文地质条件,确定潜水含水层组为本次评价的地下水系统,重点模拟非正常工况下 10 000 天内污染物 COD、氨氮和锑的运移扩散过程。评价结论如下。

① 正常工况下,企业防渗措施安全运行,废水入渗地下的量很小,不会影响到地下水保护目标。

② 在非正常工况下,废水会在厂区及周边较小范围内污染地下水。污染物模拟预测结果显示:氨氮最大运移距离是 271 m,总体来说污染物在地下水中迁移速度缓慢,项目场地污染物的渗漏/泄漏对地下水影响范围很小,高浓度的污染物主要出现在项目所在地废水排放处范围内的地下水中,对区域地下水水质影响较小。

③ 为防止事故工况的发生,必须严格实施各项地下水防渗措施,提高防渗标准,减小事故发生的概率;同时结合地下水环境监测措施,一旦事故发生,能及时发现并启动应急响应,及时切断污染源,将监测井转化为抽水井,实施水力截获,将污染物控制在较小范围。根据区域水文地质条件,在采取上述措施后,厂区对地下水环境影响可控。

4.5　声环境影响预测与评价

开发区主要噪声为施工期噪声和道路交通干线的交通噪声。

对于施工期,基础设施建设和工业企业厂房建设过程的噪声将不可避免对施工场地周围声环境产生一定的不利影响,有关单位应采取低噪声设备、减震减噪措施降低施工期噪声的影响。但是施工期的噪声影响是短期的、暂时的,一旦施工活动结束,施工噪声影响也就随之结束。

一般交通噪声可能会造成道路两侧噪声超标,但根据同类区域的类比调查,道路两侧若建设 10 m 宽的松树或杉树林带,可降低交通噪声 2.8～3.0 dB(A);若建设 10 m 宽 30 cm 高的草坪,可降低噪声 0.7 dB(A);单层绿篱可降低噪声 3.5 dB(A)左右,双层绿篱则可降低噪声 5 dB(A)。按照开发区发展规划,在主要道路两侧均将实行绿化工程,建设 10～40 m 宽的立体防护绿化带,可降低交通噪声 5～10 dB(A)。如噪声降低 10 dB(A),则昼、夜间所有道路两侧 40 m 外声环境质量将全部达标。

随着开发区进一步的开发建设,建筑施工噪声、道路交通噪声、工业企业运行噪声将会有所增加。由于各入区项目的噪声源强难以确定,且各单一项目在环评时也要求必须做到噪声达标,因此本次评价主要对施工期噪声和道路交通噪声进行预测。

4.6　固体废物环境影响分析

在园区内产生的固体废物中,部分具有毒性、反应性、易燃性、腐蚀性等特征,属于危险废物,对人体或环境有直接或潜在的危害。固体废物的堆放,不仅占用区域有限的土地资源,若堆放不当还有可能严重污染土壤,经雨水淋溶后,将会逐渐迁移影响地表水和地下水的水质。若固体废物在收运、堆放过程中未做密封处理,则有的经日晒、风吹等作用,挥发出废气、粉尘,有的经发酵分解产生有毒气体,向大气中逸散,造成大气污染。因此,固体废物的不适当堆置或处置,将对视觉景观、环境卫生、人体健康和生态环境造成影响。入区企业对其产生的固废特别是危险废物应加强管理,按照废物性质及特点进行减量化、无害化、资源化处理,不向环境中排放,以确保不造成环境危害。

综上所述,园区内应根据废物性质进行分类收集、安全储存,回收、处置和综合利用;区内产生的危险废物送往有危险废物处置资质的单位处置,对危险废物进行有效控制,这样对环境将不会产生明显的污染。在规划实施过程中,必须加强清洁生产,从源头削减固废的产生量,同时加强工业固废资源化利用,减少固废堆存量。

4.7　生态环境影响分析

4.7.1　对陆域生态系统的影响分析

(1) 用地类型变更分析

开发区规划评价范围内现状用地构成主要为闲置的裸地。随着开发区规划建设的推进,土地利用格局发生变化,闲置地将被工业用地、仓储用地等取代;土壤由于硬化、被覆盖,与外界环境的物质交换大大减少,从而导致性质改变;同时,工业企业的入驻,会使原有的土地功能发生根本性的改变,原有生态系统平衡被打破,将逐渐被新的生态平衡所替代,由此带来以下几种生态影响与破坏。

① 土地利用格局发生变化,原有植被被大量破坏。随着规划的实施,现状闲置地主要转变为工业用地、仓储用地等。土地利用方式变更后,工业用地等产生一定的环境污染物,对生态环境产生了胁迫和压力。

此外,厂房的施工建设所进行的土壤平整、土地开挖、取土、建筑材料堆放等活动,对土地的临时性或永久性侵占,造成所有植被都被去除,表面植被遭到短期破坏,可能产生局部水土流失问题。但随着工程建设的完成,除永久性占用外,部分区域植被通过绿化措施可得到恢复。

② 生态结构与功能变化。自规划实施后,开发区规划评价范围内工业用地占城市建设用地比例达到 45.39%,生态系统的功能将发生变化,可通过绿化等措施减小这种压力。

③ "三废"污染的影响。开发区规划评价范围在开发建设过程中必然会产生一定的废水、废气及固体废物,对周边环境产生一定影响。大气环境影响预测及水环境影响预测表明,开发区污染物的排放对周围大气及水环境影响较小。

④ 区内绿地的建设。评价区逐步建设过程中,将充分利用现有及规划河流、道路实施绿化建设,建设生态环境良好、和谐宜人的产城融合开发区,规划绿地总面积为 1.43 km²,占城市建设用地总面积的 3.59%。生态绿地的建设使区内生态环境得到一定程度的补偿。

(2)景观生态影响分析

景观是人们观察周围环境的视觉总体,包括自然景观、经济景观、人文景观等。开发区的规划建设对于景观的影响是两方面的,包括不利影响和有利影响。

① 不利影响。开发区规划建设对景观的不利影响主要在区内项目的施工建设过程,主要表现为:拆迁、地表开挖、建筑垃圾堆放等会使局部区域视觉景观价值下降,局部地形、地貌景观破碎化程度加剧;施工建设过程的生产及生活垃圾会污染环境,影响区域景观。

② 有利影响。规划期末,开发区整体景观水平将有所提升,主要表现为:区内闲置的裸地将被现代化厂房或现代仓储物流区所取代,整体更加整洁;公共绿地、防护绿地等绿化布局的构建,优化了开发区环境,提升了景观观赏性。

4.7.2　对水域生态系统的影响分析

在规划实施过程中,开发区管理部门即江苏新沂经济开发区管理委员会将推进一系列水环境整治工程,通过实施一系列的重点工程,区内水域生态系统将得到补偿和优化,水质将会进一步改善。

开发区内生活污水接入新沂市城市污水处理厂[光大水务(新沂)有限公司]集中处理,尾水经深度处理或生态处理等,达到《城镇污水处理厂污染物排放标准》一级 A 标准后排入新沂市尾水导流系统;开发区内化工工业废水预处理达标,接入新沂经济开发区工业污水处理厂[光大水务(新沂)有限公司]集中处理,尾水达到《城镇污水处理厂污染物排放标准》一级 A 标准后,排入新沂市尾水导流系统;新沂经济开发区工业污水处理厂建成后,新沂经开区新墨河以西片区(不含苏化化工区)及 G30 高速以南的规划工业区的工业企业(不含唐店化工园区)工业废水预处理达标后接入新沂经济开发区工业污水处理厂集中处理,尾水达到《城镇污水处理厂污染物排放标准》一级 A 标准后,排入新沂市尾水导流系统。经水环境影响预测分析可知,污水处理厂尾水排放对受纳水体水质的影响在可接受范围之内。

综上,开发区的规划建设不会对纳污河流水生态系统产生较大影响。

4.8　土壤环境影响分析

(1)土壤污染途径识别

在开发区本轮规划实施过程中,工业项目、交通设施等的建设均会对区域的土壤环境产生一定的影响。

工业建设项目从工业原料的生产、运输、储存到工业产品的消费与使用过程,都会对土壤环境产生影响。工业废气中的污染物,通过降水、扩散和重力作用降落至地面,渗透进土壤,进而影响土壤环境,其中挥发性有机污染物等能够在大气中远距离传输;经过处理或未处理的工业废水回用于绿化、道路浇洒、景观补水或排入河流后再用作农业灌溉等,都会使土壤环境受到影响,废水经污水处理厂处理后排放,在排放口附近的土壤中,污染物集聚明显,并随河流向下游迁移,土壤中污染物含量与距离反相关;固体废弃物在堆放过程中产生的渗滤液进入土壤,能改变土质和土壤结构,影响土壤微生物的活动,危害土壤环境,但一般水平影响距离较小。

交通工程建设项目除了占用土地外,在交通线路建设期间,土地大量裸露,土壤极易受到侵蚀;在交通线路使用期间,机动车排放的废气为大气酸沉降提供了物质基础,酸沉降导致土壤的酸化。

从现状企业和规划同类型企业对土壤环境的影响途径来看,若危险废物不考虑设专门的固废储存仓库或者仓库没有适当的防漏措施,废物经过风化、雨水淋溶、地表径流的侵蚀,产生高温和有毒液体渗入土壤,杀死土壤中的微生物,破坏微生物与周围环境系统的平衡,影响土壤生态系统,导致植被的生长受限和农作物的减产,同时污染物经土壤渗入地下水,对地下水水质也造成污染。

(2)土壤累积影响分析

二噁英类在空气中的形态可能是气体、气溶胶或颗粒物,广泛分布于环境中,为微水溶性,比较容易吸附于沉积物中,而且易于在水生生物体中积累,其化学降解过程和生物降解过程相当缓慢,在环境中滞留时间较长,成为持久性污染物。由于二噁英类在自然环境中分解的速度极为缓慢,因此可积聚在植被中被水生生物及其他动物吸入体内。二噁英类被动物吸入体内后,往往积聚在脂肪内。二噁英类多透过食物链累积,而动物会较植物、水、泥土或沉积物累积更高浓度的二噁英类。

新沂经济开发区已建钢铁项目烧结等工段的尾气中的二噁英类排入空气后经重力沉降和雨水冲刷等综合作用,可能在周边土壤沉积。根据 Nadal 等人对西班牙塔拉戈纳 Montcada 生活垃圾焚烧厂周边土壤的二噁英类浓度的研究,在采取相应措施实现欧盟 0.1 ng - TEQ/m³ 的排放浓度限值后,周边土壤中的二噁英类含量与之前没有显著差异。开发区拟进行的固废处置项目对焚烧过程进行良好有计划的控制,采取一系列措施后,可使排放烟气中的二噁英类浓度保持在 0.1 ng - TEQ/Nm³ 以下。参考西班牙 Montcada 生活垃圾焚烧厂的有关研究,保证处理效率和正常排放,基本不会引起土壤二噁英类的显著积累,但仍建议项目在厂址周边多植树,尽可能减轻二噁英类沉降对土壤造成的不利影响,同时改善项目周边生态环境。

4.9　环境风险评价

开发区主要风险事故类型为有毒物质泄漏事故以及天然气管线爆炸事故。开发区涉及的危险化学品较少,但是其工艺设备、工艺管道及与之相连的阀门、泵、法兰等均可能会因密封失效或其他故障造成物料的泄漏而引起有毒物质扩散的风险,开发区应严格落实各项环境风险防范措施及事故应急预案,在此前提下,开发区环境风险可以接受。

5　开发区碳排放评价

5.1　碳排放现状以及碳减排潜力调查

(1)碳排放源

主要核算开发区能源活动的碳排放量、净调入电力和热力的碳排放量。开发区用煤企业为中新钢铁集团有限公司,据统计,煤炭年使用量为 3 158 000 t,天然气年使用量为 2 500 万 m³,开发区企业净调入电力量 22.406 kW·h,企业净调入热力量 3 443.26 亿 kJ。

(2)碳排放量计算方法

根据《江苏省重点行业建设项目碳排放环境影响评价技术指南(试行)》,碳排放总量计算见公式(5.1-1):

$$AE_{总} = AE_{燃料燃烧} + AE_{净调入电力和热力} \tag{5.1-1}$$

式中:$AE_{总}$—碳排放总量(tCO₂e);$AE_{燃料燃烧}$—燃料燃烧碳排放量(tCO₂e);$AE_{净调入电力和热力}$—净调入电力和热力的碳排放总量(tCO₂e)。

根据燃料用于电力生产和其他工业生产的情况不同,燃料燃烧排放量($AE_{燃料燃烧}$)计算方法不同,具体见公式(5.1-2)：

$$AE_{燃料燃烧} = AE_{电燃} + AE_{工燃} \tag{5.1-2}$$

式中：$AE_{电燃}$—电力生产燃料燃烧排放量(tCO_2e)；$AE_{工燃}$—工业生产燃料燃烧排放量(tCO_2e)。

用于电力生产的燃料燃烧产生的排放量($AE_{电燃}$)计算方法见公式(5.1-3)：

$$AE_{电燃} = \sum(AD_{i燃料} \times EF_{i燃料}) \tag{5.1-3}$$

式中：i—燃料种类；$AD_{i燃料}$—i燃料燃烧消耗量(t或kNm^3)；$EF_{i燃料}$—i燃料燃烧的二氧化碳排放因子(tCO_2e/kg或tCO_2e/kNm^3)。

用于电力生产之外的其他工业生产的燃料燃烧产生的排放量($AE_{工燃}$)计算方法见公式(5.1-4)：

$$AE_{工燃} = \sum(AD_{i燃料} \times EF_{i燃料}) \tag{5.1-4}$$

式中：i—燃料种类；$AD_{i燃料}$—i燃料燃烧消耗量(t或kNm^3)；$EF_{i燃料}$—i燃料燃烧的二氧化碳排放因子(tCO_2e/kg或tCO_2e/kNm^3)(煤炭为$2.395\ tCO_2e/t$，天然气为$2.16\ tCO_2e/kNm^3$)。

净调入电力和热力的碳排放总量($AE_{净调入电力和热力}$)计算方法见公式(5.1-5)：

$$AE_{净调入电力和热力} = AE_{净调入电力} + AE_{净调入热力} \tag{5.1-5}$$

式中：$AE_{净调入电力}$—净调入电力的碳排放量(tCO_2e)；$AE_{净调入热力}$—净调入热力的碳排放量(tCO_2e)。

其中，净调入电力的碳排放量($AE_{净调入电力}$)计算方法见公式(5.1-6)：

$$AE_{净调入电力} = AD_{净调入电量} \times EF_{电力} \tag{5.1-6}$$

式中：$AD_{净调入电量}$—净调入电量(MWh)；$EF_{电力}$—电力排放因子(tCO_2e/MWh)，为$0.6829\ tCO_2e/MWh$(注：电力排放因子实行每年更新，数据来源于国家发改委应对气候变化司，企业应选择可获得的与报告年度所对应的最近一年《中国区域电网基准线排放因子》华中电网的EF_{OM}值来计算当年净调入电力产生的碳排放量)。

其中，净调入热力的碳排放量($AE_{净调入热力}$)计算方法见公式(5.1-7)：

$$AE_{净调入热力} = AD_{净调入热力消耗量} \times EF_{热力} \tag{5.1-7}$$

式中：$AD_{净调入热力消耗量}$—净调入热力消耗量(GJ)；$EF_{热力}$—热力排放因子(tCO_2e/GJ)，为$0.11\ tCO_2e/GJ$。

（3）开发区企业碳排放量现状

经计算，开发区2021年企业CO_2排放量为781万t。

（4）碳减排潜力

开发区现状企业自备供热锅炉共计24台，其中天然气锅炉19台，余热锅炉4台，煤气锅炉1台。花厅生物余热锅炉使用自产沼气，中新钢铁煤气锅炉自产煤气。根据《新沂市热电联产规划(2021—2025)》，随着开发区集中供热的建设，企业将逐步淘汰自备供热锅炉。目前江苏柏盛家纺有限公司、江苏佳特纺织有限公司、江苏经纬创拓纺织有限公司、新沂市明帝食品有限公司、徐州荣盛达纤维制品科技有限公司、徐州斯尔克纤维科技股份有限公司等企业自备的天然气锅炉已纳入关停计划中，待区域集中供热建设完成后逐步关停，预计可减少4万t/a的CO_2排放量。

对于在建、拟建重点项目，可通过强制清洁生产审核，加强日常监督管理来落实碳减排。开发区重点排污企业中新钢铁集团股份有限公司可通过进一步落实超低排放改造、提升生产工艺等方面减少能源资源使用，并减少污染物排放，也可通过加强余热利用等措施进一步提高能源利用效率，从而达到碳减排的目的。

5.2 开发区规划碳排放评价

5.2.1 碳排放量计算

(1)碳排放源

碳排放主要来自开发区能源活动、净调入电力和热力。开发区规划能源消耗情况如表5.2-1所示。

表5.2-1 开发区规划能源消耗情况

规划期	用电量/ (万 kW·h/a)	煤炭/ (t/a)	天然气/ (万 m³/a)	蒸汽/ (亿 kJ/a)
近期	582 364.8	3 158 000	6 750	187 010
远期	612 364.0	3 158 000	7 323	202 318

(2)碳排放量

按照前文所述计算碳排放量的方法,得到开发区规划期内二氧化碳排放量的结果,如表5.2-2所示。

表5.2-2 开发区规划二氧化碳排放情况   单位:t/a

规划期	二氧化碳排放量
近期	13 743 289
远期	14 128 918

5.2.2 碳排放评价

开发区近期和远期GDP分别为350亿元/a、830亿元/a。结合二氧化碳排放总量的预测结果,开发区近期和远期二氧化碳排放水平分别为3.93 tCO_2/万元、1.70 tCO_2/万元,单位GDP二氧化碳排放量呈下降趋势。

表5.2-3 开发区规划碳排放评价

规划期	二氧化碳排放量/(t/a)	GDP/(亿元/a)	碳排放水平/(tCO_2/万元)
近期	13 743 289	350	3.93
远期	14 128 918	830	1.70

5.3 资源节约与碳减排措施

5.3.1 资源节约

(1)能源梯级高效利用

能源的梯级高效利用可以提高整个能源系统的能源利用效率,是节能的重要措施。

严格按质用能。严格控制使用高质能源用于低质能源可完成的工作,实施热电联产热源梯级利用,高温热源用于发电,再利用发电装置的低温余热进行供热,充分按质用能。

实施逐级多次利用能源。鼓励企业合理利用能源,根据设备、工艺对能源不同温度的需求,高质能源使用在需要高能质的设备和工艺中,高质能源的使用过程中能质下降,可以转至使用较低能质的设备和工艺中,使总的能源利用率达到最高水平。

（2）中水利用

实施中水回用工程。以新沂市城市污水处理厂尾水为再生水源,实施中水回用工程,近期规模 3 万 t/d（回用率 30%）,远期总规模 6 万 t/d（回用率 60%）,回用水工艺采用"V 型砂滤池＋超滤＋反渗透",确保回用水水质满足回用要求,主要回用于中新钢铁、电厂及纺织企业等。配套落实开发区内中水回用管网。沿新墨河向北铺设约 5 km 的 DN400 的中水回用管道接中新钢铁取水管。从古镇大道接新墨河中水回用管道,沿古镇大道向西铺设约 3 km 的 DN300 的中水回用管道接入印染中心。

严格实施节水措施。科学制定节水目标,有效控制新鲜水资源消耗总量近期不突破 2 392.9 万 t/a,远期不突破 1 914.2 万 t/a;单位产值新鲜水耗近期控制在 6.84 m³/万元以下,远期控制在 2.31 m³/万元以下。一是鼓励节水技术改造。加强节水力度,鼓励企业进行节水新技术、新工艺和新设备的研究、开发与应用。新建、扩建和改建项目需制定节水方案,节水设施同时规划、同时施工、同时投入使用。改造老旧供水管网,建设供水管网运行监测管理系统,建设集中式二次增压供水系统,综合降低城市管网漏损率。二是提倡再生水回用。制定再生水利用管理办法,要求有条件的工业企业建立再生水回用处理系统,再生水用作企业生产、冷却用水,落实再生水回用方案;实施新沂市城市污水处理厂中水回用工程（近期 3 万 t/d,远期总共 6 万 t/d）,主要向中新钢铁、电厂、纺织等工业企业供水;在再生水服务区域内,对所有新建、扩建、改建工程项目,鼓励企业配套建设再生水取用设施。

（3）固体废物综合利用

全部实施生活垃圾分类袋装,根据垃圾可否再生利用、处理难易程度等特点,在厂区、办公区设置专用垃圾收集房间和特定集装箱进行分类。生活垃圾由环卫部门收集后再次分类,可以再生利用的进行综合利用,不能再生的送往新沂市高能生活垃圾焚烧发电厂焚烧处置。

逐步推广循环经济,采取一定的政策或经济手段鼓励、扶持对工业固废进行收集、处理及再生资源化利用的相关企业,实现工业固废的资源化。按照《徐州市"无废城市"建设"十四五"规划》落实"无废城市"建设工作要求。

（4）土地节约集约

盘活存量,适当增量。逐步置换低效利用的已建用地,清理闲置土地,挖掘存量土地潜力。在对存量土地整治的前提下依照发展规模,适当增加土地利用。

提高效益,集约利用。制定土地产出和项目准入标准,从产业类型、产出效益、环境影响、开发强度等多方面加以控制,实现土地的高度集约化利用,合理提升土地规模效益。鼓励开发利用地上及地下空间,对现有工业用地,在符合规划、不改变用途的前提下,通过依法加建的方式,提高单位工业用地工业增加值。

（5）清洁生产

开发区根据相关要求组织企业进行清洁生产审核,清洁生产审核是一种对污染来源、废物产生原因及其整体解决方案的系统化的分析过程,旨在通过预防污染分析和评估,寻找尽可能高效率利用资源（如原辅材料、能源、水等）,减少或消除废物产生和排放的方法。持续的清洁生产审计活动会不断产生各种清洁生产方案,有利于组织在生产和服务过程中逐步地实施,从而使其环境绩效持续改进。

通过清洁生产审核,达到以下效果:核对有关单元操作、原材料、产品、用水、能源和废物的资料;确定废物的来源、数量以及类型,确定废物削减的目标,制定经济有效的削减废物产生的对策;提供由削减废弃物获得效益的知识;判定组织效率低的瓶颈部位和管理不善的地方;提高组织经济效益、产品和服务质量。

本次评价对开发区清洁生产水平提出以下要求:规划期内新、改、扩建项目应采用先进的技术和设备,印染中心和纺织企业清洁生产达到国际先进水平,钢铁企业达到《钢铁联合企业清洁生产评价指标体系》国内清洁生产先进水平,智能制造、医药健康、新能源行业达到国内先进水平。推进企业全面开展清洁生产审核,实现园区绿色化发展。

（6）循环经济

推进建设循环经济示范园区。开发区循环化改造紧紧围绕"打造生态工业园"的总体目标，以开发区循环化改造的有利条件及基础为切入点，按照"布局优化、产业成链、企业集群、物质循环、创新管理"的要求，以"源头减量、末端利用"为抓手，从空间布局、产业结构、循环产业链、能源资源利用率、基础设施和运行管理六个方面设计开发区循环化改造的总体框架，把开发区改造成为"经济良好发展、资源高效利用、环境优美清洁、生态良性循环"的循环经济示范园区。

完善、延伸产业链，促进开发区循环化发展。在产业层次，按照"横向耦合、纵向延伸、循环链接"原则，实行产业链招商、补链招商，建设和引进产业链接续或延伸的关键项目，合理延伸产业链，实现项目间、企业间、产业间首尾相连、环环相扣、物料闭路循环，物尽其用，促进原料投入的减量化和废物排放的减量化、再利用和资源化，实现开发区企业之间原料（产品）互供、资源共享的一体化。

重点推动开发区产业链补强升级，淘汰低端落后产能，增强"纺织—印染—服装"产业链，重点发展高端纺织、冶金材料、智能制造、医药健康、新能源等产业，实现园区的生态化、绿色化、循环化改造，建设全省一流开发园区，创建国家级开发区。

5.3.2 碳减排对策与措施

（1）探索建立低碳园区管理模式

以开发区管委会为主体，明确低碳发展综合管理部门，建立低碳运行管理工作办法、管理评价考核办法和部门协调机制，明确开发区管理者和企业管理者的职责分工。

开发区除了执行准入清单要求外，可根据低碳排放要求自行制定并实施企业低碳排放入园管理办法，其主要方面包括：

① 按照国家和地方的产业政策，对入驻企业进行相应申请/审批管理。

② 新进入开发区的企业有利于开发区产业结构优化和能源资源高效利用。

③ 严格按照国家和地方产业结构调整目录、行业准入条件和准入标准实行绿色招商和补链招商。

④ 严禁高耗能、高排放、高污染的企业进入开发区；依据国家和地方能耗限额标准，淘汰落后产能。

开发区应建立健全低碳运行管理的统计报告制度，包括：

① 首先要帮助建立碳排放管理体系，针对国家或地方要求的重点排放单位，鼓励该类企业配备专人或委托第三方定期开展碳核查、低碳运行管理相关数据的统计报告工作，规范数据来源、提交方式和核算方法。

② 统计数据范围包括但不限：能源消费品种和数量，碳排放量，新能源利用种类与数量，水资源、废物资源循环和综合利用，绿色建筑认证，企业员工绿色出行比例，等等。

③ 根据开发区碳排放重点企业统计数据，编制开发区的低碳运行统计报告。

（2）探索低碳工业体系

贯彻可持续发展理念，以低能耗、低排放、低污染为目标，通过产业优化、技术创新、管理升级等措施，提高能源资源利用效率，探索建立低碳工业体系。

① 推进印染、钢铁等行业节能减排技术改造，鼓励先进节能减排技术的集成优化运用，推进系统节能提升，大幅度提高重点行业能源利用效率，降低温室气体排放强度。

② 加强能源梯级利用，推进生产低品位余热向开发区内居民和周边居民供热。

③ 通过原料替代、改善生产工艺、改进设备使用等措施减少工业过程温室气体排放。

④ 强化行业间和企业间横向耦合、生态链接、原料互供、资源共享，并为此提供信息和途径，推进开发区循环化改造。

⑤ 加快回收利用技术推广应用，构建再生资源回收利用体系，全面推广生活垃圾分类处理，打造减量化、再利用、再循环的垃圾处理系统。

⑥ 建立企业能源管理系统,对能源供应与消费进行实时监控。利用合同能源管理模式,通过第三方机构与企业合作,降低企业能源消耗。建立能效限额及能效管理体制,严格执行行业能耗限额标准。

(3) 推动低碳建筑发展

全面实施建筑节能标准。严格执行建筑节能标准,提高新建建筑能效水平。强化建筑项目建设全过程监督管理,全面实施 65% 建筑节能标准。全面推进绿色建筑发展,新建民用建筑 100% 执行绿色建筑强制性标准,并按二星级及以上绿色建筑标准设计建造,新建项目应按照相关规范要求设置可再生能源。

开展绿色建筑区域推广示范。按照绿色生态发展理念,推进综合管廊建设、资源能源综合利用。推广新型墙体材料等绿色建材和建筑节能技术,发展建筑节能服务市场。积极推动建设领域能源结构调整,推广太阳能光热建筑一体化。

加强建筑节能全过程监管。严格执行国家、江苏省建筑节能规定,加强新建建筑立项、设计、施工全过程节能监管。新建大型公共建筑应安装建筑能耗分项计量装置,并纳入建筑节能分部工程进行验收。加强建筑节能监管工作,对达不到民用建筑节能设计标准的新建建筑,不得办理开工和竣工备案手续。强化建筑能耗监测与能效测评监管工作,开展公共建筑能耗统计、能源审计和能效公示等工作,确定重点用能单位、高耗能建筑和节能标杆建筑。

加大既有建筑节能改造力度。积极推动既有公共建筑节能改造,重点选择大型公共建筑作为重点改造对象。鼓励综合采用节能、节水、屋顶绿化、外墙改造等措施进行绿色化改造。鼓励公共场所使用节水器具,推进建筑智能化管理和合同能源管理,形成政府、金融机构、企业、节能服务公司和用户方的多元化投入,拓宽既有建筑节能改造投融资渠道。

6　资源环境承载力分析

6.1　资源承载力分析

6.1.1　土地资源承载力

土地资源承载力是指可供土地资源量的极限值,表现了土地资源系统所能承受的社会、经济活动强度的能力阈值。土地资源承载力分析的核心目标是在比较可供土地资源量与实际土地需求量的基础上,将经济活动强度及其影响规制在土地资源系统承载能力范围之内,从而确保社会经济系统与土地资源系统的可持续协调发展。

通过对土地资源承载力的分析和评价,掌握开发区土地资源对人口增长、经济建设等的支撑程度。土地资源承载力的分析和评价主要从土地资源的人口承载力方面入手。本次规划环评中主要分析开发区规划末期(2035 年)土地资源的人口承载力,如表 6.1-1 所示。

表 6.1-1　按照不同标准计算的开发区土地资源的人口承载力

总面积 /km²	可利用面积 /km²	按国际标准计算的土地承载力/万人		按国内标准计算的土地承载力/万人	
		140 m²/人	200 m²/人	105 m²/人	120 m²/人
38.53	37.62	26.88	18.81	35.84	31.36

以国际标准计算,规划区域土地承载力是 18.81 万～26.88 万人;以国内标准计算,规划区域土地承载力是 31.36 万～35.84 万人。根据开发区开发建设规划,园区规划末期人口数约 20 万人,在开发区的

土地承载力范围之内。

开发区规划实施过程中要协调好规划建设与土地资源供应紧张之间的矛盾,就必须提高土地的利用效率,增加单位土地产出。开发区土地资源利用必须坚持以下原则:

① 坚持节约集约用地,注重统筹兼顾,合理布局区内道路、工业用地、公用设施用地等,结合新沂经开区"宜居空间"发展要求,将开发区建成"社会和谐、创新增长、城乡协调、全面发展"的文明片区。

② 控制建设用地总量规模,大力推进土地盘整与置换,调整建设用地结构,通过设定工业用地供给和开发强度的门槛指标,提高土地使用效率和效益。

③ 遵循紧凑合理、高效便捷的用地布局原则,相同产业集中发展,形成专业集中区。

④ 合理利用河道、绿地等生态要素,实现开发区环境质量、建设品质的提升。

⑤ 严守用地红线,遵循一般农田"占补平衡"原则,在"占补平衡"落实到位前,禁止侵占开发区规划范围内的一般农田。

同时,开发区应不断优化产业结构,对今后入区的企业要设立门槛,对投资密度达不到相应要求、污染严重、不符合产业定位的企业不予进驻,坚持提高土地地均产出,并保障地区发展的生态可持续性。在更高层次上实现经济增长方式的转变,实现经济社会的全面发展。同时开发区规划发展过程中要协调好经济增长与土地资源供应之间的关系,提高土地的利用效率,增加单位土地产出。

6.1.2　水资源承载力

《江苏新沂经济开发区水资源论证区域评估》表明:"取水影响:新沂经济开发区 2035 年的需水量为 12.32 万 m^3/d,取水自骆马湖,取水量仅占新沂市取水总量(35.8 万 m^3/d)的 34.41%,需水量较小,对区域水资源及其他直接取用水户影响甚微,对水功能区、纳污能力、水生态和第三者的影响较小。"

本次规划环评预测开发区近期用水量达到 9.6 万 m^3/d(包含中水回用水 3 万 m^3/d),远期用水总量达到 11.2 万 m^3/d(包含中水回用水 6 万 m^3/d)。新鲜水的需求量小于《江苏新沂经济开发区水资源论证区域评估》中的预估量。

因此,区域内水资源承载力可满足本开发区的发展。

6.2　水环境承载力

新沂经济开发区工业污水处理厂尾水(总规模 6 万 m^3/d,一期 3 万 m^3/d)达到《城镇污水处理厂污染物排放标准》一级 A 标准后通过南水北调新沂市尾水导流工程排放,城市污水处理厂尾水近期实施 3 万 m^3/d 中水回用工程,远期共实施 6 万 m^3/d 中水回用工程,进入尾水导流工程的 10 万 m^3/d 总水量不变。

开发区工业污水处理厂建成后企业废水接入开发区工业污水处理厂处理后再由新沂市尾水导流工程处理,直接经沿新墨河、总沭河和总沭河以西的农田铺设的管道运输最终排入新沂河北偏泓,依据已批复的《新沂河整治工程环评》,北偏泓污水对灌河入海口段、灌河近海海域水质会产生一定污染,超标污染带的长度、范围处于可接受范围。为改善水环境质量,新沂市拟全面提升城镇污水综合处理能力,将继续加快推进工业园区污水处理设施建设全覆盖,提高污水集中处理设施运行效率。进水化学需氧量浓度较低的经济开发区污水处理厂、马陵山镇污水处理厂、新店镇污水处理厂制定并实施"一厂一策"系统整治方案,明确整治措施。建立统一规划布局、统一实施建设、统一组织运营、统一政府监管"四统一"的工业园区污水处理工作模式。同时加快城镇污水处理厂及配套管网建设,坚持厂网并举、管网先行原则,新建污水处理设施的配套管网应同步设计、同步建设、同步投运。加快现有老区合流制排水系统改造,制定管网改造计划,优先、强力推动城中村、老旧城区和城郊接合部的污水截流、纳管。加强城镇雨水与污水收集管网的日常养护工作,提高养护技术装备水平,全面排查检测雨污水管网功能性和结构性状况,查清错接、混接和渗漏等问题。消除污水管网空白区,以城郊接合部、城中村、老旧城区为重点,划定管网覆盖空白区或薄弱区域,科学确定消除管网空白区的方案对策。采取以上措施后,水环境将得到大大改善。因此,开发区规划建设对区域水环境承载力的影响在可承受范围内。

6.3　大气环境承载力

6.3.1　开发区大气环境容量计算

在区域大气污染控制中,反推法是一种简单易行的方法之一,它是利用大气环境质量模型,在已知大气质量标准和本底值的情况下,求出最大允许排放量。通过大气扩散模式(AERMOD)反推,可以计算控制区域各种污染源的排放总量,也可以规划新源的位置、源强和排放高度。

利用 AERMOD 模式预测的各污染物最大允许排放量如表 6.3-1 所示。

表 6.3-1　反推法得出的环境容量计算结果

污染物	年均最大贡献浓度值/(ug/m³)	年均浓度限值/(ug/m³)	年均浓度背景值/(ug/m³)	环境容量/(t/a)
SO_2	0.75	60	12	765.16
NO_2	−0.22	40	30	363.64
PM_{10}	5.14	70	70	0
VOCs(非甲烷总烃计)	39.69	340	175.1	530.12

注:特征因子年均浓度限值采用"换算法"根据污染物一次浓度限值换算得到。1 小时、8 小时、日均、年均浓度比例为1∶0.5∶0.33∶0.17。背景浓度均取现状监测数据中最大值。

6.3.2　大气环境容量分析

环境容量计算结果与规划预测量对比如表 6.3-2 所示。

表 6.3-2　环境容量计算结果及与规划预测量对比分析　　　　　　　　单位:t/a

项目	预测新增排放量	环境容量	余量
SO_2	196.783	765.16	568.377
NO_x	256.039	363.64	107.601
PM_{10}	121.067	0	−121.067
VOCs	201.021	530.12	329.099

经计算,开发区规划远期对于新增二氧化硫、氮氧化物、VOCs 等大气污染物均有一定的容量。PM_{10}容量不足,根据《新沂市大气环境质量达标规划》"到 2025 年,全市生态环境质量明显改善,$PM_{2.5}$ 年均浓度降至 35 μg/m³ 以下,PM_{10} 年均浓度降至 65 μg/m³ 以下(64.71 μg/m³)",计算出 PM_{10} 2025 年的环境容量为 131.32 t/a,开发区 2035 年 PM_{10} 的排放量 121.067 t/a 在大气达标规划实施后的环境容量中。

因此,在落实《新沂市大气环境质量达标规划》的前提下,该区域大气环境容量可以满足近、远期新增排放量,但在规划实施过程中仍需加强区域烟粉尘污染控制、施工及道路扬尘控制,限制大气污染物的排放。

6.4 污染物总量控制及平衡途径

（1）废气总量控制方案

根据环境承载力计算结果、污染物排放总量预测结果,开发区主要大气污染物总量控制建议如表6.4-1所示。

表6.4-1 开发区主要大气污染物总量控制建议 单位:t/a

污染因子	规划近期排放量	规划远期排放量
SO_2	2 099.182	2 100.726
NO_x	5 000.539	5 002.467
PM_{10}	2 778.440	2 799.128
VOCs	176.116	211.765

（2）废水总量控制方案

开发区主要废水污染物总量控制建议见下表。开发区内重点行业建设项目应按照《关于加强重点行业建设项目区域削减措施监督管理的通知》(环办环评〔2020〕36号)的要求提出有效的区域削减方案,主要污染物实行区域倍量削减,确保项目投产后区域环境质量有改善。

表6.4-2 开发区主要废水污染物总量控制建议 单位:t/a

污染因子	规划近期排放量	规划远期排放量
废水总量	969.774	1 823.332
COD	484.887	911.666
氨氮	48.489	91.167
总磷	4.849	9.117
总氮	145.466	273.500
总锑	0.592	0.888

7 规划方案综合论证和优化调整建议

7.1 规划选址合理性分析

7.1.1 选址区位优势

新沂市位于江苏省西北部,徐州市东南部,是沿东陇海线产业带中心节点城市。东靠连云港,南接宿迁,西依邳州,北临郯城县,是江苏省的北大门。开发区本轮规划范围位于新沂市西侧,距新沂老城区约3 km,是新沂中心城区向西拓展的主要空间载体。

江苏新沂经济技术开发区现状对外公路以东西向过境线路为主,包括中部的连霍高速公路和北侧的徐海西路,其中,连霍高速公路从规划范围中部穿过,与古镇大道设有互通立交,为经济开发区提供了便捷的交通。陇海铁路由西向东从规划范围北侧穿过,区内建设有中新钢铁铁路专用线,开发区拥有着优越的铁路运输条件。开发区西侧紧临的新戴运河航道为二级航道,是连接新沂和京杭大运河的唯一通道,水运条件优越。

开发区与新沂市县城注重功能定位、空间布局和公共设施建设三个方面的协调。在功能方面,主要提升商务、办公、服务等配套功能,形成新沂工业发展先导区和产业集聚核心区;在空间布局方面,与主城区连片一体化开发,构建主城区中心到开发区中心的发展轴,并保障与主城区交界处生活性用地的连续性;在公共设施建设方面,一方面利用新沂市现有的公共资源,借力发展,另一方面完善规划区自身的独特优势,在教育、科技等方面与主城区实现互补发展。

7.1.2　环境可行性

(1) 环境空气

2020 年,新沂市 SO_2、NO_2、PM_{10} 年均浓度均符合《环境空气质量标准》(GB 3095—2012)二级标准,CO 第 95% 位数日均值满足《环境空气质量标准》(GB 3095—2012)二级标准,O_3 第 90% 位数最大 8 小时滑动平均值满足《环境空气质量标准》(GB 3095—2012)二级标准,$PM_{2.5}$ 年均浓度不满足《环境空气质量标准》(GB 3095—2012)二级标准。因此,新沂市为环境空气质量不达标区,不达标因子为 $PM_{2.5}$。

各补充监测点的 TSP、NH_3、H_2S、臭气浓度、HCl、硫酸雾、甲醇、甲醛、乙醛、氟化物、非甲烷总烃、苯、甲苯、二甲苯、汞、二噁英均能满足相关要求。

大气环境影响预测表明:规划实施后,在规划近期和远期排放的常规污染物 SO_2、NO_x、颗粒物均有所增加,在叠加新沂市大气达标规划目标值的前提下,新沂经济开发区常规污染物 SO_2、NO_2、PM_{10}、$PM_{2.5}$ 的保证率日均浓度和年均浓度均符合环境质量二级标准。

规划增加排放的特征污染物有 VOCs、氨、硫化氢、硫酸雾、HCl 等,在叠加现状监测背景浓度后,近、远期 VOCs、氨、硫化氢、硫酸雾、HCl 的小时浓度符合《环境影响评价技术导则　大气环境》(HJ 2.2—2018)附录 D 的浓度限值。

在实施新沂市大气环境质量达标规划及重污染天气应急管控等措施的情况下,开发区规划对周边居民区等保护目标的大气环境影响均达标。

(2) 地表水环境

本次评价设置的监测点中各类污染物指标均能低于《地表水环境质量标准》(GB 3838—2002)中的Ⅳ、Ⅲ类标准限值。

开发区内新增工业污水接管至新沂经济开发区工业污水处理厂,新沂市城市污水处理厂和新沂经济开发区工业污水处理厂处理达标后的尾水通过新沂市尾水导流工程最终排入新沂河北偏泓,新墨河、新戴运河不作为开发区纳污水体,开发区的发展不会加重两条河流的负担。

根据新沂河整治工程环境影响报告书的结论,北偏泓污水对灌河入海口段、灌河近海海域会产生一定污染,超标污染带的长度、范围处于可接受范围,开发区排放锑对新沂河水质影响较小。

(3) 声环境

本次评价补充监测结果表明,监测期间各监测点位的昼间、夜间噪声值均满足《声环境质量标准》(GB 3096—2008)中相应声功能区标准的要求,区域声环境质量总体较好。声环境影响预测结果表明各区域能够达到声功能区要求。

(4) 地下水环境

根据监测结果,目前评价区域内的地下水指标除总硬度、砷、锰、硫酸盐、氟化物、挥发酚为《地下水质量标准》(GB/T 14848—2017)Ⅳ类标准,氨氮、硝酸盐为《地下水质量标准》(GB/T 14848—2017)Ⅴ类标准外,其余各点位各监测指标均能达到《地下水质量标准》(GB/T 14848—2017)Ⅲ类及以上标准。

地下水环境影响预测:在正常工况下,企业防渗措施安全运行,废水入渗地下的量很小,不会影响到地下水保护目标;在非正常工况下,废水会在厂区及周边较小范围内污染地下水。污染物模拟预测结果显示:氨氮最大运移距离是 271 m,总体来说污染物在地下水中迁移速度缓慢,项目场地污染物的渗漏/泄漏对地下水影响范围很小,高浓度的污染物主要出现在项目所在地废水排放处范围内的地下水中,对区域地下水水质影响较小。

（5）土壤环境

本次评价补充监测结果表明,区域内土壤表层土与深层土重金属各因子均未超出《土壤环境质量 建设用地土壤污染风险管控标准(试行)》(GB 36600—2018)第一类用地、第二类用地筛选值标准及《土壤环境质量 农用地土壤污染风险管控标准(试行)》(GB 15618—2018)筛选值标准。在严格实施各项防渗措施的情况下,开发区建设对土壤环境影响较小。

（6）环境风险

开发区范围内存在新沂市诸多居民点,在突发环境事件时,应根据实际事故情形、发生时的气象条件等进行综合判断,采取洗消等应急措施减少环境影响,并要求周边居民采取防护措施,及时向远离事故点的上风向进行疏散。疏散过程应注意交通状况,有序疏散,防止发生交通事故和踩踏伤害。因此,在开发区风险防范措施落实到位的情况下,开发区突发环境风险事件的环境风险可控。

7.2　规划目标指标可达性分析

根据规划指标体系与现状的对比分析,现状指标与规划目标要求有一定差距甚至有较大差距,为确保规划目标的实现,进一步改善区域生态环境,建议在本规划实施过程中重点关注水环境综合整治、加强环境管理与风险防控、产业结构持续优化与调整、节能减排与循环经济战略的深入推进、生态文明战略的积极推行等方面的工作。

【专家点评】

明确所提措施的实施效果,充实评价指标的可达性分析。

吴以中(南京工业大学)

7.3　规划产业合理性分析

开发区目前现状企业主要以高端纺织、装备制造、金属材料等为主,形成了一定的规模的产业体系。开发区内冶金产业园目前已集聚以中新钢铁为龙头的钢铁生产企业和部分中小企业。

开发区规划以高端纺织、冶金材料、智能制造、医药健康、新能源为主导产业,打造经济、社会、资源、生态、环境发展水平全面协调的现代化新城区,规划发展产业与《长江三角洲区域一体化发展规划纲要》《省政府关于加快发展先进制造业振兴实体经济的若干政策措施的意见》(苏政发〔2017〕25 号)、《江苏省国民经济和社会发展第十四个五年规划和二〇三五年远景目标纲要》《江苏省"产业强链"三年行动计划(2021—2023 年)》《徐州市国民经济和社会发展第十四个五年规划和二〇三五年远景目标纲要》《新沂市国民经济和社会发展第十四个五年规划和二〇三五年远景目标纲要》相符。

（1）冶金材料

根据《省政府办公厅关于印发全省钢铁行业转型升级优化布局推进工作方案的通知》(苏政办发〔2019〕41 号),"重点整合 200 万吨规模以下、能耗排放大的分散弱小低端产能向牵头企业集中","切实加大分散弱小产能整合力度。下大力气整合徐州地区的分散冶炼产能,按照市场化、法治化要求,加快整合200 万吨规模以下、能耗排放大的分散弱小产能。到 2020 年前,徐州地区冶炼产能比 2017 年下降 30％以上,整合形成 2 家装备水平高、长短流程结合、能耗排放低的大型钢铁联合企业"。

中新钢铁整合徐州 4 家钢铁企业产能,落户徐州新沂。中新钢铁已实施中新钢铁集团有限公司特钢板材减量置换技改项目,钢铁总规模为:炼铁产能 598.5 万 t/a,炼钢产能 570 万 t/a。本轮规划开发区钢铁规模仍维持原规模,不新增钢铁产能。

开发区依托中新钢铁公司,利用新沂市专用铁路线、运河等优势,延伸钢铁产业链条,配套建设轴承钢、弹簧钢、型钢、CSP 或 ESP 和不锈钢等生产线;重点发展特种板材,并向下游深加工方向延伸,提高金属压延及制品产业的附加值,形成普优特结合,优特为主、普钢为辅的新局面。

(2)高端纺织

开发区现有纺织企业 12 家,已形成年产 6.14 亿 m² 化纤布料产品,1 800 万 m² 水性超纤面料,13 700 万 m 坯布织造,服装 2 500 万件的产能,已形成一定规模的纺织产业基地。

目前开发区已引进省重大项目"新凤鸣产业基地项目",规划以新凤鸣、鑫冠纺织为主体,高水平建设新凤鸣产业基地,主攻以长丝织造为核心的纤维新材料产业链,依托新凤鸣聚酯(长丝、短纤、薄膜、切片等)一体化项目,吸引聚酯、聚酰胺及产业链下游企业入驻,发展功能性、差别化涤纶长丝、锦纶长丝以及下游配套纺织产业,打造科技含量高、经济效益好、资源消耗低、环境污染少的具有较强竞争力的产业集群。

开发区现有明新孟诺卡(江苏)新材料有限公司水性超纤基地,规划以水性新材料产业链技术应用开发为方向,联合院校、联盟、品牌龙头企业,实现水性超纤新材料产业链上游新材料技术迭代升级,中游平台智慧制造协同体系转型升级,下游应用需求不断开拓,形成从材料研究、工艺开发、清洁生产到销售推广和终端应用的汽车用品一体化业务体系。

2012 年,为满足开发区纺织企业印染需求,徐州荣盛纺织整理有限公司在新沂化工集聚区投资实施"年加工 2.6 亿米纺织面料整理项目"(苏环审〔2012〕128 号),目前已建成机织印染规模 0.84 亿 m/a。

为响应《江苏省"产业强链"三年行动计划(2021—2023 年)》以及《2021 年徐州市政府工作报告》提出的打造高端纺织集群等优势产业链,新沂市依托现有纺织产业资源做大做强高端纺织产业链。

区域基础设施满足纺织印染发展需求。开发区工业用水规划取自新沂市经济开发区工业水厂,现状供水规模 5 万 t/d,规划规模 10 万 t/d,可满足纺织印染产业用水需求;为配套开发区现有纺织企业以及发展需求,结合化工集聚区整治要求,开发区将新沂市化工产业集聚区印染企业搬迁并由政府投资升级改造建设高水平"绿岛型"印染中心,并配套印染中心污水处理站,实现"政府引导、集约建设、共享治污",印染废水经印染中心污水处理站处理后回用 50%,剩余尾水排入已批待建的新沂市经济开发区污水处理厂处理后再由尾水导流工程处理;根据《新沂市热电联产规划(2021—2025)》及其批复文件,规划推进阳光热电搬迁项目,供热能力为 630 t/h,并适时实施扩建,规划实施新凤鸣阳光热电扩建项目,供热能力 900 t/h,可以满足开发区纺织印染供热需求。

根据《江苏省国民经济和社会发展第十四个五年规划和二〇三五年远景目标纲要》和《新沂市国民经济和社会发展第十四个五年规划和二〇三五年远景目标纲要》,高水平建设新凤鸣产业基地,加快形成高技术纤维、高技术面料、高技术产业的纺织品链条式发展格局。大力支持纺织新材料产业基地。根据《国民经济行业分类》(2019 修订版),纺织业包含纺织印染。因此,新沂经济开发区发展纺织印染业符合新沂市国民经济和社会发展规划要求。

(3)智能制造

开发区现状形成了由龙头企业江苏上菱智能电器有限公司带动,配套企业集聚的模式。

规划以智能制造为主攻方向,加快招引志高空调、双鹿空调等一批知名家电产业,提升产业链、供应链整体现代化、智能制造水平,提升产业链协同制造效率,鼓励产业链中的龙头企业加大产业链、供应链体系的技术渗透、网络渗透、数据渗透,龙头企业应协助产业链上、中、下游企业按照统一标准实施智能制造,并推动智能制造人才在产业链中有序流动。

（4）医药健康

开发区规划以必康新医药产业综合体等企业为载体，全面布局医药生产研发、医药制剂、国家级实验室、医药电子商务、特医食品、食药同源性中药、时尚美妆、个人卫生护理用品、仓储物流、彩印包装、远程医疗、智慧体验等项目，建设集医药研发、医药制造、医药流通、健康体验于一体的医药健康基地，片区不涉及原料药制造。

（5）新能源

开发区规划发展氢气储运设备以及加氢配套设备，促进氢气资源的高效储存和利用，推进氢能源向周边区域辐射。发展车用燃料电池、便携式移动氢燃料电池、氢燃料电池核心零部件；拓展氢燃料电池应用领域，发展氢燃料电池家用热电联供系统。突破发展氢燃料电池汽车，以氢燃料电池汽车整车为引领，以氢燃料电池汽车电机、电控等关键零部件为突破口，延伸氢燃料电池汽车产业链。完善氢能产业链布局，实现产业集群规模化，氢能产业关键核心技术实现重大突破，打造"淮海氢谷"。

7.4 规划规模的环境合理性分析

7.4.1 产业规模合理性

本轮规划开发区钢铁规模仍维持原规模，不新增钢铁产能。

印染主要包括针织印染及机织印染，为了完善产品类别，配套新凤鸣产业基地（270 万 t/a 化学纤维）发展需求，响应《江苏省"产业强链"三年行动计划（2021—2023 年）》以及《2021 年徐州市政府工作报告》提出的打造高端纺织集群等优势产业链，打造"纺丝、织布、印染、成衣"产业链。由政府投资建设的新沂经济开发区印染中心规划近期形成针织印染能力 12 万 t/a，机织印染能力 1.4 亿 m/a，远期最终形成针织印染能力 18 万 t/a，机织印染能力 2.1 亿 m/a。清洁生产水平优于《清洁生产标准 纺织业（棉印染）》（HJ/T 185—2006）国际清洁生产先进水平，同时印染中心通过自建污水处理站达到 50% 中水回用率，尾水排入新沂经济开发区工业污水处理厂，污水处理厂尾水达到一级 A 标准后，经尾水导流排入新沂河北偏泓，对地表水环境影响较小。

7.4.2 发展规模合理性

开发区属于《新沂市城市总体规划（2013—2030）纲要成果》空间布局结构"两心、两轴、五区"城市空间结构布局中的"城西分区"，主要规划功能为"以工业、科研、居住、商业等职能为主的产业片区"。当前，《新沂市国土空间总体规划（2021—2035 年）》正在编制中，开发区用地已纳入初步划定的城镇开发边界范围内。开发区规划实施过程中，引进的建设项目确需占用耕地的，必须按照"占一补一"的原则以及国家和地方的相关规定，通过土地复垦等措施，补充数量相等、质量相当的耕地，严格执行耕地占补平衡政策。

根据土地资源承载力分析结果，在开发区现有一般农田调整为规划相应用地类型的情况下，土地利用不突破用地上限，提高单位土地产出强度，开发区规划区域土地资源有足够的人口承载能力，但开发区的开发建设必须符合《中共中央　国务院关于加强耕地保护和改进占补平衡的意见》以及新一轮国土空间总体规划的要求。

根据水资源承载力分析结果，在水源地水质达到功能区划要求的前提下，水厂的供水能力能够满足开发区产业发展的需求。

评价范围内的环境现状调查结果表明，大气各监测点位各项监测指标除 $PM_{2.5}$ 外均符合相应环境空气质量标准要求。本次评价设置的监测点中各类污染物指标均能低于《地表水环境质量标准》（GB 3838—2002）中相应的Ⅳ、Ⅲ类标准限值。评价区域内各监测点位的监测因子均能达到《土壤环境质量 建设用地土壤污染风险管控标准（试行）》（GB 36600—2018）与《土壤环境质量 农用地土壤污染风险管控标准（试行)》(GB 15618—2018)的标准,土壤环境质量总体较好。对照《声环境质量标准》(GB 3096—2008)中的各类功能区标准值,各噪声监测点均符合标准。目前评价区域内的地下水指标除总硬度、砷、锰、硫酸盐、氟化物、挥发酚为《地下水质量标准》(GB/T 14848—2017)Ⅳ类标准,氨氮、硝酸盐为《地下水质量标准》(GB/T 14848—2017)Ⅴ类标准外,其余各点位各监测指标均能达到《地下水质量标准》(GB/T 14848—2017)Ⅲ类及以上标准,区域地下水质量状况较好。开发区所在区域现状环境质量总体良好。

拟定开发强度下的污染源分析、环境影响预测和环境容量分析结果表明,开发区现状开发程度适中,随着区域开发,开发区大气、水污染物排放量将比现状有所增加,增加的总量在徐州市范围内平衡。规划期开发区实行区域污水集中处理,加快开发区规划范围内雨水、污水管网等基础设施建设,减轻开发建设对水环境的影响。

综上所述,开发区规划的发展规模具有环境合理性。

7.5 规划布局合理性分析及重大项目选址合理性分析

(1)内部产业分工明晰,规划布局基本合理

规划根据不同产业发展潜力、目标及对空间的需求,对工业用地布局进行整合,规划高端纺织、冶金材料、智能制造、医药健康以及新能源5个产业片区。

新能源片区环境污染较轻,布局紧邻主城区;高端纺织片区、冶金材料片区、智能制造片区以及医药健康片区布局在开发区西部(新墨河以西),远离主城区,位于主导风向下风向,且周边居住区均计划搬迁安置至开发区东侧滨河花园安置小区。开发区规划产业布局具有一定的环境合理性。

(2)"绿脉织城、绿意融城"的绿地系统结构,环境布局合理

规划结合"绿廊楔城、绿轴串城、绿带融城、绿心缀城、绿点镶城"的思路,构建"一廊四带、多轴多点"的绿地系统结构。

"绿廊"是划分经济开发区城市格局的主要廊道,为连霍高速生态廊道。

"绿轴"是指经济开发区内结合城市道路布置的沿路绿带,起到丰富沿路绿化景观、隔离工业污染、提供游憩空间等多种功能。其中较重要的是大桥西路绿轴、马陵山西路绿轴、环城西路绿轴、唐港路绿轴、新港路绿轴、徐海路绿轴、上海路绿轴和古镇大道绿轴。经济开发区内的"绿带"与"绿轴"相互交织,构成整体的绿化网络。

(3)不涉及生态敏感区,环境布局合理

根据《省政府关于印发江苏省国家级生态保护红线规划》《省政府关于印发江苏省生态空间管控区域规划的通知》,开发区不涉及生态空间管控区域,距离开发区规划边界最新的生态红线为开发区东侧900 m的新沂市地下水饮用水水源保护区。此外开发区规划与《淮河流域水污染防治暂行条例》《省政府关于印发江苏省"三线一单"生态环境分区管控方案的通知》(苏政发〔2020〕49号)、《关于印发〈徐州市"三线一单"生态环境分区管控实施方案〉的通知》(徐环发〔2020〕94号)等生态环境保护相关法规、规划和政策的要求相符。因此,开发区规划布局具有环境合理性。

(4)重大项目选址合理性分析

开发区近期重点引进项目为新凤鸣聚酯纤维纺织基地项目。该项目选址于开发区内高端纺织西片区,用地为本轮开发建设规划工业用地,根据《新沂市国土空间总体规划(2021—2035年)》(现行成果),新凤鸣所在位置已纳入初步划定的城镇开发区域范围内。

新凤鸣所在工业园区基础设施完善,且根据环境质量现状调查及环境影响预测结果,新凤鸣拟建地存在一定环境容量,可满足项目建设需要。

7.6 规划基础设施的环境合理性分析

7.6.1 供水

规划采用分质供水,生活用水由新沂地表水厂(规划范围外)供应,新沂地表水厂现状规模10万 m³/d,取水口设在骆马湖新沂河出湖口、嶂山闸上游2.2 km处。工业用水规划由位于神井大道与连霍高速交叉口东南处的新沂市经济开发区工业水厂供应,现状规模5万 m³/d,对整个纺织开发区工业、仓储、道路广场、绿地等提供生产用水。开发区所在区域水资源丰富,供水能力充足,区域水资源能够满足现状及发展的水量需求。

7.6.2 排水

(1)新沂市尾水导流工程

2011年9月原江苏省环境保护厅以苏环审〔2011〕176号《关于对南水北调新沂市尾水导流工程环境影响报告书的批复》批复了新沂市尾水导流工程,主要建设内容为自新沂市城南污水处理厂(包含经济开发区污水处理厂)沿新墨河、总沭河和总沭河以西农田至新沂河新建DN1 200和DN1 400双排管道,单排管道全长26 842 m,拟接纳新沂市城市污水处理厂、新沂市经济开发区污水处理厂等三家污水处理厂的尾水,总废水量为16万 m³/d。

项目于2012年4月开工建设,在建设过程中,对尾水管道路线进行了优化,部分线路走向及占地面积发生变更,导流规模由16万 m³/d缩减为13.9万 m³/d。2015年10月13日,新沂市国家南水北调工程建设领导小组办公室针对本项目设计的变更发布了《关于南水北调新沂市尾水导流工程设计变更的批复》(新南办复〔2015〕1号)。工程于2014年5月完成,并于2015年4月完成尾水接通。由于建设内容与环评存在出入,在2015年进行了变更环评,并于2016年4月份获得了新沂市环保局的环评批复(新环许〔2016〕18号),变更环评中的工程规模由原设计的16万 m³/d变更为13.9万 m³/d。其中分配给新沂市城市污水处理厂的尾水规模为10万 m³/d,分配给新沂市经济开发区污水处理厂2万 m³/d,锡沂高新区污水处理厂尾水规模1.9万 m³/d。

(2)排水水量可行性

规划新建的新沂经济开发区工业污水处理厂总设计处理能力为6万 t/d,一期规划建设处理规模为3万 t/d,二期规划建设处理规模为3万 t/d,超过新沂市尾水导流规模。根据《关于调整南水北调新沂市尾水导流工程接纳尾水分配方案的函》,开发区拟将新沂经济开发区工业污水处理厂和新沂市城市污水处理厂尾水排放进行置换,即经济开发区工业污水处理厂尾水达到《城镇污水处理厂污染物排放标准》一级A标准后通过南水北调新沂市尾水导流工程排放,城市污水处理厂尾水规划近期实施3万 m³/d中水回用工程,远期共实施6万 m³/d中水回用工程,剩余4万 m³/d经尾水导流排入新沂河北偏泓。新沂市国家南水北调工程建设领导小组办公室出具了《关于对调整南水北调新沂市尾水导流工程接纳尾水分配方案的复函》,原则上同意了经开区工业污水处理厂和城市污水处理厂尾水去向置换方案。项目实施后的新沂市尾水导流工程可以满足开发区工业污水处理厂尾水排放量的要求。

(3)排水接管可行性

根据开发区污水管网规划情况,开发区新建污水管网,开发区新入驻企业的污水可以通过规划的新建管网接入新沂经济开发区工业污水处理厂处理。开发区废水主要为项目的生活废水和生产废水等,废水经企业自建污水处理设施处理后,符合接管水质要求。综上所述,开发区工业污水处理厂建成后开发区企业废水接入开发区工业污水处理厂处理具有接管可行性。

7.6.3　供热

开发区规划设置 2 处热电厂:阳光热电厂、新凤鸣阳光热电厂。其中,阳光热电位于新沂市宁夏路以南、西藏路以东、兰州路以北,规划供热规模为 630 t/h;新凤鸣阳光热电厂位于发展大道以南、新疆路以东,供热规模为 900 t/h。开发区近期工业生产热负荷约为 1 395.87 t/h,新沂经济开发区远期工业生产热负荷约为 1 466.23 t/h。规划区域热源点供热规模可以满足用热需求,开发区规划供热方案合理。

7.6.4　燃气

开发区近期天然气需求总量约 6 750 万标 m³/a,远期天然气需求总量约 7 323 万标 m³/a。规划新沂经济开发区以天然气为主要气源,液化石油气为辅助气源。天然气运输依托"西气东输连云港支线"长输管道,新沂市远期将采用长输管线气源作为城市主气源,连云港支线最大设计输出量为 10 亿标 m³/a。保留现状沿着新墨河东侧的 DN300 高压燃气管线,规划沿新墨河东侧继续向北至徐海西路再往西至瓦窑镇、草桥镇新增 DN200 高压燃气管线。保留现状沿北京西路、天津路、开放大道的中压燃气管道;结合道路新建及改造,规划在区内市府西路、发展大道、上海路、新港大道等道路下布局 DE110~DE200 的中压燃气管道,完善经济开发区中压燃气管网。燃气管道在道路中一般沿路的西、北侧埋地敷设。燃气基础设施建设满足开发区发展需求。

7.6.5　固废处理处置

开发区产生的一般固体废物、危险废物和生活垃圾均妥善处置,实现零排放。

其中生活垃圾由新沂市经济开发区环卫部门统一收集处置。

一般工业固废包括收集的除尘灰、废包装材料、高炉渣、转炉渣、不合格产品等,主要采用综合利用的方式进行处理。

开发区危险废物主要包括废机油、废活性炭、废树脂、污水处理站污泥、废纺丝油、化学品废包装等,主要依托新沂市危废处置单位处置,新沂市现有危废处置单位光大环保固废处置(新沂)有限公司和光大绿色环保固体废物填埋(新沂)有限公司。

7.7　规划方案的优化调整建议

(1)优化规划用地布局

医药健康片区东北侧规划为居住用地,其毗邻医药健康片区、高端纺织东片区以及智能制造片区的工业用地,会受到工业企业污染的影响。

优化调整建议:紧邻规划居住用地的工业用地应发展轻污染型工业企业,保证周边企业的环境防护距离以及卫生防护距离,且落实居住用地的绿化防护要求,建设绿化隔离带。

(2)优化土地开发时序

根据国土空间规划近期实施方案,开发区本轮规划涉及一般农用地 10.43 km²。

优化调整建议:做好土地开发时序的管理工作,优先开发土地性质调整到位的地块,一般农田开发建设需按照国土部门要求做到"占补平衡",取得建设用地指标后方可开发。

(3)碳减排优化调整建议

建议采用节能型、低耗电的生产及辅助生产设备,采用高效的风机、水泵、电动机、变压器,提高系统运行效率。推进园区能源清洁化,大力发展太阳能等新能源,鼓励分布式太阳能发电等新能源自发自用,以减少外购电力。

7.8 规划环评与规划的全程互动情况

本次规划环评在规划纲要编制阶段(或规划启动阶段)介入,并与规划方案研究和规划的编制、修改、完善进行全过程互动,现经过几轮修改已初步完成规划稿,在收到规划稿后对规划的产业布局及产业结构提出意见,及时反馈给规划编制单位,具体意见如表7.8-1所示。

表7.8-1 规划环评与规划的全程互动情况

序号	要素	环评单位反馈意见	规划单位采纳情况
1	用地布局与发展规模	新墨河以东区域(开发区上风向)临近新沂市城区,此处设置的产业结构类型调整为污染排放量较小的产业	已采纳,规划将污染物排放较大的产业类型集中规划放置于新墨河以西区域。新墨河以东临近主城区,布置污染物排放量较小、生态友好型企业
2	基础设施	排水:将新沂市城市污水处理厂尾水通过中水回用用于工业企业生产,代替原排入生态湿地用于生态补水的方案。	已采纳,已完善中水回用规划,新沂市城市污水处理厂采用中水回用方案,近期3万 m^3/d 尾水全部回用于企业
3	基础设施	供热:核实热电建设规模,并与《新沂市热电联产规划》相符	已采纳,调整热电厂的建设规模,近期建设与《新沂市热电联产规划》相符

8 环境影响减缓对策和措施

8.1 大气环境影响减缓措施

(1) 优化能源结构,推广清洁能源使用

开发区内实行集中供热,禁止使用高污染燃料。开发区规划以阳光热电厂、新凤鸣阳光热电厂、通达热电厂为热源点,热电烟气治理采用先进高效的脱硫脱硝除尘工艺,确保烟气达到火电厂超低排放要求。区内企业严禁自建燃煤锅炉和工业炉窑,若工艺要求确需自备,应使用天然气、电力等清洁能源。大力推广清洁能源。合理调配天然气和电力资源,区内实行集中供热,限制高耗能的项目进区。大力促进能源结构调整和产业升级,发展循环经济,推行清洁生产,努力降低物耗、能耗和污染物排放。采取切实有效措施,保障工业废气达标排放。

(2) 严格控制废气污染

工艺尾气:开发区内有组织工艺尾气必须治理达标再排放,无组织工艺尾气必须严格控制排放。对大气污染源的分布进行合理规划,根据入区企业性质和污染程度,确定企业选址。对每个入区企业提出明确的废气污染源治理要求,必须确保其污染物达标排放后方可批准生产运营,其中钢铁企业大气污染物排放按照钢铁行业超低排放要求执行,纺织印染企业大气污染物排放按照《纺织染整行业污染防治可行性技术指南》要求执行。同时要确保"三同时"制度的贯彻执行,对污染物产生、排放实施全过程监管。

实施大宗物料运输"公转铁""公转水"。实施中新钢铁铁路专用线,提升开发区大宗物料铁路运输比例。新戴运河新增四级航道瓦窑线,建设徐州港新沂港区码头,一期工程布设5个500 DWT泊位,年吞吐量量160万 t,码头建成后将极大提升开发区大宗物料水路运输比例。

钢铁企业废气:对有组织、无组织废气进行收集、控制与治理。料场、料堆采取防风抑尘措施,采用密闭料场或筒仓,大宗物料采取封闭式皮带输送。中新钢铁建设铁路专用线和码头运输铁矿粉等大宗物料。烧结(球团)焙烧烟气全部收集并同步建设先进高效的脱硫、除尘设施和必要的脱硝设施。烧结、电炉工序采取必要的二噁英控制措施。对高炉和转炉煤气净化回收利用,对其他废气及电炉冶炼烟气进行收集并采取高效的除尘措施。轧钢加热炉和热处理炉采用低氮燃烧技术,对油雾和有机废气采取净化措施。

挥发性有机物:对 VOCs 废气收集率、治理设施同步运行率和去除率开展检查,重点关注单一采用光氧化、光催化、低温等离子、一次性活性炭吸附、喷淋吸收等工艺的治理设施。对达不到要求的 VOCs 收集、治理设施进行更换或升级改造,确保实现达标排放。除恶臭异味治理外,一般不采用低温等离子、光催化、光氧化等技术。行业排放标准中规定特别排放限值和控制要求的,应按相关规定执行;未制定行业标准的应执行江苏省《大气污染物综合排放标准》和《挥发性有机物无组织排放控制标准》。

恶臭:严格控制排放有毒有害和恶臭气体、严重影响人体健康的项目入园,产生恶臭气体的企业选址远离居民区、学校等环境敏感区,满足环境防护距离要求。

(3)强化废气监控监管

开发区应制定合理有效的企业大气污染物排放监测计划和废气治理设施检查管理制度,定期检查区内各企业废气收集、处理系统的运行情况及处理效果,并记录备案,及时对废气处理设施运行不正常的企业提出相应整改要求。

重点企业按照生态环境保护相关要求安装大气污染监测监控系统,并与主管部门监控平台联网,对开发区内大气环境质量和污染源排放情况实时监控,及时预警。

8.2　地表水环境影响减缓措施

加快工业污水处理厂建设和中水回用工程。遵循"技术先进可靠,处理效果稳定,运行管理方便"的原则,建设经济开发区工业污水处理厂。实施新沂市城市污水处理厂中水回用工程,近、远期中水回用率分别达 30%、60%,提升开发区中水回用率。

加强项目管理,实行源头控制。根据开发区建设发展的总体目标、所处的位置及现状水质,优先引进废水排水量少的项目,其次引进污染较轻且易处理的排水项目,严格控制排水量大、污染严重的项目。对水环境有较大影响的项目在进入开发区时,应严格执行环境影响评价和"三同时"制度,确保水污染物处理达标,并实行排污许可制和总量控制。

强化企业废水处理控制。各企业废水必须达到污水处理厂接管标准后方可接入污水管网,必要时须对污水进行预处理。各企业应按清污分流、雨污分流原则建立完善的排水系统,确保各类废水得到有效收集和处理;进一步提高区域污水的收集率,规划末期区内污水的收集率达到 100%。对含有毒、有害污染物及《污水综合排放标准》(GB 8978—1996)中规定的第一类污染物的废水必须严格控制。要求相关企业针对自身污水特点,选择切实可行的预处理治理方案,经生态环境部门审查同意后方可实施。各企业的特征污染物接管,除污染物浓度必须达标外还需满足生态环境部门下达的总量控制要求。重点企业废水接入口安装流量计和 COD、氨氮在线监测仪,特征因子定期监测,使每一级处理都安全可靠,保障整个系统的稳定运行。

加强港口作业区水污染防治控制。港区机修车间和设备冲洗场地四周应设置汇水暗沟收集含油污水,汇水暗沟末端设置隔油池,含油污水经隔油预处理后接入污水管网,排入新沂经济开发区工业污水处理厂集中处理、排放。冲洗作业必须在已设置汇水暗沟的冲洗场或机修间内进行,保证冲洗水的有效收集。

加强地表水综合治理。建立完善河流水系的长效管理机制,切实加强管护制度建设;加强企业雨水排口监控,健全河流水质预警与应急处置机制。

8.3　固体废物环境影响减缓措施

（1）一般工业固废

开发区内各企业产生的一般工业固废应进行分类收集，提高资源化水平；部分不能回收利用的一般工业固废，应统一收集后按《一般工业固体废物贮存和填埋污染控制标准》（GB 18599—2020）要求进行规范贮存，并及时委托相应的处置单位进行处置。

（2）危险废物

各企业危险废物应暂存于危险废物贮存设施内，并根据《国家危险废物名录》分类存放；贮存设施建设应符合《危险废物贮存污染控制标准》中的相关要求；对危险废物贮存设施、储罐及包装等应按《危险废物贮存污染控制标准》附录 A 和《环境保护图形标志　固体废物贮存（处置）场》及《危险废物包装标志》中的相关规定设置危险废物识别标志。重点危险废物的仓库应安装视频监控系统，并与生态环境主管部门联网。

建立区内企业危险废物转移台账制度，如实记录危险废物转移情况，并依据《工业危险废物产生单位规范化管理指标体系》中的相关要求进行管理。危险废物的处置、转运应按照《江苏省危险废物管理暂行办法》《危险废物转移联单管理办法》和《关于开展危险废物交换和转移的实施意见》等有关规定执行。建议开发区管理机构建立安全高效的危险废物运输系统，成立或委托具有危险废物运输资质的运输单位对园区内危废实行专业化运输，运输车辆须有危险废物警告图形符号。

（3）生活垃圾收集

全部实行垃圾分类袋装化，根据垃圾可否再生利用、处理难易程度等特点，在厂区、办公区设置分类垃圾收集点和特定集装箱，进行分类收集。

📢【专家点评】

调整优化生态环境准入清单，应优先引进有利于区域污水处理厂尾水回用的项目。

吴以中（南京工业大学）

应明确引进项目的生产技术及工艺、水耗能耗物耗、产排污情况及环境管理等方面达到国家先进水平的具体控制要求，提出更具操作性的环境准入清单。

逄勇（河海大学）

9　公众参与

9.1　公众参与的目的和原则

本次规划环评按照《中华人民共和国环境影响评价法》《规划环境影响评价条例》《环境影响评价公众参与办法》，秉承公开、平等、广泛和便利的原则，在评价过程中开展公众参与和信息公开。

公众参与旨在收集公众对江苏新沂经济开发区开发规划建设的意见、要求和看法，在规划环境影响评价中能够全面综合考虑公众的意见，吸取有益的建议，使得开发区后续发展更趋完善和合理，制定的环保措施更符合环境保护和经济协调发展的要求，从而达到可持续发展的目的，提高开发区的环境效益和经济效益。

此外,通过公众参与,还可加强全区周边居民、有关单位以及管理部门对园区规划建设的了解,相互之间架起沟通的桥梁,有利于取得各方面的配合,促进园区的发展。

9.2　公众参与总体方案概述

根据《环境影响评价公众参与办法》(生态环境部第 4 号令)有关程序及要求,本次环境影响评价的公众参与工作采用网络公示、当地报纸登载相结合的方式。

9.3　公众参与调查结果

江苏新沂经济开发区开发建设规划环境影响评价首次和第二次网络公示、报纸公示期间,江苏新沂经济开发区管理委员会和规划环评编制单位均未收到公众反馈意见。

9.4　公众意见处理情况

本项目规划环评公示期间没有收到公众的质疑、反对意见,因此没有公众意见需要处理。

10　总体评价结论

新沂经济开发区本次规划范围为东至臧圩河—新墨河,南至仙水河—纬一路,西至新疆路西—新戴运河,北至发展大道—新墨河—新戴运河,新沂经济开发区规划面积由 58.57 km² 调整为 38.53 km²,本次规划主导产业为高端纺织、冶金材料、智能制造、医药健康及新能源。

开发区规划以优势产业——高端纺织、冶金材料、智能制造,以及新兴产业——医药健康、新能源,打造经济、社会、资源、生态、环境发展水平全面协调的现代化新城区,规划发展目标与《长江三角洲区域一体化发展规划纲要》《省政府关于加快发展先进制造业振兴实体经济若干政策措施的意见》(苏政发〔2017〕25号)、《江苏省国民经济和社会发展第十四个五年规划和二〇三五年远景目标纲要》《徐州市国民经济和社会发展第十四个五年规划和二〇三五年远景目标纲要》中的发展目标相符,开发区通过协调发展优势产业与新兴产业,提升区域竞争力,引入龙头企业带动区域产业链延伸,可对新沂市乃至徐州地区经济现代化建设起到引领和推动作用。

区域环境质量状况对开发区发展形成了一定制约,目前新沂已制定大气达标规划,区域大气环境具有一定的环境承载力,开发区的发展不会突破区域环境容量;江苏新沂经济开发区所在区域配套基础设施完善,能够满足园区的开发建设需求;规划实施对区域环境及承载力产生的影响有限。从环境保护的角度分析,在严格落实规划及本次评价提出的污染防治措施、风险防范措施、规划优化调整建议等前提下,开发区规划的实施所产生的环境影响在可接受范围内,不会降低区域环境功能,江苏新沂经济开发区依据本次规划进行开发建设具备环境可行性。

11　评价体会

江苏新沂经济开发区本轮规划比上一轮发生了较大变动,各园区关系错综复杂,在评价时需关注以下几点。

(1) 与国土空间规划衔接

评价阶段,各地区国土空间规划基本上均处于编制阶段,由于上位规划已到期,在分析产业园规划与上位规划相符性时,应与国土空间规划近期实施方案进行对比分析,关注其出具的近期土地利用总体规划图,并重点分析用地规划相符性,用地规划尽量保持一致,若实在有所差异,需在报告中提出,要求当地管理部门做好土地开发时序的管理工作,优先开发土地性质调整到位的地块,一般农田开发建设需按照国土部门要求,按照"占一补一"的原则予以占补平衡,取得建设用地指标后方可开发。

(2)敏感产业定位突破原则与依据

开发区本轮开发建设规划在原规划产业定位的基础上突破了冶金以及印染的环境敏感型产业定位,在审核以及审批过程中也是面临了重重困难与制约。经咨询省厅相关领导及省内知名环保专家后,提出以下注意事项:突破相关产业定位需充分做好前期与省厅的沟通工作,并准备足够的内容,站位较高地论述该产业定位及产业发展规模的合理性。足够的内容及较高的站位指在现状分析章节,充分分析开发区相关产业链的发展现状基础,明确相关产业现状发展规模,并结合相关上位规划或者政府报告中关于加强产业链发展等的内容,从利于形成完整产业链的角度论述该产业定位为"锦上添花型"而非"无中生有型";通过区域已落地重点企业或项目来反推产业定位,例如新沂经济开发区有新凤鸣集团、中新钢铁等区域重点发展对象,要充分拿出上位规划或指导文件等内容来论证产业定位合理性。本次突破冶金及印染的产业定位用到了《全省钢铁行业转型升级优化布局推进工作方案的通知》(苏政办发〔2019〕41号)、《省政府办公厅关于印发江苏省"产业强链"三年行动计划(2021—2023年)的通知》《徐州市钢铁行业布局优化和转型升级方案》《徐州市国民经济和社会发展第十四个五年规划和二〇三五年远景目标纲要》《2021年徐州市政府工作报告》等文件作为依据证明。

(3)注意产业园规划环评新导则相关内容

核实规划方案中是否有涉及能源和资源利用结构的相关内容,如有应补充(产业园区导则中要求的)。

发展时序中应描述近、远期分别重点发展的范围、产业(关注第三产业),有所侧重,有所规划。补充规划的产业结构(即第一、二、三产业的占比)。

资源能源开发利用现状的章节需补充开发区资源能源利用效率、综合利用现状的数据,本开发区的资源能源结构调整情况、能源利用总量及能耗强度控制情况,本开发区能源集约、节约利用情况,找出与同类型产业园区的差距并分析提高潜力。

环境承载状况的章节应充分衔接区域"三线一单"结果,分析开发区水污染物、大气污染物排放对区域污染物允许排放总量的占用情况,分析园区碳排放对区域碳排放总量的占用情况,评估区域环境对规划实施的承载状态。除污染物外,根据新导则,还需从资源和碳排放等方面给出总量控制分析内容,对于超过总量的需给出削减控制措施。

【报告书审查意见】

报告书在梳理开发区发展历程、开展生态环境现状调查和回顾性评价的基础上,分析规划与其他相关规划的协调性,识别规划实施的主要资源环境制约因素,预测和评价规划实施可能对区域水环境、大气环境、生态等产生的不良影响,开展碳排放评价、环境风险评价、公众参与等工作,论证规划方案的环境合理性,提出规划优化调整建议和减缓不良环境影响的对策措施。报告书基础资料较翔实,采用的技术路线和方法适当,评价内容较全面,对主要环境影响的预测分析结果基本合理,提出的规划优化调整建议和减少不良环境影响的对策措施原则可行,评价结论总体可信。

总体而言,开发区内及周边分布多处居住点,工业与居住用地混杂,存在布局性环境风险。区域细颗粒物超标,水环境容量有限,大气和水环境制约明显,规划实施将增加区域环境污染和生态环境风险,加大区域环境质量改善的压力。因此,应依据报告书和审查意见,进一步优化规划方案,严格遏制高耗能、高排放产业盲目发展,优化建设时序,控制产业规模,强化各项环境保护措施落实,完善环境风险防范机制,有效预防规划实施可能带来的不良生态环境影响。对规划优化调整和实施过程的意见如下:

（一）深入践行习近平生态文明思想，完整准确全面贯彻新发展理念，坚持绿色发展、协调发展，加强规划引导。落实国家区域发展战略，突出生态优先、绿色转型、高效集约，以环境质量改善为核心，进一步优化规划用地布局、发展规模、产业结构等，做好与各级国土空间规划和"三线一单"生态环境分区管控方案的协调衔接。

（二）严格空间管控，优化空间布局。推进工业企业退出和产业升级过程中的污染防治，落实好生产空间、生活空间和生态空间管控措施，加强工业区与居住区生态隔离带建设，确保产业布局与生态环境保护、人居环境安全相协调。

（三）严守环境质量底线，实施污染物排放限值限量管理。根据国家和江苏省关于大气、水、土壤污染防治和区域"三线一单"生态环境分区管控相关要求，强化污染物排放总量管控。规划期内开发区工业污水厂尾水外排量不得突破新沂市城市污水处理厂中水回用工程的置换量，并确保南水北调新沂市尾水导流工程排放量不突破已批复导流规模。采取有效措施控制现有企业的温室气体、异味气体、挥发性有机物等的排放总量，提高排放上述大气污染物的项目的环境准入要求。严格控制钢铁、印染行业生产规模，落实钢铁行业超低排放改造。完善主要污染物排放总量控制措施，实现主要污染物排放浓度和总量"双控"，确保区域环境质量持续改善。

（四）加强源头治理，协同推进减污降碳。强化企业特征污染物排放控制、高效治理设施建设以及精细化管控要求。引进项目的生产工艺、设备，以及资源能源利用、污染物控制、废物回收利用、环境管理要求等应达到同行业先进水平。全面开展清洁生产审核，推动重点行业依法实施强制性审核，引导其他行业自觉自愿开展审核。根据国家和地方碳减排和碳达峰行动方案和路径要求，推进园区绿色低碳转型发展，实现减污降碳协同增效目标，园区按国家及江苏省规定时间实现碳达峰。

（五）完善环境基础设施。加快推进新沂经济开发区工业污水处理厂、印染中心污水处理站建设，完善污水管网，确保区内生产废水和生活污水分类收集处理，落实区域近远期中水回用工程及配套管网建设。加快推进集中供热中心及管网建设。对一般固体废物、危险废物应依法依规收集、暂存、处理处置，做到"就地分类收集，就近转移处置"。

（六）健全园区环境风险防控体系，建立环境应急管理制度，提升环境应急能力。制定环境应急预案，做到与各级政府、部门及企业应急预案的有效衔接，及时备案修编，定期开展演练，配备充足的环境应急物资，落实应急准备措施，建立应急响应联动机制，完善环境应急响应流程。建立隐患排查整改制度，推动园区及企业定期开展突发环境事件隐患排查治理，建立隐患清单并及时整改到位。完成园区三级环境防控体系建设，建设完善环境风险防控基础设施，并落实环境风险防范各项措施。

（七）建立健全环境监测监控体系。严格落实《全省省级及以上工业区(集中区)监测监控能力建设方案》(苏环办〔2021〕144号)要求，落实好开发区上、下风向空气质量自动监测站点的维护与管理。指导区内企业按《全省排污单位自动监测监控全覆盖(全联全控)工作方案》要求和监测规范，安装在线监测设备及自动留样、校准等辅助设备，实时监测获得主要污染物排放浓度、流量数据；暂不具备条件安装在线监测设备的企业，应做好委托监测，并及时上报监测数据。

案例三　淮安清江浦经开区开发建设规划（2021—2030）环境影响评价

1　总论

1.1　任务由来

江苏淮安清江浦经济开发区（以下简称"清江浦经开区"）前身为淮安市清河新区，清河新区总体规划范围为西至南昌路、东至贵阳路、北至古黄河（古淮河）、南至深圳路，中间以宁连路为界划分为东区和西区，规划面积14.3 km²。2009年10月，《淮安市清河新区环境影响报告书》获得原淮安市环境保护局批复（淮环发〔2009〕182号），东区控规于2010年4月30日获得淮安市人民政府批准（淮政复〔2010〕30号），西区控规于2011年11月15日获得淮安市人民政府批准（淮政复〔2011〕73号）。

2016年5月，江苏省人民政府批准筹建江苏淮安清河经济开发区（苏政复〔2016〕65号），规划面积2.49 km²，四至范围为：东至康马路，南至厦门东路，西至飞耀路，北至和平路。2018年9月，江苏省人民政府发布《省政府关于设立江苏南通通州湾经济开发区等26家省级开发区的批复》（苏政复〔2018〕82号），同意设立江苏淮安清河经济开发区；同年，经《中国开发区审核公告目录》（2018年版）核准，清河经济开发区核准面积2.02 km²，规划范围为北至旺旺路、南至深圳路—富准路、西至飞耀路、东至灵秀路—安澜路，主导产业为软件、光伏、光电、食品。2022年根据《省政府办公厅关于同意江苏淮安清河经济开发区更名为江苏淮安清江浦经济开发区的函》（苏政办〔2022〕1号），江苏省人民政府办公厅同意江苏淮安清河经济开发区更名为江苏淮安清江浦经济开发区。

2022年1月11日，江苏省生态环境评估中心在南京主持召开了《江苏淮安清江浦经济开发区开发建设规划环境影响报告书（2021—2030）》的技术审查会。2022年12月13日，《江苏淮安清江浦经济开发区开发建设规划环境影响报告书（2021—2030）》取得江苏省生态环境厅发布的审查意见（苏环审〔2022〕98号）。

1.2　规划概述

1.2.1　规划范围与规划期限

规划范围：北至旺旺路，南至深圳路—富准路，西至飞耀路，东至灵秀路—安澜路，面积为2.36 km²。规划期限：2021—2030年。现状基准年为2020年。

1.2.2　规划定位和发展目标

（1）功能定位

省级经济开发区；淮安市新兴产业高地；以电子信息、机械制造为主，最终形成融合创新、研发、服务配套为一体的示范区。

（2）发展目标

目前清河经济开发区处于成型期—成长期(要素聚集和产业主导)的发展阶段,本次规划发展目标为成熟期(创新突破阶段)。以文化为凝聚力,以技术为推动,引进高素质人才、较好的信息技术及其他高端产业配套服务,打造以研发、科技创新为主的新兴产业社区。同时,配套生态环境及居住、办公、商业设施,促进产城融合。

1.2.3　产业发展规划

（1）产业发展定位

以电子信息、机械制造为主导产业的融合研发、商业办公、休闲生活配套于一体的示范区。

（2）产业总体发展战略

正确定位,明确产业发展方向。未来开发区的发展方向以高新技术产业为主,以劳动密集型产业为辅。

突出主攻点,带动产业升级。围绕电子信息和机械电子产业等传统产业,一方面鼓励企业加大技术改造和技术创新投入,引导优势企业兼并重组、强强联合。另一方面引进在国内外有一定影响力的品牌企业,推动整个行业的整体提升,同时注重对高新技术产业的培植,积极发展新型电子信息与机电装备产业。

丰富产业链,加快产业集聚。围绕开发区产业定位,加快各类配套项目的引进,推动现有产业链条纵向延伸和横向拓展,形成产业组团,提升产业层次,增强产业集聚力。

建设科技创新载体和服务体系。应投资建设或引入以开放实验室、产业技术服务、创业支撑服务平台等为载体的公共服务体系。切实发挥开发区在集聚创新资源、建设科技创新载体和科技服务体系等活动中的组织引导作用。

（3）产业发展策略

电子信息产业:重点围绕新型电子信息产业链,紧扣中高端产品,依托开发区现有龙头企业淮安澳洋顺昌光电技术有限公司重点发展光子芯片、高速光模块、光电耦合器、光电交换器件等光通信器件。

机械制造:依托淮安市淮安钢铁、天淮集团等大型钢铁企业,在机械制造产业有充足和稳定的原料供给的优势下,重点发展节能型、环保型高端智能制造业,开发关键零部件,研发关键技术,逐步掌握自主知识产权,引导企业向个性化、定制化方向发展。

（4）产业布局

规划期末开发区将形成"三园"的产业布局:高新企业孵化产业园、机械制造产业园、电子信息产业园。

电子信息产业:以电子元器件生产及整机组装为基础,发展机电一体化、半导体照明、光通信、光电显示、集成电路等产业。

机械制造产业:依托现代化农业及化工产业,发展化工设备制造、环保设备制造、安全设备制造及农用机械制造等。

（5）建设时序

开发时应在规划工业用地首先进行企业引进,待开发区发展到位后,再对宏恒胜路以南、富淮路以北地块进行产业升级整合。

1.2.4　用地布局规划

清江浦经开区考虑与周边功能区的联动发展,规划形成"两轴一片三园一心"的空间结构。

两轴:包括飞耀路交通发展轴和深圳路城市发展轴。

一片:包括生活片区。

三园:包括高新企业孵化产业园、机械制造产业园、电子信息产业园。

一心:包括研发中心。

1.2.5 土地利用规划

清江浦经济开发区规划总用地面积为 235.54 ha,其中城市建设用地面积为 230.63 ha,占总用地面积的 97.92%。

城市建设用地中,居住用地 35.85 ha,占规划总用地面积 15.22%;公共管理与公共服务用地 14.21 ha,占规划总用地面积 6.03%,其中行政办公用地面积为 1.56 ha,中小学用地面积为 12.34 ha,科研用地面积为 0.31 ha;商业服务设施用地 3.19 ha,占规划总用地面积 1.35%,其中零售商业用地面积为 2.90 ha,公共设施营业网点用地面积为 0.29 ha;工业用地 125.68 ha,占规划总用地面积 53.36%;道路与交通设施用地 32.44 ha,占规划总用地面积 13.77%,其中城市道路用地面积为 30.86 ha,城市轨道交通用地面积为 1.58 ha;公共设施用地 0.86 ha,占规划总用地面积 0.37%,其中供电用地 0.82 ha,供热用地 0.04 ha;绿地与广场用地 18.40 ha,占规划总用地面积 7.81%。

开发区土地利用规划如表 1.2-1 所示,土地利用规划图(2035 年)如图 1.2-1 所示。

表 1.2-1 开发区城乡用地汇总表

用地代码			用地名称	用地面积/ha	占规划总用地面积比例/%
R			居住用地	35.85	15.22
	R2		二类居住用地	35.85	15.22
A			公共管理与公共服务用地	14.21	6.03
	A1		行政办公用地	1.56	0.66
	A3		教育科研用地	12.65	5.33
		A33	中小学用地	12.34	5.24
		A35	科研用地	0.31	0.13
B			商业服务设施用地	3.19	1.35
	B1		商业用地	2.90	1.23
		B11	零售商业用地	2.90	1.23
	B4		公共设施营业网点用地	0.29	0.12
		B41	加油加气站用地	0.29	0.12
M			工业用地	125.68	53.36
	M2		二类工业用地	125.68	53.36
S			道路与交通设施用地	32.44	13.77
	S1		城市道路用地	30.86	13.10
	S2		城市轨道交通用地	1.58	0.67
U			公共设施用地	0.86	0.37
	U1		供应设施用地	0.86	0.37
		U12	供电用地	0.82	0.35
		U14	供热用地	0.04	0.02
G			绿地与广场用地	18.40	7.81
	G2		防护绿地	18.40	7.81
			合计	230.63	97.92

续　表

用地代码		用地名称	用地面积/ha	占规划总用地面积比例/%
E		非建设用地	4.91	2.08
	E1	水域	4.91	2.08
管辖范围总用地面积合计			235.54	100

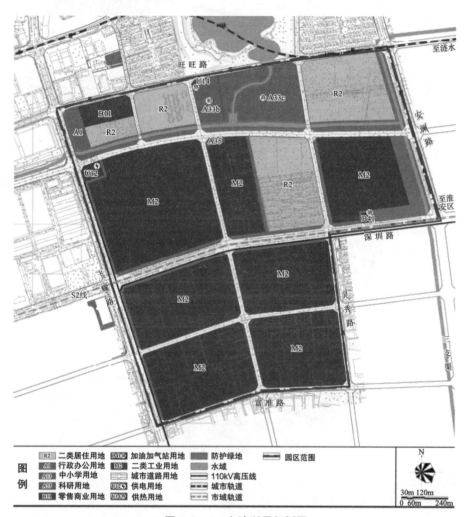

图 1.2-1　土地利用规划图

1.2.6　基础设施规划

(1) 给水工程规划

规划范围由淮安自来水有限公司经济开发区水厂供水,区域供水干管从市经济开发区水厂接出,沿大同路—水渡口大道敷设,管径为 DN1 200,总规划规模为 50 万 m^3/d,现已建成一期工程规模 10 万 m^3/d,实际供水量为 8 万 m^3/d。

充分利用现状管网,完善管网系统,实施各区域统一联网供水。为保证供水安全,规划区内的给水管道布置成环状。沿安澜路、深圳路、飞耀路布置给水主干管,与区域供水干管连成环,管径为 DN300~500。沿珠海路、景秀路、灵秀路布置给水次干管,管径为 DN200。其余道路为给水支管,管径为 DN150。给水规划范围图如图 1.2-2 所示。

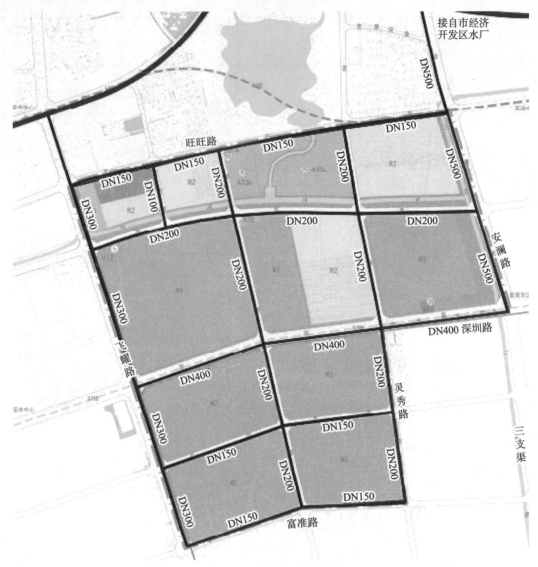

图 1.2－2　给水工程规划图

（2）排水工程规划

规划范围采用雨污分流制排水体制。

污水统一收集至飞耀路污水主干管（管径为 DN800），再接管至西南部淮安经济技术开发区污水厂集中处理。企业排污均采用管道敷设，预留综合管廊，新建企业的管道铺设于综合管廊内。污水主干管（除飞耀路）沿旺旺路、珠海路、深圳路敷设，管径为 DN500～600。其他道路下敷设 DN400～500 污水管。

淮安经济技术开发区污水处理厂（以下简称"经开区污水处理厂"）位于天虹路及新长铁路交会处西北角，为工业污水处理厂。污水处理厂于 2008 年投入运行，现状占地面积为 0.13 km²，现有规模为 8 万 m³/d，生活及工业废水比例约 1：1，主要收集处理来自市经济技术开发区徐杨片区、南马厂片区、生态新城东片及清江浦经开区四个区域产生的污水。中水回用项目于 2017 年 4 月建成，兼作事故应急池，规模为1.6 万 t/d，回用率为 20%。

（3）供热工程规划

清江浦经开区供热依托淮安经济技术开发区热电有限责任公司，它是清江浦经开区唯一的热源。热电公司年供热能力约 375 t/h，目前蒸汽最大用量 100 t/h，尚有 200 t/h 富余供热能力。规划区域热力管道从深圳路引进，管径为 DN500。供热工程规划如图 1.2－4 所示。

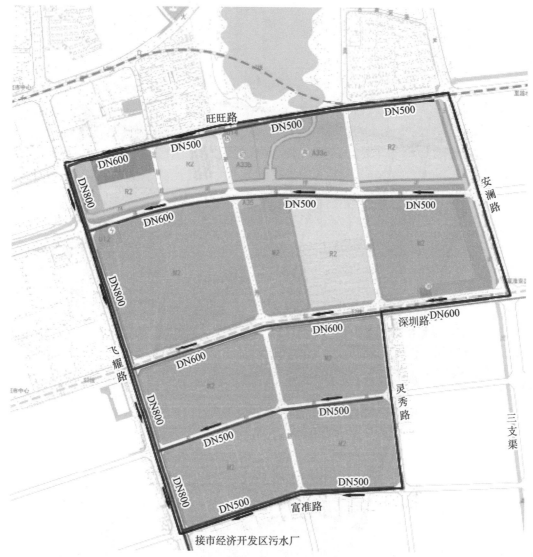

图 1.2-3　排水工程规划图

（4）固废处置规划

本着"减量化、资源化、无害化"的处理原则对固体废物进行处置规划,减少固体废物产生量,对一般工业固废分类进行资源回收或综合利用。金属边角料、不合格的产品、废纸张等,应视其性质由业主进行分类收集,尽可能回收综合利用,并由获利方负责收集和转运;生活垃圾由环卫部门统一收集处理;危险固废由有资质的单位统一收集,集中进行安全处置。

1.2.7　综合交通规划

（1）道路等级

清江浦经开区规划道路网络由主干路、次干路、支路组成。

本次规划拟构筑"三横两纵"的主干路网络。"三横"分别为:旺旺路、珠海路、深圳路。"两纵"分别为:飞耀路、安澜路。

（2）慢行交通

规划形成沿旺旺路、珠海路、深圳路、飞耀路、安澜路为主要框架的一级慢行通道,在一级慢行通道内构建以宏恒胜路、富准路、景秀路、灵秀路、三坝路为主的二级慢行交通网络。

规划公交线路及站台设在开发区内,结合城市用地进行配置。本区域内建议沿深圳路、飞耀路设置

图 1.2－4 供热工程规划图

2 条干线公交线路,并按照 300～500 m 的服务半径设置公交站点,完善公交线路的运营时间,增加夜间运力。

（3）轨道交通

淮安城市规划区内布设了 2 条市域轨道交通,分别为 S1 线(含支线)、S2 线(含支线)。其中规划建设的 S2 线主线途经本次规划范围内的深圳路。

1.2.8 绿地系统规划

规划绿地与广场用地 18.40 ha,占规划总用地面积的 7.81%。

结合自然水系、区域生态格局,形成园区"两横两纵"蓝绿结合的绿化生态结构;沿飞耀路、安澜路、深圳路、高压线两侧设置 15 m 宽的绿化带,形成网络化的绿化系统。

规划结合工业便利中心设置两处街头绿地,在工业片区中提供必要的休憩场所。

【专家点评】

园区的产业制定应当与园区产业发展、区域产业发展及行业发展规划相符合,基于园区所在地产业基础及差异性发展需求,从区域资源、区位或者上下游产业链等方面,具体分析本轮规划产业定位的合理性。

朱晓东(南京大学)

1.3　评价思路

1.3.1　评价重点

① 分析并识别规划内容与相关法律法规、政策、上位规划、江苏省"三线一单"管控要求及其他相关规划的符合性和协调性。

② 对规划所在区域的资源利用和生态环境现状进行调查,进行环境影响回顾性分析,分析区域环境质量变化趋势,分析规划区域资源利用水平、生态状况、环境质量等现状与江苏省"三线一单"管控要求间的关系,识别制约规划实施的主要资源、生态、环境因素。

③ 根据规划方案特点和区域环境质量现状调查结果,识别规划可能带来的环境影响,选择确定环境影响评价因子和指标体系。

④ 对规划实施所引起的环境影响进行预测与评价,包括对大气环境、水环境、生态环境、环境风险以及社会经济的影响评价等,给出规划实施对评价区域资源、生态、环境的影响程度和范围,分析规划实施后能否满足环境目标要求,评估区域资源与环境承载能力。

⑤ 根据环境影响预测、资源承载力分析等的相关结论,从资源环境保护角度论证规划产业结构、规模、布局的环境合理性,提出规划优化调整建议以及预防或减缓不良环境影响的对策措施。

⑥ 提出对规划所包含的建设项目的环境影响评价要求。

⑦ 制定对规划实施的监测与跟踪评价计划。

⑧ 开展公众参与,通过公示、发放调查表等方式了解和分析公众对规划方案的态度和意见。

1.3.2　评价范围、评价因子

(1)评价范围

评价时间范围同规划期限,即 2021—2030 年。

本次规划环评的评价范围以清江浦经开区规划范围为基础,兼顾周边环境现状,充分考虑相互影响,确定本次评价的具体空间范围。各环境要素评价的空间范围具体如表 1.3-1 所示。

表 1.3-1　评价的空间范围

序号	类别	评价范围
1	大气	清江浦经开区规划范围外扩 2.5 km 围合的区域
2	地表水	清江浦经开区纳污河流——清安河、板闸干渠 影响预测范围:经济技术开发区污水处理厂上游 0.5 km 至下游 11.5 km 河段
3	声	清江浦经开区规划范围外扩 0.2 km 围合的区域
4	土壤	清江浦经开区规划范围外扩 0.2 km 围合的区域
5	地下水	西至清拖路——曦园街,东至安澜北路,北至白马湖大街——河畔路,南至富士康路,为一独立的水文地质单元
6	生态	清江浦经开区规划范围

(2)评价因子

根据总体发展规划中提出的产业定位及规划区内现有的主要污染源、污染因子,确定本次环境评价因子,如表 1.3 - 2 所示。

表 1.3 - 2 环境影响评价因子

要素	现状评价因子	影响预测因子	总量控制因子
大气	SO_2、NO_2、PM_{10}、$PM_{2.5}$、CO、O_3、NH_3、硫化氢、臭气浓度、硫酸雾、氯化氢、氯气、VOCs、非甲烷总烃、氟化物、氰化氢、NO_x、锡及其化合物、镍及其化合物、TSP	颗粒物、HCl、硫酸雾、非甲烷总烃、氯气、VOCs	烟粉尘、VOCs、NO_x
地表水	水温、pH、DO、COD、BOD_5、SS、氨氮、TP、氟化物、硫化物、锌、锰、铜、石油类、甲苯、二甲苯、镍、盐分、锡、氰化物、六价铬、动植物油、LAS	COD、氨氮	COD、氨氮、总磷、总氮
地下水	水位、钾离子、钠离子、钙离子、镁离子、碳酸根离子、碳酸氢根离子、硫酸根离子、氯离子、氟离子、pH、耗氧量、氨氮、总硬度、溶解性总固体、挥发性酚类、硝酸盐、亚硝酸盐、铬(六价)、铅、镉、铁、锰、锑、砷、汞、菌落总数、总大肠菌群	高锰酸盐指数、镍	—
噪声	等效连续 A 声级	等效连续 A 声级	—
固体废物	一般工业固废、危险废物、生活垃圾		
土壤	pH、砷、镉、六价铬、铜、铅、汞、镍、四氯化碳、氯仿、氯甲烷、1,1-二氯乙烷、1,2-二氯乙烷、1,1-二氯乙烯、顺-1,2-二氯乙烯、反-1,2-二氯乙烯、二氯甲烷、1,2-二氯丙烷、1,1,1,2-四氯乙烷、1,1,2,2-四氯乙烷、四氯乙烯、1,1,1-三氯乙烷、1,1,2-三氯乙烷、三氯乙烯、1,2,3-三氯丙烷、氯乙烯、苯、氯苯、1,2-二氯苯、1,4-二氯苯、乙苯、苯乙烯、甲苯、间二甲苯、对二甲苯、邻二甲苯、硝基苯、苯胺、2-氯酚、苯并[a]蒽、苯并[a]芘、苯并[b]荧蒽、苯并[k]荧蒽、䓛、二苯并[a,h]蒽、茚并[1,2,3-cd]芘、萘	氯化氢、VOCs、镍	—
底泥	pH、镉、汞、砷、铅、铬、铜、镍、锌	—	—
生态	土地利用现状,评价范围内陆域和水域生态背景	陆域:生态服务功能和生境的变化,对生物多样性、生态系统的完整性和连通性的影响;水域:对水生态系统、生物多样性的影响	—

1.4 规划分析

1.4.1 与区域发展规划的相符性分析

(1) 规划要点

淮安市重点开发区域主要分布在淮安都市区、各县城区及未来重点拓展的乡镇,包括清江浦区的徐杨街道、盐河街道、城南街道、南马厂街道、武墩街道、黄码镇、和平镇,淮安区的山阳街道、石塘镇、钦工镇、顺河镇、朱桥镇、施河镇、车桥镇和范集镇,淮阴区的王家营街道、长江路街道、新渡口街道、古清口街道、南陈集镇、丁集镇、淮高镇、马头镇、徐溜镇和渔沟镇,涟水县的涟城街道、朱码街道、陈师街道、高沟镇、红窑镇、岔庙镇,洪泽区的高良涧街道、黄集街道、朱坝街道、岔河镇,盱眙县的盱城街道、马坝镇、黄花塘镇,金湖县的戴楼街道、银涂镇,总面积约 4 303 km²。重点开发区域应扩大建设用地增量供给,加强存量土地置换调整,大力引导人口和产业集聚,增强城镇服务功能,提升城镇和产业发展规模。

(2) 相符性分析

清江浦经开区位于淮安市清江浦区徐杨街道,而清江浦区徐杨街道属于江苏省主体功能区规划中的重点开发区域。清江浦经开区的规划建设,将加快清江浦经开区所在区域的工业化步伐,服务和带动地区发展,推动清江浦区乃至淮安市的经济发展,符合《淮安市主体功能区实施规划》(2020 年 7 月)的相关要求。

清江浦经开区定位为以电子信息、机械制造为主导产业的融合研发、商业办公、休闲生活配套于一体的示范区,与《长江三角洲区域一体化发展规划纲要》《〈长江三角洲区域一体化发展规划纲要〉江苏实施方案》等规划和方案中的功能定位和目标要求相符,与《中共江苏省委江苏省人民政府关于深入推进美丽江苏建设的意见》(2020 年 8 月)、《中华人民共和国国民经济和社会发展第十四个五年规划和二〇三五年远景目标纲要》《江苏省国民经济和社会发展第十四个五年规划和二〇三五年远景目标纲要》《淮安市国民经济和社会发展第十四个五年规划和二〇三五年远景目标纲要》中的产业发展要求相符。

1.4.2　与国土空间规划的协调性分析

(1)与上位城市/城乡总体规划的协调性分析

2011 年 7 月 31 日,省政府正式批复了《淮安市城市总体规划(2009—2030)》(苏政复〔2011〕50 号文)。

《淮安市城市总体规划(2009—2030)》的城市总体发展目标中提道:"大力提高淮安工业化、城市化和经济国际化水平,进一步增强区域综合竞争力,健全社会保障体系,将淮安建设成为长江三角洲北部地区重要的中心城市和具有绿水生态特色的宜居城市。"其提到规划范围为:"淮安市辖清河、清浦、淮阴、楚州 4 区和涟水、洪泽、盱眙、金湖 4 县,面积为 10 072 km²。"城市空间结构为:"规划形成'三轴、四带、多组团'的空间结构。三轴,即东部新兴产业发展轴、中部城市服务功能轴和西部特色产业发展轴;四带,分别为盐河现代物流产业带、古黄河生态功能带、里运河文化景观带和苏北灌溉总渠田园风光带;多组团,分别为中心组团、淮阴组团、清浦组团、经济开发区组团、楚州组团、黄码组团和南部组团。"

《淮安市城市总体规划(2009—2030)》中明确指出,先进制造业主要分布在规划区内的 10 个工业片区和工业集中区,分别为淮安经济开发区工业片区、淮安工业园区工业片区、淮阴工业片区、楚州工业片区、盐化工工业区、空港(陈师)工业集中区、车桥工业集中区、钦工工业集中区、徐溜工业集中区和渔沟工业集中区。清江浦经开区位于淮安市规划的多组团中的经济开发区组团,规划以电子信息、机械制造为主,形成融合创新、研发、服务配套于一体的示范区,与《淮安市城市总体规划(2017—2035)》中对清江浦经开区所在区域的要求相符。

清江浦经开区位于古淮河—盐河生态休闲带南部,开发区组团内。大部分用地为工业用地,并配套有居住用地、教育科研用地以及少量的商业用地、行政办公用地。清江浦经开区部分地块的规划用地性质与《淮安市城市总体规划(2009—2030)》的规划用地性质相符,部分地块有所区别。

表 1.4-1　开发区本轮规划与《淮安市城市总体规划(2009—2030)》用地性质不一致的区域一览表

地块范围	本轮规划	《淮安市城市总体规划 (2009—2030)》	现状用地情况
飞耀路以东,旺旺路以南,占地面积 0.016 km²	行政办公用地	居住用地	行政办公用地
旺旺路以南,三坝路以西,占地面积 0.025 km²	零售商业用地	居住用地	零售商业用地
三坝路以东,旺旺路以南,珠海路以北,灵秀路以西,占地面积 0.162 km²	中小学用地	居住用地	空地
旺旺路以南,灵秀路以东,安澜路以西,珠海路以北,占地面积 0.164 km²	居住用地	工业用地	空地
灵秀路以西,珠海路以南,深圳路以东,占地面积 0.144 km²	居住用地	工业用地	居住用地

由于《淮安市城市总体规划(2009—2030)》编制时间较早,随着城市的发展,部分用地随着发展需求进行了土地性质变更,清江浦经开区部分用地规划已与《淮安市城市总体规划(2009—2030)》不相符。

淮安市自然资源和规划局清江浦分局出具了《关于在清江浦区国土空间总体规划编制中落实部分用地性质的复函》,原则上同意在《淮安市清江浦区国土空间总体规划》编制中对本次规划用地与城市总体规划不符的地块予以统筹考量。

在国土空间规划调整到位前,以上不一致地块不得开发建设利用。

(2)与《淮安市清江浦区国土空间规划近期实施方案》的协调性分析

清江浦经开区规划范围内,除已开发建设的城市建设用地以及工业用地外,现状空地以建设用地为主,仅有少量的一般农地区,后期将会对此部分地块进行调整。经比对,清江浦经开区用地与《淮安市清江浦区国土空间规划近期实施方案》(2021年2月)对该区域的用地规划基本相符合。

本次规划用地布局总体按照上述文件进行布局,其中考虑到开发区自身发展需求以及现有发展基础,部分地块用地性质与上述文件存在不一致情况,情况说明如下:

表1.4-2 开发区本轮规划与《淮安市清江浦区国土空间规划近期实施方案》(2021年2月)不一致的区域一览表

地块范围	本轮规划	《淮安市清江浦区国土空间规划近期实施方案》(2021年2月)
珠海路以北;灵秀路以东,占地面积约为1 ha	居住用地	一般农用地

表中地块现状为空地,且占地面积较小,周边均为规划二类居住用地,经综合考虑,将此地块调整为居住用地是可行的。

建议开发区管委会与清江浦区相关部门对接,将开发区规划纳入《淮安市清江浦区国土空间规划近期实施方案》的编制范围中,与最新的国土空间规划相衔接。对于占用一般农用地,需按照"占一补一"的原则进行占补平衡,且需取得自然资源与规划部门相关手续后,方可进行开发建设。

(3)与"三区三线"的协调性分析

依据最新的"三区三线"划定成果,清江浦经济开发区范围涉及"三区三线"划定成果、淮安经济技术开发区"三区三线"划定成果;园区处于城镇开发边界范围内,符合"三区三线"划定成果的要求。

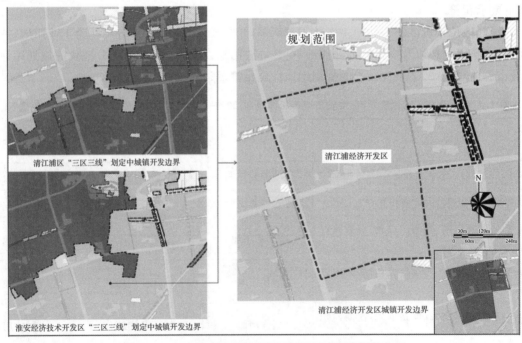

图1.4-1 本轮土地利用规划与"三区三线"协调性分析

1.4.3 与产业相关政策、法规、规划的协调性分析

① 与《长江经济带发展负面清单指南(试行,2022 年版)》和《〈长江经济带发展负面清单指南〉江苏省实施细则(试行)》相符性分析。

表 1.4 - 3 《长江经济带发展负面清单指南(试行,2022 年版)》及江苏省实施细则相关要点列表

管控类别	序号	管控要求
河段利用与岸线开发	1	禁止建设不符合国家港口布局规划和《江苏省沿江沿海港口布局规划(2015—2030 年)》《江苏省内河港口布局规划(2017—2035 年)》以及我省有关港口总体规划的码头项目。禁止建设未纳入《长江干线过江通道布局规划》的过长江干线通道项目。
	2	禁止在自然保护区核心区、缓冲区的岸线和河段范围内投资建设旅游和生产经营项目。禁止在风景名胜区核心景区的岸线和河段范围内投资建设与风景名胜资源保护无关的项目。
	3	禁止在饮用水水源一级保护区的岸线和河段范围内新建、改建、扩建与供水设施和保护水源无关的项目,以及网箱养殖、畜禽养殖、旅游等可能污染饮用水水体的投资建设项目。禁止在饮用水水源二级保护区的岸线和河段范围内新建、改建、扩建排放污染物的投资建设项目。
	4	禁止在《长江岸线保护和开发利用总体规划》划定的岸线保护区内投资建设除保障防洪安全、河势稳定、供水安全以及保护生态环境、已建重要枢纽工程以外的项目,禁止在岸线保留区内投资建设除保障防洪安全、河势稳定、供水安全、航道稳定以及保护生态环境以外的项目。长江干支流基础设施项目应按照《长江岸线保护和开发利用总体规划》和生态环境保护、岸线保护等要求,按规定开展项目前期论证并办理相关手续。禁止在《全国重要江河湖泊水功能区划》划定的河段保护区、保留区内投资建设不利于水资源及自然生态保护的项目。
区域活动	5	禁止违法利用、占用长江流域河湖岸线。禁止在国家确定的生态保护红线和永久基本农田范围内,投资建设除国家重大战略资源勘查项目、生态保护修复和环境及地质灾害治理项目、重大基础设施项目、军事国防项目以及农牧民基本生产生活等必要的民生项目以外的项目。
	6	禁止在距离长江干流和京杭大运河(南水北调东线江苏段)、新沟河、新孟河、走马塘、望虞河、秦淮新河、城南河、德胜河、三茅大港、夹江(扬州)、润扬河、潘家河、蠡蚬港、泰州引江河 1 km 范围内新建、扩建化工园区和化工项目。长江干支流 1 km 按照长江干支流岸线边界(即水利部门河道管理范围边界)向陆域纵深 1 km 执行。严格落实国家和省关于水源地保护、岸线利用项目清理整治、沿江重化产能转型升级等相关政策文件要求,对长江干支流两岸排污行为实行严格监管,对违法违规工业园区和企业依法淘汰取缔。
	7	禁止在沿江地区新建、扩建未纳入国家和省布局规划的燃煤发电项目。
	8	禁止在合规园区外新建、扩建钢铁、石化、化工、焦化、建材、有色等污染项目。合规园区名录按照《江苏省长江经济带发展负面清单实施细则(试行)合规园区名录》执行。高污染项目应严格按照《环境保护综合名录》等有关要求执行。
	9	禁止在取消化工定位的园区(集中区)内新建化工项目。
	10	禁止在化工集中区内新建、改建、扩建生产和使用《危险化学品目录》中具有爆炸特性的化学品的项目。
	11	禁止在化工企业周边建设不符合安全距离规定的劳动密集型的非化工项目和其他人员密集的公共设施项目。
产业发展	12	禁止新建、扩建尿素、磷铵、电石、烧碱、聚氯乙烯、纯碱新增产能项目。
	13	禁止新建、改建、扩建高毒、高残留以及对环境影响大的农药原药项目,禁止新建、扩建农药、医药和染料中间体化工项目。
	14	禁止新建不符合行业准入条件的合成氨、对二甲苯、二硫化碳、氟化氢、轮胎等项目。
	15	禁止新建、扩建不符合国家石化、现代煤化工等产业布局规划的项目,禁止新建独立焦化项目。
	16	禁止新建、扩建不符合国家产能置换要求的严重过剩产能行业的项目。

管控类别	序号	管控要求
	17	禁止新建、扩建国家《产业结构调整指导目录》《江苏省产业结构调整限制、淘汰和禁止目录》明确的限制类、淘汰类、禁止类项目,法律法规和相关政策明令禁止的落后产能项目,以及明令淘汰的安全生产落后工艺及装备项目。

清江浦经开区规划产业定位的项目不含以上文件中的禁止、淘汰类项目。清江浦经开区本轮规划产业发展方向与相关产业政策相符。

② 与《江苏省"十四五"制造业高质量发展规划》的相符性分析。

《江苏省"十四五"制造业高质量发展规划》的发展目标为:到 2025 年,制造业在全省经济中的支柱地位和全国的领先地位巩固提升,实现创新高水平、制造高效率、供给高品质、结构更优化、区域更协调、环境更友好的高质量发展,掌握关键核心技术的国际一流自主品牌领军企业不断涌现,产业基础高级化和产业链现代化水平持续提高,重点先进制造业集群综合竞争力明显增强,率先建成全国制造业高质量发展示范区,基本建成具有国际竞争力的先进制造业基地。到 2035 年,全省制造业自主创新能力、全要素生产率、国际竞争力大幅提升,制造业与生态环境、社会发展等更加协调,有力支撑我省在全国率先基本实现现代化。

主要任务中提到打造自主可控安全高效的现代化产业链。以新一代信息技术、生物技术、新能源、新材料、新能源汽车、绿色环保、航空航天、海洋装备等领域为重点,强化基础研究支撑,推动互联网、大数据、人工智能、物联网等技术赋能,加快关键核心技术突破、迭代和应用,鼓励兼并重组,防止低水平重复建设,培育壮大产业发展新动能,努力打造新的支柱产业。在基因技术、空天与海洋开发、量子科技、氢能与储能、类脑智能等前沿技术领域,实施未来产业培育计划,支持有条件的地区丰富和扩大应用场景、完善生态,建设未来产业试验区。

清江浦经开区规划以电子信息、机械制造为主,形成融合创新、研发、服务配套为一体的示范区。其中电子信息为现代化产业链的重点领域,符合《江苏省"十四五"制造业高质量发展规划》。

③ 与江苏省人民政府《关于深入打好污染防治攻坚战的实施意见》的相符性分析。

《关于深入打好污染防治攻坚战的实施意见》的指导思想是:以习近平新时代中国特色社会主义思想为指导,全面贯彻党的十九大和十九届历次全会精神,深入贯彻习近平生态文明思想和习近平总书记对江苏工作重要指示精神,深刻领悟"两个确立"的决定性意义和实践要求,增强"四个意识"、坚定"四个自信"、做到"两个维护",完整、准确、全面贯彻新发展理念,按照省第十四次党代会部署要求,把保护生态环境摆在更加突出的位置,坚持方向不变、力度不减,坚持源头治理、综合施策,坚持问题导向、科学精准,坚持改革引领、创新驱动,推进减污降碳协同增效,更高标准保护蓝天、碧水、净土,不断满足人民群众对优美生态环境的向往,切实扛起"争当表率、争做示范、走在前列"光荣使命,奋力谱写"强富美高"新江苏现代化建设新篇章。

主要目标:到 2025 年,全省生态环境质量持续改善,主要污染物排放总量持续下降,实现生态环境质量创优目标(全省 $PM_{2.5}$ 浓度达到 30 $\mu g/m^3$ 左右,地表水国考断面水质优Ⅲ比例达到 90% 以上),优良天数比率达到 82% 以上,生态质量指数达到 50 以上,近岸海域水质优良(一、二类)比例达到 65% 以上,受污染耕地安全利用率达到 93% 以上,重点建设用地安全利用得到有效保障,单位地区生产总值二氧化碳排放完成国家下达的目标任务,固体废物和新污染物治理能力明显增强,生态环境风险防控体系更加完备,生态环境治理体系和治理能力显著提升,生态文明建设实现新进步。

清江浦经开区要求各企业将废气污染物收集处理后达标排放,推进大气污染源头控制,区内禁止新建供热锅炉或工业炉窑,严格控制废气污染排放,强化挥发性有机物监管,加强区域扬尘综合治理。清江浦经开区同时推进开发区水环境问题排查整治,开展污水处理设施及管网排查;加强涉水工业企业整治,落实排污许可制度,推动重点工业企业雨水、清下水排口安装在线监测设备。清江浦经开区本轮规划拟对现有开发区进行整合优化,采取产业升级等手段,降低单位地区生产总值能源消耗,降低碳排放强度,提高能源和资源利用率,清江浦经开区拟编制开发区风险应急预案,编制后开发区环境风险将得到有效管控,加强了开发区对危险废物等环境风险防控能力。这与江苏省人民政府《关于深入打好污染防治攻坚战的实施意见》中以实现减污降碳协同增效为总抓手,以改善生态环境质量为核心相符合。

④ 与《中共中央　国务院关于完整准确全面贯彻新发展理念做好碳达峰碳中和工作的意见》(2021 年9 月22 日)的相符性分析。

把碳达峰、碳中和纳入经济社会发展全局,以经济社会发展全面绿色转型为引领,以能源绿色低碳发展为关键,加快形成节约资源和保护环境的产业结构、生产方式、生活方式、空间格局,坚定不移走生态优先、绿色低碳的高质量发展道路,确保如期实现碳达峰、碳中和。实现碳达峰、碳中和目标,要坚持"全国统筹、节约优先、双轮驱动、内外畅通、防范风险"原则。把节约能源资源放在首位,实行全面节约战略,持续降低单位产出能源资源消耗和碳排放,提高投入产出效率,倡导简约适度、绿色低碳生活方式,从源头和入口形成有效的碳排放控制阀门。

推进经济社会发展全面绿色转型。大力发展绿色低碳产业。加快发展新一代信息技术、生物技术、新能源、新材料、高端装备、新能源汽车、绿色环保以及航空航天、海洋装备等战略性新兴产业。建设绿色制造体系。推动互联网、大数据、人工智能、第五代移动通信(5G)等新兴技术与绿色低碳产业深度融合。

清江浦经开区本轮规划拟对现有开发区进行整合优化,采取产业升级等手段,降低单位地区生产总值能源消耗,降低碳排放强度,提高能源和资源利用率,与《中共中央　国务院关于完整准确全面贯彻新发展理念做好碳达峰碳中和工作的意见》(2021 年9 月22 日)节约优先的原则相符。

清江浦经开区电子信息和机械制造这一产业定位与《中共中央　国务院关于完整准确全面贯彻新发展理念做好碳达峰碳中和工作的意见》(2021 年9 月22 日)推进经济社会发展全面绿色转型这一理念相符。

⑤ 与《江苏省工业园区(集中区)污染物排放限值限量管理工作方案(试行)》(苏污防攻坚指办〔2021〕56 号)的相符性分析。

深入持续打好污染防治攻坚战,坚持严格准入源头管控、分类施策精准治理、问题导向系统推进、激励约束机制并重的原则,严控高能耗高排放、严禁高污染不安全项目落地,完善工业园区主要污染物排放总量控制措施,实现主要污染物排放浓度和总量"双控",确保工业园区及其周边生态环境质量持续改善。

清江浦经开区积极响应《江苏省工业园区(集中区)污染物排放限值限量管理工作方案(试行)的通知》(苏污防攻坚指办〔2021〕56 号),现已开展限制限量报告的招标工作,报告已编制完成。同时积极创建碳达峰示范试点,编制清江浦经开区二氧化碳排放达峰行动方案,识别重点排放源,建立指标体系,动态跟踪碳排放总量变化趋势,推动面向碳达峰、碳中和的机制创新。建立排放总量限值管理激励机制。清江浦经开区大气、水环境质量达到考核目标要求,企业污染物排放总量实测值未超过限值,清江浦经开区通过完善环境基础设施、实施提标改造、强化深度处理等污染减排措施而余出来的排放总量用于区内项目建设(优先支持重大项目、高新技术项目),也可纳入排污权交易;按照信任保护原则,实施清江浦经开区应急管控豁免措施。本次规划环评已提出了开发区限值限量管理实施方案。

江苏淮安清江浦经济开发区主导产业为电子信息、机械制造,产业类别不属于当前国家、省、市产业政策禁止、限制类,与《当前优先发展的高技术产业化重点领域指南(2011 年度)》《中国制造 2025》《产业结构调整指导目录(2019 年本)》(2021 年修订)、《鼓励外商投资产业目录(2020 年版)》《外商投资准入特别管理措施(负面清单)(2021 年版)》《江苏省工业和信息产业结构调整限制、淘汰目录和能耗限额(2015 年本)》《淮安市新型城镇化与城乡发展一体化规划(2014—2020 年)》等产业政策相符合,如表 1.4-4 所示。

表 1.4 - 4　与相关产业发展规划的符合性分析

本轮规划	相关政策及规划	符合性分析
清江浦经开区以新能源、电子信息、机械制造为主，整合现有轻纺服装、食品加工等传统产业，最终形成融合创新、研发、服务配套为一体的示范区	《当前优先发展的高技术产业化重点领域指南(2011 年度)》:11. 电子专用设备、仪器和工模具。8～12 英寸集成电路生产设备、封装测试设备，无线射频(RFID)封装设备，化合物半导体生产设备，碳化硅单晶材料生长设备，片式元件生产设备，半导体照明设备、光伏太阳能设备、新型显示专用设备，敏感元器件/传感器件生产设备，高频率器件生产设备，电力电子器件生产设备，超净设备，环境试验设备，高精度电子专用模具……高档片式元器件、高密度多层印刷电路板和柔性电路板列为当前重点优先发展的信息高技术产业化领域之一	符合。清江浦经开区电子信息、机械制造的产业定位与指南中的电子专用设备、仪器和工模具、片式元件、电力电子器件生产相符
	《中国制造 2025》:强化工业基础能力，解决影响核心基础零部件(元器件)产品性能和稳定性的关键共性技术	符合。清江浦经开区电子信息、机械制造的产业定位与政策相符
	《产业结构调整指导目录(2019 年本)》:产业园规划发展产业类别不属于禁止、限制类	符合
	《鼓励外商投资产业目录(2020 年版)》:293. 电子专用设备、测试仪器、工模具制造;294. 新型电子元器件制造:片式元器件、敏感元器件及传感器、频率控制选择元件、混合集成电路、电力电子器件、光电子器件、新型机电元件、高分子固体电容器、超级电容器、无源集成元件、高密度互连积层板，单层、双层及多层挠性板，刚挠印刷电路板及封装载板，高密度高细线路(线宽/线距≤0.05 mm)柔性电路板	符合。清江浦经开区电子信息的产业定位与政策相符
	《外商投资准入特别管理措施(负面清单)(2021 年版)》:产业园规划发展产业类别不属于禁止投资类	符合
	《江苏省工业和信息产业结构调整限制、淘汰目录和能耗限额(2015 年本)》:产业园规划发展产业类别不属于限制、淘汰类	符合
	《淮安市新型城镇化与城乡发展一体化规划(2014—2020 年)》:坚持功能提升、产业升级与吸纳就业联动推进，坚持新型工业化主导，突出创新驱动、开放引领，做大做强"4+2"优势特色产业，加快实现盐化新材料、特钢、电子信息、食品四大千亿级主导产业高端化发展，高端装备制造、新能源汽车及零部件两个战略性新兴产业规模化发展	符合。清江浦经开区电子信息、机械制造的产业定位与本规划相符

1.4.4　与生态空间保护区域相关规划的协调性分析

本规划范围清江浦经开区内不涉及生态空间保护区域，根据《江苏省国家级生态保护红线规划》和《江苏省生态空间管控区域规划》，距离最近的生态空间保护区域为江苏淮安古淮河国家湿地公园(试点)，最近距离为 850 m。

表 1.4 - 5　生态环境重点保护目标

生态空间保护区域名称	主导生态功能	范围		国家级生态保护红线面积/km²	生态空间管控区域面积/km²	与规划范围最近距离/m
		国家级生态保护红线范围	生态空间管控区域范围			
二河武墩水源地饮用水水源保护区	饮用水水源保护区	一级保护区:取水口上游 1 000 m 至下游 500 m，及其两岸背水坡之间的水域范围;一级保护区水域与相对应的两岸背水坡堤脚外 100 m 之间的范围。二级保护区:一级保护区以外上溯 2 000 m、下延 500 m 的水域范围;二级保护区水域与相对应的两岸背水坡堤脚外 100 m 之间的范围。		—	14.26	16 900

生态空间保护区域名称	主导生态功能	范围		国家级生态保护红线面积/km²	生态空间管控区域面积/km²	与规划范围最近距离/m
		国家级生态保护红线范围	生态空间管控区域范围			
北京路水厂废黄河饮用水水源保护区	饮用水水源保护区	一级保护区：取水口上游 1 000 m 至下游 500 m,及其两岸背水坡之间的水域范围。一级保护区水域与相对应的两岸背水坡堤脚外 100 m 之间的范围。二级保护区：市区杨庄闸—皮家渡段除一级保护区外水域范围和该水域与两岸背水坡堤脚之间的陆域范围。	—	1.47	—	7 100
淮安经济技术开发区废黄河饮用水水源保护区	饮用水水源保护区	一级保护区：取水口上游 1 000 m 至下游 500 m,及其两岸背水坡之间的水域范围；一级保护区水域与相对应的两岸背水坡堤脚外 100 m 之间的陆域范围。二级保护区：一级保护区以外上溯 2 000 m,下延 500 m 的水域范围；二级保护区水域与相对应的两岸背水坡堤脚外 100 m 之间的陆域范围。	—	0.35	—	960
江苏淮安古淮河国家湿地公园(试点)	湿地生态系统保护	江苏淮安古淮河国家湿地公园(试点)总体规划中确定的范围(包括湿地保育区和恢复重建区等)。	—	1.98	—	850
京杭大运河(淮安市区)清水通道维护区	水源水质保护	—	京杭大运河淮安市区段,两侧至河堤外 100 m 范围(城区部分两侧仅到河堤)	—	5.81	6 800
废黄河(淮安市区)重要湿地	湿地生态系统保护	—	淮安市区境内除饮用水水源保护区一级保护区外的废黄河水域及其南岸 30 m 陆域范围	—	2.61	5 700
淮河入海水道(淮安市区)洪水调蓄区	洪水调蓄	—	入海水道堤内范围。位于清江浦区南部,濒临苏北灌溉总渠。包括清江浦区越闸、唐桥、刘庄等部分地区	—	13.67	18 700

　　清江浦经开区本轮规划范围不涉及生态空间保护区域,与本轮规划边界距离最近的生态空间保护区域为北部的江苏淮安古淮河国家湿地公园(试点),最近距离为 850 m。清江浦经开区本轮规划要求区内各企业污水经预处理达接管要求后全部进入淮安经济技术开发区污水处理厂集中处理,尾水处理达标后排放至清安河。在严格做好各项污染防治措施的情况下,规划期清江浦经开区产生的各类水污染物不会直接进入周边生态空间保护区域。因此,清江浦经开区本轮规划与《江苏省国家级生态保护红线规划》《江苏省生态空间管控区域规划》的要求相符合。

1.4.5　与生态环境保护和污染防治相关规划、政策的协调性分析

　　经分析,清江浦经开区本轮规划与《中共江苏省委江苏省人民政府关于全面加强生态环境保护坚决打好污染防治攻坚战的实施意见》(苏发〔2018〕24 号)、《国务院关于印发打赢蓝天保卫战三年行动计划的通知》(国发〔2018〕22 号)、《省政府关于印发江苏省打赢蓝天保卫战三年行动计划实施方案的通知》(苏政发

〔2018〕122 号)、《江苏省人民政府关于印发江苏省"三线一单"生态环境分区管控方案的通知》(苏政发〔2020〕49 号)、《淮安市打赢蓝天保卫战三年行动计划实施方案》《淮安市"三线一单"生态环境分区管控方案》《淮安市"十四五"生态环境保护规划(会后修改稿)》等生态环境保护相关规划和政策的要求相符。具体分析如表 1.4－6 所示。

表 1.4－6　与生态环境保护有关规划和政策的相符性分析

规划和政策	有关规划和政策要求	清江浦经开区本轮规划	相符性分析
《中共江苏省委江苏省人民政府关于全面加强生态环境保护坚决打好污染防治攻坚战的实施意见》(苏发〔2018〕24号)	各类工业开发区(聚集区)应配套建设专业的废水处理厂,未经批准,严禁工业废水接入城镇污水处理厂,工业废水实行分类收集、分质处理,强化对特征污染物的处理效果,达到接管要求后排入工业污水集中处理厂,对无相应标准规范的,主要污染物总体去除率不低于90%。	清江浦经开区居民生活废水和一般工业废水均处理达接管标准后,依托现有淮安经济技术开发区污水处理厂集中处理。	相符
《国务院关于印发打赢蓝天保卫战三年行动计划的通知》(国发〔2018〕22号)	调整优化产业结构,推进产业绿色发展。加大区域产业布局调整力度。加快城市建成区重污染企业搬迁改造或关闭退出,推动实施一批水泥、平板玻璃、焦化、化工等重污染企业搬迁工程;重点区域城市钢铁企业要切实采取彻底关停、转型发展、就地改造、域外搬迁等方式,推动转型升级。重点区域禁止新增化工园区,加大现有化工园区整治力度。开展燃煤锅炉综合整治。加大燃煤小锅炉淘汰力度。	清江浦经开区不涉及水泥、平板玻璃、焦化、化工等重污染企业,开发区内无燃煤锅炉。	相符
《省政府关于印发江苏省打赢蓝天保卫战三年行动计划实施方案的通知》(苏政发〔2018〕122号)、《淮安市打赢蓝天保卫战三年行动计划实施方案》	加强工业企业VOCs无组织排放管理。推动企业实施生产过程密闭化、连续化、自动化技术改造,强化生产工艺环节的有机废气收集。深化工业污染治理。持续推进工业污染源全面达标排放,加大超标处罚和联合惩戒力度,未达标排放的企业依法停产整治。	开发区要求各企业将废气污染物收集处理后达标排放,推进大气污染源头控制,区内禁止新建供热锅炉或工业炉窑;严格废气污染排放控制;强化挥发性有机物监管;加强区域扬尘综合治理。同时针对无组织废气从开发区层面和企业层面采取有效的整治措施和防护措施。	相符
《淮安市"十四五"生态环境保护规划(会后修改稿)》	强化国土空间规划、"三线一单"和规划环评、区域环评、建设项目环评的衔接,重点加强产业园区规划环评工作,到2022年,实现省级以上产业园区(集中区)规划环评、跟踪评价、区域评估全覆盖。严格落实国土空间规划和"三线一单"管控制度,统筹推进经济生态化与生态经济化,加快形成绿色发展方式和生活方式。	清江浦经开区针对本轮规划开展了环境影响评价,明确了"三线一单"和总量控制相关管理要求。通过采取规划环评提出的环境影响减缓措施、生态保护措施及优化调整建议,可减少区域开发对生态环境的影响。本轮规划结合清江浦经开区特点,提出了新引进企业的环境准入要求和负面清单,引导符合产业定位的企业集聚发展,以实现统一标准、集中管理和集中治污。	相符
《省政府办公厅关于印发江苏省"十四五"生态环境保护规划的通知》(苏政办发〔2021〕84号)	到2025年,美丽江苏展现新风貌,碳排放强度、主要污染物排放总量持续下降,生态环境质量取得稳定改善,环境风险有效控制,生态环境治理体系和治理能力显著增强,基本建成美丽中国示范省份。绿色发展动力持续增强。绿色低碳发展水平显著提升,能源资源利用效率大幅提高,单位地区生产总值能源消耗降低水平继续保持全	清江浦经开区本轮规划拟对现有开发区进行整合优化,采取产业升级等手段,降低单位地区生产总值能源消耗,降低碳排放强度,提高能源和资源利用率,开发区拟进行开发区风险应急预案的编制,编制后开发区环境风险得到有效管控,加强了对危险废物和新污染物的环境风险防控能力。	相符

规划和政策	有关规划和政策要求	清江浦经开区本轮规划	相符性分析
	国领先,碳排放强度持续降低,应对气候变化能力明显增强。 环境质量明显改善。空气质量全面改善,PM$_{2.5}$浓度达到 32 $\mu g/m^3$,环境空气质量优良天数比率达到 82% 左右,基本消除重污染天气。水环境质量稳步提升,国考断面水质优Ⅲ比例达到 87% 左右,基本消除城乡黑臭水体,海洋生态环境稳中向好。主要污染物减排完成国家下达任务。 环境风险得到有效管控。危险废物与新污染物环境风险防控能力明显增强,核安全监管能力持续加强,生态环境风险防控体系更加完备。 生态系统服务功能不断增强。山水林田湖草沙系统修复稳步推进,生态空间管控面积只增不减,林木覆盖率达到 24.1%,自然湿地保护率达到 60% 以上,生物多样性得到有效保护,生态质量指数保持稳定。 生态环境治理体系更加完善。生态文明制度改革深入推进,生态环境基础设施短板加快补齐,生态环境监管能力明显提升,生态环境治理效能显著提升。		

1.4.6　与"三线一单"生态环境分区管控方案的相符性分析

根据《江苏省人民政府关于印发江苏省"三线一单"生态环境分区管控方案的通知》(苏政发〔2020〕49号)的管控要求"严守生态保护红线,实行最严格的生态空间管控制度,确保全省生态功能不降低、面积不减少、性质不改变,切实维护生态安全",本轮规划应进一步优化规划用地布局,避让生态空间保护区域。

表 1.4-7　江苏省"三线一单"生态环境管控方案中重点管控要求对照表

一、省域生态环境管控要求

管控类别	条款内容	园区情况	符合情况
空间布局约束	1. 牢牢把握推动长江经济带发展"共抓大保护,不搞大开发"战略导向,对省域范围内需要重点保护的岸线、河段和区域实行严格管控,管住排放量大、耗能高、产能过剩的产业,推动长江经济带高质量发展。 2. 大幅压减沿长江干支流两侧 1 km 范围内、环境敏感区域、城镇人口密集区、化工园区外和规模以下化工生产企业……	开发区不在淮安市生态空间保护区范围内。 开发区主要发展的机械制造、电子信息,不在《环境保护综合名录(2021 年版)》"高污染、高环境风险"产品名录中,不属于国家产能置换要求的严重过剩产能行业的项目。 开发区不在长江干支流两侧 1 km 范围内、环境敏感区域、城镇人口密集区等。	符合
环境风险防控	1. 强化化工行业环境风险管控。重点加强化学工业园区、涉及大宗危化品使用企业、贮存和运输危化品的港口码头、尾矿库、集中式污水处理厂、危废处理企业的环境风险防控,严厉打击危险废物非法转移、处置和倾倒行为,加强关闭搬迁化工企业及遗留地块的调查评估、风险管控、治理修复。 2. 强化环境事故应急管理。 3. 强化环境风险防控能力建设。	开发区内重点企业已编制了相应的风险应急预案,项目环境风险可实现有效防控,但开发区尚未编制区域应急预案,后续应及时开展区域突发环境事件应急预案编制工作。	符合

续　表

管控类别	条款内容	园区情况	符合情况
资源利用效率要求	1. 水资源利用总量及效率要求:到 2020 年,全省用水总量不得超过 524.15 亿 m³。全省万元地区生产总值用水量、万元工业增加值用水量达到国家最严格水资源管理考核要求。到 2020 年,全省矿井水、洗煤废水 70% 以上综合利用,高耗水行业达到先进定额标准,工业水循环利用率达到 90%。 2. 土地资源总量要求:到 2020 年,全省耕地保有量不低于 456.87 万 ha,永久基本农田保护面积不低于 390.67 万 ha。 3. 禁燃区要求:在禁燃区内,禁止销售、燃用高污染燃料;禁止新建、扩建燃用高污染燃料的设施,已建成的,应当在城市人民政府规定的期限内改用天然气、页岩气、液化石油气、电或者其他清洁能源。	开发区使用集中供热及电能源,由淮安经济技术开发区热电有限责任公司和清江浦区供电管网供给,电属于清洁能源。	符合

二、重点区域(流域)生态环境分区管控要求(淮河流域)

管控类别	条款内容	园区情况	符合情况
空间布局约束	禁止在淮河流域新建化学制浆造纸企业,禁止在淮河流域新建制革、化工、印染、电镀、酿造等污染严重的小型企业。	开发区主要发展机械制造、电子信息产业,电子信息产业禁止电镀,机械制造产业禁止电镀工艺的企业入驻,因此不属于淮河流域禁止清单范畴内。	符合
环境风险防控	禁止运输剧毒化学品以及国家规定禁止通过内河运输的其他危险化学品的船舶进入通榆河及主要供水河道。	开发区内企业原辅材料及产生的固体废物均采用汽运。	符合
资源利用效率要求	限制缺水地区发展耗水型产业,调整缺水地区的产业结构,严格控制高耗水、高耗能和重污染的建设项目。	开发区内企业不在《环境保护综合名录(2021 年版)》"高污染、高环境风险"产品名录中。	符合

表 1.4-8　淮安市"三线一单"生态环境管控方案中重点管控要求对照表

	负面清单	园区情况	符合情况
	对钢铁、电解铝、水泥、平板玻璃、船舶等产能严重过剩行业,以及酒精、造纸、皮革、农药、橡胶、水泥、金属冶炼等高耗能、高污染、技术落后的产业进行限制和禁止。同时,对属于限制类的现有生产力,允许企业开展技术改造,推动产业转型升级。	开发区主要发展的机械制造、电子信息产业,不属于高耗能、高污染、技术落后的产业。	符合
空间布局约束	禁止园区外(除重点监测点化工企业外)一切新建、扩建化工项目。一律不批化工园区内环境基础设施不完善或长期不能稳定运行的企业的新改扩建化工项目。新建(含搬迁)化工项目必须进入已经依法完成规划环评审查的化工园区。园区外化工企业(除重点监测点化工企业外)只允许在原有生产产品种类不变、产能规模不变、排放总量不增加的前提下,进行安全隐患改造和节能环保设施改造。禁止限制类项目产能(搬迁改造升级项目除外)入园进区。	开发区主要发展机械制造、电子信息项目,不引进化工项目。	符合
	从严控制京杭大运河(南水北调东线)沿岸两侧危化品码头新建项目的审批。严禁在京杭运河沿线 1 km 范围内新建布局化工园区和化工企业。	开发区不在京杭运河沿线 1 km 范围内。	符合

	负面清单	园区情况	符合情况
环境风险防控	严格控制环境风险项目,整合和提升现有工业集聚区,加快城市建成区内石化、化工、水泥、钢铁等重污染企业和危险化学品企业搬迁改造。	开发区内重点企业已编制环境风险应急预案,项目环境风险可控,开发区内无石化、化工、水泥、钢铁等重污染企业。	符合
资源利用效率要求	禁燃区禁止新建、扩建燃用高污染燃料的项目和设施,已建成的应逐步或依法限期改用天然气、电或者其他清洁能源。	开发区不涉及高污染燃料的项目和设施。	符合

根据《淮安市"三线一单"生态环境分区管控方案》,开发区为重点管控单位,区内无一般管控单元。开发区产业定位符合"三线一单"重点管控区域要求,开发区应做好与淮安市"三线一单"动态更新的衔接工作,完善开发区生态环境准入要求。

📢【专家点评】

由于淮安市城市总体规划编制时间较早,规划中用地属性与现有情况已出现较大不同,在对比淮安市城市总体规划的同时,应同时对比近期发布的《淮安市清江浦区国土空间规划近期实施方案》、"三区三线"等文件。同时在规划环评中应列表分析本轮规划与上位土地规划用地区域的现状及规划情况。

张磊(江苏省环境科学研究院)

2　现状调查与回顾性评价

2.1　用地现状

清江浦经开区面积为 235.54 ha,现在城市建设用地面积 149.67 ha,占总用地的 63.54%。其中,现状居住用地面积 14.42 ha,占清江浦经开区总面积的比重为 6.12%;公共管理与公共服务设施用地面积 2.13 ha,占比为 0.90%;商业服务设施用地面积 2.24 ha,占比为 0.95%;工业用地面积 94.03 ha,占比为 39.92%;道路与交通设施用地面积 20.42 ha,占比为 8.67%;公共设施用地面积 0.56 ha,占比为 0.24%;绿地与广场用地面积 15.87 ha,占比为 6.74%。村庄建设用地面积 1.48 ha,占总用地面积的 0.63%。

2.2　入区企业概况

清江浦经开区现有入园企业 53 家,其中已建企业 52 家(正常生产的企业有 51 家,停产企业有 1 家),在建企业 1 家;共 59 个项目,其中已建项目 58 个,在建项目 1 个,未有未建及停产项目。入园 59 个项目中,有 39 个项目已按照环保要求履行了环评手续,剩余 20 个未履行环评手续的项目中有 17 个项目属于豁免类别,项目环保执行率为 94.9%。已履行环评手续的 33 家企业中,已通过验收的企业有 16 个,"三同时"竣工环保验收通过率为 48.5%;已履行环评手续的 39 个项目中,已通过验收的项目有 18 个,"三同时"竣工环保验收通过率为 46.2%。入园企业中需申领排污许可证的企业共 34 家,已申领企业 28 家(其中登记管理企业 10 家),排污许可证申请执行率为 82.4%。入园企业中需编制应急预案的企业有 4 家,应急预案已备案的企业有 4 家,完成清洁生产审核的企业共 4 家。

入园企业中符合产业定位的有 35 家,不符合产业定位的有 18 家。不符合产业定位的有 13 家企业获得环评手续,且有 6 家取得竣工环保"三同时"验收;4 家企业不需要履行环评手续,只有 1 家企业未获得环评手续。对不符合清江浦经开区产业定位且不需要履行环保手续的 4 家企业应严格执行各项环境管理措施,无环评手续的 1 家企业应于 2022 年底前履行环评手续,并于 2025 年底前完成搬迁或转产,未搬迁前不得以任何形式进行改扩建,并应严格执行各项环境管理措施,如未履行环评手续应对其进行停工停产处理;2 家符合产业定位但未履行环保手续的企业应于 2022 年底前履行环保手续。

此外,江苏大荆管业有限公司、江苏鑫塔基业建设新技术发展有限公司、淮安裕鸿包装机械有限公司等 13 家与清江浦经开区产业定位不完全相符但有环保手续的企业,清江浦经开区应加强管理,严格加强对其污染物排放的控制和监管,确保污染物稳定达标排放。此外,园区拟对宏恒胜路以南,富淮路以北地块进行产业升级,拟对其中部分企业进行清退升级。

2.3 污染源调查与评价

2.3.1 废气污染源

根据清江浦经开区提供的资料以及现场调研情况,目前区内企业主要是以设备制造业、橡胶和塑料制品业、金属制造业为主导的二类工业,废气污染源主要来自淮安澳洋顺昌光电技术有限公司、淮安富扬电子材料有限公司、江苏威博液压股份有限公司、淮安艾维斯特制造有限公司等。主要废气污染物为 NH_3、烟粉尘、硫酸雾、非甲烷总烃等。

2.3.2 废水污染物

根据清江浦经开区提供的资料以及现场调研情况,区内现状企业排水量较大的为淮安澳洋顺昌光电技术有限公司、江苏威博液压股份有限公司、淮安富扬电子材料有限公司、淮安恒盛科技投资有限公司、淮安美妙电子科技有限公司等。废水中主要污染物为 COD、SS、氨氮、硫酸盐、氯化物、盐分等,清江浦经开区工业企业废水排放总量为 88.25 万 t/a,污水排入淮安经济技术开发区污水处理厂集中处理后排放。

2.3.3 固体废弃物

根据清江浦经开区提供的资料以及现场调研情况,危险废物主要产生企业为淮安澳洋顺昌光电技术有限公司、淮安市超洋再生物资回收利用有限公司、淮安富扬电子材料有限公司、江苏威博液压股份有限公司、淮安艾维斯特制造有限公司、淮安富晟表面处理有限公司等,主要包括废包装桶、含油抹布、废切削液、废切削油、废活性炭、废酸、废有机溶剂等。

2.4 基础设施建设运行现状

经过多年的建设发展,江宁经济技术开发区给水、排水、供电、供热、供气等基础设施配套较完善,已基本实现污水集中处理和集中供热,开发区现有基础设施均运行正常。2020 年开发区自建及依托的基础设施现状建设情况如表 2.4-1 所示。

表 2.4-1　开发区自建及依托的基础设施现状建设情况表

类别	名称	位置	现状规模	备注
给水	淮安自来水有限公司经济开发区水厂	区外	10 万 m³/d	已建
排水	淮安经济技术开发区污水处理厂	区外	8.0 万 m³/d	已建
供热	淮安经济技术开发区热电有限责任公司	区外	375 t/h	已建
供气	淮安市天然气门站	区外	—	已建
供电	110 kV 白鹭变电站	区内	—	已建
燃气	翔宇大道与板闸干渠交叉口的天然气门站	区外	—	已建

2.4.1　污水集中处理

清江浦经开区位于淮安市主城区东侧,实行雨污分流排水体制,区内地块目前均已铺设雨、污水管网。雨水排入市政雨水管网,进入周边河流;区内居民生活污水和工业废水接管率均达到 100%,且均达标接管至淮安经济技术开发区污水处理厂(以下简称"经开区污水处理厂")处理,尾水排入清安河。

经开区污水处理厂位于天虹路及新长铁路交会处西北角,污水处理厂远期设计规模为 16 万 m³/d,现状污水处理规模为 8 万 m³/d,于 2018 年 10 月通过环保"三同时"验收。现状污水处理厂工业废水和生活废水的接管比例约为 1:1。

经开区污水处理厂主要收集处理来自市经济技术开发区徐杨片区、南马厂片区、生态新城东片及清江浦经开区四个区域的污水。

《省政府办公厅关于加快推进城市污水处理能力建设全面提升污水集中收集处理率的实施意见》(苏政办发〔2022〕42 号)中要求强化工业废水与生活污水分类收集、分质处理,加快推进工业污水集中处理设施建设。新建冶金、电镀、化工、印染、原料药制造(有工业废水处理资质且出水达到国家标准的原料药制造企业除外)等工业企业排放的含重金属废水、难降解废水、高盐废水,不得排入城市污水集中收集处理设施。已接入城市污水集中收集处理设施的工业企业组织全面排查评估,认定不能接入的限期退出,认定可以接入的须经预处理达标后方可接入。接管企业应依法取得排污许可和排水许可,应与污水处理厂联网实时监控出水。出现接管超标的,污水处理厂应及时向主管部门报告。

经开区污水处理厂为工业污水处理厂,符合文件中相关规定要求。经开区污水处理厂污水处理以周期循环活性污泥法(CASS)为主体工艺,废水处理至《城镇污水处理厂污染物排放标准》(GB 18918—2002)一级 A 标准,尾水排放口位于滨河大道与宁连公路交叉口,尾水经提升泵站通过压力管道提升至清安河。

2.4.2　供热工程建设现状

园区内无自建工业炉窑及锅炉。根据《淮安市城市供热工程规划(2003—2020)》,淮安经济技术开发区热电有限责任公司(以下简称"经开区热电公司")是淮安经济技术开发区和清江浦经开区唯一集中热源点,是经济开发区及清江浦经开区的重要基础设施之一,对区域的开发与发展起着重要的支撑作用。

经开区热电公司成立于 2003 年 7 月,位于淮安经济技术开发区南京南路 39 号,供热范围北至黄河路,南至枚皋路,西至翔宇大道,东至南马厂乡。经开区热电公司现有供热主管线长度 30 km 以上,支管线长度近 40 km,主管线分西线、东线和富士康专用管线。

2.5 开发区发展回顾评价

2.5.1 规划实施情况回顾

江苏淮安清江浦经济开发区管委会现实际管辖范围包括原清河新区东区和西区、和平镇工业集中区、特钢产业园及西安路工业园区。本次规划的江苏淮安清江浦经济开发区范围以江苏淮安清江浦经济开发区管理委员会根据《中国开发区审核公告目录》(2018年版)核准的面积2.02 km²为基础,同时为了规划用地的完整性,园区规划范围调整为2.36 km²,包含了核心区核准范围。本次未纳入规划中的其他管辖范围将另行进行规划和规划环评。江苏淮安清江浦经济开发区拟对和平镇工业集中区、特钢产业园及西安路工业园进行规划和规划环评。其中特钢产业园已开展规划和规划环评,规划环评已通过行政审查会审查;西安路工业园已重新编制规划,规划环评报告正在编制过程中;和平镇工业集中区规划和规划环评暂未编制,预计于2023年启动相关规划和规划环评编制工作。

本轮规划与上轮规划相比只是部分区域升级为省级开发区,并重新编制开发建设规划。省级范围内的区域后续执行开发建设规划。清江浦经开区本轮规划与上一轮规划的对比分析情况如表2.5-1所示。

表2.5-1 清江浦经开区本轮规划与上一轮规划主要内容对比表

类别	上一轮规划	本轮规划	变化情况
规划期限	无	2021—2030年	明确了规划期限
规划范围	清河新区分东片区、西片区2个部分,中间以宁连路为界限划分;规划范围西至南昌路,东至贵阳路,北至古黄河(古淮河),南至深圳路	规划范围北至旺旺路,南至深圳路—富淮路,西至飞耀路,东至灵秀路—安澜路	选取了原规划范围中旺旺路以南、飞耀路以东部分的区域
规划面积	14.3 km²	2.36 km²	只选取之前规划的部分面积进行本轮规划
产业定位	东片区为集居住、生产于一体的现代化新区;西片区以机电、建材、食品、纺织服装产业为主,走新型工业化道路	以电子信息、机械制造为主导产业,融合研发、商业办公、休闲生活配套于一体	结合清江浦经开区的发展实际,产业定位已进一步调整优化
基础设施	污水:东西片区通过管网分别送至淮安经济技术开发区污水处理厂和淮安市第二污水处理厂。 供热:新区采取集中供热。 固废:全部综合利用或安全处置,实现"零排放"。	给水:由淮安经济技术开发区水厂供水,区域供水干管从市经济开发区水厂接出,沿大同路—水渡口大道敷设,管径为DN1 200。规划用水总量为1.28万m³/d。 污水:污水统一收集至飞耀路污水主干管,管径为DN800,再接管至西南部淮安经济技术开发区污水处理厂集中处理。 供热:热源接自东部规划的淮安市经济技术开发区发电厂,足够满足远期开发区供热需求。热力管道从深圳路引进,管径为DN500。 固废:设置内部垃圾中转站,统一运送。生活垃圾由环卫部门处理,危废由有资质单位处置,一般固废外售并综合利用,实现固废零排放。	根据清江浦经开区实际发展情况和发展需要,对给水、排水、供热、固废规划进行了优化调整。本次规划区域均位于经济开发区污水处理厂接管范围

(1)土地开发与用地布局

目前,原清河新区东区及西区大部分地区已开发建设完毕,将开发区2020年现状中此次规划范围内用地与本轮规划的各类城市建设用地进行对比可知,相比于上一轮规划环评中的规划,本次开发区规划选取了原东区部分地块(旺旺路以南,灵秀路以西,飞耀路以东,深圳路以北)并新增深圳路以南、飞耀路以东、灵秀路以西、富准路以北地块和深圳路以北、灵秀路以东、安澜路以西、旺旺路以南地块。本次规划中调出的地块仍归属于江苏淮安清江浦经济开发区管理委员会管辖,根据淮安市清江浦区十四五规划,该部分地块将与原清浦工业园区合并规划,成立淮安市清江浦区工业园,主导产业为锂电新能源、生物制药及高端装备制造。在开发区未合并前仍需按照《淮安市清河新区环境影响报告书》中规定的环境管控要求执行。开发区合并后需根据合并后的开发区规划及相应的环境影响评价文件中的管控要求执行。

表 2.5-2 开发区总用地变化情况表

用地名称	用地面积/ha		占规划面积比重/%	
	2020 年现状	本轮规划	2020 年(现状)	本轮规划
城乡建设用地	184.66	230.63	78.4	97.9
其他用地	50.88	4.91	21.6	2.1
总用地	235.54	235.54	—	—

(2)产业发展

开发区上一轮的发展策略是西片区的功能定位以居住为主,配合特色休闲区发展以生态产业为主导的特色经济;东区定位为以集居住、生产于一体的现代化新区,构建以机电、建材、食品、纺织服装产业组成的产业体系。

目前,开发区用地性质以居住及商业为主,工业企业以食品、纺织服装为主。本次规划根据规划范围内现有企业的情况,确定本次规划产业定位为以电子信息、机械制造为主,最终形成融合创新、研发、服务配套于一体的示范区。

(3)基础设施建设

清河新区经过多年的建设发展,给水、排水、供电、供热、供气等基础设施配套完善,实现了污水集中处理、集中供热,基础设施建设现状与上轮规划基本一致。

① 给水工程。清河新区东片区域用水来自淮安自来水有限公司经济开发区水厂,水源为古淮河。水厂位于淮安经济技术开发区大同路 28 号,总规划规模为 50 万 m^3/d,现已建成一期工程规模 10 万 m^3/d,实际供水量为 8 万 m^3/d。西片区用水由淮安市城南水厂提供,现已建成 20 万 m^3/d。

② 排水工程。清河新区严格按照"雨污分流、清污分流、中水回用"的要求建设排水系统,目前开发区区域污水管网已实现了全覆盖,已建成区域的生产废水、生活污水均已实现接管集中处理,入区企业没有自行设置的污水外排口。东片区域污水接入淮安经济技术开发区污水处理厂,现有处理规模为 8 万 m^3/d,西片区域污水接入淮安市第二污水处理厂,现有处理规模为 15 万 m^3/d。

③ 供热工程。清河新区供热依托淮安经济技术开发区热电有限责任公司,目前是淮安经济技术开发区和清河新区唯一的热源。

④ 供电工程。清河新区用电主要由 110 kV 白鹭变电站供给。

⑤ 燃气工程。天然气来自翔宇大道与板闸干渠交叉口的天然气门站。

📢【专家点评】

本轮规划与上一轮规划范围相比出现调整,在报告编制的过程中不应只关注本次规划范围内的情况,同时需补充调整本次开发建设规划范围的区域的发展方向和后继环境管理要求。同时园区存在与周边园区管辖范围的争议,需进一步梳理开发区变革情况与周边园区的关系,同时厘清开发区管辖范围与本次规划范围,核实开发边界,补充相关证明文件。

秦海旭(南京市生态环境保护科学研究院)

2.6 资源利用现状

本次规划范围内,开发区现状建设用地共 2.31 km²,与规划末目标相比,开发强度为 63.54%,开发强度已较高。同时,根据现场调查发现,开发区内宏恒盛路以南、富准路以北地块,小型企业较多,建设强度不高,地均产出较低,亟待用地腾退、更新转型。开发区内用水均来自市政给水,2020 年,开发区内规模以上工业企业万元工业增加值新鲜水耗约 9.5 m³。2020 年,开发区规模以上工业企业电消耗量为 15 724.5 万 kW·h,净调入热力年消耗量 66 626.25 GJ,单位工业增加值综合能耗为 0.4 t 标煤/万元,达到了《国家生态工业示范园区标准》(HJ 274—2015)中单位工业增加值综合能耗不超过 0.5 t 标煤/万元的评价指标要求。

在能源消费结构方面,开发区目前使用的能源以电能和天然气为主,并使用少量的液化天然气、汽油、柴油、润滑油。

2.7 环境质量现状评价及变化趋势

(1) 环境空气质量

根据《2020 年淮安市生态环境状况公报》,2020 年,淮安市二氧化硫(SO_2)、二氧化氮(NO_2)、可吸入颗粒物(PM_{10})、细颗粒物($PM_{2.5}$)年均浓度分别为 7 $\mu g/m^3$、25 $\mu g/m^3$、61 $\mu g/m^3$、42 $\mu g/m^3$,一氧化碳(CO)和臭氧(O_3)浓度分别为 1 mg/m^3、154 $\mu g/m^3$,较 2019 年相比,SO_2 保持持平,NO_2、PM_{10}、$PM_{2.5}$ 降幅分别为 13.8%、21.8%、4.5%。除 $PM_{2.5}$ 年均浓度未达到《环境空气质量标准》(GB 3095—2012)二级标准值外,其余污染物浓度均达到二级标准。

补充监测期间,各监测点位各项监测指标均符合相应环境空气质量标准要求。

变化趋势分析:根据 2016—2020 年钵池山大气自动监测站点的监测数据,开发区空气基本污染物浓度逐年降低。五年期间,开发区通过开展"蓝天保卫战""两减六治三提升"专项行动、大气污染防治行动等工作改善区域环境空气质量,成果显著,PM_{10}、$PM_{2.5}$、O_3 占标率逐年下降,2020 年 PM_{10} 已达标,且达到了空气质量改善目标,空气质量明显转好。按照目前的发展趋势,待后续大气污染防治系列工作落实后,开发区区域空气质量将得到进一步改善。

(2) 地表水环境质量

现状补充监测:地表水环境质量现状监测结果表明,清安河和板闸干渠各断面所测各项因子均符合《地表水环境质量标准》(GB 3838—2002)Ⅳ类标准。

变化趋势分析:为了改善清安河水质,淮安市政府编制了《淮安市清安河水环境综合整治方案(2016—2020)》,主要措施有:对清安河采取控源截污、内源治理、生态修复和调水引流等四大措施,构建清安河水污染治理与水环境管理技术体系,构建重污染河流"三三三"治理模式,以消除黑臭,恢复清安水质。随着整治工作的开展,清安河环境质量正在逐渐好转。根据《淮安市环境质量报告书》(2016—2019 年)以及清安河农校断面 2020 年在线监测数据,清安河 COD 浓度基本稳定,氨氮、总磷浓度逐年降低,2020 年清安河 COD、氨氮、总磷均实现了年均值达Ⅳ类标准值的水质目标,但氨氮月度不稳定达标。综上所述,清安河近五年水质不断改善,水质已从劣Ⅴ类达到了现在Ⅳ类标准值的水质目标,整体环境质量不断改善。

(3) 声环境质量

现状补充监测:开发区各类功能区的噪声测点均能达标,区内声环境功能区状况良好。

(4) 地下水环境质量

现状补充监测:监测期间,各监测点位所测各项因子均可达到《地下水质量标准》(GB/T 14848—93)Ⅳ类及以上标准要求。

变化趋势分析:对比开发区 2014—2019 年的地下水监测数据,地下水中高锰酸盐指数、铁、锰浓度有明显升高的趋势,在 2014 年及 2019 年明显升高,总大肠菌群数和硝酸盐浓度呈先上升后下降的趋势,其余监测因子浓度变化较小,较稳定。

(5)土壤环境质量

根据现状补充监测结果可知,监测期间,各土壤监测点位所测指标均低于《土壤环境质量 建设用地土壤污染风险管控标准(试行)》(GB 36600—2018)中相应类别用地的筛选值要求。

(6)底泥环境质量

现状补充监测:淮安经济技术开发区污水处理厂排污口处底泥中所测的各项重金属指标均低于《土壤环境质量 农用地土壤污染风险管控标准(试行)》(GB 15618—2018)中的风险筛选值要求。

📣【专家点评】

在环境质量现状评价方面,不仅要关注近期监测数据,同时需补充收集周边大气历史监测数据,关注园区特征因子的变化情况,结合区域历史监测资料统计,完善区域环境质量变化趋势和原因分析。

秦海旭(南京市生态环境保护科学研究院)

3 评价指标体系

3.1 环境目标

改善环境质量,保障生态安全,符合长江经济带环境保护规划相关要求,符合江苏省和淮安市"三线一单"环境管控要求。至规划期末,环境空气质量和水环境质量均达标,地下水和土壤环境风险得到严格控制;规划产业满足清洁生产和循环经济要求,开发区将建成"创新高地、智造强区、开放枢纽、魅力新城",奋力由全国前列迈向全国最前列。

3.2 环境评价指标

根据清江浦经开区本轮规划的功能定位、发展规模、用地布局、产业发展导向、基础设施建设、综合交通规划等,结合所在区域的资源能源利用情况、环境质量现状等,在充分分析区域现有主要环境问题及资源环境制约因素的基础上,识别规划方案实施后可能对自然生态环境、区域环境质量、资源能源和社会经济等方面的影响。

(1)资源能源

清江浦经开区开发建设对资源能源的影响主要表现在随着开发建设规模的扩大,原非建设用地部分将转化为建设用地,资源能源消耗量增加;同时,清江浦经开区将坚持低能耗、循环再利用,加快推广应用先进节能减排技术,全面推进行业清洁生产认证,提高资源综合利用的水平,加快制造方式的绿色转型,清江浦经开区的资源能源节约集约利用水平有望进一步得到提高。

(2)生态环境

清江浦经开区开发建设活动对环境质量的不利影响主要表现为开发建设活动及建成运营期间,将会向大气、水体、土壤等环境要素排放一定量的污染物,对区域环境产生不利影响;同时,严格落实绿地系统建设、污水收集处理、区域河道水系环境综合整治等规划措施,将在一定程度上对区域环境产生有利影响。

（3）社会经济

清江浦经开区的规划建设将彻底改变所在区域的社会经济发展现状,加快工业化和城镇化步伐,服务和带动地区发展,对清江浦区乃至淮安市经济发展做出贡献。

本次评价以环境影响识别为基础,结合开发区总体发展规划及规划涉及的区域环境保护目标,参考国家、江苏省、淮安市相关要求,从环境质量、资源节约、污染控制、环境管理等方面,考虑可定量数据的获取,同时结合现状调查与评价的结果,以及确定的资源与环境制约因素,建立规划环境影响评价的指标体系,各规划指标值依据《国家生态工业示范园区标准》(HJ 274—2015)等相关要求进行确定,如表 3.2 - 1 所示。

表 3.2 - 1　本规划环评的评价指标体系

类型	序号	指标	单位	现状值[1]（2020 年）	目标值	目标来源[2]	环境目标与评价指标可达性分析
资源节约	1	单位工业增加值综合能耗	tce/万元	0.4	≤0.3	1	结合规划区现有水平,提高地区生产总值,同时发展过程中持续推进循环经济、清洁生产、节能减排等工作,控制能源和新鲜水消费总量,能源和新鲜水消耗强度将能进一步降低
	2	单位工业增加值新鲜水耗	t/万元	9.5	≤8.0	1	
	3	单位工业用地面积工业增加值	亿元/km²	12	≥15	1	
	4	碳排放强度	t/万元	3.5	≤2.9	2	在规划实施过程中,推进降碳与减污协同,将碳排放控制纳入大气污染防治工作中,通过产业、能源、用地、交通结构调整以及温室气体的排放控制,同时通过推进低碳生活方式,力争于 2030 年前实现碳达峰
	5	中水回用率	%	6	22	4	结合污水处理厂现有中水回用情况,同时发展过程中持续推进企业清洁生产工作,开发区的中水回用率可以进一步提高
环境质量	6	城市空气质量优良天数比率	%	74	≥85	3	根据《市政府关于印发淮安市打赢蓝天保卫战三年行动计划实施方案的通知》(淮政发〔2018〕113 号),淮安市经过 3 年努力,大幅减少主要大气污染物排放总量,协同减少温室气体排放,进一步明显降低细颗粒物(PM₂.₅)浓度,明显减少重污染天数,明显改善环境空气质量,明显增强人民的蓝天幸福感
	7	地表水环境功能区水质达标率	%	100	100	4	根据《淮安市清安河水环境综合整治方案(2016—2020)》对清安河采取控源截污、内源治理、生态修复和调水引流等四大措施,构建清安河水污染治理与水环境管理技术体系、构建重污染河流"三三三"治理模式,以消除黑臭,恢复清安河水质。随着整治工作的开展,清安河及入海水道环境质量正在逐渐好转
	8	区域环境噪声达标情况	—	达标	达标	4	开发区区域声环境现状良好,规划期内通过加强绿化、采取隔声等措施,继续保持区域声环境达标
	9	交通干线噪声达标情况	—	达标	达标	4	开发区交通干线处声环境总体可达标,规划期内将通过设置道路绿化带、规范交通管理等措施,继续保持交通干线两侧声环境达标

类型	序号	指标	单位	现状值[1] (2020年)	目标值	目标 来源[2]	环境目标与评价指标可达性分析
污染 控制	10	建成区污水集中收集处理率	％	100	100	4	开发区建成区域管网已铺设到位,后续规划开发过程中继续保持对现有管网的维护工作,可以保证建成区污水集中收集处置率达到100％
	11	工业固体废物(含危险废物)处置利用率	％	100	100	3	规划继续贯彻固体废物"减量化、无害化、资源化"原则,加强工业固体废弃物的处置利用,同时开发区有完善的危险废物管理制度,规划期内将继续加强开发区危险废物的监管,保证工业固体废物(危险废物)处置率达到100％
	12	单位工业增加值废水排放量	t/万元	5.5	5	1	规划通过产业升级,引进轻污染或无污染企业,提高地区生产总值
	13	单位工业增加值一般固废排放量	t/万元	0.2	0.1	1	
	14	单位工业增加值危险废物排放量	t/万元	0.15	0.1	1	
	15	单位工业增加值颗粒物排放量	t/万元	0.000 2	0.000 15	—	
	16	单位工业增加值VOCs排放量	t/万元	0.000 25	0.000 2	—	
	17	生活垃圾无害化处理率	％	100	100	4	开发区规划保留现状生活垃圾转运站1座,新建垃圾转运站1座,可实现开发区生活垃圾无害化处理率达到100％
环境 管理	18	环境管理能力完善度	％	75	100	4	通过本次规划的加强和完善环境管理机构的建设,实现环境管理能力完善度达到100％
	19	环境风险防控体系建设完善度	％	20	100	4	规划实施期内,开发区应完善区域应急预案的编制工作,建议加强区内企业应急预案管理,督促风险企业加强环境风险评估及应急预案编制、备案及信息公开工作,同时加强预案培训和演练;开展开发区层面的环境事故应急物资储备库建设;定期开展突发环境事件应急演练。同时,开展开发区三级防控体系建设,完善水污染事件风险防范和应急防控能力
	20	区内企事业单位发生特别重大、重大突发环境事件数量	—	—	0	0	4	

注:[1] 现状值来源:主要来自开发区提供的2020年统计数据以及开发区统计年鉴,地表水、环境噪声达标情况来自现状环境检测报告,污染物排放量、环境风险防控体系建设完善度均由开发区调研及资料统计与计算得出。

[2] 目标来源:1.《国家生态工业示范园区标准》(HJ 274—2015);2.《江苏省"十四五"应对气候变化规划》(征求意见稿);3.《淮安市"十四五"生态环境保护规划》;4. 清江浦经开区本轮发展规划要求。

4 规划环境影响预测与评价

4.1 污染物排放量估算

4.1.1 估算思路

开发区污染源强估算考虑两大类污染源:工业污染源和生活污染源。

(1)废气污染源强估算主要考虑工业污染源

清江浦经开区内近期废气污染源强主要考虑:已批在建工业项目新增源强,规划未开发用地新增源强及产业升级地块新增源强。具体估算方法如下:① 已批在建工业项目新增源强主要参考项目的环评报告;② 规划未开发用地新增源强采用单位面积排污系数法;③ 产业升级地块主要考虑清退现有无合法手续的企业及落后企业后引进符合开发区产业规划的企业。

(2)废水污染源强估算主要考虑工业污染源和生活污染源

考虑已批在建居民小区、已批在建工业项目、规划未开发用地新增源强及产业升级地块新增源强四部分。具体估算方法如下:① 已批在建居民小区参考区内同类居住区产污情况;② 已批在建工业项目参考环评文件;③ 规划未开发用地新增源强参照清江浦经开区已开发地块单位土地面积的污染物排放系数,估算规划期清江浦经开区废水污染物的排放量;④ 产业升级地块主要考虑清退现有无合法手续的企业及落后企业后引进符合开发区产业规划的企业,对新增源强采用单位面积排污系数法进行计算。规划期清江浦经开区工业废水和生活污水全部接入经开区污水处理厂处理。

(3)固体废物产生量估算主要考虑工业污染源和生活污染源

根据清江浦经开区规划发展产业和用地规划,考虑产业升级地块新增源强、已批在建工业项目以及规划未开发用地新增源强三部分。具体估算方法如下:① 产业升级地块主要考虑清退现有无合法手续的企业及落后企业后引进符合开发区产业规划的企业;② 已批在建工业项目参考环评文件;③ 规划未开发用地新增源强参照清江浦经开区已开发地块,按单位土地面积排污系数法估算一般工业固废和危险废物的产生量。

4.1.2 污染源汇总

规划期开发区废气、废水污染物排放量以及固体废物产生量汇总情况如表4.1-1所示。

表4.1-1 开发区规划期污染物排放量估算汇总表   单位:t/a

污染种类	项目	现状排放量	规划新增排放量	规划期排放量
废气污染物	烟粉尘	12.47	3.46	15.93
	硫酸雾	1.42	1.92	3.34
	氯化氢	1.31	0.96	2.27
	非甲烷总烃	8.92	4.55	13.47
	VOCs*	15.84	6.81	22.65
废水污染物	废水量	104.15万	143.3万	247.45万
	COD	23.9	71.65	95.55
	氨氮	6.15	7.16	13.31

污染种类	项目	现状排放量	规划新增排放量	规划期排放量
	总磷	0.15	0.71	0.86
	总氮	13.247	21.50	34.747
固体废物	一般工业固废	1 247.9	1 174.4	2 422.3
	危险废物	18 580.4	107.39	18 687.79

注:*固体废物为产生量。

4.2　大气环境影响分析

4.2.1　模式预测基本参数

(1)预测模式选择

本次评价中大气环境影响预测的重点为规划期末清江浦经开区废气点源、面源对大气环境的影响程度和范围。本次评价预测方案如下:

① 预测因子:$PM_{2.5}$、PM_{10}、VOCs、硫酸雾、氯化氢、非甲烷总烃。

② 预测范围:清江浦经开区规划边界外扩 2.5 km。

③ 计算点:计算点包括环境空气敏感点、预测范围网格点。预测网格设置采用直角坐标网格,等间距设置 100 m×100 m 的网格。

④ 预测内容:环境空气保护目标和网格点主要污染物保证率日平均质量浓度和年平均质量浓度的达标情况;对于 VOCs、硫酸雾、氯化氢、非甲烷总烃,评价其叠加现状浓度后短期浓度的达标情况。

⑤ 现状监测浓度数据来源:对于基本项目(SO_2、NO_2、PM_{10}、$PM_{2.5}$),选取淮安市钵池山大气自动监测站点(距离开发区 1.2 km)2020 年连续 1 年的监测数据;特征污染物(VOCs、硫酸雾、氯化氢、非甲烷总烃)的数据来源于本次补充监测。

本次评价采用《环境影响评价技术导则 大气环境》(HJ 2.2—2018)推荐的 AERMOD 模型进行预测。

(2)预测参数

① 气象参数。根据《环境影响评价技术导则 大气环境》(HJ 2.2—2018),选择距离项目最近或气象特征基本一致的气象站的逐时地面气象数据,要素至少包括风速、风向、总云量和干球温度。本次采用洪泽气象站的数据。

表 4.2-1　地面气象数据站点信息表

气象站名称	气象站编号	气象站等级	气象站坐标/m (UTM 坐标)		相对距离/km	海拔高度/m	数据年份	气象要素
			X	Y				
洪泽气象站	58139	国家站	644 018	3 672 593	50	10.6	2019	风向、风速、总云、低云、干球温度、气压、离地高度、干球温度

② 污染源参数。随着清江浦经开区的开发建设,规划范围内企业将逐渐增加,会新增一定的大气污染物排放,本次考虑对规划新增的面源、点源大气污染物的环境影响进行预测。

(3)预测情景设置

考虑到项目实施情况以及规划方案的不确定性,本次预测设置近期和远期两个规划期,每个规划期分为新增、叠加共两个情景。具体如表 4.2-2 所示。

表 4.2-2 预测情景设置

规划期	情景	源强	预测内容	评价内容
近期	新增影响	近期源强	短期浓度 长期浓度	最大浓度占标率 叠加环境质量现状浓度后的保证率日平均质量浓度和年平均质量浓度的达标情况，或短期浓度的达标情况和年平均质量浓度变化率。
	叠加影响	近期源强+削减源		
远期	新增影响	远期源强		
	叠加影响	远期源强+削减源		

4.2.2 预测结果分析

（1）现状不达标因子

经预测，区域削减污染源对所有网格点的 $PM_{2.5}$ 年平均质量浓度贡献值的算术平均值为 0.003 51 mg/m^3，本次开发区 $PM_{2.5}$ 对所有网格点的年平均质量浓度贡献值的算术平均值为 0.000 73 mg/m^3。

根据计算，平均质量浓度变化率为 −79.20%，小于 −20%，因此可判定开发区建设后，区域 $PM_{2.5}$ 排放量削减较多，区域环境质量将得到整体改善。

另外，由于区域尚未开展达标规划，根据《市政府关于印发淮安市打赢蓝天保卫战三年行动计划实施方案的通知》（淮政发〔2018〕113 号），淮安市经过 3 年努力，大幅减少主要大气污染物排放总量，协同减少温室气体排放，进一步明显降低细颗粒物（$PM_{2.5}$）浓度，明显减少重污染天数，明显改善环境空气质量，明显增强人民的蓝天幸福感。到 2020 年，二氧化硫、氮氧化物、VOCs 排放总量均比 2015 年下降 20% 以上，$PM_{2.5}$ 浓度比 2015 年下降 20% 以上，空气质量优良天数比率达到 73.3% 以上，重度及以上污染天数比率比 2015 年下降 25% 以上，确保全面实现"十三五"约束性目标。主要整治措施如下。

① 优化产业布局。

② 严控"两高"行业产能。严禁新增钢铁、焦化、电解铝、铸造、水泥和平板玻璃等产能。严格执行钢铁、水泥、平板玻璃等行业产能置换实施办法。

③ 强化"散乱污"企业综合整治。全面开展"散乱污"企业及集群综合整治行动，根据产业政策、产业布局规划以及土地、环保、质量、安全、能耗等要求，制定"散乱污"企业及集群整治工作要求。实行拉网式排查和清单式、台账式、网格化管理。

④ 深化工业污染治理。持续推进工业污染源全面达标排放，加大超标处罚和联合惩戒力度，未达标排放的企业依法停产整治，建立覆盖所有固定污染源的企业排放许可制度。推进重点行业污染治理升级改造。全市范围内全面执行大气污染物二氧化硫、氮氧化物、颗粒物、VOCs 特别排放限值。推进非电行业氮氧化物深度减排，钢铁等行业实施超低排放改造，对城市建成区内焦炉实施炉体加罩封闭，并对废气进行收集处理。实现生活垃圾焚烧行业达标排放，鼓励燃气机组实施深度脱氮，燃煤机组实施烟羽水汽回收脱白工程。强化工业企业无组织排放管控。

⑤ 大力培育绿色环保产业。壮大绿色产业规模，发展节能环保产业、清洁生产产业、清洁能源产业，培育发展新动能。积极支持培育一批具有国际竞争力的大型节能环保龙头企业，支持企业技术创新能力建设，加快掌握重大关键核心技术，促进大气治理重点技术装备等产业化发展和推广应用，等等。

从总体上来看，淮安市大气环境污染类型还是以煤烟型污染为主，机动车尾气污染有所增加，细颗粒物污染仍然是影响城市空气质量的主要因素，但在夏秋季节，高温强辐射的天气条件下，臭氧污染逐渐显现。目前相关部门已制定相应的防止措施，稳步推进产能结构调整和优化，狠抓主要污染物削减。落实强制污染减排细化实施方案，聚焦燃煤、化工、机动车船、扬尘等重点行业，最大程度削减主要污染物排放。狠抓攻坚方案落实。聚焦产业结构、能源结构、运输结构和用地结构调整，开展新一轮"散乱污"企业及集群整治、工业窑炉整治、VOCs 污染治理及柴油车专项整治等行动，全面完善大气污染防治体系。狠抓扬尘污染治理。推进施工工地扬尘污染治理标准化体系建设,全面落实施工工地扬尘整治"十个起来、十个标准";有序推进火电、钢铁、水泥、船舶港口等8个重点行业颗粒物深度整治,对县区、港口码头实施降尘量考核。狠抓重污染天气应对。落实重污染天气污染源清单编制工作,制定钢铁、铸造、有色、农药等行业错峰生产方案,构建完善"市级预警、县区(部门)响应"的应急联动机制。

通过采取以上举措,可大幅减少淮安市主要大气污染物排放总量,进一步明显降低细颗粒物浓度,明显减少重污染天数,明显改善环境空气质量。

(2)现状达标因子

全年逐时气象条件下,预测规划期末清江浦经开区所有排放源排放的硫酸雾、氯化氢、非甲烷总烃、VOCs 小时平均浓度最大贡献值分别占评价标准的 10.82%、32.45%、4.89%、2.8%,PM$_{10}$ 日平均及年平均浓度最大贡献值分别占评价标准的 4.7%、1.04%,能满足评价标准的要求。

清江浦经开区内外主要环境敏感保护目标处的预测结果表明:主要环境保护敏感目标各大气污染物小时最大浓度贡献值均低于评价标准限值。

目前淮安市正在通过优化产业结构、调整能源结构、改善交通运输结构等措施积极控制大气污染,区域大气污染物浓度有望得到降低。

(3)异味影响分析

在正常排放时,异味气体对居民的影响较小,但如果监管不严,就可能会向周围产生一定的刺激性气味。开发区应加强酸性物质的储存和使用规划,尽量减少有机涂料的使用,加强无组织异味废气的收集和处理,加强废气处理装置的维护和管理,确保废气处理装置的正常运行,在此情况下,开发区工业项目异味气体对周围环境的影响较小。

4.3　地表水环境影响分析

4.3.1　预测方案

(1)水质可行性

根据规划,清江浦经开区主要发展电子信息制造、机械制造。清江浦经开区废水主要包括工艺废水、水环泵废水、地面冲洗水、车间冲洗水、设备清洗水、纯水制备浓水及生活污水等,接管废水中主要污染物包括 COD、氨氮、总磷、总氮等常规因子,对于含特征因子如石油类、氰化物、铜、锌等的电子和机械加工废水,企业需预处理至行业污染物排放标准和集中污水处理厂接管标准严值后接入淮安经济技术开发区污水处理厂进行处理,且淮安经济技术开发区污水处理厂拥有处理此部分特征因子的能力,因此项目废水水质接管是可行的。

(2)服务范围可行性

淮安经济技术开发区污水处理厂的规划服务范围主要分为徐杨片区和南马厂乡工业集中区。其中徐杨片区的工程服务范围为:西临宁连一级公路,东至京沪高速,北到古淮河及厦门东路,南至大寨河。南马厂乡工业集中区的工程服务范围为:北抵古淮河,南达茭陵一站引河,东到南马厂乡行政界线,西至京沪高速公路。淮安经济技术开发区污水处理厂主要服务淮安经济技术开发区和清江浦经开区。清江浦经开区在淮安经济技术开发区污水处理厂收水范围内,因此从污水处理厂服务半径角度,开发区废水接管可行。

(3)管网敷设范围可行性

清江浦经开区建成区污水干管、支管及污水提升泵站均已敷设、建设完成,只需要对少部分污水支管进行优化,南部新增片区路网新建污水管道,需结合支路建设完善污水支管,新建污水管的管径主要为400~600 mm。新建1座污水提升泵站。清江浦经开区现状污水已接入淮安经济技术开发区污水处理厂,管网敷设已全部完成。

（4）水量可行性

淮安经济技术开发区污水处理厂设计处理能力为 16 万 t/d,目前污水处理厂实际处理规模 8 万 t/d,目前一期工程 4 万 t/d 和二期工程 4 万 t/d 正常运行,二期工程已于 2018 年通过了环保验收。目前淮安经济技术开发区污水处理厂实际处理水量为 6 万 t/d,尚有 2 万 t/d 余量。

目前淮安经济技术开发区污水处理厂收水范围内宁连公路以西大部分为城市建成区域,主要为居住生活区,用水和排水较为稳定,不会出现明显增长。收水范围内待开发地区的排水增长主要来自清江浦经开区及淮安经济技术开发区宁连公路以东区域。其中清江浦经开区规划期末新增废水量为 3 926 t/d,同时根据正在编制的《淮安经济技术开发区规划环境影响评价》报告中的内容,预计 2030 年末,淮安经济技术开发区新增接入淮安经济技术开发区污水处理厂的废水量约为 12 000 t/d。综上,淮安经济技术开发区污水处理厂可以满足本开发区规划期末废水处理的要求。同时在规划期内,需对污水处理厂进水量进行监控,若出现进水量达到现有处理规模的 90% 时,应尽快安排淮安经济技术开发区污水处理厂进行扩建工作。

因此,从污水水质、服务范围、管网敷设范围及处理规模等方面分析,淮安经济技术开发区污水处理厂可满足清江浦经开区污水排放需求,规划期末清江浦经开区废水接管可行。

4.3.2 预测结果分析

清江浦经开区各企业排放的生产废水经各厂区污水处理系统处理后接入淮安经济技术开发区污水处理厂集中处理,尾水达《城镇污水处理厂污染物排放标准》(GB 18918—2002)一级 A 标准后排入清安河。因此项目引用《淮安经济开发区污水处理厂扩建及提标改造工程和污泥深度处理工程项目》中关于地表水环境影响评价的结论:

淮安经济技术开发区污水处理厂尾水正常排放对清安河水环境预测结果如表 4.3 - 1 所示。

表 4.3 - 1　污水处理厂尾水正常排放影响预测结果　　　　　　　　单位:mg/L

项目		工况	排污口	距离		
				下游 500 m	下游 1 000 m	下游 4 500 m
CODcr	现状值	正常排放	32.000	—	31.900	31.700
	预测值		34.425	34.351	34.276	33.760
NH₃ - N	现状值	正常排放	5.180	—	5.100	5.080
	预测值		5.156	5.145	5.133	5.056

枯水期 90% 保证率,污水处理厂正常排放情况下,清安河的 CODcr 能维持《地表水环境质量标准》(GB 3838—2002) V 类标准;清安河的 NH₃ - N 浓度基本维持不变,仍超标较严重。

近几年来,在淮安市环境行政主管部门的大力推动下,清安河综合整治规划得到了有效落实,对清安河沿线所有工业、生活污废水源进行了全面的综合整治。由清安河现状水质可知,清安河水质相对 2010 年以前已得到了根本性的改善,但目前氨氮浓度仍超标较严重。这主要是由清安河沿线的生活面源仍有部分未得到整治和污水处理厂尾水排放执行标准较低造成的。本项目的建设完成,将使徐杨片区范围内的所有废水得到有效收集和处理,将在一定程度上减少生活污水的排放,使清安河的综合整治规划得到更进一步的落实。

同时,考虑到区内污水处理厂将进行提标改造,由目前的一级 B 提升到一级 A,且污水处理厂污水回用水平会有所提高,依据《江苏省水资源节水规划》有关研究成果,江苏省城市污水处理厂污水回用率将不低于 20%。以污水回用率 20% 计算,预测清安河废水接纳量在 22 万 t/d。COD 排放量 4 015 t/a,氨氮排放量 401.5 t/a,分别较现状 COD 和氨氮纳污量减少 1 167.8 t/a 和 289.5 t/a。因此,随着规划的落实,清安河总体水质得到改善是有保证的。

4.4　地下水环境影响分析

由预测结果可知,在污水处理池泄漏 1 000 天和 10 000 天后,以 3 mg/L 浓度[《地下水质量标准》(GB/T 14848—2017)中高锰酸盐指数Ⅲ类标准限值]为外围包络线浓度的地下水污染羽将达到泄漏点下游 17.4 m 和 38.9 m 处;在污水处理池泄漏 1 000 天和 10 000 天后,以 0.2 mg/L 浓度[《地下水质量标准》(GB/T 14848—2017)中镍Ⅲ类标准限值]为外围包络线浓度的地下水污染羽将达到泄漏点下游 17.8 m 和 41 m 处。

为了防止清江浦经开区开发建设后,企业固废堆场、污水渗漏对地下水造成污染,规划要求清江浦经开区内企业采取以下污染防治措施:

① 区内企业固废暂存场所均按相关要求做好防渗措施,并提高防渗等级,采取二层防渗措施,即在底层铺上 10 cm 厚的三合土层,其上采用水泥硬化抹面,防止贮存过程发生溢漏,造成堆积现象,导致地下水污染。

② 区内企业地面应采取地坪硬化防渗措施,并提高防渗等级,确保防渗系数小于 10^{-7} cm/s,杜绝淋滤水渗入地下。

③ 区内企业污水进行分类收集、分质处理,达标后接入污水处理厂。

④ 对废水输送、排放管道及污水处理设施必须采取严格防渗措施,或管道采用地上形式敷设,并做好日常检查、维修工作,杜绝跑冒滴漏现象的发生。

⑤ 企业厂区贮水池均应采用钢混结构,并进行防腐处理,保证其渗透系数小于 10^{-11} cm/s。

⑥ 设置地下水监控井等环保监测系统,定期测定地下水中各种污染组分的浓度,及时发现地下水污染问题,防止入区企业排放的污染物对区域地下水产生影响。

⑦ 区内企业危险废物堆放场所地基必须防渗,防渗层为至少 1 m 厚的黏土层(渗透系数≤10^{-7} cm/s),或 2 mm 厚的高密度聚乙烯,或至少 2 mm 厚的其他人工材料(渗透系数≤10^{-10} cm/s)。

从清江浦经开区地下水水质现状、供水规划及企业污染防治措施方面综合分析认为:清江浦经开区的建设不会影响区域地下水量、水质、水位及流场等。但是,为避免风险情况下地下水受到影响,建议长期跟踪观察和监测,一旦发生地下水污染,应立即采取措施。

4.5　声环境影响预测与评价

开发区主要噪声包括居住、商业、工业区的区域环境噪声和道路交通干线的交通噪声。

清江浦经开区内道路两侧多为 2 类声环境功能区,根据《声环境功能区划分技术规范》(GB/T 15190—2014),道路相邻区域为 2 类声功能区时,清江浦经开区主要规划道路两侧(35±5) m 范围内区域执行 4a 类标准,道路两侧(35±5) m 范围外区域执行 2 类标准。在道路旁没有任何声阻碍物(如绿化带)的情况下,清江浦经开区内主要道路两侧红线外 20 m 处昼间、夜间噪声值均未超过 4a 类声功能区标准,道路两侧红线外 30 m 处昼间、夜间噪声值也均未超过 2 类声功能区标准。由此可见,规划期清江浦经开区交通噪声对区域声环境的影响较小。

据同类区域的类比调查,道路两侧若建设 10 m 宽的松树或杉树林带可降低交通噪声 2.8~3.0 dB(A);若建设 10 m 宽 0.3 m 高的草坪,可降低噪声 0.7 dB(A);单层绿篱(高度在 1.5 m 以上)可降低噪声 3.5 dB(A)左右,双层绿篱(高度在 1.5 m 以上)则可降低噪声 5 dB(A)。清江浦经开区道路两侧绿化防护带的建设,可以进一步有效降低道路两侧的交通噪声,减少清江浦经开区规划实施对区域声环境的不利影响。

清江浦经开区规划范围内深圳路拟建设市域轨道交通线 S2,类比同类型轨道交通项目,运营期轨道交通线路运行时在轨道中心线水平距离 20～30 m 处的噪声值为 37.07～40.59 dB(A),深圳路路宽为 50 m,因此有轨电车对交通沿线噪声影响较小,为防止轨道交通对敏感点的影响,可在道路两侧建立绿化防护带并在无遮挡区域设置声屏障,进一步有效降低轨道交通对区域声环境的不利影响。

4.6　固体废物环境影响分析

清江浦经开区内产生的固体废物中,部分可能具有腐蚀性、浸出毒性等危险特性,对人体或环境有直接或潜在的危害。固体废物的堆放,不仅占用区域有限的土地资源,若堆放不当还有可能污染土壤,经雨水淋溶后,将会逐渐迁移影响地表水和地下水的水质。若固体废物在收运、堆放过程中未做密封处理,有的会经日晒、风吹等作用,挥发出粉尘等废气,有的则经发酵分解产生有毒气体,向大气中逸散,造成大气污染。因此,固体废物的不适当堆置或处置,将对视觉景观、环境卫生、人体健康和生态环境造成影响,入区企业应加强对其产生的固废特别是危险废物的管理,按照废物性质和特点进行减量化、无害化、资源化处理,不向环境中排放,以确保不造成环境危害。

综上所述,清江浦经开区内各企业应根据固体废物性质进行分类收集、安全储存,回收、处置和综合利用,区内产生的危险废物送往有危险废物处置资质的单位处置,对危险废物进行有效控制,将不会对环境产生明显的污染。清江浦经开区在本轮规划实施过程中,必须加强清洁生产,从源头削减固废的产生量,同时加强工业固废资源化利用,减少固废堆存量。

4.7　土壤环境影响分析

本规划涉及的土壤污染类型主要是污染影响型,土壤污染是指人类活动所产生的物质(污染物),通过多种途径进入土壤,其数量和速度超过了土壤的容纳能力和净化速度的现象。土壤污染可使土壤的性质、组成及性状等发生变化,使污染物质的积累过程逐渐占据优势,破坏了土壤的自然动态平衡,从而导致土壤自然正常功能失调,土壤质量恶化,影响作物的生长发育,以致造成产量和质量的下降,并可通过食物链引起对生物和人类的直接危害,甚至形成对有机生命的超地方性的危害。

污染物质可以通过多种途径进入土壤,主要类型有以下三种。

(1) 大气沉降

污染物质来源于被污染的大气,污染物质主要集中在土壤表层,其主要污染物是大气中的二氧化硫、重金属、挥发性有机物、氮氧化物和颗粒物等,它们降落到地表可引起土壤酸化,破坏土壤肥力与生态系统的平衡;各种大气飘尘(包括重金属、非金属有毒有害物质及放射性散落物)等降落地面,会造成土壤的多种污染。

挥发性有机物、重金属等污染物质在空气中的形态可能是气体、气溶胶或颗粒物,广泛分布于环境中,为微水溶性,比较容易吸附于沉积物中,而且易于在水生生物体中积累,其化学降解过程和生物降解过程相当缓慢,在环境中滞留时间较长,成为持久性污染物,可积聚在植被体内,被动物及水生生物吸入,积聚在脂肪内,挥发性有机物、重金属等污染物质多通过食物链累积,而动物会较植物、水、泥土或沉积物累积较高浓度的有机物。因此,园区排放的挥发性有机物、重金属等废气降于周围土地中,被土壤矿物表面吸附,在土壤中积累,并随土壤迁移,对土壤理化性质有一定的影响。

随着时间的延长大气沉降的氯化氢和 VOCs 在土壤中的累积量逐步增加,但累计增加量很小,项目营运 30 年后周围影响区域工业用地土壤中氯化氢和 VOCs 的累积量为 0.316 mg/kg 和 1.539 mg/kg。因此,废气中氯化氢和 VOCs 进入土壤环境造成的累积量是有限的,在可接受范围内。

(2) 地面漫流

园区要求区内各企业污水管道、各污水处理构筑物均设置防渗措施,杜绝跑冒滴漏现象的发生。正常工况下,园区土壤通过废水泄漏受到污染的可能性很小;非正常工况下,防渗措施发生事故的情况下,污水在输送过程和处理过程中发生外泄,致使污水中的有毒有害物质浸入土壤中,再经过地表水系的扩散,造成地表水、地下水及土壤环境污染事故。

(3)垂直入渗

园区一般固废、污水处理站污泥、危废等在运输、贮存或堆放过程中通过扩散、降水淋洗等直接或间接地影响土壤。

根据预测,事故发生后,1 天内总镍迁移至地下 20 cm 处,11 天内可迁移至地下 40 cm 处,387 天内可迁移至地下 100 cm 处。发生事故泄漏 500 天后,表层土壤中总镍最大浓度达到 0.368 mg/kg,未超过《土壤环境质量　建设用地土壤污染风险管控标准(试行)》(GB 36600—2018)中第二类用地的土壤污染风险筛选值。

本次土壤环境质量现状监测所测各项土壤指标均符合《土壤环境质量　建设用地土壤污染风险管控标准(试行)》(GB 36600—2018)中相应类别用地的筛选值标准要求,项目所在地的土壤环境质量良好。清江浦经开区建成地块的工业企业在正常情况下对土壤环境基本无影响,危废暂存设施利用防渗结构阻止渗滤液中的污染物向周边土壤环境中迁移,正常情况下对周边土壤影响较小。

4.8　生态环境影响分析

(1)陆域生态系统影响分析

清江浦经开区规划评价范围内现状用地构成主要为居住用地、工业用地及部分空地。随着区域开发程度的加强,土地利用格局发生变化,空地将被工业用地等取代;土壤由于硬化被覆盖,与外界环境的物质交换会大大降低,从而导致性质改变;同时,工业企业的入驻,会使原有的土地功能发生根本性的改变,原有生态系统平衡被打破,将逐渐被新的生态平衡所替代,由此带来以下几种生态影响与破坏:

① 土地利用格局发生变化,原有植被被大量破坏:随着规划的实施,现状农田主要转变为工业用地,土地利用方式变更后,工业用地等产生一定的环境污染物,对生态环境产生胁迫和压力。

此外,厂房的施工建设所进行的土壤平整、土地开挖、取土、建筑材料堆放等活动,对土地做临时性或永久性侵占,所有植被都被去除,表面植被遭到短期破坏,会导致局部水土流失问题。但随着工程建设的完成,除永久性占用外,部分区域植被通过绿化措施可得到恢复。

② 生态结构与功能变化:规划实施后,清江浦经开区规划范围内农林用地调整为工业用地等,生态系统的功能将发生变化,可通过绿化等措施减小这种压力。

③ "三废"污染的影响:清江浦经开区规划范围在开发建设过程中必然会产生一定的废水、废气和固体废物,对周边环境产生一定影响。大气环境影响预测和地表水环境影响预测表明,在采取合理的环境影响减缓措施的前提下,清江浦经开区污染物的排放对周围大气和地表水环境的影响较小。

(2)水域生态影响分析

由地表水环境影响预测分析结果可知,淮安经济技术开发区污水处理厂尾水排放对周边区域水质的影响均在可接受范围之内。此外,清江浦经开区规划发展的产业不涉及对水生生物有较大毒害作用的污染物的排放。因此,本次规划建设不会对纳污河流等区域水生生态系统产生不利影响。

(3)对周边生态敏感区的影响

清江浦经开区本轮规划范围不涉及国家级生态保护红线、省级生态空间管控区域,与清江浦经开区规划边界距离最近的生态空间保护区域为北侧的古淮河国家湿地公园,最近距离约为 850 m,且与开发区内部水系无连通。清江浦经开区本轮规划要求区内各企业污水经预处理达接管要求后全部进入淮安经济技术开发区污水处理厂集中处理,尾水达标后排放。在严格做好各项污染防治措施的情况下,规划期清江浦经开区产生的各类水污染物不会直接进入周边生态空间区域。

4.9 社会环境影响分析

(1) 对周边稳定性的影响分析

清江浦经开区可能影响社会稳定的不利因素主要为入区项目运营过程中的大气环境污染影响、水环境污染影响、风险事故影响、职工权益损害等。

① 清江浦经开区大气环境污染特征因子主要为粉尘、挥发性有机物等。根据大气环境影响预测结果,在正常排放情况下,清江浦经开区大气污染物的排放对区域环境空气质量不会产生明显不利影响,周边各敏感点的预测值也可满足相应环境空气质量标准要求;上述废气非正常排放的情况下一般不会造成周边居民出现伤亡,但仍然会间接损害相关权益人的收益,在未妥善解决赔偿的情况下,可能引起信访事件发生。

② 清江浦经开区内各企业产生的污水经预处理达接管标准后排入污水处理厂,尾水达标后排放。由地表水环境影响预测分析结果可知,在污水处理厂正常运行、尾水达标排放的情况下,尾水排放不会对纳污河流产生明显不利影响,正常情况下也不会引发不良社会影响。

③ 职工权益损害主要体现在工厂环境污染累积对职工健康造成影响,在未解决或未改善的情况下,可能引起信访事件发生。

清江浦经开区管理部门及区内各企业应严格落实风险防范措施,妥善解决利益受损人的合理利益诉求。在此情况下,清江浦经开区的规划建设不会对当地社会安定造成明显不利的影响。

(2) 社会经济效益分析

清江浦经开区的建设可以加快推进区域城市化、工业化的步伐,成为清江浦区新的经济增长点,其具体影响表现在以下几方面:

① 将有效地扩大当地的招商引资规模,提高高新技术产品的产出水平和财政收入;

② 清江浦经开区的规划建设为各企业和各层次的人群增加各种投资、创业和就业机会;

③ 清江浦经开区的规划建设,可为社会上提供数以万计的就业岗位,定员按照社会公开招聘、择选录用原则,优先考虑有相应技术经验的工人和下岗人员,增加了就业机会。

总体来说,清江浦经开区的规划建设对当地的社会影响具有较大的正效应,其规划建设有利于地区建立以"低消耗、低排放、高效率"为基本特征的可持续发展经济增长模式,可以更有效地利用资源和保护环境,以尽可能少的资源消耗和环境成本,获得尽可能多的经济效益和社会效益,使经济系统与自然生态系统的物质循环过程相互和谐,促进资源永续利用。

因此,从社会经济角度分析,清江浦经开区的规划建设对清江浦区的社会进步及经济发展具有促进作用。

综上,在采取各项污染防治措施、风险防控措施,以最大限度减小对区内和周边居民影响的前提下,清江浦经开区的规划建设可以避免产生社会问题。

4.10 累积环境影响分析

4.10.1 水环境累积影响分析

累积性环境影响分析一般包括影响源、影响途径和影响结果。开发区建设对地表水环境的累积影响主要表现为时间累积效应和空间累积效应,地下水环境主要表现为时间累积效应。

对于地表水环境而言,累积性环境影响原因主要表现在以下几方面:

① 开发区的建设,将导致区域内工业废水和生活污水产生量增加。若开发区内有企业雨污管网混

接,部分污水可能排入周边水体,导致周边水体的污染加重;

② 开发区周边区域的发展,导致进入地表水体的污染物量发生变化,而且这些污染源建设时序的不确定性决定了其对地表水体时间和空间上的污染压力。

本区域地表水中具有累积性影响的物质包括:

① 在自然界中不能经物理、化学和生物作用迅速降解或者降解十分缓慢的难降解物质,如重金属,重金属为累积性影响的主要物质。重金属虽然降解缓慢,但由于比重较大,迁移速度较慢,容易沉淀在河道底泥中,随着开发区的建设和大量企业入驻,若企业污水随意排放至周边地表水体或重金属废水超标排放,将会造成区域内地表水体以及底泥中重金属的富集。

② 长期受到工业废水、生活污水的影响而出现的 COD、BOD_5、NH^3-N 等。

开发区应严格环境准入,禁止引入化工等项目,完善开发区内企业雨污分流制度,这些能有效控制污水对地表水及地下水的累积影响。

4.10.2　土壤环境累积影响预测与分析

开发区的建设对土壤环境的影响是污染物长时间在土壤中沉积。土壤污染具有隐蔽累积性、生物富集性、后果严重性和清除难度大的特点,这些累积在土壤中的污染物可能对土壤生物、地表动植物和地下水环境产生有害影响,并且会逐步改变规划区内及周边区域土壤的理化性质,进而使土壤中的动物和微生物因土壤理化性质变化和污染,在种类、数量和生物量上有所变化。

土壤生物群落结构趋向简单化,特别是规划区范围内土壤生物种类、数量和生物量还会比周边农用地、林地土壤少得多,从而影响土壤生物多样性。并且,沉积在土壤中的重金属等污染物还可能通过食物链进入人体,使区域人群的身体健康受到损害。

如果不采取严格的污染源控制和土壤污染防治措施,那么规划实施后,污染物经过长期的累积,将会对规划区及周边区域的土壤环境造成明显的不利影响。

4.11　环境风险分析

4.11.1　环境风险分析结论

开发区主要环境风险物质为盐酸、硫酸、丙酮、异丙醇、蚀刻液、液氯以及危险废物(主要是废液),根据风险情形分析,开发区主要环境风险为危险物质泄漏引发的火灾、爆炸事件以及开发区内污水处理厂设施故障引发废水排放事故。开发区环境风险预测结果显示,风险物质泄漏对周边环境敏感目标影响较小,污水处理厂废水排放事故将进一步加剧清安河流域水质污染,因此需加强日常管理,杜绝风险事故的发生。

清江浦经开区产业规划涉及的风险事故类型主要有危险物质泄漏、火灾等。火灾主要环境危害为伴生/次生的二次污染,危险物质泄漏的环境影响则为挥发、扩散的毒性物质污染大气环境和水体环境。

清江浦经开区应定期对涉环境风险企业的生产工艺、危险化学品管理、废水处置等重点环节进行检查;定期对拥有固定风险源的企业的生产工艺、危险化学品管理、废水处置等重点环节进行排查,对特殊风险单位,严格按照相应的应急管理指南开展风险排查和防范工作。

针对水环境风险,企业应在事故废水发生外流时,及时做好拦截,从而杜绝事故废水进入地表水或者地下水环境,对周围水体造成污染。当生产设施发生故障时,局部地区大气污染物浓度瞬时增高,此类事故的影响较大,应做好此类事故的预防工作,各企业设定足够的防护距离,并在废气处理设施发生故障期间,不得进行生产。

在清江浦经开区严格落实各项环境风险防范措施及事故应急预案的前提下,清江浦经开区的环境风险是可以接受的。

4.11.2 建议

清江浦经开区须从提高进区企业的准入水平、加强入清江浦经开区企业的环境风险评价,从工艺技术和过程控制上提高对企业的要求,加强对区内企业的管理。

加强清江浦经开区环境监管能力的建设,加快清江浦经开区空气环境质量和特征污染物自动监测预警网络建设。加强应急队伍、装备和设施建设,完善事故应急救援体系。有针对性地开展隐患排查,完善事故应急预案,有计划地组织开展应急演练,全面提升清江浦经开区风险防范和事故应急处置能力。

加强应急预案的编制与演练,开展清江浦经开区环境风险评估,编制环境风险等级评估报告,建立健全环境应急机构和平台,完善环境应急救援队伍与物资储备,提升清江浦经开区环境风险防控水平。

【专家点评】

目前,需强化环境风险评价内容,针对区内外环境敏感目标分布情况,从区域环境风险管控与应急角度综合分析,提出针对性的环境风险防范措施,深化开发区三级防控体系建设。

范兴建(江苏省环境工程技术有限公司)

5 开发区碳排放评价

5.1 碳排放量现状调查与评价

5.1.1 碳排放计算方法

开发区碳排放估算从燃料燃烧、净调入电力和热力两个方面预测规划实施后的碳排放量。

其中,根据《江苏省重点行业建设项目碳排放环境影响评价技术指南(试行)》中的相关计算公式,净调入电力和热力的碳排放总量($AE_{净调入电力和热力}$)计算方法如下:

$$AE_{净调入电力和热力} = AE_{净调入电力} + AE_{净调入热力} \qquad (5.1-1)$$

式中:$AE_{净调入电力}$——净调入电力的碳排放量(tCO_2e);$AE_{净调入热力}$——净调入热力的碳排放量(tCO_2e)

其中净调入电力的碳排放量($AE_{净调入电力}$)计算方法如下:

$$AE_{净调入电力} = AD_{净调入电量} \times EF_{电力} \qquad (5.1-2)$$

式中:$AD_{净调入电量}$——净调入电量(MWh);$EF_{电力}$——电力排放因子(tCO_2e/MWh)。

其中净调入热力的碳排放量($AE_{净调入热力}$)计算方法如下:

$$AE_{净调入热力} = AD_{净调入热力消耗量} \times EF_{热力} \qquad (5.1-3)$$

式中:$AD_{净调入热力消耗量}$——净调入热力消耗量(GJ);$EF_{热力}$——热力排放因子(tCO_2e/GJ),为 0.11 tCO_2e/GJ。

5.1.2 碳排放量现状调查结果

根据调查计算结果,开发区 2020 年碳排放量及组成情况如表 5.1-1 所示。

表 5.1－1　开发区 2020 年碳排放量及组成情况　　　　　　单位:万 tCO₂

序号	能源活动		碳排放量
1	燃料燃烧碳排放量	电力生产燃料	0
		居民生活燃料	0.006
2	净调入电力和热力消耗碳排放总量	净调入电力消耗	1.250
		净调入热力消耗	0.730
合计			1.986

5.2　碳排放预测与评价

根据江苏淮安清江浦经济开发区开发建设规划,预测规划期末开发区二氧化碳排放量约为 40 000 t。

表 5.2－1　开发区 2030 年碳排放量及组成情况预测

序号	排放类型	燃料品种	净购入量	单位	排放因子	单位	排放量/tCO₂
1	净购入热力消费隐含的 CO_2 排放($AE_{净调入热力}$)	热力	50 000	GJ	0.11	tCO₂/t	5 511
2	净购入电力消费隐含的 CO_2 排放($AE_{净调入电力}$)	电力	50 500	MWh	0.682 9	tCO₂/MWh	34 489
合计							40 000

5.3　碳排放优化调整建议和管控措施

全面落实国家、省、市下达的温室气体排放约束性目标,加强甲烷、氢氟碳化物等非二氧化碳类温室气体控制,将碳排放强度降低目标纳入清江浦经开区高质量发展考核指标,实施碳排放总量和强度"双控"。淮安市正在编制碳排放达峰行动方案,清江浦经开区应积极落实,明确碳达峰时间、目标、路线图和落实方案。大力发展循环经济,推动企业循环式生产、产业循环式组合。实施碳排放总量、强度"双控"和峰值目标管理,开展二氧化碳排放达峰行动,加强非二氧化碳类温室气体控制。推进大气污染物和温室气体协同减排和融合管控,稳妥推进碳排放权交易。

6　资源环境承载力分析

6.1　土地资源承载力分析

通过对土地资源承载力的分析和评价,掌握清江浦经开区土地资源对人口增长、经济建设等的支撑程度。土地资源承载力的分析和评价主要从两个方面入手:一是土地资源的人口承载力,二是土地资源的生态承载力。

由于清江浦经开区用地主要作为工业用地进行开发,因此本次评价主要分析清江浦经开区土地资源的人口承载力。以国际标准计算,清江浦经开区规划区域土地资源的承载力是 1.18 万~1.68 万人;以国内标准计算,规划区域土地资源的承载力是 1.96 万～2.24 万人。根据清江浦经开区土地资源的人口承载力预测结果,清江浦经开区规划区域土地资源有足够的人口承载能力。

清江浦经开区本轮规划实施后,随着城市化进程加快和清江浦经开区的发展,原有村庄建设用地将用于工业、基础设施建设,土地资源供需矛盾将越发明显。因此,要协调好清江浦经开区经济增长与土地资源之间的矛盾,提高土地的利用效率,增加单位土地产出。

6.2 大气环境容量与污染物总量控制

6.2.1 区域环境空气容量核算

环境空气容量核算的技术流程包括污染因子的确定、大气污染源数据收集、环境空气质量现状数据收集、气象数据收集和分析、模型选取、环境容量测算等主要环节。

表 6.2-1 开发区环境容量计算表

污染物	最大小时预测浓度/ (mg/m^3)	小时背景浓度/ (mg/m^3)	小时浓度限值/ (mg/m^3)	环境容量/ (t/a)
硫酸雾	3.25×10^{-2}	0.173	0.3	7.50
HCl	1.62×10^{-2}	0.023	0.05	1.60
非甲烷总烃	5.59×10^{-2}	0.730	2.0	103.37
VOCs	7.90×10^{-2}	0	1.2	103.44
污染物	最大年均预测浓度/ (mg/m^3)	年均背景浓度/ (mg/m^3)	年均浓度限值/ (mg/m^3)	环境容量/ (t/a)
PM_{10}	7.31×10^{-4}	0.063	0.0658	13.25

6.2.2 大气污染物总量控制分析

建议开发区大气污染物总量控制值如表 6.2-2 所示。

表 6.2-2 开发区大气污染物总量控制情况分析 单位:t/a

时间	污染物	环境容量	规划期	
			规划新增排放量	剩余环境容量
规划期	硫酸雾	7.50	1.92	5.58
	HCl	1.60	0.96	0.64
	非甲烷总烃	103.37	4.55	98.82
	PM_{10}	13.25	3.46	9.79
	VOCs	103.44	6.81	96.63

6.3　水环境容量与污染物总量控制

6.3.1　水环境容量分析

水环境容量是水体在规定的环境目标下所能容纳的污染物的最大负荷,其大小与水体特征、水质目标及污染物特性有关。总量控制以当地的水环境容量为基础,考虑纳污水体水质的实际情况,对排放污染物的量进行控制。

根据地表水环境影响评价结果可知,尾水正常排放时,不会改变纳污河流的水环境功能。因此,从水环境保护的角度来说,淮安经济技术开发区污水处理厂尾水排放具有环境可行性。

根据区域污染源调查,清江浦经开区内现有已建及拟建企业污水排放量约 247.45 万 t/a。根据淮安经济技术开发区污水处理厂的实际运行情况,厂区现有余量为 2 万 t/d,可以满足规划区域废水排放需求,不会改变清安河的水环境功能。

6.3.2　水污染物总量控制分析

建议开发区水污染物总量控制值如表 6.3 - 1 所示。

表 6.3 - 1　开发区水污染物总量控制建议表　　　　　　　　　　　单位:t/a

污染种类	污染物	规划排放总量	建议控制总量值
废水污染物	废水量	247.45	247.45
	COD	95.55	95.55
	氨氮	13.31	13.31
	总磷	0.86	0.86
	总铬	0.014	0.014
	总氮	34.747	34.747

7　规划方案综合论证和优化调整建议

7.1　功能定位及发展目标合理性分析

清江浦经开区规划以电子信息、机械制造为主,积极发展新材料等潜在产业门类,最终形成融合创新、研发、服务配套为一体的示范区。目前清河经济开发区处于成型期—成长期(要素聚集和产业主导)的发展阶段,本次规划发展目标为成熟期(创新突破阶段)。以文化为凝聚力,以技术为推动,引进高素质人才、较好的信息技术及其他高端产业配套服务,打造以研发、科技创新为主的新兴产业社区。同时,配套生态环境及居住、办公、商业设施,促进产城融合。发展目标和功能定位与《淮安市主体功能区实施规划》(2020年7月)、《长江三角洲区域一体化发展规划纲要》《〈长江三角洲区域一体化发展规划纲要〉江苏实施方案》《中共江苏省委　江苏省人民政府关于深入推进美丽江苏建设的意见》(2020年8月)、《中华人民共和国国民经济和社会发展第十四个五年规划和二〇三五年远景目标纲要》《江苏省国民经济和社会发展第十四个五年规划和二〇三五年远景目标纲要》《淮安市国民经济和社会发展第十四个五年规划和二〇三五年远景目标纲要》中产业发展规划的要求相符。

综上所述,清江浦经开区本轮规划的规划目标和发展定位与区域发展规划的要求相符合,有利于促进清江浦经开区已有产业的升级发展,清江浦经开区本轮规划的规划目标和发展定位总体合理。

7.2　规划布局合理性分析

(1) 区位条件

清江浦经济开发区位于江苏省淮安市清江浦区,规划范围北至旺旺路,南至深圳路—富准路;西至飞耀路,东至灵秀路—安澜路,规划面积为 2.36 km²。

(2) 区域规划的协调性

清江浦经开区用地规划与《淮安市城市总体规划(2017—2035)》(未批复)基本相符。分析《淮安市清江浦区国土空间规划近期实施方案》(2021 年 2 月)的土地利用总体规划,清江浦经济开发区范围内均为允许建设区,不涉及基本农田保护区。

清江浦经开区范围内不涉及生态红线区域,根据《江苏省国家级生态保护红线规划》和《江苏省生态空间管控区域规划》,距离最近的生态空间保护区域为江苏淮安古淮河国家湿地公园(试点),最近距离为850 m。清江浦经开区本轮规划与《淮河流域水污染防治暂行条例》《中共江苏省委江苏省人民政府关于全面加强生态环境保护坚决打好污染防治攻坚战的实施意见》(苏发〔2018〕24 号)、《国务院关于印发打赢蓝天保卫战三年行动计划的通知》(国发〔2018〕22 号)、《省政府关于印发江苏省打赢蓝天保卫战三年行动计划实施方案的通知》(苏政发〔2018〕122 号)、《江苏省人民政府关于印发江苏省"三线一单"生态环境分区管控方案的通知》(苏政发〔2020〕49 号)、《淮安市打赢蓝天保卫战三年行动计划实施方案》《淮安市"三线一单"生态环境分区管控方案》《淮安市"十四五"生态环境保护规划(会后修改稿)》等生态环境保护相关法规、规划和政策的要求相符。

综上所述,清江浦经开区规划选址基本合理。

(3) 环境的可行性

环境现状监测结果显示,产业园所在区域大气、地表水、声、土壤环境质量良好。

经大气环境影响预测可知,产业园排放的大气污染物对周边环境的影响在可接受的范围内。规划实施后,不会对区域声环境质量造成明显影响。清江浦经开区内所有固废均将得到妥善处理处置,不外排。

清江浦经开区实施"雨污分流、清污分流"排水体制,雨水经雨水管网收集、就近排入附近水体。经开区内企业废水经各自厂区污水处理站处理达接管标准后排入市政管网,接入淮安经济技术开发区污水处理厂集中处理。淮安经济技术开发区污水处理厂出水执行《城镇污水处理厂污染物排放标准》(GB 18918—2002)表 1 一级 A 标准,尾水排入清安河。

综上所述,清江浦经开区规划选址具有环境可行性。

7.3　基础设施设置合理性论证

7.3.1　污水处理设施设置合理性分析

清江浦经开区实行雨污分流排水体制,区内居民生活污水和工业废水接入淮安经济技术开发区污水处理厂处理,现状废水均已全部实现接管。

经开区污水处理厂服务范围包括市经济技术开发区徐杨片区、南马厂片区、生态新城东片及清江浦经开区四个区域,总服务面积约 46 km²,现状污水处理规模为 8 万 m³/d,接管废水包括工业废水和生活污水,其中工业废水和生活污水的接管比例约为 1:1,目前淮安经济技术开发区污水处理厂实际处理水量为6万t/d,尚有2万t/d余量。

清江浦经开区本次开发范围全部位于经开区污水处理厂服务范围内,规划总面积为2.36 km²,远期废水估算量为247.45万t/a(0.67万m³/d),约占污水处理规模的8.4%,与服务面积占比(约5.1%)相近,目前淮安经济技术开发区污水处理厂收水范围内宁连公路以西大部分区域为城市建成区域,主要为居住生活区,用水和排水较为稳定,不会出现明显增长。收水范围内待开发地区的排水增长主要来自清江浦经开区及淮安经济技术开发区宁连公路以东区域。其中清江浦经开区规划期末新增废水量为3 926 t/d,同时根据正在编制的《淮安经济技术开发区规划环境影响评价》报告中的内容,预计规划期末,淮安经济技术开发区新增接入淮安经济技术开发区污水处理厂的废水量约为12 000 t/d。综上,规划期末预计新增接入淮安经济技术开发区污水处理厂的废水量约为15 926 t/d,而淮安经济技术开发区污水处理厂尚有2万t/d余量,因此淮安经济技术开发区污水处理厂现有处理能力可以满足项目需求。

根据《淮安金州水务有限公司扩建及提标改造工程和污泥深度处理工程项目环境影响报告书》,接管区域范围内废水水质需满足接管标准,含重金属等一类污染物的废水,在车间排口须达到《污水综合排放标准》(GB 8978—1996)表1中的标准要求。园区内各企业废水均经处理达接管标准后接入污水处理厂。

综上,淮安经济技术开发区污水处理厂可以满足本开发区规划期末废水处理的要求。同时在规划期内,需对污水处理厂进水量进行监控,若出现进水量达到现有处理规模的90%时,应尽快安排淮安经济技术开发区污水处理厂进行扩建工作。因此经开区污水处理厂规模可满足清江浦经开区发展要求。

7.3.2　供热基础设施设置合理性分析

开发区现状由淮安经济技术开发区热电有限责任公司集中供热。

根据《淮安市城市供热工程规划(2003—2020)》,经开区热电公司是淮安经济技术开发区和清江浦经开区唯一集中热源点,是经济开发区及清江浦经开区的重要基础设施之一,对区域的开发与发展起着重要的支撑作用。

经开区热电公司现有供热主管线长度30 km以上,支管线长度近40 km,主管线分西线、东线和富士康专用管线,全厂总年供热能力为375 t/h。目前淮安经济技术开发区和清江浦经开区蒸汽最大用量约为120 t/h,经开区热电公司尚有255 t/h富余供热能力。

清江浦经开区是淮安市主城区主要产业集聚区之一,本次供热规划符合淮安市区城市供热规划。根据清江浦经开区本次规划,重点发展的电子信息、机械制造等产业,不属于热负荷需求量大的产业,区内主要用热企业为澳洋顺昌光电技术有限公司,现状热负荷需求约为2 t/h,远期热负荷需求约为2.5 t/h,同时考虑开发区发展,预测远期热负荷总需求为10 t/h,则清江浦经开区本次规划热负荷占经开区热电公司总供热能力的2.6%,同时根据正在编制的《淮安经济技术开发区规划环境影响评价》报告中的内容,预计2030年末,淮安经济技术开发区新增蒸汽用量约为150 t/d,因此经开区热电公司能够满足清江浦经开区供热需求。

综上所述,清江浦经开区本轮规划的环保基础设施总体合理。

7.4　环境目标与评价指标可达性分析

(1)资源节约方面

规划区域应深入推行生态文明建设,实行清洁生产和循环经济,降低能耗、物耗;随着清江浦经开区的建设,区域经济将快速发展,区域单位工业增加值综合能耗可以达到规划要求。通过建立低碳工业体系、发展低碳建筑和低碳生活方式等路径,保证2027年碳排放达到峰值,完成上级下达的各项控制目标。

(2)环境质量和污染控制方面

① 大气污染控制措施。禁止建设锅炉和炉窑;根据入区企业性质和污染程度,合理规划布局;禁止引

进对大气污染严重的项目。此外各企业还应采取相应的大气环境影响减缓措施。总体来说,在采取了以上措施后,可减少大气污染物排放,大气环境质量能够达到要求。

② 水污染控制措施。规划区域按照清污分流、雨污分流的原则建立完善的排水系统,确保各类废水得到有效收集和处理,严防工业废水混入雨水管网,严禁将高浓度废水稀释排放。废水预处理设施的关键设备应有备件,以保证预处理设施正常运行。清江浦经开区废水分区收集,经必要处理后,接入淮安经济技术开发区污水处理厂。

③ 声环境保护措施。在做到建筑施工噪声管理、企业合理布局绿化防护、加强交通噪声防治和管理等措施后,区域环境噪声和交通干线噪声均能达到相应声功能区标准。

④ 固体废物污染控制措施。规划区域生活垃圾由环卫部门收集处理。一般工业固废回收利用,危险固废委托给危废处置单位处理。采取以上措施,规划区域生活垃圾无害化处理率达到100%,危险废物处理处置率可达到100%。

总体来说,可达到减少污染物排放,环境功能区达标,废物无害化、减量化、资源化等环境目标。

（3）环境管理和信息公开方面

清江浦经开区内各企业应尽快完善环保手续,应当纳入环境应急预案备案管理的企业应结合其环境应急预案实施情况,至少每三年对环境应急预案进行一次回顾性评估,根据评估结果及时修订环境应急预案,清江浦经开区应进一步加强现有环保队伍建设,提升环境监管能力,严格监督入区企业的环境影响评价、"三同时"验收等环保制度执行情况,开展已入区项目"三同时"验收的清理整改工作,依法规范建设项目的环保手续,有效防范环境风险。规划区域应严格按照《国家重点监控企业自行监测及信息公开办法(试行)》和《国家重点监控企业污染源监督性监测及信息公开办法(试行)》,对重点企业的环境信息进行公开。

综上所述,区域规划环境目标和评价指标体系具有可达性。

7.5 规划优化调整建议

（1）进一步优化东山片区产业布局及用地布局

开发区本轮规划提出"三园"产业布局,引导开发区的产业发展,但是由于历史原因,开发区内部分现状企业与产业开发区定位不符,同时开发区内存在部分地块建设强度不高的情况。本轮规划需进一步优化企业整改和布局方案,通过实施产业升级,突出开发区电子信息及机械制造两大产业的主导地位,优化产业布局,推动开发区各产业特色发展、错位发展,对此提出以下优化调整建议:

① 对于与现有产业定位不相符的企业,建议采取限期关闭或者按要求达标排放的处理措施;

② 对于建设强度不高、用地产出不高的企业,建议采取限期退出的处理措施。

（2）进一步优化开发区用地布局

开发区内规划有居住用地,周边主要为工业用地。建议规划中新增居住用地(叶语书院)的绿化系统以及工业企业之间的绿化防护带的建设,在工业用地和居住用地设置不少于 50 m 的防护绿地;在隔离带内禁止新建学校、医院、居住区等环境敏感目标,尽可能减少工业开发活动对临近居民以及对周边环境影响。

淮安市常年主导风向为东南风,区内现有、在建居民小区与在建学校位于开发区中部和北部,属于开发区下风向,其中,清河家苑和叶语书院(在建)西侧为清河科创园,东侧为待建用地,南侧为富扬电子,居民小区将被工业企业半包围。企业生产活动产生的各类污染物可能对下风向敏感点产生影响,污染物将形成叠加且不易扩散,极易引起厂群矛盾。

开发区东边有一块未开发的工业用地,由于周边全是居住用地,为减轻对周边居民环境影响,建议只引入低污染企业,污染车间尽量布置在地块东侧,并要求严格落实绿化隔离带建设工作,建议设置不少于100 m 的隔离带,开发区边界四周设置不少于 50 m 的隔离带。

(3) 工业污染控制

大力推进源头替代。通过使用水性、粉末、高固体分、无溶剂、辐射固化等低 VOCs 含量的涂料,水性、辐射固化、植物基等低 VOCs 含量的油墨,水基、热熔、无溶剂、辐射固化、改性、生物降解等低 VOCs 含量的胶黏剂,以及低 VOCs 含量、低反应活性的清洗剂等,替代溶剂型涂料、油墨、胶黏剂、清洗剂等,从源头上减少 VOCs 产生。

对重点区域内的工业企业进行全面梳理和排查,开展并完成 VOCs 分级管理企业名录更新,对重点企业实施"一企一策"整治。对重点区域内所有涉 VOCs 企业开展治理效果核查评估,并对不满足要求的实施整治,着力提升企业 VOCs 污染防治水平。

清江浦经开区应鼓励企业采用先进、适用的生产工艺和技术,严格落实国家涉重金属重点工业行业清洁生产技术推行方案,并对涉重金属排放的企业加大监督检查力度,危险废物经营单位和年产 100 t 以上的危险废物产生单位需全面落实清洁生产审核。

(4) 完善生态和环境保护规划,提出前瞻性的保护要求

江苏省作为东部发达省份,在应对气候变化方面一直走在全国前列,将是全国率先实现碳达峰的地区之一。清江浦经开区本轮规划中低碳生态和环境保护方面较为薄弱,建议对清江浦经开区实现碳达峰提出具有前瞻性的、严格的措施要求。

📢【专家点评】

规划环评应深入分析本区存在的环境问题及制约因素,此部分内容涉及园区未来的发展,同时提出规划优化调整建议,针对环境问题和制约因素提出相应的解决方案。

徐林(南京源恒环境研究所有限公司)

7.7　规划环评与本轮规划的全程互动情况

江苏淮安清江浦经济开发区管理委员会立足清江浦经开区的基础、特色和优势,对清江浦经开区规划进行了优化和调整,委托江苏美城建筑规划设计院有限公司编制了《江苏淮安清江浦经济开发区开发建设规划(2021—2030)》,并同步委托环评单位开展了清江浦经开区开发建设规划环境影响评价工作;并于 2021 年 7 月 2 日上午召开了《江苏淮安清江浦经济开发区开发建设规划(2021—2030)》专家论证会,并通过专家评审。环评单位的反馈意见情况如表 7.7-1 所示。

表 7.7-1　规划环评单位反馈意见及采纳情况

序号	规划要素	规划环评单位反馈意见	规划单位采纳情况及说明
1	用地规划	建议规划调整居住区周边的用地性质,解决工居混杂现状;对区内居住区周边综合效益较低的工业用地以置换更新为主	建议已采纳,规划将加强对现有零散居住用地的整合;增加工业用地和居住用地之间绿化隔离带的宽度,缓解工居混杂的问题;对居住区周边综合效益较低的工业用地进行置换,产业升级,引进高新技术企业
2	产业发展规划	建议规划结合清江浦经开区产业发展现状,进一步优化和调整清江浦经开区产业定位	建议已采纳,规划以电子信息、机械制造为主导产业,发展融合研发、商业办公、休闲生活配套于一体的示范区
3	环境保护规划	建议清江浦经开区本轮规划按照淮安市区环境功能区划和声环境质量标准要求,进一步完善声环境保护规划要求	建议已采纳,环境保护规划中的声环境保护规划按淮安市区环境噪声标准适用区域划分规定进行完善,清江浦经开区所有居住小区,居住、商业、工业混合区按照 2 类区要求执行,工业企业按照 3 类区要求执行,交通干线两侧一定距离之内的区域按照 4a 类区要求执行

【专家点评】

与规划互动的相关内容,要坚守规划的生态保护底线,并确保规划环评的成果能落实到位。

田炯(南京国环科技股份有限公司)

8 环境影响减缓对策和措施

8.1 环境影响减缓措施

8.1.1 大气环境保护措施

(1) 推进大气污染源头控制

根据大气污染防治行动计划,区内禁止新建供热锅炉或工业炉窑。清江浦经开区如有较大用热需求的工业企业入区,则必须进行集中供热。对于涉及喷涂、印刷等工序的行业,禁止建设使用高 VOCs 含量的溶剂型涂料、油墨、胶黏剂等的项目,并以减少苯、甲苯、二甲苯等溶剂和助剂的使用为重点,推进低 VOCs 含量、低反应活性原辅材料和产品的替代。

(2) 严格废气污染排放控制

区内各企业采用高效除尘装置处理各工序产生的粉尘,在严格做到稳定达标排放的同时,削减废气污染物排放量。对入区企业或项目生产过程中产生的工艺废气,应进行最大限度的集中收集处理再达标排放。宜设计成密闭的生产工艺和设备,应尽可能避免敞开式操作,减少废气无组织排放。对易挥发化学品和恶臭类物质的贮存设施应采取氮封、浮顶、喷淋、冷凝、吸附等措施,并加强对贮存设施的维护,定期对贮存设施进行检查,减少装置的跑、冒、滴、漏。

(3) 强化挥发性有机物监管

改进工艺技术,更新生产设备,源头控制挥发性有机污染物的排放。严格执行涂料、胶黏剂等产品挥发性有机物的国家限值标准,全面使用低 VOCs 含量的水性涂料、胶黏剂代替原有的有机溶剂、清洗剂等;加强 VOCs 末端控制,采用合理工艺对无法回收利用的有机污染物进行处理,减少 VOCs 排放;识别清江浦经开区 VOCs 主要排放源的分布,建立企业 VOCs 排放档案,控制污染物排放并遏制挥发性有机物总量的增长;根据《重点行业挥发性有机物综合治理方案》《2020 年挥发性有机物治理攻坚方案》《长三角地区 2020—2021 年秋冬季大气污染综合治理攻坚行动方案》等文件要求进行重点行业 VOCs 综合整治,制定《挥发性有机物清洁原料替代实施方案》。

(4) 加强区域扬尘综合治理

严格执行《建筑工地扬尘防治标准》,做到工地周边围挡、物料堆放覆盖、土方开挖湿法作业、路面硬化、出入车辆清洗、渣土车辆密闭运输"六个百分之百",安装在线监测和视频监控设备,并与当地有关主管部门联网。推广施工扬尘分级管控模式,扬尘防治检查评定不合格的建筑工地一律停工整治,限期整改达到合格,拆迁工地洒水或喷淋措施执行率达到 100%。加强道路扬尘综合整治,及时修复破损路面,运输道路实施硬化。加强区域绿化建设,裸地全面实现绿化、硬化。大力推进道路清扫保洁机械化作业,道路机械化清扫率达到 80% 以上。严格渣土运输车辆规范化管理,渣土运输车实施密闭,强化渣土运输源头管控,严格执行冲洗、限速等规定,严禁渣土运输车辆带泥上路。

8.1.2 地表水环境保护措施

(1)污水接管要求

各企业工业废水必须处理达到污水处理厂接管标准后方可接入市政污水管网,对含有毒、有害污染物及《污水综合排放标准》(GB 8978—1996)中规定的第一类污染物的废水必须严格控制。清江浦经开区禁止引入排放重点重金属(铅、汞、镉、铬、砷)的项目。

各企业应按"清污分流、雨污分流"原则建立完善的排水系统,确保各类废水得到有效收集和处理。严禁将高浓度废水稀释排放,清江浦经开区管委会应积极配合当地生态环境部门根据各企业的生产情况核定各企业的废水排放量和污染物排放总量,废水预处理设施的关键设备应有备件,以保证预处理设施能够正常运行。

各类行业污水可针对自身污水特点,选择切实可行的预处理方案。如电子行业污水中重金属离子浓度较高,可采用混凝沉淀、混凝气浮、化学氧化、活性炭吸附等方法进行预处理;机械行业污水中可能含有较高浓度的乳化油,可采用破乳气浮除油或混凝气浮等方法进行预处理。此外,酸洗废水会对截流管网产生腐蚀损坏,故应中和处理至 pH 达标后方可接入截流管网。严格限制含特异因子(特别是有机毒物)的废水进入污水处理厂,排放此类废水的企业应进行厂内预处理,去除其中的特异因子(特别是有机毒物)后,方可接入截流管网。

各企业的特征污染物除浓度必须达标外还需满足生态环境部门下达的总量控制指标的要求。清江浦经开区应探索建立有毒有害水污染物名录库,加强对重金属、持久性有机污染物和内分泌干扰物等有毒有害水污染物的监控。

(2)加强企业废水污染物控制

为保证污水处理厂的正常运行,应严格要求各企业废水达污水处理厂接管标准。企业预处理废水,应针对自身废水特点,遵循分质处理的原则,采用经济可行的处理方案,确保废水达到污水处理厂接管标准。对含有重金属、有毒有害污染物的废水,根据污水处理厂的工艺特点,研究接管的可行性并确定合理的接管标准,从严控制,企业对特殊污染物预处理达接管标准后方可接入污水处理厂,避免产生二次污染。

各企业按照清污分流、雨污分流的原则建立完善的排水系统,确保各类废水得到有效收集和处理。生产废液按照固体废物集中处置,不得混入废水稀释排入污水管网;严禁将高浓度废水稀释排放。同时,按照《江苏省排污口设置及规范化整治管理办法》,排污口按要求设置环保图形标志,按规定安装流量计和COD 在线监测仪,并预留采样监测位点。

(3)加强建设生态安全缓冲区

淮安经济技术开发区污水处理厂现状未建设生态安全缓冲区,根据淮安经济技术开发区管理委员会相关工作安排,淮安经济技术开发区污水处理厂拟进行提标改造,污水处理厂出水标准由一级 A 达到准Ⅳ类标准,并同时配套建设人工湿地。

8.1.3 固体废物环境保护措施

(1)完善固体废物收集系统

一般工业固体废物应视其性质进行分类收集,以便进行综合利用,由获利方负责收集和转运。危险废物要尽可能减少其体积,密封保存。应建立专用贮存槽或仓库以避免外泄造成严重后果,严禁随意堆放和扩散,禁止将其与非有害固体废物混杂堆放。应由专业人员操作,单独收集,并由专业人员和专用交通工具进行运输。

(2)加强工业固废的管理与处置

一般工业固体废物主要采用综合利用和安全处置的方式进行处理。一般工业边角料等按循环经济原则和理念尽可能在厂内回收利用。厂内不能自行利用的工业固体废物,可外卖或委托处理,综合利用。不能综合利用的工业固体废物应进行无害化处理。危险废物应送往有危险废物处置资质的单位处置。

入区企业应按照危险废物识别标准对所产生的固体废物进行鉴别。确定产生危险废物的企业,应对所产生的危险废物进行申报登记,并落实危险废物处置协议,对危险废物实施全过程管理。

按照《省生态环境厅关于印发江苏省危险废物贮存规范化管理专项整治行动方案的通知》(苏环办〔2019〕149号)、《环境保护图形标志固体废物贮存(处置)场》(GB 15562.2—1995)、《省生态环境厅关于进一步加强危险废物污染防治工作的实施意见》(苏环办〔2019〕327号)、《危险废物贮存污染控制标准》(GB 18597—2001)及其修改单的要求,企业应根据危险废物的种类和特性进行分区、分类贮存,设置防雨、防火、防雷、防扬散、防渗漏装置及泄漏液体收集装置。对易爆、易燃及排出有毒气体的危险废物进行预处理,稳定后贮存,否则按易爆、易燃危险品贮存。贮存废弃剧毒化学品的,应按照公安机关要求落实治安防范措施。危险废物厂区内部贮存期限不得超过1年,确需延长期限的,必须报经原批准经营许可证的环保主管部门批准。重点企业危险废物仓库应安装视频监控系统,并与生态环境管理部门在线监控中心联网。

（3）加强危险废物转移监管

严格执行危险废物转移联单制度,如实记录危险废物利用与转移情况,并依据《工业危险废物生产单位规范化管理指标体系》中相关要求进行管理。危险废物的转移和处置应按照《江苏省危险废物管理暂行办法》《危险废物转移联单管理办法》和《关于开展危险废物交换和转移的实施意见》等有关规定执行。建立安全高效的危险废物运输系统,委托具有危险废物运输资质的运输单位对清江浦经开区内危废实行专业化运输,运输车辆须有危险废物警告图形符号。

8.1.4　地下水环境保护措施

（1）严格控制地下水开采

规范地下水机井的建设管理,全面推进未经批准或公共供水管网覆盖范围内的自备机井的整治工作,排查登记已建机井。对未经批准、已报废的机井,或城镇公共供水管网覆盖范围内的自备水井,无特殊需求的,予以封填关闭,限期完成。严格控制开采深层承压水,地热水、矿泉水开发应严格实行取水许可和采矿许可。实施地下水取水许可制度,按照取水计量缴纳水资源费。

（2）加强企业地下水防护区防护措施

清江浦经开区地下水环境保护涉及的重点防护区为:危险化学品储罐区、涉及危险化学品的生产装置区、污水处理站所用废水池、排污管线、事故池以及危险废物贮存区。一般防护区主要为:一般生产区地面、一般固体废物集中存放地、维修车间仓库地面。

对重点防护区地面采用黏土铺底,再在上层铺设 10～15 cm 的水泥进行硬化,并铺环氧树脂防渗;罐区四周设围堰,围堰底部用 15～20 cm 的水泥浇底,四周壁先用砖砌再用水泥硬化防渗,并涂环氧树脂;污水处理站所用水池、事故池均用水泥硬化,四周壁先用砖砌再用水泥硬化防渗,全池涂环氧树脂防腐防渗。上述措施可使重点防护区各单元防渗层渗透系数不超过 10^{-10} cm/s。排污管线用不锈钢做内衬,外加高密度聚乙烯保护层。

对一般生产区地面、一般固体废物集中存放地、维修车间仓库地面采用黏土铺底,再在上层铺 10～15 cm 的水泥进行硬化。上述措施可使一般防护区各单元防渗层渗透系数不超过 10^{-7} cm/s。

此外,各企业应加强地下水污染防治监管,采用先进工艺,对管道、设备、污水储存及处理构筑物采取相应措施,防止污染物跑、冒、滴、漏,将污染物泄漏的环境事故风险降到最低程度;针对区域发展潜在的地下水风险,清江浦经开区内各企业应加强危险品仓库和危险废物贮存场所的日常管理,防止泄漏事故发生;现场应配备足够的应急物资,以便一旦发生泄漏,可及时有效地吸附、清除泄漏物。

（3）强化重点领域地下水污染的监督管理

加强对区内企业的监督管理,督促企业定期开展防渗情况排查,按规范完善防渗措施;建立地下水监测预警体系,定期开展企业周边地下水监测,若发现监测数据异常,应当及时调查处理,有效保障地下水安全;加强污水管网检测修复和改造,完善管网收集系统,减少管网渗漏;重视土壤和地下水污染协调监管。

8.1.5 声环境保护措施

(1)加强工业企业噪声防治与管理

清江浦经开区现有和规划工业企业噪声源应采取隔声、吸声和消声等措施,确保厂界噪声达标;新建、改建、扩建项目充分考虑周边敏感点,合理布局,减少噪声对周边敏感保护目标的影响;厂区建立绿化防护带,利用树木的吸声、消声作用有效控制噪声污染。

(2)加强交通噪声防治与管理

随着清江浦经开区逐步开发和建设,车流量增加,道路通行不畅是引起交通噪声污染的主要原因。清江浦经开区应进一步完善区内道路网,形成较为畅通的道路网络;控制车辆噪声,入区车辆噪声不得超过机动车辆噪声排放标准;加强道路两侧绿化,利用绿化带对噪声的散射和吸收作用,加大噪声的衰减。

(3)加强施工噪声防治与管理

加强施工期噪声污染控制,向周围生活环境排放的噪声必须符合《建筑施工场界环境噪声排放标准》(GB 12523—2011)。禁止夜间进行产生环境噪声污染的建筑施工作业,因特殊需要必须在夜间连续作业的,建筑施工单位应向环境保护行政主管部门申领"夜间噪声施工许可证",公告附近居民并亮证方可作业。施工过程中必须严格落实噪声污染防治措施,选用低噪声建筑机械,减少建筑施工噪声污染,并对作业场所采取隔声和消声措施。

8.1.6 土壤环境保护措施

(1)加强土壤污染防治工作

全面整治区内现有固体废物的堆存场所,完善防扬散、防流失、防渗漏等设施,制定整治方案并有序实施。加强现有工业固体废物综合利用,引导有关企业采用先进适用的加工工艺,集聚发展,集中建设和运营污染治理设施,防止污染土壤和地下水。

(2)严格控制新增土壤污染

严格环境准入,防止新建项目对土壤和地下水造成新的污染。建议清江浦经开区建立新增建设用地土壤环境强制调查与备案制度,保障新增建设用地土壤环境安全。对明确有污染风险的场地开展场地修复工作,对修复治理工程另行编制环境影响评价文件。重点单位新、改、扩建的建设项目,应当在开展建设项目环境影响评价时,按照国家有关技术规范开展工矿用地土壤和地下水环境现状调查,编制调查报告,并按规定上报环境影响评价基础数据库。

(3)防范企业拆除活动污染土壤

清江浦经开区内各类企业在拆除生产设施设备、构筑物、地下管线和污染治理设施时,需按照国家有关规定事先制定残留污染物清理和安全处置方案,并报所在地环保、经信以及安监部门备案;严格按照有关规定实施处理处置,防范企业拆除活动污染土壤。

(4)持续推进污染土壤修复治理

根据《关于保障工业企业场地再开发利用环境安全的通知》(环发〔2012〕140号)、《关于加强工业企业关停、搬迁及原址场地再开发利用过程中污染防治工作的通知》(环发〔2014〕66号)、土壤污染防治行动计划等文件要求,对于区内拟关停或搬迁的原生产储存使用危险化学品、贮存利用处置危险废物及其他可能造成场地污染的工业企业,其在关停搬迁过程中应确保污染防治设施正常运行或使用,妥善处理遗留或搬迁过程中产生的污染物,待生产设备拆除完毕且相关污染物处理处置结束后方可拆除污染治理设施;企业应对原有场地残留和关停搬迁过程中产生的有毒有害物质、危险废物、一般工业固体废物等进行处理处置;企业搬迁后,应委托有资质的单位对场地土壤及地下水开展环境监测,监测结果要进行备案;其他可能造成场地污染的已搬迁工业企业,其原场地再开发和利用前,污染责任人或场地使用权人应委托专业机构对受污染场地开展环境调查工作;经评估论证需要开展治理修复的污染场地,污染责任人或场地使用权人应有计划地组织开展治理修复工作。

8.1.7 生态环境保护措施

(1)加强水域生态保护和资源可持续利用

区域水体生态环境和资源保护总体要求:加强规划区域内河流、滨水区生态环境保护,保护水体的水动力环境和水生生态环境,确保环境容量、资源的可持续利用。项目建设确实需要的,应当在工程建设的同时做好工程可行性研及相关水上专项研究。

区域内建设项目施工期水域环境保护措施:建设项目施工期间,严禁产生的生活垃圾和生活污水随意排入附近水体;施工用料的堆放应远离水域,选择暴雨径流难以冲刷的地方;部分施工用料若堆放在水体附近,应在材料堆放场四周挖明沟、沉沙井、设挡墙等,防止随暴雨径流进入水体;各类材料应备有防雨遮雨设施;对工程弃渣应按照环保要求采取防护措施;合理组织施工程序和施工机械,严格按照施工规范进行排水设计和施工,对施工人员进行必要的生态环境保护宣传教育。

(2)加强陆域生态环境保护和建设

① 土地资源保护措施及建议。合理开发土地资源,严格执行耕地和林地的占补平衡制度。应依法补偿征地费用(包括土地补偿费、安置补助费及地上附着物和青苗的补偿费)和缴纳森林植被恢复费、水土流失防治费、耕地开垦费;合理安排使用土地,建设过程中对部分林地和农田需进行异地补偿。规划区应严格按生态功能区划合理开发利用土地资源,严格执行土地总规的要求,在土地利用规划修编没有对基本农田进行调整之前,不得擅自在此土地上开工建设。

加强建设项目施工期的土地资源保护。建设单位应要求各施工单位在各自标段内工程达到环保"三同时"要求后,方可撤离施工现场;施工单位应加强施工队伍的环境意识,做到文明施工;弃渣按设计要求的指定地点堆放,做到不随意弃渣;严格控制施工临时用地,做到临时用地和永久用地相结合;工程材料、机械定置堆放,运输车辆按指定路线行使;在农田周围施工时,尽量减少施工人员的活动、机械碾压等对农作物及农田土质的影响;雨季施工时要对物料堆场采取临时防风、防雨措施,对施工运输车辆采取遮挡措施。

② 植被保护措施及建议。植被和生态恢复主要在建设项目施工期后期和营运期进行,在原来植被更替时,不在施工期一次全部铲除,而是逐步铲除、有所保留。在尽量保留原有植被的基础上,加强绿化建设。考虑到物种多样性和地域的适宜性,选用多种具有独特观赏价值或生态价值的亚热带植被进行绿化。强化立体绿化,因地制宜,充分开发绿化空间。采用墙面绿化、屋顶绿化、阳台绿化等多种方法增加绿化面积。

③ 动物保护措施及建议。合理安排建设项目施工时段和方式,减少对野生动物的影响。加强管理,减少污染,保护野生动物生境。建设项目施工期间加强弃渣场防护,加强施工人员的各类卫生管理,避免生活污水的直接排放;做好生态环境的恢复工作,以尽量减少植被破坏及水土流失对水质和野生动物生境的不利影响。

④ 水土流失防治措施及建议。开发建设过程中对挖方区、临时弃土区水土流失的防治,应坚持全面规划、综合治理的原则,坚持生物措施与工程措施相结合,根据这些区域水土流失的特点和实际情况控制水土流失面积,采取切实有效的措施,防止新的水土流失发生和扩展。重点加强土壤侵蚀强度区的水土流失控制和生态恢复。在规划区内的龙王山及其外围的山体不得进行取土,在重要的自然保护区不得进行取土。加大水土保持监督力度,建设项目应依法编制水土保持方案,并严格按照水土保持方案施工,以防止产生新的水土流失。规划实施过程中应合理安排项目建设顺序,尽量减少土壤裸露时间,对于土地平整后尚无法及时进行项目建设的地块,应采取临时种草等生物防治措施,以及建设临时排水、沉沙等设施,减少水土流失。合理安排施工期,加强施工管理,易引起水土流失的施工项目应避开雨季施工。

（3）配套建设生态岛试验区

园区应重点围绕提升生态系统稳定性、持续改善生态环境质量和建立健全生态产品价值实现机制等方面，开展生态安全缓冲区建设、中小河流治理和水系连通、造林增绿、生态环境导向开发(EOD)模式试点等工作，聚焦生态环境质量的改善，创新生态环境治理与关联产业开发融合的路径，推动生态岛试验区的建设。

8.2　环境风险防范及应急体系

在清江浦经开区层面采取以下措施。

① 建立健全清江浦经开区环境风险防范和应急职能机构。成立专门的环境风险应急控制指挥中心，总指挥由清江浦经开区主要负责人担任；在清江浦经开区现有的风险应急体系基础上，进一步优化组织机构，协调清江浦经开区和地方力量，共同应对风险。指挥中心成员应包括具备完成某项任务的能力、职责、权力及资源的清江浦经开区或地方的环保、通信、消防、公安、医疗、新闻等机构的负责人。指挥部成员直接领导各下属应急专业队，并向总指挥负责，由总指挥协调各队工作的进行。建立应急资源动态管理信息库，应急资源不仅包括应急物资等，还包括信息沟通系统、应急专家等。建设完善的信息沟通网络，确保事故信息能及时反馈到管理中心。

② 加强对进区企业的环境风险管理。严格要求可能产生环境风险的进区项目按《建设项目环境风险评价技术导则》和相关文件要求开展环境风险评价，并进行环境影响后果预测。清江浦经开区风险管理部门应合理统筹清江浦经开区总图布置，加强对区内企业工艺、设备、控制、生产环节、危险品储运、电气电讯、消防、安全生产管理等方面的安全措施建设的管理和监督，定期检查其安全措施的落实情况。在风险危害性特别大的区域，诸如易燃易爆和毒性较大物质的储存区和生产区安装摄像头和自动在线浓度检测仪，进行 24 小时的不间断监视。

③ 完善清江浦经开区风险监测与监控体系。清江浦经开区风险监测系统包括区外和区内企业风险监测系统。应急监测技术支持系统包括组织机构、应急网络、方法技术、仪器设备等，分地方、清江浦经开区、企业三级。在发生轻微事故和一般事故时，及时启动厂内应急监测预案，建立应急监测小组，负责对事故现场及周围区域实施应急监测；当发生严重事故时，风险事故监测系统要依赖于清江浦经开区或地方环境监测站，厂内应急监测小组要配合清江浦经开区或地方环境监测站实施应急环境监测，及时出具应急监测报告，为应急救援指挥部门判断事态发展和指挥救援提供依据。

④ 完善清江浦经开区应急救援系统。完善以预防为主的环境安全应急管理制度。有针对性地开展隐患排查，完善事故应急预案，有计划地组织开展应急演练，深化开展清江浦经开区环境风险评估，完善环境应急救援队伍与物资储备，提升清江浦经开区环境风险防控水平。若现场工作人员发现装置或储存场所事故，应立即报告当班负责人，当班负责人按照事故预案组织人员采取工艺控制措施。企业调度室接到事故报告后，立即通知企业应急救援指挥部成员赶赴现场，同时报告清江浦经开区指挥部，并按照本单位制定的应急救援预案，迅速了解事故情况，组织救援工作。清江浦经开区环境风险应急救援指挥中心应立即联系相关救援专家，同时向企业应急救援指挥部了解事故情况，并调出指挥中心储存的与事故有关的资料(危险源、危险性物质、敏感保护目标等)，为指挥中心分析事故提供依据；迅速成立现场指挥部，按照事故应急救援预案，启动相应级别的应急程序，成立下列应急救援专业组：事故侦查组、危险源控制组、灭火救援组、抢救保障组、技术支援组、物资供应组、伤员抢救组、安全警戒和疏散组、通信组、环境监测组、专家咨询组、信息发布组。

⑤ 完善社会应急救援系统。当清江浦经开区环境风险应急救援指挥中心确定凭借自身力量难以有效控制风险事故时，应立即向上级单位和协作单位请求外援，并根据具体情况决定抢救等待还是撤离事故中心区域人员。依托环境监测部门对清江浦经开区周围环境开展监测，以确定风险事故的影响程度，并对影响范围内的居民进行疏散；借助新闻媒体，向社会公布救援进展。

⑥ 加强应急物资装备储备。统筹规划清江浦经开区应急物资储备种类和布局,加快建设政府储备与社会储备、实物储备与能力储备、集中储备与分散储备相结合的多层次储备体系。逐步完善应急物资生产、储备、调拨、紧急配送和监管机制,强化动态管理,建立清江浦经开区应急物资保障体系。配合清江浦区完成各专业应急物资储备库和救灾物资储备库建设,逐步完善处突、防汛抢险、灭火救援、动物疫病防控、医疗救治、防震救灾、化学品泄漏和环境污染处置等应急物资储备。引导相关企业开展应急工业品能力储备,支持有能力的企业和社会组织开展工业产品流动性储备。健全救灾物资社会捐赠和监管机制,提高社会应急救灾物资紧急动员能力。

在企业层面采取以下措施。

① 成立企业环境风险防范和应急指挥中心,定期演练。清江浦经开区内各存在环境风险的企业应成立环境风险应急指挥部。在正常情况下,企业应急指挥部应及时将厂内风险源、风险物质更新变化情况报清江浦经开区预警中心;事故情况下,必须及时将事故状况报清江浦经开区指挥中心,以便应急资源调配和救援。区内重点风险源企业应做好应急准备,并定期进行演练。

② 强化企业环境风险防范措施。

厂区选址及平面布置:企业必须在厂址与环境保护目标之间设置合适的安全防护距离;管理区应与生产区明显分隔,辅助生产区和仓库应尽可能集中;合理布置工艺设备,加强局部通风;厂房围护结构采用泄爆墙以满足泄爆面积,车间应设置安全疏散通道。

危险化学品贮运及管理安全防范措施:加强危险化学品贮存区管理,防止泄漏;贮存区周围不可堆放木材及其他引火物;配备防火设施;在储罐周围设置围堰或空罐(用于倒罐处理),尽可能降低储罐泄漏造成的环境风险;在各类原辅材料及成品储罐周围应设置围堰,按物料最大泄漏量设计;在罐区设置监测报警系统,及时发现泄漏,防止漫溢。对地面进行防渗处理,防止污染土壤;在罐区设置在线监测仪和监控设施,一旦有异常可立即做出应急反应。

污染系统事故预防措施:废气事故风险依赖企业自身进行解决,各企业在设计、施工建设废气治理设备时,应严格按照工程设计规范要求进行,选用标准管材,并进行必要的防腐处理;运行过程中加强废气处理设备维护和管理,定期检修更换不安全配件,减少故障导致事故排放的情况。对于废水事故,各企业应根据自身废水处理量设置容积可以达到 2 天左右废水生产量的事故池,或者采用双调节池;正常情况下一用一空置,发生污水处理装置故障或者污水处理厂故障导致不能立刻处理废水的时候,能够保证车间生产正常,并在不能即刻修复故障的情况下逐步停止生产。同时各企业应配备完善的雨水收集装置,与事故废水、消防废水收集系统相关联;发生事故时保证泄漏的物料、消防和冲洗废水能迅速、安全地集中到事故池,然后逐步进入污水处理装置进行必要的处理。

消防及火灾报警系统:对有火灾危险的场所设置自动报警系统,一旦发生火灾,立即做出应急反应;生产区和储罐区必须配备足够的相适用的各类灭火器材,并定点存放;要求经常检查,过期的灭火器材可以集中训练时使用;厂区必须留有足够的消防通道;车间及危险化学品仓库应各配备一定数量的干粉灭火器;生产车间、罐区必须设置消防给水管道和消防栓。

加强企业内部急救培训和紧急救助体系建设:企业应加强对职工在环境保护及突发性污染事故的危害与预防方面进行教育,增强各级领导和群众对突发性事故的警觉与认识;应成立专门的应急指挥部门,负责紧急事故的处理工作,并配备应急设施和设备;根据江苏省劳动防护用品配备标准,按照上岗的具体人数,做好防护用品的配备和发放工作。

建立与清江浦经开区对接、联动的风险防范体系:企业应建立与清江浦经开区对接、联动的风险防范体系。建设畅通的信息通道,使企业应急指挥部可与清江浦区有关部门、淮安清河经济开发区管理委员会、周边村居委会保持 24 小时的电话联系;一旦发生风险事故,可在第一时间通知相关单位组织居民疏散、撤离;区内某一家企业发生风险事故时,可立即调配其余企业的同类型救援物资进行救援,构筑"一家有难,集体联动"的防范体系。

8.2.1　环境风险应急预案

清江浦经开区应结合本地区实际情况,按照《江苏省突发环境事件应急预案编制导则(试行)》《工业开发区版)的要求,及时编制开发区突发环境事件应急预案,分析危险源分布情况,并进行演练;应急预案应对各部门在发生风险事故时的职能和职责进行明确的分工和界定,具体应包括以下内容:总则,包括编制目的、编制依据、适用范围和工作原则等;应急组织指挥体系与职责,包括领导机构、工作机构、地方机构或者现场指挥机构、环境应急专家组等;预防与预警机制,包括应急准备措施、环境风险隐患排查和整治措施、预警分级指标、预警发布或者解除程序、预警后相应措施等;应急处置,包括应急预案启动条件、信息报告、先期处置、分级响应、指挥与协调、信息发布、应急终止等程序和措施;后期处置,包括善后处置、调查与评估、恢复重建等;应急保障,包括人力资源保障、财力保障、物资保障、医疗卫生保障、交通运输保障、治安维护、通信保障、科技支撑等;监督管理,包括应急预案演练、宣教培训、责任与奖惩等;附则,包括名词术语、预案解释、修订情况和实施日期等。此外,还包括相关单位和人员通讯录、标准化格式文本、工作流程图、应急物资储备清单等。

建议清江浦区统筹建立清江浦经开区与清江浦区的应急联动响应体系,加强应急管理区域合作,建立健全应急管理联动机制,各方的应急预案应有效衔接,形成联动响应机制,便于最大程度地获取社会各方面的应急救援力量,并及时采取必要的防范措施保护周围居民的环境安全,确保一旦事故发生,通过应急联动,将事故的影响降至最低。

同时,针对清江浦经开区及周边工业区潜在的环境风险隐患,建议区域配备环境应急监测力量,监测因子包括区域环境风险特征因子,如挥发性有机物和恶臭污染物等有毒有害气体,确保一旦发生事故,可迅速组织监测,及时掌握事故后果,为事故应急决策提供依据。

对企业而言,所有存在环境风险的新建、改建、扩建项目必须根据《关于进一步加强环境影响评价管理防范环境风险的通知》(环发〔2012〕77号)、《江苏省环保厅关于印发江苏省突发环境事件应急预案管理办法的通知》(苏环规〔2014〕2号)、《江苏省突发环境事件应急预案编制导则(试行)》(企业事业单位版)等规定的要求,制定和落实合理的、具有可操作性的环境风险应急预案,报当地生态环境管理部门备案,并与清江浦经开区层面应急预案联动响应。各企业应将突发环境事件应急预案演练和应急物资管理作为日常工作任务,严格落实企业责任主体,不断提高企业环境风险防控能力。

8.2.2　大气风险防范措施

园区内各企业、各生产单体,其相邻建筑物的防火间距、安全卫生间距以及安全疏散通道等符合《建筑设计防火规范》(GBJ16—87)(2001年修改版)及相关设计规定的要求,符合产品生产、物料储存的安全技术规定,并促进规划区内各企业之间、厂内各车间之间的协作和联系。

各企业内设有足够的消防环形通道,并保证消防、气防、急救车辆等到达该区域畅通无阻。由于园区内部分生产、存储装置具有火灾、爆炸危险性,因此,生产、存储装置设计,建筑物的平、立面布置都严格按《建筑物抗震设计规范》(GBJ11—89)的要求执行。土建设计根据企业特点,全面考虑防火、防爆、防毒、防噪等规范,满足安全生产要求;主厂房尽可能采用敞开式的框架结构,以利于通风;有爆炸危险的厂房,采用钢筋混凝土框架或桁架结构,装置区内对有燃爆危险的区域采用混凝土防爆墙及防爆门与其他区域分开。

8.2.3　地表水风险防范措施

考虑园区内各企业污水处理装置故障造成水体污染的潜在事故,区内重点废水排放企业需建设事故池,留有一定的缓冲余地,并配备相应的处理设备(如回流泵、回流管道等);另外,对污水处理工程中涉及的各种机械电器、仪表,必须选择质量优良、故障率低、便于维修的产品,关键设备应一开一备,易损配件应有备用,以在出现故障时能尽快更换。

为防止园内企业污水排放对污水处理厂带来冲击负荷,在重点污染源监控企业的污水排放口安装自动监测仪。加强对各企业排放指标的监控,并将监测数据送至清江浦区生态环境局,以及时了解企业污染物排放情况。一旦监控的污染因子超标,应及时关闭企业污水排放管,直接将污染物质排入事故池,必要时,责令事故发生企业限产或停产,以减少环境风险。

园区应建立企业厂界、园区边界及周边水体三级地表水环境风险防控体系。由于园区尚未编制三级防控体系实施方案,本次拟对三级防控体系提出相关建设要求,具体建设实施方案以后续三级防控体系实施方案为准。根据《省生态环境厅关于加强突发水污染事件应急防范体系建设的通知》(苏环办〔2021〕45号),开发区应开展园区突发水污染事件应急防范体系建设,深入学习"以空间换时间"的"南阳实践"经验和应用机制,一旦发生突发水污染事件,可依托园区三级防控体系拦截现场处置过程中产生的事故废水、消防废水,避免周边敏感水体受到污染。

第一级为企业内部应急防控。当园区企业发生突发环境事故后,企业应立即启动突发环境事故应急预案,对企业雨水管网进行封堵,同时启动应急系统。事故所产生的污水或消防水进入企业端应急池,随后由应急池输送到厂区污水站进行预处理,达到园区纳管标准后输送到淮安市经济技术开发区污水处理厂进行处理。

企业装置区应设置小围堰或大围堰(或收集明沟),围堰的设置参照《石油化工企业设计防火规范》(GB 50160—2008)的设计要求;装置区围堰内初期雨水收集后通过雨水管道(或明渠)输送到初期雨水收集池或通过阀门输送到污水收集系统;围堰内应设置混凝土地坪,并参照《石油化工工程防渗技术规范》(GB/T 50934—2013)等规范或设计要求采取防渗措施,围堰检修专用通道应加漫坡处理。

储罐区围堰的设计应满足《储罐区防火堤设计规范》(GB 50351—2014)等的要求,围堰内部应做好防腐、防渗措施,涉及重金属、酸碱物质、有机物料等环境风险物质的储罐及废水(或废液)储罐还应设置事故存液池,泄漏时不得流入全厂事故排水系统,围堰或事故存液池的有效容积不宜小于罐组内 1 个最大储罐的容积,并设置固定管道和提升泵,将泄漏的物料转运到相邻的同类物料储罐。

装卸区应设事故排水收集、排放系统,用于收集储罐装卸区产生的事故排水。装卸车场应采用现浇混凝土地面,同时在装卸设施周围设围堰或截污沟,在距装卸鹤管 10 m 以外的装卸管道上,应设便于操作的紧急切断阀。装卸区竖向低点区域应设置汇水沟和初、后期雨水切换阀门,做到雨污分流。装卸区域可单独设置事故存液池或依托厂区事故池。

事故池宜采取地下式,事故废水随重力流入,事故池应根据项目选址、地质等条件,采取防渗、防腐、抗浮、抗震等措施,事故池的设计液位应低于该收集系统范围内的最低地面标高,池顶高于所在地面 200 mm以上,保护高度不应小于 500 mm。当不具备条件时可采用事故罐,事故废水转入事故罐的输送能力应不小于收集区域内最大事故排水汇水区的事故废水产生量。

目前,初、后期雨水分流切换主要有人工手动切换和电控自动切换两种。初期污染雨水、后期洁净雨水人工手动切换装置多采用闸板阀、钟罩或溢流堰。人工控制的灵活性太大,且不同雨量的初期雨水收集时间一般是不同的,往往很难把握到位。初、后期洁净雨水电控自动切换系统以调节池液位控制为主,装设在收集池内的液位控制器,根据池内水位的变化控制阀门的开启和关闭,实现初期雨水和后期雨水的切换。

初期雨水收集池有效容积按照《室外排水设计标准》(GB 50014—2021)中的暴雨强度公式进行核算。初期雨水收集池宜采取地下式,初期雨水随重力流入,池体应根据项目选址、地质等条件,采取防渗、防腐、抗浮、抗震等措施,设计液位应低于该雨水收集系统范围内的最低地面标高。

第二级为园区内部应急防控。当在园区公共区域即公共道路等地区发生运输车辆泄漏以后,第一时间启动园区层面应急管控,关闭园区应急闸控,通过设置阻水堰、围隔等措施,将污水及物料严格控制在应急闸控系统中,使污染物与周边环境隔离,防止污染物质扩散。待事故处置结束后,由园区组织安排槽罐车将应急闸控内的污水统一运送到污水处理厂进行处置。园区应按《突发水污染事件以空间换时间的应急处置技术方法指导手册》合理规划闸坝设置,构筑事故应急"空间"。

建立雨水管网分区闸控及截污回流系统。目前雨水管网已基本覆盖园区,主管道主要分布在飞耀路、旺旺路、深圳路。园区内雨水排口主要分布在三支渠、纬渠上,仅部分雨水排口上安装闸阀,后续所有雨水排口均需安装闸阀。事故发生以后,首先通过关闭雨水排口来进行闸控,之后对雨水管道中的事故废水进行截污回流,首先确定事故点最近雨水井位置及附近可转移事故废水的企业,做好随时转移事故废水的准备。为了在事故时可以紧急排空雨水管道内的事故废水,应配备大流量移动泵车(柴油机驱动)作为排空水泵,在最大水量时可以在24小时内排空,以保证事故废水不会溢出。

当发生事故后,淮安市经济技术开发区污水处理有限公司内的应急事故池无法满足要求时,应建立园区公共应急事故池系统,公共应急事故池系统包含了公共应急事故池、事故池收集与转移系统、事故排水处置三部分内容。事故收集与转移系统是将收集的事故排水输送到事故池的设施,通常由排水明沟、排水管网等组成,作用是将事故排水输送至事故池。园区拟通过废水管道输送方式进行事故废水收集。本开发区事故废水的排水处置情况分为两种,当事故废水不符合污水处理厂的进水要求时,采取外送处理方法;当事故废水符合污水处理厂的进水要求时,利用现有污水管道输送至淮安市经济技术开发区污水处理厂。开发区需根据园区内企业布局及管廊架设情况,选择合适的地区建设公共应急事故池,公共应急事故池的大小需根据后续三级防控体系中的相应要求来确定。

第三级为周边水体应急管控。当污染物进入水体,发生大面积事故时,园区立即启动应急管控,紧急关闭周边水体闸控,以防止污染物扩散。开发区周边水体如板闸干渠等沟渠、支渠汇流口均设置了涵闸。根据泄漏物质毒性、泄漏量、泄漏位置、水的流速、河流段面、水深(截面积)等估算污染物转移、扩散速率,预测污染物质到达取水口等敏感区域的浓度、概率、时间等,并由相关单位启动应急预案,开启环境应急系统,全面收集污染物并按规定进行处置,确保达标排放。

园区内部现有的排涝河道为纬渠和三支渠,此部分河流最终向南流经板闸干渠,因此园区需在纬渠和三支渠上修建闸站,当有污染物进入水体,发生大面积事故时,能及时关闭闸站,同时在水体周边设置应急缓冲区,防止事故废水进入周边水体。

8.2.4　地下水风险防范措施

针对园区内各企业地面冲洗水和固体废弃物淋滤水易渗透污染地下水,产生环境灾害的潜在风险,园区应加强对各企业厂区地面防渗处理的监控,要求区内各企业生产区和贮存区地面均用水泥铺成,且四周设有防渗处理的地沟,地面冲洗废水和初期雨水均能通过地沟及时收集起来,送污水处理厂进行处理。

对于固体废弃物可能造成的危害,园区应加强对各企业固体废弃物存放的管理,各种固体废弃物均按有关标准进行存放。危险性固废委托有资质的单位进行处理,危险废物临时堆场按《危险废物贮存污染控制标准》(GB 18597—2001)及其修改单标准进行设计,设置不透水垫层,防止废渣滤液渗漏。

8.2.5　风险防范管理制度

经开区应建立健全环境风险防控制度体系,确保在日常运行中将环境风险防控制度落到实处。

① 建立完善园区环境风险和应急管理制度。经开区应定期编制区域突发环境应急预案并进行备案,相应的应急预案需与各级政府、部门及经开区内的企业做到有效衔接。

② 建立园区突发环境事件隐患排查治理制度。依托清江浦经开区管委会环境应急管理机构,配备应急指挥中心成员5人,应急监测人员2人,一定种类及数量的环境应急物资。经开区每个季度对区域范围内存在风险物质的企业进行排查,主要针对涉及风险物质储存及使用的区域,根据企业提供的应急预案有针对性地进行检查,主要包括应急物资种类、数量及使用期限等。同时每半年组织环境应急培训,督促企业开展应急演练,定期检查企业应急物资台账,促使企业规划应急预案管理,建立应急演练和培训等相关

管理制度。

经开区做好污染防治过程中的安全防范,组织对园区建设的重点环保治理设施和项目开展安全风险评估和隐患排查治理,督促园区内企业对污染防治设施开展安全风险评估和隐患排查治理。

在综合考虑规划空间管制要求、污染物排放管控、环境风险防控和资源开发利用要求的基础上,结合江苏省、淮安市"三线一单"要求,提出制造业片区鼓励发展的产业建议、禁止发展的产业清单及开发区生态环境准入清单。

【专家点评】

需关注规划工业用地对周边居民的影响,邻近周边居民的工业地块应优先引进污染较低的企业。

田炯(南京国环科技股份有限公司)

9　公众参与

9.1　公众参与的目的和原则

根据《中华人民共和国环境影响评价法》《规划环境影响评价条例》《环境影响评价公众参与办法》《关于发布〈环境影响评价公众参与办法〉配套文件的公告》(2018 年第 48 号)等要求,本轮规划环评遵循依法、有序、公开、便利的原则,通过网络公示、报纸公示、张贴公告相结合的方式,开展了环境影响评价公众参与工作。

公众参与旨在收集公众对清江浦经开区规划建设的意见、要求和看法,在规划环境影响评价中能够全面综合考虑公众的意见,吸取有益的建议,使得清江浦经开区后续发展更趋完善和合理,制定的环保措施更符合环境保护和经济协调发展的要求,从而达到可持续发展的目的,提高清江浦经开区的环境效益和经济效益。

9.2　公众参与总体方案

9.2.1　公众参与对象

公众参与对象包括直接和间接受开发区规划实施影响的单位和个人,按有效性、广泛性和代表性相结合的原则进行选择。本次评价为让更多公众有机会了解"江苏淮安清江浦经济开发区开发建设规划环境影响评价"项目,评价单位进行了网络公示、报纸公示和公告张贴,以征询他们的看法。

9.2.2　公众参与形式

根据《中华人民共和国环境影响评价法》《规划环境影响评价条例》《环境影响评价公众参与办法》的有关程序及要求,秉承公开、平等、广泛和便利的原则开展公众参与,采取网络公示、报纸公示、张贴公告相结合的方式进行。

9.3　公众参与小结

两次网络公示期间及报纸公示、公告张贴期间,开发区管委会和规划环评承担机构均未收到公众反馈意见。项目组主要就规划区存在的环境问题与制约因素、规划实施的环境影响、规划方案的环境合理性、优化调整建议、预防或减轻不良环境影响的环保对策等评价结论和开发区各部门进行了座谈,开发区各部门就关注的产业、用地布局、环境管理等问题与项目组进行了沟通,提出的具体意见已在报告中落实。

10　总体评价结论

江苏淮安清江浦经济开发区本轮规划目标与发展定位与《淮安市主体功能区实施规划》(2020 年 7 月)、《长江三角洲区域一体化发展规划纲要》《淮安市国民经济和社会发展第十四个五年规划和二〇三五年远景目标纲要》等产业发展规划的要求相符。产业发展与《产业结构调整指导目录(2019 年本)》等产业政策的要求相符。清江浦经开区规划不涉及国家级生态保护红线、省级生态空间管控区域,与《江苏省国家级生态保护红线规划》《江苏省生态空间管控区域规划》《淮河流域水污染防治暂行条例》等生态环境保护相关法规、规划和政策的要求相符。规划有部分建设用地涉及一般农用地,在严格落实规划优化调整建议和各项环境影响减缓措施的情况下,规划方案具有环境合理性。

区域环境质量状况基本良好,具有一定的环境承载力,规划配套基础设施完善,能够满足清江浦经开区开发建设需求,规划实施对区域环境产生的影响有限,从环境保护的角度分析,在严格落实本报告提出的污染防治措施、风险防范措施、规划优化调整建议等前提下,影响在可接受的范围内,不会降低区域环境功能,清江浦经开区依据本轮规划进行开发建设具备环境可行性。

11　评价体会

江苏淮安清江浦经济技术开发区部分区域现状工业、居住混杂布局。在评价过程中,需关注以下几点:

① 细化梳理本轮规划与上一轮规划的变化情况,重点包括园区的范围、产业定位、依托的基础设施等。

② 关注用地规划与上位规划相符性,由于评价开展过程中,上位规划发布较早,与实际情况早已不相符合,因此开发区用地规划与上位规划的相符性分析主要通过分析与国土空间规划近期实施方案和"三区三线"划定成果的协调性,并由相关部门出具说明文件,说明用地是否位于城镇开发边界内,是否涉及永久基本农田和生态保护红线等,同时提出在开发区后续开发中,应确保用地开发与国土空间总体规划一致,在取得用地指标许可后再开发的要求。

③ 编制规划时,如果依托其他园区基础设施,应结合其他园区的规划情况完善本次规划本园区基础设施依托可行性。

④ 环境质量现状统计时,应尽量收集园区内近 5 年的大气、土壤、地下水、地表水等常规因子和特征因子的监测数据,对园区环境现状变化趋势进行统计整理。

📢【报告书技术评审意见】

报告书在梳理园区发展历程、开展环境现状调查和回顾性评价的基础上,分析规划与其他相关规划的协调性,识别了规划实施的主要资源环境制约因素,预测评估了规划实施对水环境、大气环境、土壤环境等方面的影响,开展了环境风险评价、公众参与等工作,论证了规划目标与功能定位、产业结构、规划布局等方面的环境合理性,提出了规划优化调整建议以及避免或减缓不良环境影响的对策措施。

审查认为,报告书基础资料较翔实,采用的技术路线和方法基本适当,对主要环境影响的预测分析结果总体合理,提出的规划优化调整建议和减少不良环境影响的对策措施原则可行,评价结论总体可信。报告书经进一步修改完善后,可以作为规划优化调整的依据。

报告书还需在以下方面进行修改和完善:

1. 更新编制依据,补充《中共中央　国务院关于深入打好污染防治攻坚战的意见》(中发〔2021〕40号)、《中共中央　国务院关于完整准确全面贯彻新发展理念做好碳达峰碳中和工作的意见》(2021年9月22日)、《江苏省工业园区(集中区)污染物排放限值限量管理工作方案(试行)》(苏污防攻坚指办〔2021〕56号)等最新政策文件,完善相关政策的协调性分析的内容。

结合入区企业现状及规划产业发展方向,完善评价因子识别,核实大气现状监测因子与区域污染因子的关联性,总量评价因子补充 NO_x 指标。完善环境空气质量标准及污染物排放标准。核实评价范围和环境保护目标,补充开发区邻近区域的环境敏感目标(含规划),图表结合核准敏感目标分布信息,细化规划布局与生态环境敏感区的空间位置关系。

2. 进一步梳理开发区变革情况及与周边园区的关系,厘清开发区管辖范围与本次规划范围并核实开发边界,补充本次规划范围确定的背景和边界调整的依据。完善规划分析,结合近期规划建设项目调研,细化产业定位,优化空间布局规划,并据此完善相关评价内容。基于区域产业基础及差异性发展需求,对照区域产业、行业发展规划,从资源、区位或上下游产业链等因素,分析本轮规划产业定位调整的合理性。完善环保基础设施规划内容,结合依托的环保基础设施(热电厂、污水厂)的服务范围及本区内外现状、规划负荷情况,明确规划区资源利用及能源消耗量,补充分析依托的可行性、可靠性。结合区域排水规划及污水集中处理规划,核实本区污水接管要求。

3. 完善本轮规划与各级现状及规划的分析内容,核实不一致内容及调整情况。列表分析本轮规划与《淮安市清江浦区国土空间规划近期实施方案》(2021年2月)的相符性,明确一般农用地区域的现状及规划情况。清晰表示本区在淮安市城市总规中的用地属性,完善土地利用现状中本区范围内的现有用地类型。核实企业用地外工业用地的现状及企业情况。

细化梳理上一轮规划的实施情况,完善本轮规划与上一轮规划的对比分析及回顾评价内容,图表文结合明确本次规划调整变化的内容。核实调整出本区开发建设区域的发展方向及后继环境管理要求。列表分析现有及规划工业企业与居住区的位置关系,完善合规性评价内容,必要时应优化空间布局或提高临近环境敏感目标的工业开发建设要求。

4. 核实本次调查范围内53家企业的代表性,补充调查分析区内涉及表面处理的企业现状,建议尽快完善已建已运项目的环保手续。核实区内中水回用现状及企业环保投诉情况,完善区域环境管理现状调查与分析。进一步优化不符合开发区产业定位要求的企业的环境管控要求。核实污染源调查数据来源及有效性,核实区内工业企业天然气消耗指标、锅炉及工业炉窑使用情况、重金属使用及排放情况,完善废气、废水污染物产排分析。

对于环境质量现状评价,补充收集周边大气历史监测数据,关注大气污染物硫酸雾、非甲烷总烃等特征因子的变化,完善空气不达标区整治达标规划和整治方案。结合区域地表水、土壤、地下水环境历史监测资料统计,完善区域环境质量变化趋势和原因分析。根据污水厂排口位置,核实地表水环境和底泥监测布点的合理性。

5. 完善规划环境影响评价指标体系,核实现状值取值依据及有效性,分析水耗、综合能耗等指标设定的合理性,关注单位工业增加值废水排放量、固废产生量等指标,补充目标可达性分析内容。

完善污染源核算系数,核实退二优二地块污染物排放量增加的合理性及总量来源,校核规划实施新增污染源强。完善区域资源环境承载能力和环境容量的计算,结合环境质量改善目标、限值限量方案,合理核定开发区所能承受的主要污染物最大排放量,提出开发区总量控制要求。

6. 完善大气环境影响预测内容,注意预测源强及参数取值的合理性,补充已批在建项目污染源强及 $PM_{2.5}$ 的预测,核实区域削减源及预测结果,明确特征污染物及异味对周边敏感点的环境影响,合理评价区域环境质量改善水平。补充地下水预测因子确定的依据,完善地下水环境影响预测结果。强化环境风险影响评价内容,核实风险源强及预测结果。针对区内外环境敏感目标分布,从区域环境风险管控与应急角度综合分析,提出针对性的环境风险防范措施。

7. 进一步分析区域主要资源环境制约因素,完善园区规划发展存在的环境问题及规划优化调整建议,核实不符合用地布局、产业定位的企业清单及后继环境管理要求,进一步分析规划商业用地调整的合理性,补充分析对国土空间规划近期实施方案中的一般农用地进行调整的可行性。针对澳洋顺昌光电技术有限公司现有厂房卫生防护距离内涉及环境敏感目标及本轮规划东侧工业用地紧邻环境敏感目标的特点,进一步优化并落实工居混杂问题的解决方案和时间节点。结合本区特点,梳理并细化生态环境准入清单,建议补充细化涉及表面处理等的污染型建设项目、临近居住用地的工业企业等的有针对性的准入要求。

 【报告书行政审查意见】

《报告书》还需在以下方面进行修改和完善:

1. 核实开发区名称,进一步梳理开发区与清河新区(清江浦开发区实际管辖范围)的关系,明确本次未评价区域的规划、规划环评实施情况,深入分析本区现存环境问题及制约因素。核实不符合城市总体规划地块的管控要求,补充分析与"三区三线"要求的相符性。完善编制依据及最新政策的相符性分析。

2. 完善用地布局规划,注意用地类型转变的合理性,优化灵秀路以东工业地块的规划定位及空间布局约束要求。明确规划期对本区现有表面处理企业的开发建设要求,核实规划期内对线路板、阳极氧化、热镀锌等涉重行业的发展、限制及禁止要求,据此完善相关评价内容。

3. 完善经开区污水处理厂现状调查,结合苏政办发〔2022〕42号文的要求,核实污水处理厂定位、接管废水类型、进出水水质现状、接管和排放标准。结合依托的环保基础设施服务范围内的用热、排水现状及规划情况,进一步论证依托的可行性、可靠性。深化区内中水处理回用现状调查,核实中水水质及去向。

4. 完善区内重点企业及周边环境现状调查,核实现有生产企业含重金属废水的达标排放情况、企业内部污染控制与隔离带设置计划,完善主要环境问题解决方案,优化不符合产业定位的企业的管理要求及限期退出计划。核实现有环境风险防控措施,深化开发区三级防控体系建设。

5. 完善环境目标与评价指标体系,核实现状值的代表性及规划值的可达性。完善区内地表水环境现状调查并核实水质现状水平。结合区内轨道交通规划内容,完善声环境影响评价内容。结合《环境影响评价技术导则 生态影响》(HJ 19—2022),完善生态环境现状调查及影响评价内容。完善规划方案优化调整建议和生态环境准入清单。

旅游度假区
规划环境影响评价

☞　旅游度假区规划环境影响评价是将环境因素纳入宏观战略决策,协调旅游度假区开发与环境保护的重要途径和制度保障。与传统工业集中区规划环境影响评价相比,旅游度假区规划环境影响评价具有明显的特点。旅游度假区的开发建设主要涉及自然资源、生态环境及人文资源的利用,其要素包括餐饮、住宿、交通、游览、购物、娱乐等。在进行旅游度假区规划环境影响评价时,需重点考虑以下几个方面:关注与旅游度假相关的政策文件的相符性分析;基于区内常住人口量、游客接待量数据,进行居民生活、商业餐饮、交通出行等类型的污染源调查和预测;关注生态型影响分析,重点关注旅游度假区开发建设对区域动植物、景观等带来的影响。

案例四　高淳国际慢城旅游度假区总体规划 (2021—2030)环境影响评价

1　总论

1.1　任务由来

南京市高淳区素有江南圣地之美誉,自然资源禀赋优越,拥有"三山两水五分田"的生态黄金比例。高淳区坚持把"山清水秀生态美"作为发展的最大财富,深入践行"两山理论",充分挖掘优良生态中蕴含的"产业附加值",积极构建以"生态＋"为主导的现代化产业体系,同时以国家全域旅游示范区、国家级旅游度假区、国家 5A 级景区"三区同创"为抓手,组团开发了东部"山慢城"、中部"文慢城"、西部"水慢城"主题板块,以及慢城小镇、水韵小镇、全球供应链小镇、国瓷小镇等特色功能组团,整体构建了春赏花、夏亲水、秋美食、冬养生"一年四季皆可游"的旅游格局,建成国家 4A 级景区 3 个、省级旅游度假区 1 个,先后获得全国生态保护与建设示范区、全国休闲农业与美丽乡村示范区、国家园林城市等生态名片。高淳国际慢城旅游度假区起源于"桠溪生态之旅","桠溪生态之旅"位于高淳区东北部,游子山国家森林公园东麓,是一处整合了丘陵生态资源而形成的集观光休闲、娱乐度假、生态农业为一体的农业综合旅游观光景区。2010年 11 月,"桠溪生态之旅"正式被国际慢城联盟评为"中国首个国际慢城"。

在国际慢城品牌的基础上,高淳区着力建设高淳国际慢城旅游度假区,打造融农业观光、生态体验、吴楚文化展示、健康养生等功能于一体的高品质生态休闲旅游度假区。2013 年 1 月 26 日,江苏省人民政府批复同意设立江苏省高淳国际慢城旅游度假区(《省政府关于同意设立江苏省高淳国际慢城旅游度假区的批复》苏政复〔2013〕24 号),度假区面积约 19.923 km²,其四至范围为:东至高淳晶定线县道,西至宁高路(S55),南至高淳 301 县道,北至高淳区桠溪街道与溧水区晶桥镇交界线。

为了统筹考虑度假区的发展与布局,更好地整合和开发利用度假区的旅游资源,推动旅游产品开发和度假区建设,增强度假区的核心竞争力,提升度假区的综合效益,江苏省高淳国际慢城旅游度假区管理委员会组织编制了《江苏省高淳国际慢城旅游度假区总体规划(2021—2030)》,并开展环境影响评价工作。2022 年 10 月 14 日,江苏省生态环境厅在南京主持召开了报告书审查会;2022 年 12 月,《江苏省高淳国际慢城旅游度假区总体规划环境影响报告书》获得江苏省生态环境厅审查意见(苏环审〔2022〕90 号)。

1.2　规划概述

1.2.1　规划范围与规划期限

高淳国际慢城旅游度假区规划四至范围为:东至高淳晶定线县道,西至宁高路(S55),南至高淳 301 县道,北至高淳区桠溪街道与溧水区晶桥镇交界线。度假区面积约 19.923 km²。

规划期限为 2021—2030 年,其中 2021—2025 年为开发建设期(中期),2026—2030 年为优化提升期(远期)。

1.2.2　规划定位和发展目标

（1）主题定位

中国首席国际慢城，"淳式慢生活"度假地。

（2）总体目标

将高淳国际慢城建成具有"淳式慢生活"鲜明特征的国际休闲度假旅游目的地，休闲度假旅游产业成为本地区现代服务业的龙头和战略性支柱产业及推动区域经济转型升级的动力产业之一。

（3）发展目标

将高淳国际慢城打造成区域知名的国家级旅游度假区，全面提升度假产品的品质，提高市场规模，力争到 2025 年游客人数达到约 300 万人次，到 2030 年接待旅游者达到约 600 万人次。注重保护和提升区域生态环境，推进生态文明建设，打造绿色低碳之城。

（4）发展思路

以生态文明建设为指导，以区域生态环境质量不降低为原则，依托国际慢城品牌优势和自然生态优势，以打造"慢生活"休闲度假特色产品为核心，以丰富慢生活度假产品体系为基本要务，全面提升度假产品品质和生态服务功能，积极创新旅游发展方式，逐步完善旅游度假配套设施，关注乡村社区建设和社区慢生活氛围营造，提升公众享受自然的获得感，增强旅游市场影响力和核心竞争力，打造"慢文化"氛围浓重的国家级旅游度假区和"慢生活"度假旅游目的地。

1.2.3　空间布局

规划形成"一核一带四区"的休闲空间布局，"一核"即以慢城小镇为核，"一带"即以生态之旅为带，"四区"即文化慢城创意度假区、农业慢城体验度假区、娱乐慢城游憩度假区、生态慢城乐享度假区四大功能区。具体功能分区规划内容如表 1.2-1 所示，分布如图 1.2-1 所示。

表 1.2-1　区域功能分区规划

分区	区域范围	发展思路与定位	主要产业
文化慢城创意度假区	老桠线与桠阳线之间	以慢城小镇为核心，突出"文化＋"主题，聚焦国际慢城文化、区域特色文化，将文化转化为慢艺术生活，凸显慢生活。将该区打造成为文化＋旅游＋农业＋教育＋培训＋会议的综合体空间	重点打造国际慢城学院、慢城博览汇、乐高创意体验中心、阿曼童话世界民宿群、瑶池、枕松等特色文化产业
农业慢城体验度假区	度假区西北部	依托农业、社区资源，延伸特色农业产业链，丰富农业产业链，形成农业种植、农事体验、农业观光、农业教育、农业创意、农产品销售的功能空间	通过大山农家乐示范村、石墙围民宿村、蜗牛村轻奢度假区，展现乡村发展的历程，打造慢城农场、暗访夜精灵、姑妈家光影庄园等旅游休闲项目
娱乐慢城游憩度假区	红旗路以北，S246以西	注重生态低碳、新能源汽车、房车引进。通过娱乐体验让人们忘记烦恼，在娱乐的同时释放情感，感知快乐和享受生活	依托高小淳汽车酷玩基地、国际房车度假中心、陌上庄园发展娱乐休闲产业
生态慢城乐享度假区	度假区东北角，S246以东	强调生态养生、生态观光、生态体验、膳食养生，以静著称，享受最惬意、悠闲、宁静的慢生活	依托荆山竹海、归来兮度假养生庄园等生态自然度假设施发展生态度假产业

1.2.4　分期发展规划

基于规划目标和区域建设特色发展的要求，按照以保护和改善度假区原有生态环境为前提、优先建设能打造知名度及特色景观的项目、基础设施先行建设、统筹协调周边地区发展的原则，对度假区实施中期、远期分期发展规划。

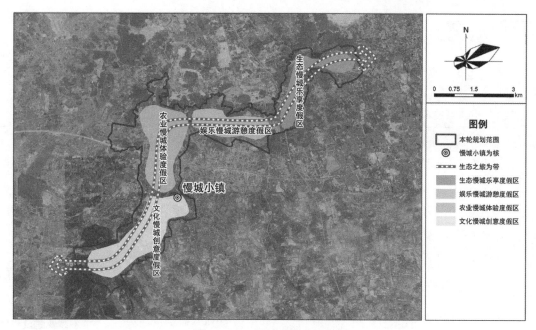

图 1.2 - 1 区域功能分区规划

（1）中期发展规划

规划中期度假区以开发建设为主,按照度假区的发展目标,对各功能分区的重点项目进行开发建设,主要包括:完成蜗牛村轻奢度假区、石墙围民宿村、望玉岛国际房车度假中心、归来兮度假养生庄园等旅游度假项目的建设;重点推进慢城小镇、慢城农场、姑妈家光影庄园、荆山竹海等旅游休闲项目的建设,丰富度假区产品体系;优化完善度假区游客中心和驿站建设,进一步健全度假区管理和旅游服务设施建设;规划形成完整的风景道路体系,完成慢行道路建设,逐步完善度假区停车场建设;推进市场营销工作,推进一批品牌建设工程,推动旅游信息化建设,争创国家级旅游度假区。规划重点建设项目情况如表 1.2 - 2、图 1.2 - 2、图 1.2 - 3 所示。

表 1.2 - 2 规划重点建设项目情况

功能分区	项目名称	项目类型	建设情况	建设时序	建设用地面积/ha	备注
文化慢城创意度假区	瑶池山庄	度假设施—酒店	已建	—	12.34	
	枕松酒店	度假设施—酒店	已建	—	1.29	
	时光碎片文艺酒店	度假设施—酒店	已建	—	1.67	
	枕松驿站	休闲驿站	已建	—	—	依托枕松酒店
	瑶池慢客中心	游客中心	已建	—	—	依托瑶池山庄
	阿曼童话世界民宿群	度假设施—民宿	已建	—	3.57	依托吕家村居
	金腾农家乐	度假设施—农家乐	已建	—	1.10	
	国际慢城慢客中心	游客中心	已建	—	1.79	
	鸿运当头	休闲设施	已建	—	—	为道路两侧观光长廊,无额外建设用地
	慢城书院	休闲设施	已建	—	0.15	
	蜗牛部落(慢乐园)	休闲设施	已建	—	0.21	丛林拓展
	慢城广场	休闲设施	已建	—	3.77	桃花扇广场

功能分区	项目名称		项目类型	建设情况	建设时序	建设用地面积/ha	备注
慢城小镇	国际慢城学院		休闲设施	已建		2.82	
	慢城博览汇（慢城美术馆）		休闲设施	已建		4.69	
	乐高创意体验中心		休闲设施	规划建设	中期	0.84	
农业慢城体验度假区	大山农家乐示范村		度假设施—农家乐	已建	—	14.93	依托大山村村居
	蜗牛村轻奢度假区		度假设施—民宿	在建	中期	6.18	
	石墙围民宿村		度假设施—民宿	在建	中期	4.00	依托石墙围村居
	半城大山房车营地		度假设施—酒店	已建	—	1.69	
	大山慢客中心		游客中心	已建	—	0.20	
	姑妈家驿站		休闲驿站	规划建设	中期	0.10	
	康之缘牡丹园		休闲设施	已建	—	—	农业种植体验、观光，不涉及建设用地
	慢城农场		休闲设施	在建	中期	—	农业种植体验、观光，不涉及建设用地
	暗访夜精灵		休闲设施	规划建设	中期	—	农业种植体验、观光，不涉及建设用地
	淳式慢舞台（天地戏台）		休闲设施	已建	—	0.78	
	文峰揽胜		休闲设施	已建	—	0.13	文峰塔
	姑妈家光影庄园		休闲设施	在建	中期	0.17	
娱乐慢城游憩度假区	陌上庄园		度假设施—酒店	规划建设	中期	0.34	
	高村民宿		度假设施—民宿	已建	—	4.66	依托高村村居
	高小淳汽车酷玩基地		休闲设施	规划建设	中期	—	规划选址在望玉岛国际房车度假中心内，作为项目内增设配套项目
	望玉岛国际房车度假中心		度假设施—酒店	在建	中期	5.97	
	望玉岛驿站		休闲驿站	在建	中期		
生态慢城乐享度假区	海风楼山庄		度假设施—民宿	已建	—	0.24	
	归来兮度假养生庄园		度假设施—酒店	在建	中期	2.62	
	归来兮驿站		休闲驿站	在建	中期		
	荆山慢客中心		游客中心	已建	—	1.39	维修中
	荆山竹海		休闲设施	规划建设	中期	2.76	
	永庆庵		休闲设施	已建	—	0.14	

（2）远期发展规划

规划远期度假区以优化提升为主，对已有项目进行优化升级，对旅游服务设施、配套设施等进行进一步完善，促进各功能分区的项目建设以及功能分区之间的联系与整合，提升和完善度假区品质，建立完善的度假区旅游休闲体系，推动度假区整体协调发展；完善度假区自然、人文环境管理；加强形象宣传和旅游市场促销，巩固近程市场，拓展远程市场，培育、创新和拓展旅游休闲产业业态。

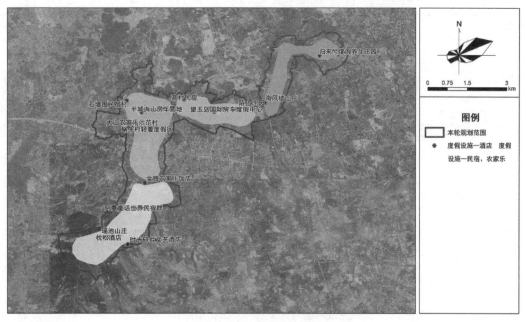

图 1.2－2　度假设施分布图

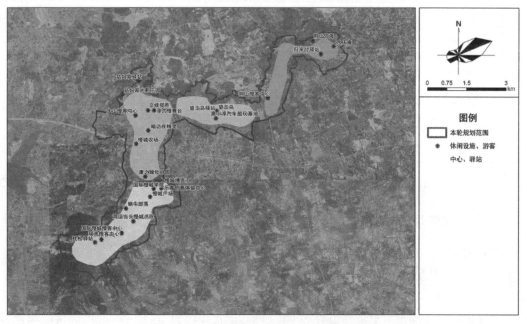

图 1.2－3　休闲设施、游客中心、驿站分布图

1.2.5　土地利用规划

规划区内用地类型分为公共管理与公共服务用地、商业服务业设施用地、道路与交通设施用地、绿地与广场用地、村庄建设用地,以及水域、林地等非建设用地。规划区总用地面积为 1 992.29 ha,其中:公共管理与公共服务用地面积为 1.48 ha,占总用地面积的 0.07%;商业服务业设施用地面积为 54.89 ha,占总用地面积的 2.76%,包括度假区内的酒店、游客中心、娱乐游览设施等的建设用地;道路与交通设施用地面积为 47.38 ha,占总用地面积的 2.38%;村庄建设用地面积为 67.48 ha,占总用地面积的 3.39%;水域、林地等非建设用地总面积为 1 801.33 ha,占总用地面积的 90.41%。具体详情如表 1.2－3 所示。

表 1.2-3　高淳国际慢城旅游度假区规划用地汇总表

类别代码		类别名称	用地面积/ha	占总用地比例/%
A		公共管理与公共服务用地	1.48	0.07
其中	A7	文物古迹用地	0.93	0.05
	A9	宗教设施用地	0.55	0.03
B		商业服务业设施用地	54.89	2.76
其中	B1	商业用地	38.20	1.92
	B3	娱乐康体用地	0.21	0.01
	B9	其他服务设施用地	16.48	0.83
S		道路与交通设施用地	47.38	2.38
其中	S1	城市道路用地	42.33	2.12
	S4	交通场站用地	5.05	0.25
G		绿地与广场用地	1.72	0.09
H14		村庄建设用地	67.48	3.39
H9		其他建设用地	18.02	0.90
—		建设用地合计	190.97	9.59
E		非建设用地	1 801.32	90.41
其中	E1	水域	115.09	5.78
	E2a	耕地	1 044.23	52.41
	E2b	园地	37.24	1.87
	E2c	林地	590.65	29.65
	E2d	牧草地	14.11	0.71
合计		规划总用地	1 992.29	100

1.2.6　基础设施规划

高淳国际慢城旅游度假区基础设施规划主要包括给水、排水、电力、燃气、环卫工程等规划。度假区不实施集中供热,区内居民及游客住宿接待场所采用空调等供热设备,不建设供热锅炉。

1. 给水工程

度假区居民生产生活用水主要由高淳自来水厂供给,供水规模为 10 万 m^3/d,以固城湖为水源。参照南京市供水方案,远期将由南京双闸水源厂实施区域供水,供水规模为 45 万 m^3/d,高淳自来水厂将作为应急水厂和调峰水厂,并进行水质提标改造,平时加强维护,保证应急时能正常使用,以长江为水源,固城湖作为应急水源,一旦区域供水设施发生事故,需启用应急水源。

2. 排水工程

度假区内污水是农村居民及游客生活污水。目前度假区内污水依托各自然村的小型污水处理设施和酒店配套的污水处理设施进行处理。污水处理设施总规模 1 645.25 t/d。

① 居民生活污水。根据《南京市高淳区农村污水治理专项规划(2021—2025)》,高淳区将开展农村生活污水治理农户覆盖率提升工程,并对部分村污水处理设施进行大修与重置。本轮规划中的居民生活污水处理规划与之相衔接,在规划中、远期,居民及民宿、农家乐生活污水依托农村小型污水处理设施处理,具备接管条件的进行相对集中处理,主要处理工艺为生物滴滤＋小型生态池、一体化厌氧好氧

(AO)处理工艺,散户接净化槽或生态池,尾水达到《农村生活污水处理设施水污染物排放标准》(DB 32/3462—2020)表2水污染物特别排放限值的标准后排入景观塘。度假区内农村污水处理设施规划如表1.2-4所示,处理规模为385.25 t/d。

表1.2-4　规划中、远期农村污水处理设施一览表

序号	类型	所属街道	所属村	名称	处理规模/(t/d)	处理模式	处理工艺	执行标准
1-1	农村污水处理设施	漆桥街道	荆溪	荆塘	10	相对集处理	生物滴滤+小型生态池	《农村生活污水处理设施水污染物排放标准》(DB 32/3462—2020)表2水污染物特别排放限值
1-2				小张家	30			
1-3		桠溪街道	蓝溪	画山下	5		生态池	
1-4				大山	40	—	生物滴滤+小型生态池	
1-5				石墙围	20	—	生物滴滤+小型生态池	
1-6			桥李村	留村	50	相对集中处理	生物滴滤+小型生态池	
1-8				留村庄	20			
1-7				石家	50	相对集中处理	生物滴滤+小型生态池	
1-9				薛家	0.25			
1-10				小石家	20			
1-11				高村	20	相对集中处理	生物滴滤+小型生态池	
1-12				金山下	30	相对集中处理	生物滴滤+小型生态池	
1-13			瑶宕	吕家	15	相对集中处理	生物滴滤+小型生态池	
1-14				周家柘	15			
1-15				前瑶宕	15	相对集中处理	一体化AO	
1-16				后瑶宕	15			
1-17				上横西	15	相对集中处理	生物滴滤+小型生态池	
1-18			穆家庄村	牟家榨	5		生态池	
1-19				李家庄	10	相对集中处理	生物滴滤+小型生态池	
合计					385.25	—	—	—

② 旅游设施污水。旅游设施污水的处理设施依托度假区内酒店等分别建设,主要采用隔油池+厌氧—缺氧—好氧(A²O)工艺处理,尾水达到《城市污水再生利用 景观环境用水水质》(GB/T 18921—2019)景观湿地环境用水标准及《城市污水再生利用 城市杂用水水质》(GB/T 18920—2020)城市绿化、道路清扫、消防、建筑施工用水标准后回用作景观、绿化、道路清洗等用水,不外排到水环境。度假区内酒店等的污水处理设施的规划处理规模为1 260 t/d,如表1.2-5所示。

表1.2-5　规划酒店等旅游设施的污水处理设施一览表

序号	类型	名称	处理规模/(t/d)	处理工艺	执行标准
2-1	酒店等旅游设施的污水处理设施	瑶池山庄	70	隔油池+A²O	《城市污水再生利用 景观环境用水水质》(GB/T 18921—2019)景观湿地环境用水标准,《城市污水再生利用 城市杂用水水质》
2-2		枕松酒店	70	隔油池+A²O	
2-3		时光碎片文艺酒店	30	隔油池+A²O	
2-4		慢城小镇	60	A²O	

序号	类型	名称	处理规模/ (t/d)	处理工艺	执行标准
2-5		金腾农家乐	10	隔油池＋A²O	(GB/T 18920—2020)城市绿化、道路清扫、消防、建筑施工用水标准
2-6		蜗牛村轻奢度假区	500	隔油池＋A²O	
2-7		半城大山房车营地	30	A²O	
2-8		望玉岛国际房车度假中心	30	膜生物反应器(MBR)	
2-9		陌上庄园	50	隔油池＋A²O	
2-10		海风楼山庄	60	隔油池＋A²O	
2-11		归来兮度假养生庄园	350	隔油池＋A²O	
合计			1 260	—	—

污水管网布置:污水管网主要沿各村道路敷设,污水管管径一般为 DN200～300。

(3) 电力工程

电源:依托 220 kV 淳东变电站作为主供电电源,规划建设 1 座 110 kV 桠溪变电站。

供电措施:消防用电设备、电梯、生活水泵、应急照明、消防保安中心等重要设备用房和慢城小镇的备用照明均采用双电源供电,一路电源引自正常母线段,另一路电源引自应急母线段。应急照明和疏散指示照明应自带蓄电池,且持续工作时间不少于 30 min。

(4) 燃气工程

① 气源规划。度假区目前以液化气为主气源,天然气为辅助气源;远期以"西气东输"天然气为主气源代替液化气,中压管网与溧阳天然气管网连通。

② 用气量预测。居民生活用气指标为 0.1 kg/(人·d),游客用气指标为 0.08 kg/(人·d)。远期度假区以天然气为主要气源,预计天然气总用气量约 0.067 万 t/a。

③ 燃气输配工程。天然气输配系统由输配站、中压输配管网及各级调压设施组成。天然气中压干管一条从桠溪线引入桠溪街道,经中压管网敷设至国际慢城游客服务中心、瑶池山庄,天然气经调压箱调压后进入低压管道,供应居民使用;一条从红旗路、桠云路分别引入桠溪街道,管网敷设至大山村、半城大山房车营地、归来兮度假养生庄园。

(5) 环卫工程

① 公共厕所。按照国家 5A 级景区要求,结合旅游项目和服务设施布置,采用生态厕所或者配建粪便污水前端处理设施,在游客综合服务中心设置独立的三星级旅游厕所。

② 垃圾收集点。按照各垃圾收集点服务半径不超过 1.5 km,每个垃圾站建筑面积不小于 80 m²,在村庄布置垃圾收集点,在旅游景点布置垃圾箱进行垃圾分类,垃圾收集点位置固定,既要方便居民使用,不影响卫生与景观环境,又要便于分类投放与分类清运。垃圾收集后统一由环卫部门清运。

1.2.7 旅游公共服务设施规划

度假区公共服务设施体系主要由游客服务与集散中心、停车场、旅游标识与解说系统、网络信息服务平台、旅游安全系统构成。

(1) 游客服务与集散中心

在度假区形成 1 个一级服务中心、3 个二级服务中心和 4 个三级服务驿站。

一级游客服务与集散中心为高淳国际慢城慢客中心,以 5A 级标准进行布局和提供游客服务。

二级服务中心分别是瑶池慢客中心、大山慢客中心、荆山慢客中心,分别设置在文化慢城创意度假功能区、农业慢城体验度假功能区、生态慢城乐享度假区。服务中心具有旅游咨询与服务、旅游票务、导游服务、寄存、医疗健康、自行车租赁与维修、销售、ATM 自助银行、充电设施、公共电话、旅游厕所、慢递、漫读、哺乳等基本功能。

4 个三级小型服务驿站分别为枕松驿站、姑妈家驿站、望玉岛驿站、归来兮驿站,建筑面积不超过800 m²。

（2）停车场

规划度假区停车场用地面积约 5.05 ha。度假区及其周边现有小型停车场 22 个;小车车位 2 813 个,客车车位 90 个,合计共 2 903 个。度假区根据新建旅游度假设施和旅游休闲设施,总车位可扩展至约3 200 个(其中大车车位约 270 个,其余为小车车位),可根据实际需要在度假区外增设停车场,扩大停车场面积。

（3）旅游标识与解说系统

规划建设中、英、日、韩文标识牌,设置标志牌与指示牌。标识系统分三级设置:一级标识安排在度假区入口,全面系统地介绍整个度假区情况;二级标识为说明标识,布置在各功能区和各个度假设施、度假产品点处,分别介绍度假设施的具体内容和活动项目;三级标识为指示标识,设立于各个主要路口,方便游客识别方向,寻找相应的旅游公共配套设施如厕所等。

（4）网络信息服务平台

建立度假区专属网站,为旅游者、旅游企业提供快捷、方便的信息服务。丰富旅游网络资讯内容,整合旅游信息网络资源,提升旅游网络人气。形成方便的信息咨询服务体系和旅游预订网络,为旅游者自主选择多样性的消费创造条件。

开发适用于手机终端的信息化服务,如淳式慢生活微信公众平台。所有客房均宜提供互联网接入服务,公共设施宜有 WiFi 信号覆盖。所有住宿设施以及其他度假设施都要建立网络化的游客统计机制。建立信息化的游客统计系统,完善登记记录。除度假区总体游客统计外,各宾馆、饭店、度假活动场所也应建立游客登记统计机制。

（5）旅游安全系统

规划建立完善的安全保卫制度,工作全面落实;消防、防盗、救护等设备齐全、完好、有效,交通、机电、游览、娱乐等设备完好,运行正常,无安全隐患,危险地段标志明显,如马耳山水库、大山水库、大官塘水库等,防护设施齐备、有效,高峰期有专人看守;建立紧急救援机制,按照创建标准在慢城小镇、游客中心设置医疗救护服务点,设立医务室,并配备医务人员,设有突发事件处理预案,应急处理能力强,事故处理及时、妥当,档案记录准确、齐全;加强旅游安全管理,各职能部门应明确责任,加大监管力度,定期进行检查、整顿,营造规范、有序、安全的旅游环境。

在建筑物内根据具体情况设置消防水泵、消防栓,室内配备一定数量的手持式泡沫灭火器。建筑物严格按照《建筑设计防火规范》进行设计。在旅游区接待中心和人流量较大的区域宣传森林防火常识和火场自救知识,沿途设立森林防火宣传警示标识;与地区消防队开展合作,培训扑火队员;建立火险预警系统,控制生产性火源,预防火灾。加强安全监控设施建设,确保度假区零安全事故。

📢【专家点评】

规划概述中要明确以下内容:规划目标,规划旅游度假方式、主要旅游景点及旅游容量,位于国家森林公园、风景名胜区等生态红线内的规划建设内容,涉及的生态保护目标。对此逐一进行合规性分析。规划要明确提升区域的生态服务功能的内容,且要重视区域生态环境保护总体目标和生态环境保护与建设方案。

钱谊(南京师范大学)

1.3 总体设计

1.3.1 指导思想与基本原则

（1）指导思想

全面贯彻落实科学发展观，树立"生态优先、保护优先"的理念，严格保护游子山森林公园生态系统的完整性、区域自然人文资源的原真性、慢城田园生活的独特性，维护区域生物的多样性，在充分认识区域资源环境禀赋的基础上，统筹兼顾旅游资源开发与环境保护的关系，积极探索"绿水青山"转化为"金山银山"的有效路径，协调规划实施的经济效益、社会效益与环境效益之间以及当前利益与长远利益之间的关系，促进人与自然的和谐相处，保障规划实施后生态环境质量不降低、生态环境功能不降低、公众旅游度假的体验和获得感得到提升。

（2）基本原则

① 生态优先原则。通过优先保护关键的生态系统结构和功能，优先实施生态修复与调控，优先建设各项环境基础设施，实现区域经济活动与自然生态保护的协调发展。

② 层次性原则。评价的内容与深度充分考虑规划的属性和层级，并依据不同属性、不同层级规划的决策需求，提出相应的宏观决策建议以及具体的环境管理要求。

③ 突出重点原则。在全面系统分析的基础上，综合考虑区域关键环境要素和规划实施可能产生的生态环境问题，对规划设施生态服务功能、重点生态单元、重要开发活动实施进行有针对性的分析与评价。

④ 科学性原则。依据现有知识水平和技术条件对规划实施可能产生的不良环境影响的范围和程度进行客观分析，评价方法应成熟可靠，数据资料应完整可信，结论建议应具体明确且具有可操作性。

1.3.2 评价重点

从区域开发环境影响和可持续发展的角度和高度，结合高淳国际慢城旅游度假区的规划初步分析，得出如下评价重点：

① 度假区规划范围涉及江苏游子山国家级森林公园、瑶池风景名胜区（区县级）、大荆山森林公园，根据森林公园及风景名胜区的相关管理条例，保护区内对旅游项目开发有一定的限制要求，分析规划实施与管理要求的相符性，以及对森林公园及风景名胜区的影响，是本次规划环评的重点内容。

② 规划区内水域、农林用地占比约90%，各类建设用地占比约10%，规划区内涉及生态保护红线、生态空间管控区及永久基本农田，表明规划区域内可开发建设的土地资源较匮乏，各类规划项目的实施可能占用一定数量的农林用地。因此本次规划环评将重点分析生态本底、生物多样性及生态适宜性等，重点评价规划实施对土地资源及生态环境的影响。

③ 从规划区常住人口和旅游人口容量角度分析度假区生态承载能力、旅游空间资源承载力、环境承载力等，确保旅游开发活动强度控制在区域生态环境可承载范围内，实现旅游经济与生态功能保护的全面协调。

④ 通过各项环境要素和环境承载力分析，以及度假区规划目标、规划空间及功能布局等的合理性分析，对规划提出优化调整的建议。提出规划实施过程中需要执行的规划环评结论清单要求，以及预防或缓解不良环境影响的对策措施，并提出跟踪评价计划和环境管理要求。

1.3.3 评价范围、评价因子

（1）评价范围

本次规划环评以度假区规划范围为基础，兼顾周边环境现状，充分考虑相互影响，确定本次评价的具体空间范围。各环境要素的空间评价范围具体如表1.3-1所示。

表 1.3‑1　评价空间范围表

序号	类别	评价范围
1	大气	度假区规划区域
2	地表水	度假区周边及区内的前塘水库、大山水库、马耳山水库、大官塘水库等主要湖库,以及规划范围内沟塘等水域
3	声	度假区规划范围外扩 0.2 km
4	地下水	度假区涉及的所有水文地质单元
5	土壤	度假区规划范围外扩 0.2 km
6	生态	度假区规划范围外扩 1 km,同时包括涉及度假区的生态空间管控区和生态红线区域,重点关注评价范围内生态红线、生态空间管控区域及敏感山体和水体
7	环境风险	度假区规划范围,重点关注江苏游子山国家级森林公园、大荆山森林公园瑶池风景名胜区、国际慢城桠溪生态之旅保护区及区内居住区等

（2）评价因子

根据对度假区规划污染源、规划产业主要污染源等的分析,结合区域的环境现状和相应的环境控制标准,确定环境评价因子,如表 1.3‑2 所示。

表 1.3‑2　评价因子一览表

要素	现状评价因子	影响分析因子	总量控制因子
大气	SO_2、NO_2、PM_{10}、$PM_{2.5}$、CO、O_3、NH_3、H_2S	SO_2、NO_x、颗粒物	SO_2、NO_x、颗粒物
地表水 (水库及湖泊)	水温、透明度、pH、COD、BOD_5、SS、氨氮、总磷、总氮、溶解氧、叶绿素 a、高锰酸盐指数、石油类、LAS	COD、氨氮、TP、TN	COD、氨氮、TP、TN
地下水	水位、K^+、Na^+、Ca^{2+}、Mg^{2+}、CO_3^{2-}、HCO_3^-、Cl^-、SO_4^{2-}、pH、COD_{Mn}、总硬度、氨氮、硝酸盐、挥发酚、亚硝酸盐、氰化物、氟化物、溶解性总固体、砷、汞、铬(六价)、铅、镉、铁、锰	—	—
噪声	等效连续 A 声级		
固体废物	生活垃圾		
土壤	建设用地:pH、铅、铬(六价)、镉、汞、砷、铜、镍、四氯化碳、氯仿、氯甲烷、1,1‑二氯乙烷、1,2‑二氯乙烷、1,1‑二氯乙烯、顺‑1,2‑二氯乙烯、反‑1,2‑二氯乙烯、二氯甲烷、1,2‑二氯丙烷、1,1,1,2‑四氯乙烷、1,1,2,2‑四氯乙烷、四氯乙烯、1,1,1‑三氯乙烷、1,1,2‑三氯乙烷、三氯乙烯、1,2,3‑三氯丙烷、氯乙烯、苯、氯苯、1,2‑二氯苯、1,4‑二氯苯、乙苯、苯乙烯、甲苯、间二甲苯＋对二甲苯、邻二甲苯、硝基苯、苯胺、2‑氯酚、苯并[a]蒽、苯并[a]芘、苯并[b]荧蒽、苯并[k]荧蒽、䓛、二苯并[a,h]蒽、茚并[1,2,3‑cd]芘、萘。 农用地:pH、镉、汞、砷、铅、铬、铜、镍、锌、六六六总量、滴滴涕总量、苯并[a]芘	—	—
生态	生态系统类型和面积,植被覆盖度,物种(维管植物、鸟类、哺乳动物、两栖动物、爬行动物、浮游植物、浮游动物、底栖动物、鱼类)组成、区系、分布情况、受保护情况、重要物种分布情况,生态敏感区现状,评价区存在的主要生态问题,度假区建设用地生态适宜性分析	用地类型变更分析,生态敏感区影响分析,生物多样性影响分析,景观影响分析	—

【专家点评】

规划应当体现生态保护与修复优先、绿水青山与金山银山协调的原则,通过土地整理和生态修复提高区域生态承载能力,提升总体生态服务功能,实现协调发展。旅游度假区不像产业园区全部开发利用,而是点、线、面结合配套建设旅游设施。指导思想应当明确生态优先、保护优先,通过规划的实施提升区域的生态服务功能和公众接近自然享受生态乐趣的条件。基本原则应当明确,突出对规划设施生态服务功能(绿地面积与质量、水源涵养、生物多样性等)的评价,识别梳理生态短板并且予以解决,合理规划旅游承载力等。

钱谊(南京师范大学)

1.4 规划分析

1.4.1 与区域发展规划的相符性分析

度假区本轮规划以生态文明建设为指导,以区域生态环境质量不降低为原则,依托国际慢城品牌优势和自然生态优势,以打造"慢生活"休闲度假特色产品为核心,以丰富慢生活度假产品体系为基本要务,全面提升度假产品品质和生态服务功能,积极创新旅游发展方式,逐步完善旅游度假配套设施,关注乡村社区建设和社区慢生活氛围的营造,提升公众享受自然的获得感,增强旅游市场影响力和核心竞争力,打造"慢文化"氛围浓重的国家级旅游度假区和"慢生活"旅游度假目的地。本轮规划将高淳国际慢城打造成区域知名的国家级旅游度假区、度假型旅游目的地,将高淳国际慢城建成具有"淳式慢生活"鲜明特征的国际休闲度假旅游目的地,使休闲度假旅游产业成为本地区现代服务业的龙头和战略性支柱产业及推动区域经济转型升级的动力产业之一。本轮规划定位及发展目标与《长江三角洲区域一体化发展规划纲要》南京实施方案、《江苏省国民经济和社会发展第十四个五年规划和二〇三五年远景目标纲要》《南京市国民经济和社会发展第十四个五年规划和二〇三五年远景目标纲要》《高淳区国民经济和社会发展第十四个五年规划和二〇三五年远景目标纲要》《江苏省乡村振兴战略实施规划(2018—2022年)》《南京市高淳区城乡总体规划修编(2013—2030)》等要求相协调。

1.4.2 与旅游发展规划的相符性分析

高淳区充分利用自然资源和地理优势,在全区组团开发东部"山慢城"、中部"文慢城"、西部"水慢城"主题板块,本轮规划选址在"山慢城"核心区域,位于南京市高淳区桠溪街道西北部,游子山森林公园东麓,区域自然条件优越,森林、农田、水资源丰富,生态优势明显,溧芜高速、宁高公路、246省道穿境而过,距高淳主城约10 km,交通通达便捷,是长三角地区重要的休闲旅游目的地,慢节奏的田园生活使得区域休闲、生态农业与乡村旅游成为全国典范。本规划区域选址注重整合高淳现有的旅游资源,充分发挥其自身的自然环境优势,与《江苏省"十四五"文化和旅游发展规划》《南京市"十四五"文化和旅游发展规划》《南京市高淳区全域旅游总体规划》等相协调。

1.4.3 与农业发展规划的相符性分析

本轮规划选址在南京市高淳区东部,位于城镇开发边界外,涵盖大部分涉农区域。区域大力实施乡村规划建设,美丽乡村建设卓有成效。本规划区域选址注重整合高淳现有的农业农村资源,充分发挥了其自身的自然环境优势,注重休闲、生态农业和美丽乡村的打造,与《江苏省"十四五"全面推进乡村振兴加快农业农村现代化规划》《江苏省"十四五"乡村产业发展规划》《南京市农业农村现代化"十四五"规划》等相协调。

1.4.4　与区域用地规划的相符性分析

目前《南京市城市总体规划(2011—2020)》《南京市高淳县土地利用总体规划(2006—2020年)》均已到期,本次规划主要对照《南京市高淳区城乡总体规划修编(2013—2030)》《南京市高淳区国土空间规划近期实施方案》、南京市高淳区"三区三线"划定成果、《2022年度南京市高淳区预支空间规模指标落地上图方案》。本轮规划用地与国土空间规划近期实施方案、南京市高淳区"三区三线"划定成果、《2022年度南京市高淳区预支空间规模指标落地上图方案》相符,南京市和高淳区国土空间总体规划正在编制中,本轮用地规划应积极与南京市国土空间总体规划和高淳区国土空间规划进行充分衔接,确保度假区用地开发与国土空间总体规划一致。

1.4.5　与产业政策及规划的相符性分析

产业政策要点如下。

(1)《国务院关于促进旅游业改革发展的若干意见》(国发〔2014〕31号)

积极发展休闲度假旅游。在城乡规划中要统筹考虑国民休闲度假需求。加强设施建设,完善服务功能,合理优化布局,营造居民休闲度假空间。有条件的城市要加快建设慢行绿道。建立旅居全挂车营地和露营地建设标准,完善旅居全挂车上路通行的政策措施,推出具有市场吸引力的铁路旅游产品。积极发展森林旅游、海洋旅游。

大力发展乡村旅游。依托当地区位条件、资源特色和市场需求,挖掘文化内涵,发挥生态优势,突出乡村特点,开发一批形式多样、特色鲜明的乡村旅游产品。推动乡村旅游与新型城镇化有机结合,合理利用民族村寨、古村古镇,发展有历史记忆、地域特色、民族特点的旅游小镇,建设一批特色景观旅游名镇名村。加强规划引导,提高组织化程度,规范乡村旅游开发建设,保持传统乡村风貌。加强乡村旅游精准扶贫,扎实推进乡村旅游富民工程,带动贫困地区脱贫致富。统筹利用惠农资金加强卫生、环保、道路等基础设施建设,完善乡村旅游服务体系。

(2)《省政府关于推进旅游业供给侧结构性改革促进旅游投资和消费的意见》(苏政发〔2016〕134号)

推进高品质休闲度假旅游目的地建设。将休闲度假空间纳入各地城乡规划内容,在严格保护的前提下,依照相关规划,在风景名胜区、生态保护区、水利风景区的非禁止开发区域适度开发富有特色的休闲度假产品。积极打造具有江苏风情的生态旅游休闲区。

培育新型休闲度假产品。大力开发康养型、休闲型、亲子型、运动型、研学型、文创型、娱乐型、体验型等度假产品。推动城市休闲街区、城市慢行道、滨水休闲空间建设,创新开发城市度假产品。将旅游业作为特色村镇建设的重要产业支撑,推动建设一批旅游风情小镇和度假目的地。

推动乡村旅游提档升级。依托风情旅游小镇,加快乡村旅游产品从传统"农家乐"向乡村生活、休闲度假转型升级。培育建设一批乡村主题度假酒店、乡村精品民宿客栈、乡村度假庄园、研学旅行基地、乡村民俗体验馆等新产品,鼓励星级旅游饭店参与乡村旅游特色住宿业发展,提升乡村旅游文化创意水平。依托农业特色产业和农耕文化,打造一批休闲观光农业和创意农业精品。推广乡村旅游等级标准,完善乡村旅游服务设施,开展乡村旅游厨卫设施达标升级行动。推进乡村旅游和最美乡村、生态镇村建设和村庄环境改善提升等融合发展,开展特色景观旅游名镇名村创建工作。

(3)《省政府办公厅关于促进文化和旅游消费若干措施的通知》(苏政办发〔2020〕15号)

聚焦消费新热点、新趋势,布局、拓展文化和旅游新业态,开发文化体验旅游、休闲度假旅游、研学旅游、自驾车旅居车旅游、商务会展旅游、体育旅游、工业旅游、生态旅游、康养旅游、邮轮游艇旅游等业态产品。深入挖掘红色文化资源,打造一批红色旅游品牌。大力发展休闲农业和乡村旅游,推动江苏省各地更多入选全国休闲农业示范县(市、区)、乡村旅游重点村名单,继续办好江苏省乡村旅游节。加快制定出台规范发展旅游民宿的政策措施,推动旅游民宿标准化、规范化、特色化发展,强化星级旅游民宿品牌建设。

高淳国际慢城旅游度假区建设符合国家现行旅游产业政策的指导,并逐步完善旅游度假配套设施,全面提升园区内乡村建设水平,依托农业、社区资源,延伸特色农业产业链,加快形成农业种植、农业观光、农业教育、农业创意、农产品销售的功能空间,为实现乡村振兴提供助力。

度假区本轮规划以借助区域文化、度假旅游自然资源,围绕"慢生活"的丰富内涵,以国家级旅游度假区创建为目标,开发布局文化慢城创意度假区、农业慢城体验度假区、娱乐慢城游憩度假区、生态慢城乐享度假区等四大区域,重点打造"文化体验""休闲娱乐""运动健身""夜游体验""研学教育""节庆演艺""房车露营""舌尖慢餐"八大主题产品。经分析,度假区旅游产品的开发建设与《产业结构调整指导目录(2019年本)》《国务院关于促进旅游业改革发展的若干意见》(国发〔2014〕31号)、《省政府关于推进旅游业供给侧结构性改革促进旅游投资和消费的意见》(苏政发〔2016〕134号)、《省政府办公厅关于促进文化和旅游消费若干措施的通知》(苏政办发〔2020〕15号)、《市政府办公厅关于培育新业态拓展新消费促进我市文旅产业高质量发展的实施意见》(宁政办发〔2020〕47号)的要求相符。

1.4.6 与环保相关法规、政策及规划的相符性分析

(1) 与《江苏省太湖水污染防治条例》的相符性分析

根据《省政府办公厅关于公布江苏省太湖流域三级保护区范围的通知》(苏政办发〔2012〕221号)、《省太湖水污染防治办公室关于南京市申请调整太湖流域综合治理范围的复函》(苏太办〔2019〕7号),南京市高淳区桠溪街道11个社区和12个行政村、东坝街道4个社区和4个行政村属于太湖流域三级保护区,国际慢城旅游度假区范围的蓝溪、桥李、瑶宕社区和穆家庄村属于太湖流域三级保护区,度假区内太湖流域的范围具体如图1.4-1所示。

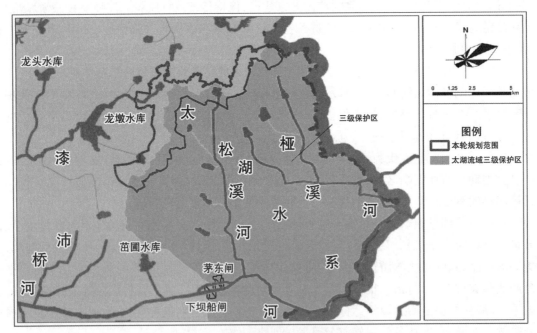

图1.4-1 本轮规划范围内太湖流域范围

度假区不设置工业用地,不涉及工业废污水排放;度假区内无规模化畜禽养殖产业。度假区持续推进实施以农村生活污水处理为主的覆盖拉网式农村环境连片整治,区内农村小型污水处理设施覆盖率已实现100%,主要采用"生物滤池+人工湿地"治理工艺,确保生活污水达标排放。度假区着力打造农业慢城体验度假区,培育发展生态农业、观光农业等新业态,不断减少农田垃圾和减轻农业面源污染。

度假区内酒店等旅游设施,严禁使用含磷洗涤用品,同时加强区内生态环境保护,严禁向区内各类水体倾倒垃圾粪便以及其他有毒有害物质,采取各类措施培育山林植被,改善水质,提高区域内生态环境质量,促进自然资产增值,确保生态产品的产出效益。

总体来看,本轮规划与《江苏省太湖水污染防治条例》相符。

（2）与《江苏省水库管理条例》的相符性分析

度假区内水域以小型水库坑塘为主,水库均属于小型水库,龙墩湖水库距离度假区约3 km,度假区的开发建设对龙墩湖水库的影响较小。

本轮规划不涉及游船等水面开发项目,在大官塘水库、马耳山水库、大山水库、前塘水库等水库汇水范围内未规划旅游休闲度假项目,未规划水上餐饮经营项目,无畜禽养殖场,度假区内无工业企业,规划度假区内居民及游客生活污水均配套相应的污水处理设施,旅游设施产生的污水经处理达标后主要回用于景观绿化。同时度假区对于区内湿地、水库类型景点,采取多种保护措施。严格控制污水未经处理直接排入区内水库、沟渠,排查水体富营养化、藻类密集区域,积极实施生态清淤、截污、绿化和景观为一体的综合整治。严禁在水库周围开矿、建厂,以防止工矿企业产生废水污染。严禁生活、生产污水直接排入水体。严禁在水库周围开山采石或修建大型人工建筑。旅游活动远离野生珍禽,防止破坏野生动物的栖息地。本轮规划将抓好植树绿化工作,禁止采伐林木,加强水源涵养,加强水资源保护和水土保持,培育节水减排意识,保护好水体环境。

本轮规划合理利用水库水资源,并采取措施保护水库汇水范围内生态系统,保持水库库容不减少,不污染水体,与《江苏省水库管理条例》相符。

（3）与《中华人民共和国湿地保护法》《江苏省湿地保护条例》的相符性分析

度假区内有数量众多的水库和坑塘,无国家、省、市级重要湿地,无红树林湿地,无泥炭沼泽湿地,本轮规划旅游休闲度假项目未占用湿地,规划度假区内居民及游客生活污水均配套相应的污水处理设施,游客生活污水经处理达标后主要回用于景观绿化,严禁生活污水直接排入湿地水体,对湿地的生态环境影响较小。依托高淳区山水林田湖草生态保护和修复试点建设,开展周边河系景观提升工程,在水面栽植水生植物,注重与周围自然环境相协调。实施林木抚育工程,充分发挥森林生态系统在保持水土、涵养水源方面的作用。同时度假区大力开展人工湿地建设,对于区内湿地、湖泊类型景点,采取多种保护措施,提升生态景观品质。严禁在湿地内挖砂、取土以及倾倒、堆放固体废弃物等。加强对湿地野生动物的保护,旅游活动远离野生珍禽,防止破坏野生动物的栖息地。抓好植树绿化工作,禁止采伐林木,加强水源涵养。加强水资源保护和水土保持,保护好水体环境,同时施工期加强对水库的保护,维持水质清洁良好。

本轮规划合理利用湿地资源,不损害湿地生态功能,保持湿地自然特性,面积不减少,与《中华人民共和国湿地保护法》《江苏省湿地保护条例》相符。

（4）与《江苏省"十四五"生态环境保护规划》的相符性分析

度假区内已建的酒店均已安装油烟收集管道和油烟净化设施,并与生态环境部门联网;各酒店均配备污水处理设施,要求污水经处理达标后回用于景观、绿化、道路清洗等,不外排;度假区在旅游项目和服务设施周围沿游览线路按国家5A级景区要求设置分类垃圾箱。规划高淳区以建设美丽宜居乡村为契机,提升农村基础设施和公共服务设施水平,加快农村人居环境整治提升,全面实施农村村级污水治理工程,度假区内共涉及19个自然村,共建设农村小型污水处理设施19个,总计处理规模385.25 t/d,农村污水处理设施覆盖率为100%,根据《南京市高淳区农村污水治理专项规划(2021—2025)》,规划中期还将对区内农村生活污水处理设施进行大修与重置。度假区内城乡生活垃圾一体化处理正处于不断完善阶段,区内生活垃圾分类已实现全覆盖,各村实行上门分类收集,采取农户源头自觉分类＋保洁分拣员督导并上门收集分拣两次分类的方法,由当地环卫部门每天集中收集清运,运送至光大国际垃圾焚烧发电厂集中处置,实现垃圾分类处置及资源化利用。

度假区涉及江苏游子山国家级森林公园、瑶池风景名胜区、国际慢城桠溪生态之旅保护区、大荆山森林公园等生态红线保护区和生态空间管控区,度假区严格落实风景名胜区、森林公园相关管理要求,严禁在江苏游子山国家森林公园国家级生态红线内实施不符合主体功能定位的开发建设活动,在严格保护的前提下,依照相关规划,在风景名胜区、生态保护区的非禁止开发区域适度进行旅游开发建设。

度假区坚持合理开发、生态优先,做好生态环境保护工作,与《江苏省"十四五"生态环境保护规划》相符。

(5)与《江苏省"十四五"自然资源保护和利用规划》的相符性分析

本次规划至2025年基本开发建设完成,2026—2030年为优化提升期。规划旅游度假区用地以农林用地为主,其中的建设用地指标立足于国土空间规划中确定的建设用地,严格按照土地利用性质确定土地开发功能,农林用地性质未调整前不得开发,严格落实《基本农田保护条例》,确保不占用永久基本农田。本轮规划积极与高淳区国土空间规划相衔接,按照国土空间规划内容,严格控制新增建设用地,最大限度保护耕地和永久基本农田,在符合规划、不改变用途的前提下提高现有建设用地的土地利用率和容积率,拓展适宜开发的闲置存量地等未利用地和废弃地,实现节约、集约用地。

度假区加强对现有植被的保护,严禁旅游活动破坏植被林地、影响林地资源,适当改良林相,确需占用林地的严格按照规范要求落实占用手续;保护古树名木,分株建立技术档案,落实植保、复壮等措施。实施山水林田湖草修复试点工程,在吕家、小芮家等周边实施景观提升工程,在游子山等片区实施林木抚育工程,采取保护保育、疏林补密、增加林木类型等措施,重点保护好丘陵山区和山林自然生态环境。抓好植树绿化工作,禁止采伐林木,加强水源涵养。加强水资源保护和水土保持,保护好水体环境。

整体而言,本轮规划与《江苏省"十四五"自然资源保护和利用规划》相符。

(6)与《南京市"十四五"生态环境保护规划》的相符性分析

度假区生态景观建设工程部分纳入高淳区"山水林田湖草"试点工程内,主要包括慢城小镇周边生态景观提升工程、入口道路两侧景观工程、吕家文创周边景观提升工程、小芮家周边景观提升工程。本次规划的度假区开发建设,以区域生态环境质量不降低、生态环境功能不降低、公众旅游度假的体验和获得感提升为原则,有利于高淳区推进"山水林田湖草"试点工程建设。

度假区内已建的酒店均已安装油烟净化设施,并与生态环境部门联网;配备污水处理设施,污水处理设施均正常运行,达标排放,在规划远期,度假区内农村生活污水具备接管条件的还将进行集中处理,散户的接入净化槽或生态池,进一步加强对区内生活污水的治理,减少对区内水环境的影响。

度假区管委会不断加强区内生态环境保护工作,与《南京市"十四五"生态环境保护规划》相协调。

(7)与生态保护红线、生态空间管控区相关规划的相符性分析

① 与生态保护红线相关规划的相符性分析。根据自然资源部发布的《自然资源部办公厅关于北京等省(区、市)启用"三区三线"划定成果作为报批建设项目用地用海依据的函》(自然资办函〔2022〕2207号),"三区三线"划定成果从2022年10月14日起正式启用,作为建设项目用地用海组卷报批的依据。本次对规划用地布局与高淳区"三区三线"划定成果中的生态保护红线进行分析,度假区范围主要涉及江苏游子山国家级森林公园的生态保护红线,度假区开发区建设时期较早,国家、省生态保护红线发布以来,度假区严格落实保护要求,开发建设过程中未出现不符合国家生态保护红线主体功能定位的各类开发活动,本轮规划建设用地布局,未占用高淳区"三区三线"划定成果中的生态保护红线,与生态保护红线相关管控要求相符。

② 与生态空间管控区相关规划的相符性分析。对本轮规划与《江苏省生态空间管控区域规划》进行分析,度假区范围主要涉及江苏游子山国家级森林公园的生态空间管控区、瑶池风景名胜区、国际慢城桠溪生态之旅保护区、大荆山森林公园等,瑶池风景名胜区、大荆山森林公园内现状及规划均不涉及相关建设项目。

根据《江苏省国家级生态保护红线规划》《江苏省生态空间管控区域规划》《江苏省生态空间管控区域调整管理办法》《江苏省生态空间管控区域监督管理办法》等文件要求,位于生态空间管控区的项目建设,

应按照《江苏省生态空间管控区域调整管理办法》开展组织论证工作,若无法通过论证则应另行选址。

（8）与《国家级森林公园管理办法》的相符性分析

本轮规划范围主要涉及游子山国家森林公园部分区域(三条垄区域),游子山森林公园生态保育区和核心景观区已纳入国家生态红线保护区,位于规划范围内的游子山国家森林公园核心景观区内现状无宾馆、招待所、疗养院和其他工程设施,与《国家级森林公园管理办法》及《高淳游子山国家森林公园总体规划》相符。本轮规划部分建设用地占用林地,虽不属于游子山国家森林公园,但仍应严格按照规范要求落实占用、审批手续,加强监管。本轮规划要求,坚持生态友好的理念,有效保护度假区生态环境,严格控制污染物排放,将度假区建成生态环境优美、人与自然和谐发展的生态友好型旅游度假示范区;规划对度假区内现有植被加强保护,一般不得砍伐破坏,严禁在国家森林公园内擅自采摘花草、砍伐树木、捕猎动物、倾倒垃圾等进行法律法规禁止的活动;实施游子山等片区林木抚育工程,适当改良林相,通过保护保育、疏林补密、增加林木类型等方式,营造丰富多样的森林景观,促进生物多样性保护,充分发挥森林生态系统在保持水土、涵养水源、净化污染等方面的效益,构建三条垄区域和红旗路以北区域2个生态绿肺系统。大力加强对度假区内开发经营者和游客的宣传教育,提高其环境保护意识,大力倡导低碳旅游方式,推动建立低碳旅游示范区。

（9）与《江苏省风景名胜区管理条例》的相符性分析

本轮规划范围主要涉及瑶池风景名胜区,其为区县级风景名胜区,位于度假区中部,面积为1.18 km²,根据现场调查,瑶池风景名胜区内现状无宾馆、招待所、疗养院和其他工程设施,不存在影响景观和游览的其他设施,本轮规划未在该区域布局相关建设设施,规划将坚持生态友好的理念,有效保护度假区生态环境,对风景名胜区内现有植被加强保护,严禁在风景名胜区内采沙取土、砍伐林木、践踏草地、乱刻乱画、乱扔废物、猎杀珍贵动物等进行法律法规禁止的活动。规划总体与《江苏省风景名胜区管理条例》相符。

（10）与《南京市旅游度假区管理办法》的相符性分析

本轮规划以"慢生活"休闲度假为核心,以建设"慢"文化主题突出的度假休闲设施为重点,规划不涉及房地产开发。

针对度假区内建设的酒店等配套设施,严格按照《建设项目环境影响评价分类管理名录》(2021年版),开展规划环境影响评价工作。同时本轮规划坚持合理开发,生态优先,将旅游资源与环境保护放在首要地位,度假区内除必要的文化研究、观景、休闲、接待等旅游配套设施外,严格限制其他建设项目和破坏生态环境的行为。

度假区开发建设区域的建筑规划设计遵循"生态为先,尊重自然,融入自然"的原则,保证景点建设与周围自然环境相协调,避免对山体、植被等自然环境构成破坏。

规划度假区加强植被绿化,培育良好的生态环境,对原有景观效果较差的植被进行景观改善。在项目建设中,避免施工过程对区内生态环境造成建设性破坏,运送砂石、泥土、水泥等的车辆,做好密闭与清洁。加强度假区的环境基础设施、环境卫生建设,禁止垃圾、污水随意排放,严格做好垃圾、污水的环保处理。

总体来说,本轮规划与《南京市旅游度假区管理办法》相符。

📢【专家点评】

度假区范围内分布瑶池风景名胜区、游子山国家森林公园、大荆山森林公园等,需关注与《江苏省风景名胜区管理条例》《国家级森林公园管理办法》的相符性。明确对照"风景名胜区、森林公园在珍贵景物、重要景点和核心景区,除必要的保护和附属设施外,不得建设宾馆、招待所、疗养院和其他工程设施"的规定,分析具体规划项目的合规性。

要落实国家、区域发展战略,坚持生态优先、绿色转型、高效集约,以生态环境质量改善为核心,优化规划用地布局、发展规模等,做好与各级国土空间总体规划和"三线一单"生态环境分区管控方案的协调衔接。

钱谊(南京师范大学)

2 区域开发现状分析

2.1 度假区规划历程回顾

高淳国际慢城旅游度假区起源于"桠溪生态之旅","桠溪生态之旅"位于高淳区东北部,游子山国家森林公园东麓,是一处整合了丘陵生态资源而形成的集观光休闲、娱乐度假、生态农业为一体的农业综合旅游观光景区。2010 年 11 月,"桠溪生态之旅"正式被国际慢城联盟评为"中国首个国际慢城"。在此基础上,高淳区着力建设高淳国际慢城旅游度假区,并于 2013 年 1 月 26 日经江苏省人民政府批复正式成立,创建成为省级旅游度假区,批复范围为东至高淳晶定线县道,西至宁高路(S55),南至高淳 301 县道,北至高淳区桠溪街道与溧水区晶桥镇交界线,批复面积为 19.923 km²。

为科学、系统地推动度假区的发展,2012 年 7 月,南京国际慢城建设发展有限公司委托南京必得旅游规划设计研究院编制了《高淳国际慢城旅游度假区总体规划(2012—2025)》(以下简称上一轮规划),充分分析了度假区旅游发展的区位背景、资源特色、市场特征及度假区构建要素等,总结和提炼了高淳国际慢城旅游度假区发展存在的优势及问题,以此为导向,明确了未来度假区旅游发展的总体定位和发展战略。依据上一轮规划重点开发建设的内容如表 2.1-1 所示。

表 2.1-1 依据上一轮规划重点开发建设的内容

序号	名称	类别
1	荆山慢客中心	休闲驿站
2	海风楼山庄	民宿
3	高村民宿	民宿
4	大山慢客中心	休闲驿站
5	大山农家乐示范村	农家乐
6	半城大山房车营地	酒店
7	康之缘牡丹园	休闲娱乐设施
8	文峰揽胜	休闲娱乐设施
9	国际慢城慢客中心	休闲驿站
10	瑶池慢客中心	休闲驿站
11	枕松驿站	休闲驿站
12	瑶池山庄	酒店
13	枕松酒店	酒店
14	时光碎片文艺酒店	酒店
15	阿曼童话世界民宿群(吕家村)	民宿
16	金腾农家乐	农家乐

序号	名称	类别
17	国际慢城学院	休闲娱乐设施
18	慢城博览汇(慢城美术馆)	休闲娱乐设施
19	慢城广场	休闲娱乐设施
20	蜗牛部落(慢乐园)	休闲娱乐设施
21	鸿运当头	休闲娱乐设施
22	慢城书院	休闲娱乐设施

度假区按照上一轮规划重点开发了瑶池山庄、吕家村、大山民俗文化村等旅游休闲度假项目,将瑶池山庄打造成集观光、娱乐、休闲、餐饮于一体的高端度假场所;利用吕家村丰富的农产品和绿色产品资源,建成度假区餐饮美食中心以及民宿群;整合大山村农家乐、大山寺、天地戏台、铜锣井等景点,增加农家美食、民宿度假等项目,将大山村打造成高淳第一家乡村旅游示范村。这些项目在本轮规划中依然保留并作为重点项目进一步发展。

度假区开发至今游客增速疲软,随着慢城品牌效应逐渐弱化,市场关注度有所降低,周边类似的旅游度假区慢慢崛起,产品体系不完善、旅游配套设施不足、度假氛围不强等问题困扰着度假区的发展,上一轮规划的许多项目如慢城营养体检中心、矿山酒店、矿坑花园会所等规划内容已不再适用,不能满足度假区的发展需要。

新时期"两山"理论、乡村振兴战略的提出,国家有关休闲农业和乡村旅游业发展的多项文件的出台,进一步推动了乡村休闲旅游产业的发展。为了统筹考虑新时期度假区的发展与布局,更好地整合和开发利用度假区的旅游资源,增强度假区的核心竞争力,提升度假区的综合效益,有必要对度假区进行新一轮总体规划。因此,组织编制了《江苏省高淳国际慢城旅游度假区总体规划(2021—2030)》,即本轮规划。

2.2　度假区发展现状

2.2.1　常住人口规模

高淳国际慢城旅游度假区范围内现状共涉及3个街道,包括漆桥街道的荆溪行政村,桠溪街道的蓝溪、桥李、瑶宕、穆家庄等行政村,约4 425人。

2.2.2　经济概况

高淳国际慢城旅游度假区融合了桠溪国际慢城和游子山森林公园的旅游资源,自成立以来致力于慢城品牌的打造,先后荣获全国农业旅游示范点、国家AAAA级旅游景区、江苏省旅游度假区、江苏省生态旅游示范区、"中国人居环境范例奖"等荣誉。通过开展各种节庆活动、参与国内外会议等加强宣传,全面提升高淳慢城品牌的影响力。同时还开发了一系列独具慢城特色的文创商品和农副产品,为度假区增收。

2020年,度假区全年旅游度假总收入5.03亿元,接待游客101.09万人次。随着度假区的发展,游客量将大幅增加,旅游总收入也将随之提高。

2.2.3　旅游度假设施开发概况

度假区自2013年成立以来,主要围绕桠溪生态之旅区域进行开发,目前仍处于开发建设阶段。桠溪线以北至S246以西区域即文化慢城创意度假区和农业慢城体验度假区开发比较完善,也是主要游览区域、游乐设施、观光风景、酒店、农家乐、房车营地等配备齐全,形成了以慢城小镇为核心的集文化、休闲娱乐、教育等为一体的综合体空间和农业观光、种植、体验、农业教育、农产品销售的功能空间。娱乐慢城游憩度假区和生态慢城乐享度假区尚在开发和建设中,娱乐慢城游憩度假区主要围绕望玉岛进行开发,望玉岛国际房车度假中心已基本建设完成,进一步装修完善后即可开放运营,生态慢城乐享度假区主要围绕归来兮度假养生庄园进行开发,目前仍在施工建设中,两个区域的旅游观光以当地现有自然风景为主。

度假区规划范围内现状分布有休闲驿站、停车场、公共厕所以及度假酒店、民宿、农家乐等住宿接待设施。

(1)休闲驿站

度假区现状已建4个慢客中心、2个驿站,在四大功能区中分布较均衡,已建及在建的休闲驿站均未占用生态红线及永久基本农田。慢客中心提供咨询、医疗服务、食宿预订等服务,驿站主要供游客休憩。具体建设情况见表1.2-2。

(2)停车场

度假区内停车场主要分布在慢客中心、度假酒店和主要景点处,目前停车场容量尚能满足度假区的游客接待量,但布局不能完全满足度假区的游客分布和出入需求,规划在不突破度假区用地规模的情况下适当调整停车场分布,以便游客合理选择到达方式,满足出入需求。

(3)住宿接待设施

目前度假区内的度假设施类型呈现多样化,住宿接待能力较强,涵盖常规度假酒店、主题度假酒店、民宿客栈、有机农庄、房车营地等。品质及舒适度好,服务好,能够满足不同层次、不同偏好的度假人群的需求。目前度假区内现状民宿住宿产业发展良好,依托村居,形成了大山农家乐示范村、吕家民宿群、高村民宿等一系列民宿聚集区。截至目前,高淳国际慢城旅游度假区住宿接待设施体系完善,拥有主题特色型、中档型、舒适型、家庭型、低碳环保型等不同类型的住宿接待设施,现状住宿接待设施具体情况见表1.2-2,其中酒店6家,2家在建,民宿、农家乐等7家,2家在建,四大功能区中均有分布,酒店多分布在文化慢城创意度假区,农业慢城体验度假区多为民宿。枕松酒店二期工程正在推进中,石墙围民宿村提升改造工程一期已完成,后续配套设施正在完善中;蜗牛村轻奢度假区正在进行内装施工,室外配套设施及院墙砌筑等同步推进中;归来兮度假养生庄园内部装修基本完成,正在加快推进道路等基础配套工程。

(4)休闲娱乐设施

慢城度假区紧扣"慢城"这一主题,依托当地现有的自然风景和景观,开发了一系列休闲娱乐设施。户外活动与室内活动相结合,将慢文化、慢休闲贯穿游客的游览全过程。度假区现状休闲娱乐设施的具体情况见表1.2-2。

度假区内蜗牛部落项目中原有一处已建休闲娱乐设施彩虹滑道部分占用永久基本农田,不符合管控要求,目前该设施已拆除,占用部分恢复为耕地,并重新设计滑道路线,确保不占用永久基本农田。

(5)其他公共服务设施

度假区正在加快推进旅游配套公共服务设施建设。国家级旅游度假区创建载体项目中的慢城新入口工程正在加快推进绿化种植、停车场工程等。国际慢城核心区提升改造项目等重点项目建设扎实推进。度假区已完成导视系统提升改造工程(包含全景导览系统、区域导视牌、休憩座椅、垃圾桶、文化设施、分流指示牌、单一指向牌、卫生间指向牌等)、15组节点景观文化氛围营造项目。

2.3 土地开发利用现状

高淳国际慢城旅游度假区现状用地分为公共管理与公共服务用地、商业服务业设施用地、道路与交通设施用地、绿地与广场用地、村庄建设用地,以及水域、林地等非建设用地,总用地面积为1 992.29 ha,土地利用现状情况如表2.3-1所示。从中可以看出,度假区现状土地绝大部分为非建设用地,占比

90.57%,建设用地占比9.43%,其中占比较大的是酒店等商业服务业设施用地(2.60%)、道路与交通设施用地(2.38%)和村庄建设用地(3.40%),度假区的建设用地开发规模较小,极大程度地保留了区域的水域、林地。

表2.3-1　高淳国际慢城旅游度假区现状用地汇总表

类别代码		类别名称	用地面积/ha	占总用地比例/%
A		公共管理与公共服务用地	1.48	0.07
其中	A7	文物古迹用地	0.93	0.05
	A9	宗教设施用地	0.55	0.03
B		商业服务业设施用地	51.85	2.60
其中	B1	商业用地	35.26	1.77
	B3	娱乐康体用地	0.21	0.01
	B9	其他服务设施用地	16.38	0.82
S		道路与交通设施用地	47.38	2.38
其中	S1	城市道路用地	42.33	2.12
	S4	交通场站用地	5.05	0.25
G		绿地与广场用地	1.72	0.09
H14		村庄建设用地	67.82	3.40
H9		其他建设用地	17.69	0.89
—		建设用地合计	187.94	9.43
E		非建设用地	1 804.36	90.57
其中	E1	水域	115.09	5.78
	E2a	耕地	1 045.00	52.45
	E2b	园地	37.24	1.87
	E2c	林地	592.92	29.76
	E2d	牧草地	14.11	0.71
合计		现状总用地	1 992.30	100

2.4　基础设施配套及运行现状

根据资料调研和现场调查,高淳国际慢城旅游度假区现状基础设施主要包括给水、排水、供电、燃气、环卫等。目前度假区的燃气供给以液化气为主,度假区天然气主干管线正在铺设,居民、酒店、农家乐等尚未接入使用。度假区不实施集中供热,区内无自建燃煤供热设施,无自建锅炉。度假区自建及依托的基础设施现状建设情况如表2.4-1所示。

表2.4-1　高淳国际慢城旅游度假区自建及依托的基础设施现状建设情况表

类别	名称	位置	现状规模	备注
给水	高淳自来水厂	区外	10万 m³/d	管线已铺设完成
排水	各村、酒店自建污水处理设施	区内	共1 595.25 t/d,覆盖度假区已建设施	—

类别	名称	位置	现状规模	备注
供电	供电	区内	220 kV淳东变电站一座 建设110 kV桠溪变电站一座	—
燃气	港华燃气公司	区外	—	天然气主干管线正在铺设,酒店、农家乐、居民未接入使用,现状以液化石油气为主

2.4.1 给水工程

度假区现状用水主要由高淳自来水厂供给,供水量可以满足游客和村民的需求。

高淳自来水厂位于老城区,宝塔路南侧,淳辉高级中学对面。现状供水规模为10万 m³/d,目前实际最高日供水量为9.0万 m³/d,水厂供水服务人口24.5万人,供水面积为300 km²。原水取自固城湖,水质为Ⅲ类水体,蓄水量为0.38亿 m³。由高淳自来水厂沿芜太路铺设DN400~500供水管,供应固城街道、东坝街道及沿线村庄,并向北连通桠溪街道供水管网;沿老桠路铺设DN400供水管,供应漆桥街道、桠溪街道及沿线村庄。

2.4.2 排水工程

目前,度假区内总体现状污水处理规模为1 595.25 t/d,能够满足度假区现状居民和游客产生的污废水的处理需求。

(1)污水处理设施规模及布局

① 居民生活污水。度假区现状居民生活污水以及民宿、农家乐产生的污水,依托所在村的农村小型污水处理设施进行处理,处理达标后执行《城镇污水处理厂污染物排放标准》(GB 18918—2002)一级B标准排放入附近沟渠坑塘,度假区各自然村已建成农村污水处理系统,处理规模为385.25 t/d,治理覆盖率达到100%。各村小型污水站的处理规模在5~50 m³/d,处理工艺多采用生物滴滤法后接小型生态池,处理后均能达标排放。具体情况见表1.2-4。

② 旅游设施污水。度假区内旅游配套污水处理设施依托酒店而建,处理规模为1 210 t/d,其中蜗牛村轻奢度假区污水处理后出水达到《城市污水再生利用 景观环境用水水质》(GB/T 18921—2019)娱乐性景观环境用水河道类标准后排入景观塘,回用于周边绿化;其他污水处理后出水执行《城镇污水处理厂污染物排放标准》(GB 18918—2002)一级A标准,尾水排入周边沟渠坑塘,酒店污水处理设施由各酒店安排专门人员进行维护,具体情况如表2.4-2所示。

表2.4-2 度假区已建酒店的污水处理情况表

区域功能分区	名称	处理工艺	处理规模/(t/d)	排水去向	备注
文化慢城创意度假区	瑶池山庄	隔油池+A²O	70	周边沟渠坑塘	
	枕松酒店	隔油池+A²O	70	周边沟渠坑塘	
	时光碎片文艺酒店	隔油池+A²O	30	周边沟渠坑塘	
	金腾农家乐饭店	隔油池+A²O	10	周边沟渠坑塘	
	慢城小镇	A²O	60	周边沟渠坑塘	
农业慢城体验度假区	蜗牛村轻奢度假区	隔油池+A²O	500	景观塘,回用于周边绿化	在建
	半城大山房车营地	A²O	30	周边沟渠坑塘	

续　表

区域功能分区	名称	处理工艺	处理规模/(t/d)	排水去向	备注
娱乐慢城游憩度假区	望玉岛国际房车度假中心	MBR	30	周边沟渠坑塘	在建
	海风楼山庄	隔油池＋A^2O	60	周边沟渠坑塘	
生态慢城乐享度假区	归来兮度假养生庄园	隔油池＋A^2O	350	周边沟渠坑塘	在建
合计			1 210		

（2）污水处理设施运行情况

根据例行监测数据,度假区农村小型污水处理设施处理后的污水基本可以实现达标排放。度假区农村污水处理设施均由街道或第三方进行运行维护,由高淳区水务局进行总体考核和管理,根据高淳区水务局委托第三方对高淳区农村污水处理设施运行情况的考核结果,度假区内各农村污水处理设施运行情况良好。

度假区应严格监管酒店污水处理终端运行情况,加强日常巡查,定期进行抽检,确保污水处理设施正常运行,从而确保游客生活污水经达标处理后排放。

2.4.3　能源设施

高淳区域无大型变电站,县域东北侧有 500 kV 溧水廻峰山变电站和 500 kV 溧阳变电站,通过 220 kV 线路从以上两座变电站引入全区。度假区目前现有 220 kV 淳东变电站一座,110 kV 桠溪变电站正在建设中。淳东变电站靠近 S204 省道处,桠溪变电站位于桠溪线桠溪国际慢城游客服务中心附近。

目前度假区酒店、农家乐及居民生活以液化气为主要气源,气源点位于宝塔路淳辉高级中学对面,现状有两个 50 万 m^3 的储罐。天然气以"川气东送"天然气为主气源,管线仍在铺设中,管线无法到达的地区仍以液化石油气为主要气源。

度假区内无供热锅炉,不实施集中供热,采用空调等制热设备供热,可满足区内居民及游客的用热需求。

2.5　污染源现状调查

慢城度假区现状污染物排放情况汇总如表 2.5－1 所示。

表 2.5－1　慢城度假区现状污染物排放情况汇总表　　　　　　　　　　单位:t/a

污染种类	污染物	排放量
废气	SO_2	0.000 24
	NO_x	0.261
	颗粒物	0.009
	油烟	1.333 5
废水	废水量	15.898 万
	COD	8.977
	氨氮	1.103
	总磷	0.131
	总氮	2.899

污染种类	污染物	排放量
固废	生活垃圾	0.211万
	污水处理产生的污泥	78.38

注:废水污染物未含农业面源产生的污染物。

2.6 环境管理现状

2.6.1 环境管理制度及执行情况

高淳国际慢城旅游度假区于2020年9月通过了ISO14001环境管理体系认证,建立了系统化、文件化、程序化的管理模式,提高了环境管理水平。

度假区内目前已无工业企业。据调查,区内酒店、农家乐等均安装了油烟净化器并配备在线监控设备。度假区内农村污水处理设施运行情况由高淳区水务局委托第三方每季度进行考核。度假区内瑶池山庄、蜗牛村轻奢度假区、归来兮度假养生庄园已完成环评报告表并获得批复。

2.6.2 环境监控体系建设情况

度假区内未布设国、省及市区级大气、水环境考核监测断面。度假区高度重视区内环境质量状况,2021年委托有资质的单位对区内大气、地表水、噪声环境质量进行监测,规划后续每年开展跟踪监测,关注度假区内环境质量变化情况。此外,度假区内各村污水处理设施安装视频监控设施,并安排专人定期对污水处理设施进行维护,严格监管污水处理设施运行情况。度假区内酒店均安装油烟在线监控设备,联网至区生态环境部门,由其实时监控油烟排放情况,加强运维管理。

【专家点评】

关于环境管理体系建设,建议从以下几方面考虑:一是建立并落实生态环境保护责任制;二是加强景区人员管理,包括游客、原住民和工作人员等的行为管理;三是对于景区内存在的生态环境问题、生态安全隐患及时上报;四是加强资源管理,制定各类景观资源、生物资源、水资源的保护制度和方案,建立健全档案管理制度;五是加强环境安全管理,建立对各类污染源的排放监管制度,建立污染源实时排放监控系统,明确旅游旺季环保设施和人员保障措施,确保生活污水、生活垃圾等污染物得到妥善收集和处置;六是制定对各类突发环境事件的应急预案,对突发环境事故及二次污染及时、有效处理,并建立档案。

李维新(生态环境部南京环境科学研究所)

2.7 环境质量现状调查与评价

2.7.1 环境质量现状调查

(1)环境空气质量

区域环境空气自动监测:根据2020年高淳区老职中站全年空气质量监测数据,2020年高淳区$PM_{2.5}$日均值第95分位质量浓度不达标。因此,本区域为不达标区,不达标因子为$PM_{2.5}$。

变化趋势分析:近年来,高淳区区域环境质量有所提高。根据高淳区近五年环境质量公报的数据,近五年区域内 $PM_{2.5}$、PM_{10}、SO_2、NO_2 浓度呈下降趋势,CO 浓度有所波动,但总体而言是下降的,O_3 浓度2016—2019 年逐渐升高,2020 年有所下降,总体呈上升趋势。高淳区主要污染因子为 $PM_{2.5}$ 和 O_3。

现状补充监测:度假区现状监测中所有监测点位各项监测因子均达到《环境空气质量标准》(GB 3095—2012)中的二级标准要求,所有监测点位 NH_3 和 H_2S 的监测值均低于《环境影响评价技术导则　大气环境》附录 D 中其他污染物空气质量浓度参考限值。度假区内环境空气质量较好。

(2)地表水环境质量

现状补充监测:度假区现状监测中水库各监测点位各项监测因子均达到《地表水环境质量标准》(GB 3838—2002)Ⅲ类标准。度假区内各水库均未出现富营养化状态,水质均为良好。区内小微水体均未达标,除枕松酒店附近的沟塘轻度富营养化外,其余沟塘水质均为良好。

(3)地下水环境质量

对照《地下水质量标准》(GB/T 14848—2017),度假区现状监测中除 D1 兴地农果园监测点位耗氧量的监测值为 Ⅳ 类标准外,其余各监测点位所测各项指标监测值均可达到《地下水质量标准》(GB/T 14848—2017)Ⅲ类标准要求。

(4)声环境质量

根据现状监测结果,度假区各类功能区的噪声监测点均达到《声环境质量标准》(GB 3096—2008)中相应声环境功能区标准限值要求,度假区内声环境质量良好。

(5)土壤环境质量

根据现状监测结果,度假区所有监测点位均低于其相应的标准筛选值,两个点位各项指标均低于《土壤环境质量　建设用地土壤污染风险管控标准(试行)》(GB 36600—2018)中第二类用地的筛选值,一个点位低于第一类用地的筛选值,另外两个点位均低于《土壤环境质量　农用地土壤污染风险管控标准(试行)》(GB 15618—2018)的风险筛选值。区域土壤环境质量良好。

2.7.2　生态现状调查与评价

度假区位于高淳区东北部,处于游子山国家森林公园东麓,整体自然生态本底良好,是一处整合了丘陵生态资源而形成的集观光休闲、娱乐度假、生态农业为一体的农业综合旅游观光景区。

项目组搜集、研读了本次生态评价范围及其周边环境相关文献资料,并于 2021 年 7 月、2021 年 9 月及 2022 年 1 月前往本次生态评价区域对其生态环境现状进行了三次实地调查,包括生态系统、维管植物、陆生脊椎动物和水生生物的生物多样性调查。调查方法参照《规划环境影响评价技术导则　总纲》(HJ 130—2019)、《环境影响评价技术导则　生态影响》(HJ 19—2022)和《生物多样性观测技术导则》(HJ 710.1—2016 至 710.13—2016)等相关标准执行。在进行现场调查的同时,也参考了正在进行的南京市生物多样性调查结果。

(1)生态系统类型现状

生态系统类型现状调查通过"3S"技术与现场调查相结合的方法,选取 2021 年 3 月 26 日 Landsat 8 遥感影像(融合后空间分辨率为 15 m,编号为 LC81200382021085LGN00),在 ENVI 5.3 和 ArcGIS 10.8 软件中用监督分类工具进行土地利用类型分类,结合现场调查,对解译后的数据进行检查修正,最终得到生态评价范围的生态系统类型,如表 2.7-1 所示。生态评价范围的主要生态系统类型可分为农田生态系统、林地生态系统、湿地生态系统和城市生态系统。农田和林地生态系统为主要类型,生态评价范围中,二者合计占比达 80.03%;度假区中,二者合计占比达 84.74%。

表 2.7 - 1　生态评价范围的生态系统类型和面积

序号	生态系统类型	生态评价范围		度假区	
		面积/km²	占比/%	面积/km²	占比/%
1	农田生态系统	52.19	56.43	10.44	52.41
2	林地生态系统	21.82	23.60	6.44	32.33
3	城市生态系统	15.43	16.68	1.89	9.49
4	湿地生态系统	3.04	3.29	1.15	5.77
	合计	92.48	100	19.92	100

生态评价范围内农田生态系统占地面积约 52.19 km²,其中度假区内 10.44 km²,种植的作物有水稻、茶树、油菜、果蔬等。该系统中的生物群落结构简单,优势群落往往只有一种或数种作物;养分循环主要靠系统外投入而保持平衡。

生态评价范围内林地生态系统占地面积约 21.82 km²,其中度假区内 6.44 km²,主要包括江苏游子山国家森林公园、瑶池风景名胜区、大荆山森林公园、生态评价范围内的一些山体等森林地块及度假区内的一些其他林地等。区域动植物种类繁多,群落结构复杂,为两栖爬行类、鸟类及其他哺乳动物提供了重要的栖息场所,在涵养水源、调节气候等方面也起着至关重要的作用。

生态评价范围内城市生态系统占地面积约 15.43 km²,其中度假区内 1.89 km²,主要包括乡村建设用地、道路交通用地等。乡村建设用地斑块不大,植物主要是房前屋后的"四旁"植物,动物群落主要由刺猬、黄鼬、褐家鼠等小型哺乳动物,以及麻雀、喜鹊、白头鹎等伴人鸟类组成。

生态评价范围内湿地生态系统占地面积约 3.04 km²,其中度假区内 1.15 km²,包括数量众多的水库和坑塘。主要湿生植物有芦苇、菰、菹草、金鱼藻等,鸟类有小䴙䴘、池鹭、白鹭等,鱼类有麦穗鱼、鲫和似鳊等。生态评价范围内的湿地生态系统在蓄洪抗旱、调节气候、改善水质等方面发挥着重要作用,同时也为众多的野生动物,特别是水禽繁殖和越冬提供了重要的栖息场所。

(2)植被现状

① 植被类型。根据《1∶100 万中国植被图》[①],评价范围内有 2 种植被类型,即"林以下以白檀、白栎、短柄枹为主的马尾松林"和"稻、麦、双季稻田"。

② 植物群落结构和优势种分析。受人类经济活动的影响,整体上生态评价范围内的次生落叶阔叶林和人工林替代了原生的自然植被。主要优势树种为马尾松、杉木等针叶林,以黄檀、山槐、榔榆为主的落叶阔叶树集中分布在桠溪街道境内的小山、尖山、金山、状元山等地,林下次生灌木林主要包括麻栎、山胡椒、化香、盐肤木等,常绿灌木包括枸骨、小叶冬青、乌饭树、石楠等。水生植物包括狐尾藻、野菱、芡实、各种萍类、睡莲、苦草、菹草、莲、芦苇、慈姑、荸荠、菖蒲、菰等。此外,生态评价范围内的农田主要种植水稻和茶树。

③ 保护物种。根据《国家重点保护野生植物名录》(2021 年版),生态评价范围内被列入国家一级重点保护野生植物名录的维管植物有 3 种,分别为南方红豆杉、水杉和银杏;被列入国家二级重点保护野生植物名录的有 22 种,分别为野大豆、鹅掌楸、茶、莲等。其中,野生种有野大豆,既有野生种又有栽培种的为白及,其他均为栽培种。

(3)鸟类现状

① 种类组成和分布特征。根据现场调查结果及相关资料,生态评价范围内共记录到鸟类 15 目 42 科99 种,鸟类群落整体构成复杂多样。生态评价范围内自然生态情况较好,状元山、大山、茅山、小茅山以及

---

① 侯学煜.1∶100 万中国植被图.国家青藏高原科学数据中心(http://data.tpdc.ac.cn),2019.

前塘水库、马耳山水库、大山水库等山地和水库均在其中,良好的生境条件使得该区域内鸟类多样性较丰富。从物种组成来看,雀形目无疑是评价范围内鸟类中物种最为丰富的一目,其物种数达到了 60 种,约占总种数的 60.6%,远超其他各目鸟类。雀形目鸟类共计 22 科,种数在 4 种及以上的有鹟莺科(4 种)、鸫科(4 种)、鹎科(6 种)、画眉科(4 种)、莺科(7 种)、燕雀科(4 种)、鹀科(4 种),这 7 科鸟类多数种类为评价范围内的常见林鸟,鸫科、莺科、鹎科偏好林地生境,在林地中遇见频率较高,典型的有乌鸫(*Turdus merula*)、强脚树莺(*Cettia fortipes*)、北灰鹟(*Muscicapa dauurica*)等。鹡鸰科喜滨水活动,多在河溪边、湖沼、水渠等处,在离水较近的耕地、草地、荒坡、路边等处也可见到,典型的有白鹡鸰(*Motacilla alba*)、树鹨(*Anthus hodgsoni*)等。鹀科则习见于芦苇丛、灌丛等微生境中,如田鹀(*Emberiza rustica*)、小鹀(*Emberiza pusilla*)等。隼形目、鸻形目、鹳形目种类也在 5 种以上。隼形目为猛禽,多数为迁徙过境鸟,评价范围常见的猛禽有黑翅鸢(*Elanus caeruleus*)、普通鵟(*Buteo buteo*)等。鹳形目是典型的湿地鸟类,在浅水滩地、水库均有一定的分布,典型的鸟类有白鹭(*Egretta garzetta*)、牛背鹭(*Bubulcus ibis*)、夜鹭(*Nycticorax nycticorax*)等。

② 区系特征。在世界动物地理区系划分上,江苏省正处于古北界与东洋界在中国东部的交会处,即秦岭—伏牛山—淮河—苏北灌溉总渠一线上,但由于江苏东部沿海为冲积平原,南北无明显地理阻隔,因此该区域内物种呈南北杂糅状态。评价范围地处苏北灌溉总渠以南,从评价范围内鸟类整体的区系组成来看,广布种最多,古北种次之,而东洋种最少,整体呈现为兼具南北气候特征、互相交会的特点。

③ 生态类群分析。根据不同鸟类生态习性的差异,可将鸟类分为 6 类,分别为游禽、涉禽、陆禽、猛禽、攀禽及鸣禽,其中,林鸟以鸣禽为主,水鸟以涉禽和游禽为主。生态评价范围内鸟类主要为鸣禽、涉禽和攀禽,其中,鸣禽种类最多,其次为涉禽、攀禽和猛禽,这几种鸟类物种数占评价区鸟类物种总数的 90% 以上。

从生境类型来看,生态评价范围内山地众多、林木茂盛,北侧分布有挂岭山、状元山、大山,南侧分布茅山、小茅山,众多的山地森林生境,为各种鸣禽、猛禽和攀禽提供了良好的栖息地和觅食环境。此外,生态评价范围内水库较多,也为各类涉禽和游禽提供了良好的栖息场所。

(4) 重要物种现状

生态评价范围内调查到的重要物种有野大豆、红隼、红脚隼、黑翅鸢、黑鸢、普通鵟、长耳鸮、画眉、红嘴相思鸟、云雀、田鹀、日本鹌鹑、黑斑侧褶蛙、金线侧褶蛙等。

(5) 生态红线/生态空间管控区域保护现状

对照《江苏省国家级生态保护红线规划》,度假区范围涉及的国家级生态红线为江苏游子山国家级森林公园。对照《江苏省生态空间管控区域规划》,度假区范围涉及的江苏省生态空间管控区域有 4 处,为江苏游子山国家级森林公园、大荆山森林公园、国际慢城桠溪生态之旅保护区和瑶池风景名胜区。

本次实地调查中发现这些区域植物生长茂盛,群落结构复杂,是生物多样性最为丰富的区域,区域得到了较好的保护,存在的主要问题为外来入侵物种——加拿大一枝黄花的入侵。

(6) 度假区建设用地生态适宜性分析

建设用地生态适宜性分析主要是根据土地系统固有的生态条件,结合社会经济因素,评价土地作为建设用地的适宜程度。本次评价采用德尔菲法确定度假区建设用地生态适宜性评价因子以及各评价因子的划分等级和权重,如表 2.7-2 所示。筛选评价因子的原则是:① 对土地的建设开发有较显著的影响;② 在网格分布上存在较明显的差异梯度。

表 2.7-2　度假区建设用地生态适宜性分析评价因子表

因子	适宜性等级	分类条件	单因子得分	权重
水库、坑塘	适宜	距离岸线>10 m	6	0.3
	不适宜	距离岸线 0~10 m	3	
	很不适宜	水面范围	0	
土地利用现状	很适宜	建设用地、道路	9	0.4
	适宜	空闲地	6	
	很不适宜	水域、林地、耕地、牧草地	0	
坡度	适宜	<10%	8	0.3
	较适宜	10%~25%	5	
	不适宜	>25%	1	
生态空间保护区域	国家级生态红线		划入很不适宜区	
永久基本农田保护区	划入很不适宜区			

以上述各单项评价因子分析为基础,形成度假区各单项评价因子的建设用地生态适宜性程度分级图,然后将不同评价因子的图层进行加权叠加分析,得到度假区建设用地生态适宜性综合评价的分布范围图(分辨率为 15 m×15 m)。根据综合评价图的分值,采用自然间断点分级法将度假区建设用地生态适宜性划分为四个等级:很适宜、适宜、不适宜、很不适宜。

各等级生态适宜性区域划分及分面积统计情况如表 2.7-3 所示。

表 2.7-3　度假区生态适宜性区域划分及分面积统计

建设用地生态适宜性等级	面积/ha	比例/%
很适宜	174.72	8.8
适宜	654.47	32.9
不适宜	449.26	22.5
很不适宜	713.84	35.8
合计	1 992.29	100

度假区规划范围内很适宜建设的用地主要为度假区内已建成区域和空闲地;适宜建设的用地主要为一般农田区域;不适宜建设的用地主要为一些小型山体和缓坡林地;很不适宜建设的用地主要为国家级生态红线、永久基本农田保护区等生态敏感区域,度假区坡度大于 25% 的山地,以及水库、坑塘及其两侧部分区域。

度假区开发建设过程中,需合理安排用地布局及开发顺序,建设用地尽量安排在很适宜或适宜建设的区域,避免开发建设活动对生态空间保护区域和度假区内自然生态系统产生不利影响。

📢【专家点评】

结合各类重点保护目标的保护范围、保护与管控要求,分析度假区生态敏感性、生态系统服务功能,完善旅游设施和开发活动的生态适宜性和环境敏感性,提出生态环境影响以及生态恢复与保护对策措施。

黄夏银(江苏省环境工程技术有限公司)

结合生态本底、生物多样性及生态适宜性现状调查,分析已实施部分对生态环境的影响。根据现状调查结果,核实度假区相关的环保督察、环境信访问题和整改情况,明确新一轮规划实施需优先解决的涉及生态环境质量改善、环境风险防控、资源能源高效利用等方面的问题,提出合法合理的整改要求和时限,部分环境问题应立行立改。

李维新(生态环境部南京环境科学研究所)

3　环境影响识别与评价指标体系

3.1　环境影响识别

高淳国际慢城旅游度假区在开发建设的过程中可能会对区域的水环境、大气环境、声环境、生态环境、社会环境等产生影响。开发前、开发过程中、开发后的主要环境影响因素如表3.1-1所示。

表3.1-1　度假区各开发阶段主要环境影响因素

开发阶段		环境影响因素
开发前		农业污染源:农业耕作使用的化肥、农药流失产生环境污染
		生活污染源:村庄居民的生活污水、生活垃圾及餐饮油烟产生环境污染
开发过程中	水环境影响因素	施工机械跑、冒、滴、漏的污油及露天机械被雨水等冲刷后产生的污水
		露天堆放的建筑材料、废弃物被雨水冲刷或淋溶产生的污染物
		雨水对地面冲刷形成的被污染的地面径流
		部分建筑材料、砂石在运输及使用过程中撒落到水体中产生的污染
		施工人员产生的生活污水
	大气环境影响因素	运输车辆及施工机械引起的扬尘及燃油尾气污染物
		建筑材料在装卸、运输和使用过程中产生的大量粉尘和扬尘
		建筑施工场地裸露地表的风吹起的扬尘
		临时生活设施产生的废气
	声环境影响因素	运输车辆产生的交通噪声
		施工机械产生的施工噪声
	固体废物环境影响因素	施工人员生活垃圾
		建筑余泥渣土
	生态环境影响因素	施工临时占地、永久占地造成水土流失,破坏植被和野生动物生境,影响动植物生存
	景观影响因素	施工破坏植被、建筑物的增加和铺装地面的形成将彻底改变原有地表覆盖物的类型,影响原有景观的协调性、整体性
	社会环境影响因素	开发过程中对当地居民生活质量、区域交通等产生影响
开发后	水环境影响因素	当地居民及游客游览住宿产生的生活污水,主要污染物为 BOD_5、COD、氨氮、SS、动植物油等
		餐饮厨房排放的含油污水,主要污染物为 BOD_5、COD、氨氮、SS、动植物油等
		雨水冲刷地面形成地表径流,主要污染物为 BOD_5、COD、氨氮、SS、总磷等
		污水提升泵站、污水管道发生破裂,造成污水外溢,主要污染物为 BOD_5、COD、氨氮、SS、动植物油等

开发阶段	环境影响因素	
开发后	大气环境影响因素	饮食业油烟废气
		居民、酒店等燃烧废气
		度假区内机动车产生的汽车尾气
		度假区内公共厕所、垃圾桶产生的恶臭气体
	声环境影响因素	餐饮区设备噪声
		游客游览过程中产生噪声
		各类水泵等设备噪声
		汽车产生的交通噪声等
	固体废物环境影响因素	污水处理设施产生的污泥
		居民生活垃圾及游客游览产生的垃圾
	生态环境影响因素	游客活动扰动自然生态系统,破坏自然植被和野生动物生境,影响动植物生存
	景观影响因素	景点、旅游设施的外观影响自然景观的协调性和整体性
		绿化方式会对规划区景观产生影响
	社会环境影响因素	区域经济、社会、旅游业发展水平及综合实力会提升
		区域景观、繁荣程度、可持续发展水平会加强
		人口规模、结构等会发生变化
		周边社区的变化,区域居民生活质量、生活习惯会发生变化

　　根据高淳国际慢城旅游度假区本轮规划的功能定位、发展目标、用地布局、旅游及配套设施建设、基础设施建设、综合交通规划等,结合所在区域的资源能源利用情况、环境质量现状等,在充分分析区域现有主要环境问题及资源环境制约因素的基础上,采用矩阵法识别规划方案实施可能对自然生态环境、区域环境质量、资源能源和社会环境等方面的影响,具体如表3.1-2所示。

表3.1-2　主要环境影响因子识别表

环境类别	影响因子	影响程度	影响方式
自然资源	道路建设	□	土地占用
	配套建设	□	土地占用
大气环境	汽车尾气	□	NO_x、SO_2、CO、总碳氢(THC)
	餐饮油烟	□	油烟
	燃烧废气	□	NO_x、SO_2、颗粒物
水环境	生活及餐饮废水	■	COD、氨氮、TP、TN
声环境	噪声	□	噪声污染
生态环境和景观环境	道路建设	■	生物多样性减少,土地占用
	生态保护	■	景观改善
社会经济	土地占用	■	占用现有用地
	当地社会经济发展	■	经济指标提升

注:■表示显著影响,□表示轻微影响。

3.2 环境目标与评价指标

本次评价以环境影响识别为基础,结合高淳国际慢城旅游度假区本轮规划、环境背景调查情况及规划涉及的区域环境保护目标,参考国家、江苏省、南京市和高淳区相关要求,考虑可定量数据的获取,同时结合现状调查与评价的结果,以及确定的资源与环境制约因素,建立规划环境影响评价指标体系,具体如表3.2-1所示。

表 3.2-1 规划环境影响评价指标体系表

类别	序号	评价指标		单位	现状值	规划中期目标值	规划远期目标值
环境质量	1	度假区空气质量[1][2]		%	达到二级标准	达到二级标准	达到二级标准
		其中	$PM_{2.5}$ 年均值[1][2]	mg/m³	0.034	0.030	0.028
			O_3 8 h 平均第90分位质量浓度[1][2]	mg/m³	0.158	0.156	0.154
			NO_2 年均值[1][2]	mg/m³	0.027	0.025	0.023
			全年优良天数比率[1][2]	%	86.9	88	90
		度假区地表水环境质量[1][2]		%	达到Ⅲ类标准	达到Ⅲ类标准	达到Ⅲ类标准
		度假区声环境功能区达标率[1][2]		%	100	100	100
	2	度假区土壤环境质量达标率[1][2]		%	100	100	100
污染防治	3	度假区使用清洁能源的户数比例[1]		%	100	100	100
		度假区生活污水处理率[1][3]		%	100	100	100
		度假区农村污水治理自然村覆盖率[1][3]		%	100	100	100
	4	度假区农村污水处理设施考核优秀率[1]		%	90	95	100
	5	度假区生活垃圾无害化处理率[1][3]		%	100	100	100
生态保护		生物多样性指数[1]		—	—	维持现状或略有增加	维持现状或有所增加
		生态环境状况指数[1]		—	良	良	良
	6	林地、草地、水域面积[1]		ha	722.12	不低于719.85	不低于719.85
	7	农业用地面积[1]		ha	1 082.24	不低于1 081.47	不低于1 081.47
	8	高植被覆盖率[1]		%	74.1	76	80
	9	旅游设施与永久基本农田邻近度[1]		—	不占用	不占用	不占用
	10	景观类型与结构[1]		—	—	维持景观多样性	维持景观多样性
	11	度假区二氧化碳排放总量下降率		%	—	保持不新增	5
环境管理		公众对环境质量改善的满意度[2][3]		%	—	≥88%	≥90%

指标值来源:[1] 结合度假区实际情况制定;
　　　　　[2] 参考《旅游度假区等级划分》(GB/T 26358—2022)制定;
　　　　　[3] 参考《关于印发江苏省生态文明建设示范乡镇(街道)、村管理规程和指标的通知》(苏环办〔2017〕260号)制定。

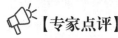【专家点评】

规划指标体系要体现生态系统质量逐渐改善、生态服务功能得到提升、公众享受自然的舒适感增加。

钱谊(南京师范大学)

从创建国家级旅游度假区的高度,从环境质量、双碳、生态质量等方面完善相应指标,并评价其可达性。

李维新(生态环境部南京环境科学研究所)

4 规划环境影响预测与评价

4.1 污染物排放量估算

度假区范围内各类污染源规划年排放量如表 4.1-1 所示。

表 4.1-1　各类污染源规划年排放量　　　　　　　　　　　　　　　　单位:t/a

污染种类	项目	2025 年	2030 年
废气污染物	SO₂	0.002	0.003
	NOₓ	4.999	7.995
	颗粒物	0.457	0.730
	餐饮油烟	1.587	1.969
废水污染物	废水量	26.96 万	43.64 万
	COD	13.48	21.82
	氨氮	1.35	2.18
	总磷	0.19	0.27
	总氮	4.56	7.06
固废污染物	生活垃圾	0.311 万	0.461 万
	污水处理后的污泥	0.014 万	0.022 万

注:废水污染物中不包含农业面源水污染物,废气污染物中不包含机动车尾气污染物,废水污染物为产生量。

4.2 大气环境影响分析

4.2.1 大气环境影响分析

度假区规划采用天然气、电能、太阳能等清洁能源作为燃料和热源,旅游产业发展对大气环境的污染主要来自酒店民宿、餐饮单位和交通工具。具体影响因素体现在燃气污染源、餐饮业油烟、机动车尾气等。

(1) 燃烧废气

规划区燃烧废气主要是区内酒店民宿、村庄居民日常生活使用液化石油气、天然气产生的废气,燃烧废气无须处理即可达标排放,废气量不高,对环境空气质量影响不大。

(2) 餐饮油烟废气

餐饮业油烟的成分复杂,食用油加热到 150～200 ℃时产生气态污染物,酒店宾馆等餐饮油烟经净化器处理后由专用油烟通道排放。根据同类餐饮店厨房油烟气排放情况的调查结果,在按照《饮食业油烟排放标准(试行)》(GB 18483—2001)要求配套相应的油烟净化装置后,其排放的油烟浓度小于 2.0 mg/m³,可以达标。居民餐饮油烟由于排放量较小,油烟污染物随空气对流迅速稀释扩散,对周围环境影响较小。

规划实施中度假区须做好餐饮油烟的处理工作,减少其对环境的影响。

(3) 交通工具尾气

伴随着度假区的发展,游客数量大幅增长,汽车数量将有所增加。"慢"行品牌为度假区重点打造的品牌之一,区内交通车辆以到达、驶离为主,游客在度假区内主要以慢性、慢骑或采用区内公交巴士等进行游览观光活动。

度假区设置分片区的公共停车场,现状共有 22 处小型公共停车场,其中小型车位 2 813 个、客车车位 90 个,规划扩展至小型车位 2 930 个,客车车位 270 个。度假区停车场主要分布在游客服务中心、便民服务中心、桠溪慢客中心、房车度假中心等区域。由于各规划停车场分布较分散,且停车场汽车尾气为间歇性排放,排放的污染物数量少,因此停车场汽车尾气对周围的环境影响较小。

度假区打造以自行车慢骑等为代表的"慢"行品牌,为满足游客自行车旅游和步行等慢行交通需求,区域内交通多设置为自行车环线、电瓶车环线,景区内游客游玩多选用旅游公交巴士、电瓶车、平衡车、自行车、花车、徒步等慢行交通方式,因此汽车尾气产生量较少,同时度假区内道路两侧绿化较好,汽车尾气对周边的环境影响可接受。

(4) 异味和臭气

度假区实行垃圾分类,在村庄和旅游景点布置垃圾收集点,区内居民及游客产生的生活垃圾由当地环卫部门每天集中收集清运,运送至光大国际焚烧厂集中焚烧发电处置。度假区内酒店污水处理设施多为埋地式,各村污水处理设施均有小型生态池,污水处理产生的污泥由环卫部门定期清运,度假区内异味、臭气可以得到有效控制。

4.2.2 周边区域对度假区的影响分析

高淳国际慢城旅游度假区位于高淳区西北部,距高淳主城区直线距离约 10 km,距离最近的高淳经济技术开发区约 5 km。根据《江苏高淳经济开发区开发建设规划环境影响报告书》,$PM_{2.5}$ 在实施削减后预测范围的年平均浓度变化率不超过-20%,区域环境质量整体改善,SO_2、NO_2 保证率日平均质量浓度和年平均质量浓度均符合环境质量二级标准,HCl、NH_3、H_2S、二甲苯、甲苯、非甲烷总烃等因子叠加现状监测背景值后,均符合环境质量二级标准,因此,江苏高淳经济开发区对本度假区的影响可接受。

园区周边无重污染型企业,园区外 2.5 km 范围主要为农村居民、商业办公区等,周边区域污染源对本规划区的影响较小。根据《南京市高淳区国土空间总体规划近期实施方案》,度假区周边区域主要规划为农林用地、农村居住用地等,周边区域规划对本区域的大气环境影响较小。另外,度假区内无工业企业,且随着周边环境基础设施的不断完善,环境管理力度不断加强,环境空气质量将有所改善。

4.3 地表水环境影响分析

根据现状调查,度假区水污染源以农业面源为主,农业面源排放的 COD 占总排放量的 78.34%,氨氮占总排放量的 98.33%,总磷占总排放量的 99.50%,总氮占总排放量的 97.39%。规划实施后,因旅游项目建设需要,将占用少量的耕地,种植业污染源源强仍占有较大比例,旅游度假区内水体受农业面源污染影响较大。

高淳区按照绿色生态低碳的理念,大力推广生态农业模式,促进节水型农业发展。全面推广测土配方施肥,积极使用有机肥或有机无机复(混)合肥,实施农药化肥减施工程,通过采取测土配方、秸秆还田、种植绿肥、增施新型肥料、创新农作制度等措施,减轻农业面源污染对度假区水质的影响。此外,高淳区依托慢城旅游度假区开发建设,大力实施特色田园乡村建设,实施田园景观改造、耕地质量提升、人工湿地建设、河塘水质提升等一系列工程,打造"有机大米+慢食文化"等特色产业,深入挖掘农耕文化、民俗文化、地域茶竹等特色文化,建设了垄上村等一批省级特色田园乡村,对度假区面源污染控制、水环境质量提升起到了积极的作用。

4.4 地下水环境影响分析

度假区地表水丰富,尚无大规模的地下水开采,度假区运营后无生产废水产生,主要是生活污水,在对度假区内污水管网、厕所、生活垃圾转运站等采取严格的防渗措施后,度假区内产生的生活污水对地下水水质基本没有影响。

根据中国地质大学相关实验结果和计算数据,污水处理站尾水排入河渠后,COD 和氨氮渗入地下水,但能够在距河渠较短的距离内得到很好衰减。达标尾水进入地下水时 COD 初始浓度在 50～60 mg/L,渗透到地下时,由于土壤吸附、降解等作用,COD 浓度迅速降低,在距河渠约 57～60 m 的距离,COD 浓度已经小于地下水Ⅲ类水质规定的标准值。达标尾水进入地下水时氨氮初始浓度在 13～15 mg/L,经过岩层的吸附、硝化、反硝化等作用,氨氮浓度迅速降低,在距河渠约 40 m 的距离,氨氮浓度已经小于地下水Ⅲ类水质规定的标准值。由此可见,规划中期度假区内居民生活污水经处理后达标排放,游客生活污水经处理后排入景观塘用于周边绿化,均对区域的地下水影响较小;规划远期度假区内居民生活污水具备接管条件的还将集中处理,进一步减小对区域地下水的影响。

4.5 声环境影响预测与评价

4.5.1 交通噪声影响分析

随着规划实施,度假区内游客数量大幅上升,会使得进出车辆数目显著增多。度假区内主要有溧芜高速、264 省道等穿境而过,溧芜高速纳入了《江苏省高速公路网规划(2017—2030)》,根据《江苏省高速公路网规划(2017—2030)环境影响报告书》,在施工期,可以在施工场界处设置实心围挡,作为声屏障阻挡施工噪声的传播,使得昼间施工区域附近敏感点噪声达标。夜间施工对拟建公路两侧评价范围内的声环境质量产生显著影响,特别是对夜间睡眠的影响较大。因此,施工期间应采取禁止夜间(22:00—6:00)施工的措施避免夜间施工的噪声污染,以减轻施工对沿线居民生活的不利影响,如需夜间施工,需要向当地环保局提出夜间施工申请。施工是暂时的,随着施工的结束,施工噪声的影响也随之结束,总体而言,在采取施工围挡和禁止夜间施工的措施的情况下,施工作业噪声的环境影响是可以接受的。在运营期,沿线预测声级均有不同程度的增长,预测声级增加的原因是规划高速公路新扩建增加了交通噪声源强。针对超标敏感点采取降噪林、隔声窗、声屏障的降噪措施,采取上述降噪措施后,可以满足敏感点运营期声环境质量达标的要求。

度假区内部道路主要有旅游风景道、机动车道(车行道路面宽 7 m)、慢行车道(电瓶车和自行车)、步行道。景区内,车流量较小,车速较低,同时景区设立了限速和禁止鸣笛的标志,因此噪声影响不大。

度假区设置分级分片区的公共停车场,可满足私家车和客车的停车需求,汽车启动时噪声约 70 dB (A),停车场距周边环境敏感目标最小距离均大于 30 m,且一般停车场所处区域地势开阔,周边有林木绿化的阻隔作用,在加强停车管理,禁止乱鸣喇叭等不文明行为的前提下,停车噪声对周边声环境影响较小。

4.5.2 社会噪声影响分析

旅游活动噪声包括旅游场所、公共娱乐场所等发出的声音,以及街道上人群喧哗声和居民区噪声等,与景点的人群密度和旅游活动方式有关。从整个区域来说,由于酒店、民宿分布相对较为分散,游人密度不会太高,在度假区内的休闲度假场所,尤其是有较强噪声的服务中心、餐厅等,应配置隔声设施,加强管理。

4.5.3　设备噪声影响分析

度假区内会有空调风机、通排风机、冷冻机组、热泵、空压机、变配电器等噪声设备。要求各类产噪设备尽量设置在室内,尽量采用低噪设备、设置单独隔声房、风机风口加装消声器、水泵加装减振垫等措施,再经过地下建筑遮挡、屏蔽等衰减,此类噪声不会对周围声环境产生明显的影响。对于餐饮设施噪声源,厨房设备和排风机等设备运行过程中产生的噪声声级值约为 80 dB(A),通过设置减震垫等措施,噪声可降低 20 dB(A),经门窗隔声作用,噪声可降低 10～20 dB(A),厨房操作过程产生的噪声值约为 60～70 dB(A),经门窗隔声作用,噪声可降低 10～20 dB(A),再经距离衰减作用,餐饮设施噪声可达到《社会生活环境噪声排放标准》(GB 22337—2008)中 1 类标准,对度假区内部环境敏感目标影响较小。

综合分析,度假区林木覆盖率较高,各敏感目标较分散,交通噪声、度假区内动力设备的噪声影响范围较小,旅游过程中产生的社会生活噪声具有波动性,在采取一定的防范措施的基础上,交通噪声、社会生活噪声和设备噪声对周边声环境影响均在可接受范围内。

4.6　固体废物环境影响分析

(1) 固体废物临时堆放储存场所的环境污染分析

度假区内垃圾收集储存场所的环境污染情况主要为:产生臭气以及滋生蚊蝇,影响周围环境;生活垃圾在转运站装箱、压缩时,会产生垃圾渗水,污染周围环境;固体废弃物堆积处置时间不当会影响风景区观瞻。因此,生活垃圾收集站(点)的位置要与居民点、自然保护区保持足够的距离,做好防雨淋、防渗透、防扬尘等保护措施。

(2) 垃圾中转站与运输路线影响分析

度假区未规划垃圾处置场所,垃圾需要运输至光大国际焚烧厂进行处理。垃圾清运必须注意以下问题:① 应远离运输沿线居民和旅游活动场所,避免造成环境污染影响。② 风景区内收集垃圾的车辆行车路线必须为单行线路,选择游客稀少的时间作业。③ 收集垃圾的车辆须保持密闭性,防止运输过程中发生泄露。④ 建议采用压入装箱式工艺,其具有以下优点:垃圾有较高密实度,对所转运的垃圾适应性强;实现全封闭化操作,作业过程中的臭气扩散和蚊蝇滋生可大大减少;设备投资、运行费用适中;压入装箱式工艺较完善,在国内外已得到广泛应用。

4.7　生态环境影响分析

4.7.1　规划已实施部分对生态环境的影响分析

度假区按照上一轮规划已重点开发了瑶池山庄、吕家村、大山民俗文化村等旅游休闲度假项目。将瑶池山庄打造成集观光、娱乐、休闲、餐饮于一体的高端度假场所;利用吕家村丰富的农产品和绿色产品资源,建成度假区餐饮美食中心以及民宿群;整合大山村农家乐、大山寺、天地戏台、铜锣井等景点,增加农家美食、民宿度假等项目,将大山村打造成高淳第一家乡村旅游示范村。这些项目在本轮规划中依然保留并作为重点项目进一步发展。

这些度假区中已实施的项目对生态环境的影响如下所述。

(1) 对生态保护红线和生态空间管控区的影响

度假区内已建成的现有项目阿曼童话世界民宿群、鸿运当头、慢城书院、蜗牛部落、大山农家乐示范村、高村民宿等占用国际慢城桠溪生态之旅保护区(省生态空间管控区域)等。本次要求占用生态空间管控区的项目加强游客管理,严格按照生态空间管控区管控要求进行管理,最大限度降低负面影响。

总体而言,度假区内已建成的现有项目对生态红线和生态空间管控区基本不会产生影响。

(2)对植物的影响

度假区内已建成的现有项目占用的土地面积约 0.82 km²,造成一定的植被生物量损失,但这些项目已建成多年,度假区同时也开展了植被绿化和植被修复工作,当前度假区的植被覆盖度和植物生物多样性良好,故整体上已建成项目对度假区植被生物量造成的影响较小。

(3)对鸟类等陆生脊椎动物的影响

度假区内已建成的现有项目对鸟类等陆生脊椎动物最直接的影响是建设项目用地占用其生境。对鸟类和兽类而言,生境被占用后它们会另觅生境,避开影响。生境占用对爬行类和两栖类影响最大,爬行类和两栖类动物活动范围较小,在占地范围内的个体大多会死亡,仅有存在于用地边缘带的个体可能会规避。但这些项目已建成多年,度假区同时也开展了植被和生境修复工作,当前度假区的鸟类等陆生脊椎动物多样性良好,度假区内鸟类等陆生脊椎动物所受影响已基本修复,整体上已建成项目对度假区鸟类等陆生脊椎动物造成的影响较小。

营运期,旅游车辆行驶噪声,游客数量增加和活动范围扩大,会对当地野生动物造成惊扰。交通车辆增加使周围区域的噪声增大,干扰了野生动物的生活,使一些野生动物被迫向森林深处转移。游人活动迫使动物迁徙或逃逸,从而影响规划区生物种群结构和数量,其结果是导致对人为干扰适应能力较强的动物类群数量增加,如喜鹊、麻雀、鼠类等,而敏感性较强的物种减少。这些项目已建成多年,目前度假区内鸟类等陆生脊椎动物已基本适应度假区内的现有建设项目。

(4)对水生生物的影响

度假区内分布有众多水库坑塘,目前规划区已实现农村污水治理覆盖率100%,地表水质均可达标。根据度假区污水规划,污水通过收集后经污水处理设施处理,处理达标后排入附近景观塘,回用于景观绿化。因此,度假区内已建成的现有项目对当地水环境及生态环境不会带来显著负面影响,度假区的运营对水生生物影响有限,不会影响生物多样性。

4.7.2 规划实施后对生态环境的影响分析

规划实施后,度假区开发建设新增建设用地 3.03 ha(占度假区总面积的 0.15%),占用耕地 0.77 ha(均为一般农田)、林地 2.27 ha(主要为竹林),造成耕地变化率为 0.07%,林地变化率为 0.38%,变化率较小,故本规划对度假区用地类型影响较小。规划实施后耕地和林地生物量损失不大,且规划实施前后,土地利用结构变化较小,林地和农田仍为度假区的基质,农林用地的占比由84.79%变为84.64%。规划注重保护现有的自然环境,除必要的新增建设用地外,尽量对现有建筑设施进行改造提升,最大限度地减少对自然水域、山体和植被的侵占。

生态红线和生态空间管控区范围内严格按照相关的法律法规要求进行保护,加强建设项目与周围自然景观环境的协调融合,度假区建设对生态红线和生态空间管控区基本不会产生影响。

度假区总体植被覆盖率较高,以林地和农田为主。规划中要求"对度假区内现有植被加强保护,一般不得砍伐破坏;构建 2 个生态绿肺系统,即三条垄区域和红旗路以北区域",本规划对度假区植物的负面影响较小,且构建的 2 个生态绿肺系统将对度假区植物群落产生正面影响。

度假区开发建设对鸟类、两栖类、爬行类和小型兽类的栖息地影响较小,主要以游客人为干扰为主,不会对上述动物的种类和数量造成大的影响。规划实施对当地水环境及生态环境不会带来显著负面影响,度假区的运营对水生生物影响有限,不会影响生物多样性。

规划实施后,度假区内得到良好的景观设计,提升了度假区整体休闲旅游环境。

总体而言,度假区建设以生态保护为重点,在环境容量许可的条件下,适度进行风景旅游资源开发和旅游配套设施建设。规划项目以对现有建筑设施进行改造提升为主,以诗意栖居度假方式为理念,打造乡村山地型国际旅游度假区,规划内容基本体现了以生态保护为主的可持续发展原则。

4.8　环境风险影响分析

区域环境质量较好,度假区周边无重污染企业,度假区外 2.5 km 范围主要为农村居民区、商业办公区等,外环境对度假区本身影响较小,不存在重大环境风险源。

度假区涉及江苏游子山国家森林公园、瑶池风景名胜区、国际慢城桠溪生态之旅保护区、大荆山森林公园的生态红线保护区和生态空间管控区,旅游开发、人类活动强度增大,对当地生态环境及生态空间保护区域存在一定环境风险,可能会对度假区内及周边野生生物的正常活动产生不良影响,但根据分析,这种影响较小,在区域的生态承载能力范围内。

度假区目前以液化气为主气源,液化气在运输及使用的过程中有泄漏的风险,可能发生意外破裂、倒洒等事故,对周围土壤、空气、水等自然环境造成影响,特别是对水库、水塘。规划远期度假区以天然气为主气源代替液化气,度假区要加快天然气管网建设,加强对区内各酒店、民宿等的管理,同时对区内居民进行环境风险宣传教育,在采取一定措施后液化气泄漏可能带来的环境风险可以降低。

度假区不涉及危险品运输,区内有溧芜高速、宁高公路、246 省道等道路穿过,可能会有危险品运输车辆过境,车辆在水库、水塘附近发生侧翻事故,可能会造成危险品泄漏,对水库、水塘、土壤等造成影响。道路运输的危险品主要为汽油、柴油、酸碱、有机物等,一旦发生侧翻事故,危险品泄漏进入地表水体,将造成水体污染物浓度较高,一般超过标准值的几倍或者几十倍;还可能导致事故地点附近土壤污染,度假区多为农林用地,如对污染土壤不加以治理修复,可能会造成土壤板结、农作物减产。应加强运输车辆的风险防控,可以通过在水库两侧等临水路段修建规范化防撞墙,并在必要位置修建导流槽和应急池,在道路拐角、靠近水库路段设置"谨慎驾驶"和危险品车辆限速标志,对驶入水域的道路车辆施行通行管制、视频监控,严格限制有毒有害物质和危险化学品的运输等措施降低运输过程中的风险。

度假区在开发和运营过程中,要加强管理,尽可能减少旅游活动对区域环境的影响和破坏。严格按规划进行开发,科学控制旅游规模,制定旺季游客流量控制预案,做好调控和分流,同时通过制定管理条例或政策加强对度假区经营开发活动的管理,促进旅游活动的规范化,尽量降低度假区开发对生态空间保护区域的潜在风险。

5　资源环境承载力分析

5.1　生态承载力分析

生态承载力代表一个地区所能提供的资源环境条件,生态足迹是能够持续地提供资源或消纳废物的、具有生物生产力的地域空间,其含义就是要维持一个区域的生存所需要的或者容纳人类所排放的废物、具有生物生产力的地域面积。

经查阅资料,结合度假区社会环境、经济、人文和自然条件,本次拟采用文献《基于生态足迹的区域旅游生态承载力研究——以苏南五市为例》中对无锡市的研究结论,文献中对农田、林地、水域、建设用地等土地类型的人均生态承载力均进行了分析,如表 5.1-1 所示。经计算,度假区可承载的人数为 4.05 万人/d。

表 5.1-1　区域生态承载力计算表

土地类型	人均生态承载力 a/ $[ha/(人/d)]$	规划末期土地面积 b/ ha	可承载人数 c/(人/d) $(c=b/a)$
农田	0.232 9	1 081.47	4 643
林地	0.025 7	590.65	22 982
建设用地	0.078 6	190.97	2 430
水域	0.011 0	115.09	10 463
合计			40 518

至规划末期 2030 年,度假区常住人口按 0.44 万人计,符合度假区生态承载力范围之内的人数为 4.05 万人/d。根据规划方案,2030 年度假区平日游客数量为 1.64 万人/d,高峰期游客数量为 2.30 万人/d,则平日人口规模为 2.08 万人/d,高峰期人口规模为 2.74 万人/d,在生态承载力范围以内。

从以上分析可以看出,从生态足迹的角度看,至规划远期,按规划方案中的平日游客规模和高峰期游客规模,度假区内总人口的生物生产土地面积的需求量均未超过区域生态系统的承载能力,生态系统将处于一种生态平衡状态。

在后续规划实施过程中应及时监测、跟踪生态系统变化情况和游客数量,避免游客数量超出度假区生态承载力,减轻开发、营运过程对环境产生的不利影响,做到旅游产业的可持续发展。

5.2　旅游空间资源承载力分析

由于度假区规划范围为条状,空间布局为"一核一带四区",主要旅游道路为生态之旅,游客主要沿生态之旅向周边进行旅游活动,活动范围较大且分散,参考文献资料、《景区最大承载量核定导则》(LB/T 034—2014),本次分别采用面积法、旅游设施承载量测算旅游资源承载力。

计算结果如表 5.2-1 所示,度假区日环境容量约为 3.45 万人,瞬时容量可达 4.61 万人,规划度假区 2030 年平日游客总量约 1.64 万人/日,高峰期游客总量为 2.30 万人/日,度假区规划的旅游空间可承载规划期内的游客规模,从表中可以看出,各片区旅游空间均可承载规划期内游客规模。

表 5.2-1　旅游度假区游客容量测算表

分区	分区面积/ km^2	可游览面积/ km^2	人均游览面积/$(m^2/人)$	瞬时容量/ 万人	日周转率	日游客容量/ 万人	平日游客量/ 万人	高峰期游客量/ 万人
文化慢城	6.96	3.2	200	1.60	0.5	0.80	0.30	0.42
农业慢城	6.08	3.2	250	1.28	1	1.28	0.63	0.88
娱乐慢城	2.80	1.1	150	0.73	0.5	0.37	0.19	0.27
生态慢城	4.08	1.5	150	1.00	1	1.00	0.52	0.73
合计	19.92	9.0	—	4.61	—	3.45	1.64	2.30

本次分析度假区住宿接待设施、停车位等对游客的最大承载量。其中住宿接待设施床位为 2 931 张(含周边),根据慢管会反馈的数据,游客住宿的比例为 0.2;规划建设小型车位 2 930 个(承载量以 4 人计),客车车位 270 个(承载量以中型客车 19 人计),根据慢管会反馈的数据,停车位平均运行次数以 4 次计,人均重复使用停车位个数以 2 个计。度假区住宿设施日承载量约为 2.93 万人,停车位约为 3.37 万人。规划度假区 2030 年平日游客总量约 1.64 万人/d,高峰期游客总量为 2.30 万人/日,度假区规划旅游设施可承载规划期内的游客规模。

5.3　水资源承载力分析

度假区用水主要是居民及游客生活用水、商业用水、绿化用水等。本次规划按照《城市给水工程规划规范》中人均综合生活用水量指标推算,常住人口用水量 80 L/(P·d),游客用水量 69.5 L/(P·d),市政、管网漏损及其他用水量取生活用水量的 15%,规划期末常住人口为 0.44 万人,游客人数为 600 万人次,则年用水量 62.7 万 m^3/a,即约 1 718.6 m^3/d。

本区域规划用水量占高淳自来水厂供水规模的 1.72%,占南京双闸水源厂供水规模的 0.38%,占比较小。另外,高淳区将用多水源保障供水结构安全,分质供水满足不同用水需求,集约化建设提高供水效率,差异化供水引导集聚发展,城乡一体统筹系统布局,区域协调合理配置与保护水资源,全面节水,实现供水可持续发展。因此,规划区域的用水需求可以得到满足。

5.4　土地资源承载力分析

(1)土地资源利用要求分析

本次规划至 2025 年已基本开发建设完成,2026—2030 年为优化提升期,对已开发建设项目进行配套设施完善、景观美化、定期修缮等。度假区建设用地指标应立足于国土空间规划中确定的建设用地,严格按照土地利用性质确定土地开发功能,农林用地性质未调整前不得开发,主管部门必须严格按照《基本农田保护条例》的有关条目进行规划调整和土地征用,落实好各项补偿措施。在此基础上,度假区规划土地开发规模合理。

另外,由于本次规划周期较长,规划实施过程中可能会有新的项目引入,产生新的用地指标,本次规划环评要求项目用地避让永久基本农田和生态红线保护区域,尽量对现有建筑设施进行改造提升,最大限度地减少对耕地的侵占和对生态环境的影响。

(2)土地资源承载力分析

土地资源承载力分析主要是分析度假区用地种类、结构与保护旅游资源、生态环境之间的关系,分析区域可供开发使用的土地面积。度假区现状和规划土地利用种类与结构如表 5.4-1 所示。

表 5.4-1　高淳国际慢城旅游度假区规划/现状用地对照表　　　　　　　　　单位:ha

类别代码		类别名称	规划用地面积	现状用地面积	变化量
A		公共管理与公共服务用地	1.48	1.48	0
其中	A7	文物古迹用地	0.93	0.93	0
	A9	宗教设施用地	0.55	0.55	0
B		商业服务业设施用地	54.89	51.85	3.04
其中	B1	商业用地	38.20	35.26	2.94
	B3	娱乐康体用地	0.21	0.21	0
	B9	其他服务设施用地	16.48	16.38	0.10
S		道路与交通设施用地	47.38	47.38	0
其中	S1	城市道路用地	42.33	42.33	0
	S4	交通场站用地	5.05	5.05	0
G		绿地与广场用地	1.72	1.72	0

类别代码		类别名称	规划用地面积	现状用地面积	变化量
H14		村庄建设用地	67.48	67.82	−0.34
H9		其他建设用地	18.02	17.69	0.33
—		建设用地合计	190.97	187.94	3.03
E		非建设用地	1 801.32	1 804.36	−3.04
其中	E1	水域	115.09	115.09	0
	E2a	耕地	1 044.23	1 045.00	−0.77
	E2b	园地	37.24	37.24	0
	E2c	林地	590.65	592.92	−2.27
	E2d	牧草地	14.11	14.11	0
合计		—	1 992.29	1 992.30	—

自规划实施后,度假区商业服务业设施用地、其他建设用地略有增加,耕地、林地略有减少,由于部分农林用地纳入建设用地,导致土地资源利用程度高于现状。规划实施后,区内 0.77 ha 耕地和 2.27 ha 林地转变为建设用地,但大部分仍作为农林用地,土地的生态功能将不会有太大改变,同时,通过规划的实施生态用地质量有所提高,有利于度假区旅游业的可持续发展。

5.5 总量控制分析

度假区产生的大气污染物主要为居民生活及游客住宿产生的燃烧废气、餐饮油烟废气、机动车尾气等。度假区产生的水污染物主要来源于居民及游客的生活污水,根据大气环境容量分析、水环境容量分析、污染物总量预测结果并考虑大气、水环境综合整治方案等要求,对度假区废水主要污染物总量控制要求提出建议,如表 5.5 - 1 所示。

表 5.5 - 1　规划期度假区污染物总量控制建议表　　　　　　　　单位:t/a

类别	污染物	规划中期排放量	规划中期建议控制总量	规划期末排放量	规划期末建议控制总量
废气	SO_2	0.002	0.002	0.003	0.003
	NO_x	4.999	4.999	7.995	7.995
	颗粒物	0.457	0.457	0.730	0.730
废水	废水量	26.96 万	26.96 万	43.64 万	43.64 万
	COD	13.48	13.48	21.82	21.82
	氨氮	1.35	1.35	2.18	2.18
	总磷	0.19	0.19	0.27	0.27
	总氮	4.56	4.56	7.06	7.06
固废	生活垃圾	0.311 万	0.311 万	0.461 万	0.461 万

📢【专家点评】

对景区承载力,根据区域环境容量及生态环境敏感程度,结合《景区最大承载量核定导则》(LB/T 034—2014)中的规定进行合理确定,并在此基础上分析配套设施(如停车场、宾馆、道路等)的规模合理性,必要时提出优化调整建议。

李维新(生态环境部南京环境科学研究所)

6　规划方案综合论证和优化调整建议

6.1　规划方案的环境合理性论证

（1）规划目标与发展定位的合理性

规划目标清晰,始终围绕创建国家级旅游度假区的要求开展。根据对规划与区域及上层位发展规划的相符性分析,高淳国际慢城旅游度假区本轮规划的规划目标与发展定位符合国民经济和社会发展第十四个五年规划纲要,符合江苏省、南京市、高淳区、桠溪街道等各个层次的区域发展战略、主体功能区划、城市总体规划,符合《南京市"十四五"文化和旅游发展规划》《南京市高淳区全域旅游总体规划》以及其他各个层次的相关规划及政策要求,高淳国际慢城旅游度假区本轮规划的规划目标与发展定位具有合理性。

（2）规划规模的环境合理性论证

① 生态规模的环境合理性:根据生态承载力分析,从生态足迹的角度看,至规划远期,按规划方案中的平日游客规模和高峰期游客规模,度假区内总人口的生物生产土地面积的需求量未超过区域生态系统的承载能力,生态系统将处于一种生态平衡状态。

② 规划游客规模合理性:根据旅游空间资源承载力分析,度假区日环境容量约为 3.45 万人,瞬时容量可达 4.61 万人,规划度假区 2030 年平日游客总量约 1.64 万人/日,高峰期游客总量为 2.30 万人/日,度假区规划的旅游空间可承载规划期内的游客规模,各片区旅游空间均可承载规划期内游客规模。

③ 规划土地开发规模合理性:本轮规划开发建设用地规模相对较小,在严格控制新增建设用地,最大限度保护耕地和永久基本农田,避让生态红线保护区域,在符合规划、不改变用途的前提下土地开发规模具有环境合理性。

④ 规划水资源供应规模合理性:规划远期将主要以长江为水源,固城湖作为应急水源,规划区域用水量占高淳自来水厂供水规模的 1.72％,占南京双闸水源厂供水规模的 0.38％,占比均较小,区域的用水需求可以得到满足。

⑤ 规划配套设施规模合理性:规划中远期,农村居民生活污水按照《南京市高淳区农村污水治理专项规划》,具备接管条件的进行相对集中处理,酒店污水依托配套的污水处理设施处理,达标后回用于景观、绿化、道路清洗等,不外排。规划中期度假区污水排放量合计 26.96 万 t/a(738.63 t/d),污水处理设施规模 1 645.25 t/d,污水合计排放量占总处理规模的 44.9％;规划远期度假区污水排放量合计 43.64 万 t/a(1 195.62 t/d),污水处理设施规模 1 645.25 t/d,污水合计排放量占总处理规模的 72.67％,规划中远期度假区污水处理设施均可以满足度假区内污水排放需求。度假区的污水处理设施规模、处理方案在高峰期时仍可以满足区内居民及游客的污水排放需求。但规划远期度假区内污水处理设施几乎满负荷运行,对出水水质和设施的运维管理提出了较高的要求,规划区内酒店、农村污水处理设施的排放标准有所提高,对管理部门的监管提出了较高的要求,规划方案的落实对资金、基础设施建设水平提出了较高的要求,应按照本报告优化调整建议中所述进行优化。

居民和游客产生的其他生活垃圾由当地环卫部门每天集中收集清运,运送至光大国际垃圾焚烧发电厂集中焚烧发电处置,度假区固废的处置需求可以得到满足。

综上所述,度假区的规划规模总体上具有环境合理性。

（3）规划选址的环境合理性

本规划区域选址注重整合高淳现有的旅游资源，充分发挥了其自身的自然环境优势，项目选址与《南京市高淳区全域旅游总体规划》相关要求相符，在积极实施各项环保措施，注意环境资源保护的基础上，建设和发展对环境的影响是可接受的，本次选址总体合理。

（4）规划布局的环境合理性

本轮规划的总体布局与区域环境功能区划相协调，在落实规划优化调整建议的情况下，基本不会对重要生态功能区产生不利影响，规划的综合交通布局、基础设施布局、景观规划布局总体具有环境合理性，用地布局、空间结构布局还应按照优化调整建议进一步优化。

6.2　规划方案优化调整建议

（1）加强规划与生态红线和生态空间保护要求的协调性

度假区涉及江苏游子山国家级森林公园、大荆山森林公园、瑶池风景名胜区和国际慢城桠溪生态之旅保护区等多个生态保护区域，规划的休闲旅游度假设施用地中，涵盖了部分生态红线和生态空间保护区域，在建设项目布置时，应避让生态保护红线，尽可能避让生态空间管控区域，确需占用的，应当符合相应的管控要求。按照《江苏省国家级生态保护红线规划》《江苏省生态空间管控区域规划》《江苏省生态空间管控区域调整管理办法》《江苏省生态空间管控区域监督管理办法》等文件要求开展建设，在游子山国家森林公园生态红线范围内应严格禁止不符合主体功能定位的各类开发活动。已建的鸿运当头、慢城书院、蜗牛部落、海风楼山庄、永庆庵等位于生态空间管控区内的旅游度假设施运行和维护时不扩大现有规模和占地面积，不降低生态环境质量。姑妈家驿站、慢城农场、暗访夜精灵等在建或规划建设的旅游度假项目占用生态空间管控区，应落实生态空间管控要求，确保不破坏生态功能，其中姑妈家驿站项目建设前应按规定组织论证，确保符合生态空间管控要求。时光碎片文艺酒店占用游子山森林公园生态空间管控区域的部分（0.07 ha），不得进行开发建设，建议将占用部分优化调整为林地。

（2）加快实施基础设施优化

建议加快实施度假区排水工程优化，确保污水处理设施及污水管网建设进度。规划远期高峰期时，度假区内污水处理设施几乎满负荷运行，随着度假区开发建设，旅游人数增加，可能出现部分区域排水量增大、处理能力不足、尾水不能稳定达标、景观水塘富营养化等情况，建议度假区合理优化污水处理方案。在后续的开发建设中，因地制宜，因时制宜，在有条件的区域实施污水集中收集接管处理，增设中水回用系统，建立区块水循环处理系统，提高节水率，减少对度假区水环境的影响。同时，度假区应进一步加强区内基础设施运维管理，制定区域水体富营养化防治方案，持续改善区域水环境质量。

（3）探索建设碳汇示范区可行性

加强规划引领，创新营林模式，优化资源配置，强化质量监管，全面推行林长制，科学开展大规模绿化行动。增强度假区生态系统功能和生态产品供给能力，提升区域碳汇能力，努力打造"林业生态化、生态产业化"的先行区、示范区。建议将度假区旅游休闲项目荆山竹海设置为碳中和示范项目，科学性选择绿化树种、草种，因地制宜，乔灌草合理搭配，同时进一步加强对区域竹林的保护，设置节能减碳标志牌，实时监测项目区域碳含量并通过设置显示屏等方式进行宣传。

（4）进一步优化空间布局

规划区域为旅游度假区，对区域的生态环境质量要求较高，为创建国家级旅游度假区，建议度假区在现有"一核一带四区"的基础上进一步优化空间布局，根据区域用地现状、地形地貌、生态特征、景观资源和保护要求，将度假区划分为适建区、游嬉区、限建区、禁建区等四类导向型功能单元，在此基础上再通过各项目用地边界、道路交通线和规划用地情况，合理确定各功能单元范围，建议参考以下原则进行划分：将居民生活空间、旅游设施、山脚和滨水地区部分适宜建设的区域划为适建区，将旅游设施及居民生活空间外围、农业生产空间等区域划分为游嬉区,将宗教文物、山体、永久基本农田和生态红线保护区域划分为禁建区,将水库周边、生态湿地等区域划分为限建区。对适建区和游嬉区按照适宜旅游的原则进行管控,旅游项目宜布设在该区域,加强对该区域游客规模的预警管控以及环境保护;对禁建区和限建区按照控制性旅游的原则进行管控,游客在该区域内宜只进行观赏、游览,不做过多停留,充分保障该区域的原始生态环境,以此保障旅游度假区内生态环境保护与旅游开发建设的协调性发展。

　　建议度假区建立入区游客量实时监控、预警上报机制,在入口和各功能区设置游客人数实时显示屏,适当控制游客入区数量及停留时间,保证区内游客量在生态承载力、旅游空间资源承载力范围内。

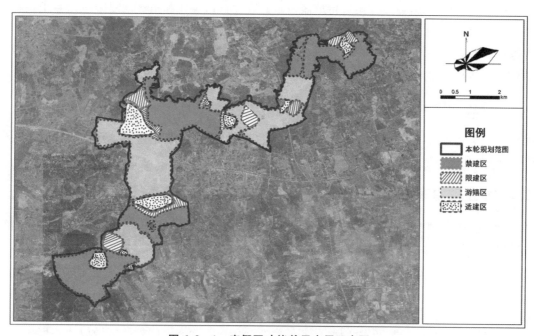

图 6.2-1　度假区功能单元布局示意图

📢【专家点评】

　　对空间布局提出规划优化调整建议,根据功能单元分区,可划定适建区、游嬉区、保护区、缓冲区;同时细化基础设施优化要求,结合区域排水规划和自然条件,通过方案对比明确部分区域污水接入城镇污水处理厂和度假区内中水多用途回用的规划调整方案。

钱谊(南京师范大学)

7　环境影响减缓对策和措施

7.1　生态环境影响减缓措施

7.1.1　土地利用保护措施

　　严格控制建设项目规模,线路设计应最大限度减少对敏感物种的影响,并考虑构建生态廊道,项目选址应尽量优化设计,选择对现有建筑进行优化提升,不得占用永久基本农田、生态保护红线等保护区域。

合理布设施工场地,尽量利用已有道路,除必要的临时道路外,不得在生态保护红线和生态空间管控区内设置施工营地等临时施工场地。度假区征地应与正在编制的高淳区国土空间规划充分衔接,耕地占用按照"占多少,垦多少"的原则,实行占用耕地补偿制度。

7.1.2 陆生植物保护措施

项目施工前应对工程占用区域可利用的表土进行剥离,单独堆存,加强表土堆存防护及管理。在施工过程中,采取绿色施工工艺,减少地表开挖,合理设计高陡边坡支挡、加固措施,减少对脆弱生态的扰动。制定专项植被恢复设计方案,并按方案进行植被恢复。在度假区绿化和植被恢复中应以乡土树种为主,避免引进外来物种,注意乔木、灌木和草本的合理搭配,兼顾其绿化效果和水土保持效益。严格参照《南京市古树名木保护和管理办法》要求保护古树名木。强化施工检验检疫,防止因施工引入外来入侵植物和外源病株,导致植物及野生动物发生疫病。

7.1.3 陆生动物保护措施

加强施工人员管理教育。严格限制施工范围,不得随意扩大工程占地范围。建立引导指示系统,设置警示和告知标牌,在适当地点安置监视器,对游客活动的重点敏感地区进行监控。

7.1.4 水生动物保护措施

加强关于水生野生动物的法律、法规、规章、规范性文件等的宣传、实施;采取修复湿地生境、鱼类增殖放流等保护措施,做好台账记录,一旦发现违反水生野生动物保护法律法规的行为,依法查处。

7.1.5 生态保护红线和生态空间管控区保护措施

根据《江苏省生态空间管控区域规划》,国家级生态保护红线原则上按禁止开发区域的要求进行管理,严禁不符合主体功能定位的各类开发活动,严禁任意改变用途。生态空间管控区域以生态保护为重点,原则上不得开展有损主导生态功能的开发建设活动,不得随意占用和调整生态空间管控区域。占用生态空间管控区的项目要加强游客管理,严格按照生态空间管控区管控要求进行管理,严禁旅游活动破坏林地植被、影响林地资源,最大限度降低负面影响,同时加强旅游设施的外观、质感与周围自然景观的协调融合。

7.1.6 景观保护措施

最大限度保持自然景观。规划项目的建设应力求同自然景观相融洽,建筑物尽量依山就势,以对植被破坏最小为宜,重点片区建筑物的建筑风格、使用材料和表面的色彩要与度假区总体形象和周围景观相协调,最大限度地保留生态林业用地和自然景观。以自然景观为主的旅游区,应减少土木工程的建设。持续提升森林景观。制定并实施森林生态工程计划,着力推进珍贵彩色森林建设项目,注重森林生态结构的改善和功能的增强,完善游子山国家森林公园的森林生态体系。加强水库周围景观提升,采取定期除藻、合理放养滤食性浮游动植物等方式改善水体富营养化状况,注重水库周边湿地、植被景观的营造。

7.2 大气环境影响减缓措施

加强施工场地扬尘综合整治。全面推行"绿色施工",建立扬尘控制责任制度,严格执行《建筑工地扬尘防治标准》,做到工地周边围挡、物料堆放覆盖、土方开挖湿法作业、路面硬化、出入车辆清洗、渣土车辆密闭运输"六个百分之百"。

强化餐饮油烟污染治理。严格控制规划范围内酒店、农家乐等有餐饮经营项目的总体数量和规模,餐饮经营单位和单位食堂应当安装具有油雾回收功能的抽油烟机或高效油烟净化设施并保持有效运行。

推广集中式餐饮企业集约化管理,提高油烟和VOCs协同净化效率。加强餐饮业执法检查。

大力推行低碳旅游方式。加快公共交通建设。实施公交优先战略,使用电动公交,度假区内部交通采用电瓶车、自行车、步行等慢行游览方式,降低机动车使用强度,大力倡导健康旅游、生态旅游、绿色旅游,最大限度地减少对环境的干扰和破坏。大力推行清洁能源,加快度假区内天然气接入比例,酒店民宿等禁止使用锅炉。

强化异味防治措施。防止化粪池、隔油池、公共厕所散发出的异味影响周围居民和人群,对设施进行覆盖处理,并在上面种植草皮,周围种植高大树木,增强隔油池和化粪池的密闭性,尽量减少可能产生的异味对周围活动人群的影响。

7.3 地表水环境保护及治理措施

加强基础设施规划建设,应对农村污水处理设施进行优化升级,适时扩大污水处理设施规模,规划中期酒店等污水经处理达到《城市污水再生利用 景观环境用水水质》(GB/T 18921—2019)景观湿地环境用水标准或《城市污水再生利用 城市杂用水水质》(GB/T 18920—2020)城市绿化、道路清扫、消防、建筑施工用水标准后回用于景观、绿化、道路清洗等,不外排,规划远期度假区内农村生活污水按照《南京市高淳区农村污水治理专项规划(2021—2025)》,具备接管条件的进行集中处理。

加强度假区项目准入控制,新建、改建、扩建可能产生水污染的建设项目,应当依法进行环境影响评价。建设项目的环境影响报告书、报告表未经有审批权的环境保护主管部门审查或者审查后未予批准的,建设单位不得开工建设。环境影响登记表实行备案管理。建设项目的水污染防治设施应当与主体工程同时设计、同时施工、同时投入使用。未经验收或者验收不合格的,不得投入生产或者使用。防治水污染的设施应当保持正常使用,未经批准不得拆除或者闲置。禁止销售、使用含磷洗涤用品,禁止新建畜禽养殖场。禁止围湖造地、建设水上餐饮经营设施等。

加强农村生活污水治理设施运维管理。建议进一步统一明确运维管理体系,建立运维管理小组,重点做好日常巡查,加强对进水口、各处理单元、管理电房、管网设施的排查。定期做好出水水质的例行监测工作,一旦发现不达标等情况,应及时上报,尽快完成整治。做好日常运维人员的培训管理,必要时组织专业技术人员开展技术培训,做好日常运维管理,确保各项设施安全稳定运行。

加快推进污水处理设施提标改造,明确区内污水排放标准,现有污水处理设施能实现达标排放的加强运维管理,不能实现达标排放的进行整改,长期不能稳定达标排放的进行提标改造,主要针对氨氮、总磷、总氮等进行工艺升级。

加快实施河道整治、生态清淤等措施,推进地表水污染防治,定期除泥除藻、合理放养浮游动植物,防止水体富营养化。

提高水资源利用效率。增强水资源保护意识。

7.4 地下水、土壤环境保护及治理措施

强化源头控制。严格管理废水,强调节约用水,防止污水跑、冒、滴、漏,确保污水处理系统的正常运行。定期检查各污水管道接口处,防止污水处理或输运过程中有污水渗漏。

加强垃圾分拣站防渗设施建设。运输过程中洒落的垃圾应及时收集。固废临时存放场所应有遮挡,或存放在相应容器中,未用完的建筑土石料要及时清运,不能随意堆放或丢弃。施工场地设置垃圾桶,设置渗沥液收集清除系统及雨水、径流疏导系统,防止污染地下水。道路、停车场、部分规划项目的修建,会产生一定量的弃土石,可将弃土石用来修砌游览步道或用于道路护坡,剩下的弃土石外运到其他工地或有关部门指定的度假区外的地点填埋。严禁将弃土石在度假区内随意堆放,更不允许向区内的水库坑塘

倾倒。

加强土壤修复工程。开发建设过程中可能会对度假区的表层土壤造成破外,应对取土或弃土场地表面进行复垦和绿化,减少项目施工时取、弃土场地扰动造成的土壤侵蚀。

7.5 声环境保护及治理措施

加强社会生活噪声、交通噪声、建筑施工噪声的防治与管理。

【专家点评】

对于生态环境影响减缓措施,应加强对景区内地带性植被和现有物种资源的保护,依据调查结果,明确对景区内野生保护动物的繁殖地、栖息地设立保护隔离区或隔离标识。

对于环境影响减缓措施,关注区内水库(塘)、吕家文创、小芮家周边景观工程等的环境影响减缓措施;分酒店、乡村、面源(如推广有机农业示范项目)等,提出有针对性的污水处理方案;对于区域水环境敏感、无法设置排污口的区域,污水应重点考虑输送或转运至景区外达标排放。

对景区内产生油烟、异味等废气的餐饮服务项目应强制性要求安装油烟净化设施并确保正常运行。通勤车辆宜优先采用以电能或天然气等清洁能源为动力的环保型交通工具,减少燃油车辆的使用;完善景区停车场的设置调整、景区内道路的日常维护,保持路面清洁;加强景区内落叶枯枝、枯草、生活垃圾等集中收集处理;不应在禁止区域内开展露天烧烤活动,露天烧烤宜采用环保灶具及清洁能源。

建议选择典型旅游项目开展"零碳"示范。

李维新(生态环境部南京环境科学研究所)

7.6 "三线一单"要求

7.6.1 生态保护红线

根据《江苏省国家级生态保护红线规划》《江苏省生态空间管控区域规划》,本区域本轮规划范围主要涉及江苏游子山国家级森林公园、大荆山森林公园、瑶池风景名胜区、国际慢城桠溪生态之旅风景区。根据管控要求,国家级生态保护红线内严禁不符合主体功能定位的各类开发活动。生态空间管控区域内禁止开山、采石、开矿、开荒、修坟立碑等破坏景观、植被和地形地貌的活动;禁止修建储存爆炸性、易燃性、放射性、毒害性、腐蚀性物品的设施;禁止在景物或者设施上刻划、涂污;禁止乱扔垃圾;不得建设破坏景观、污染环境、妨碍游览的设施;在珍贵景物周围和重要景点上,除必需的保护设施外,不得增建其他工程设施。除生态保护红线内允许开展的人为活动外,在符合现行法律法规的前提下,生态空间管控区域内还允许开展《江苏省生态空间管控区域调整管理办法》第十三条规定的对生态功能不造成破坏的有限的人为活动。

度假区土地利用规划主要为公共管理与公共服务用地、商业服务业设施用地、道路与交通设施用地、绿地与广场用地、村庄建设用地及水域、农林用地等非建设用地,度假区污染源主要为生活污染源,无工业企业,区域污染较低,不会导致区域重要生态红线内生态服务功能下降。

7.6.2 环境质量底线

度假区范围的大气环境功能为二类区,需达到《环境空气质量标准》(GB 3095—2012)二级标准要求。

地表水执行《地表水环境质量标准》(GB 3838—2002)中Ⅲ类水质标准。度假区规划范围内溧高高速、S246、X301 桠溪线、老桠路、红旗路、桠云公路等两侧区域执行 4a 类标准,其他区域执行 1 类标准。

7.6.3　资源利用上线

规划期末规划范围内的水资源需求量约为 62.7 万 m^3/a(1 718.6 m^3/d)。规划期内的水资源利用量不应突破该水资源需求量。

度假区规划范围总面积为 19.92 km^2,其中城市建设用地规模需严格控制在 1.91 km^2,不得突破该规模。

7.6.4　生态环境准入清单

本区域引入项目必须满足《江苏省国家级生态保护红线规划》《江苏省生态空间管控区域规划》《江苏省太湖水污染防治条例》等相关规定,应符合《产业结构调整指导目录(2019 年本)》(2021 年修订)等国家和地方产业相关政策法规的要求,选址应符合城乡总体规划、土地利用总体规划、环境保护规划和其他相关规划要求;新改扩建项目污染物排放严格执行国家和地方标准,并满足区域总量控制要求。本次在综合考虑规划空间管制要求、污染物排放管控、环境风险防控和资源开发利用要求的基础上,结合江苏省、南京市"三线一单"规划,对度假区提出产业发展生态环境准入清单。本区域在后续发展过程中,可按照国家、江苏省和南京市最新的法规、政策及规划要求,对产业发展的生态环境准入清单进行动态更新。

【专家点评】

基于度假区选址的生态环境敏感性,完善规划布局、规模的环境合理性分析及规划优化调整方案,提出生态环境准入清单。

黄夏银(江苏省环境工程技术有限公司)

严格空间管控,优化空间布局。严格控制度假区建设用地边界,严禁占用永久基本农田,加强规划与国家级生态保护红线规划和生态空间管控区域规划的协调性,严禁不符合生态保护要求的各类开发活动,确保度假区空间布局与生态环境保护、人居环境安全相协调。拟占用生态空间管控区域的规划项目应落实《江苏省生态空间管控区域调整管理办法》《江苏省生态空间管控区域监督管理办法》中的相关论证要求,未通过论证的,不得开发建设。

李维新(生态环境部南京环境科学研究所)

8　公众参与

8.1　公众参与的目的和原则

本次规划环评按照《中华人民共和国环境影响评价法》《规划环境影响评价条例》《环境影响评价公众参与办法》(生态环境部令第 4 号)的有关程序及要求,秉承公开、平等、广泛和便利的原则,在评价过程中开展公众参与和信息公开。

公众参与旨在通过公众对高淳国际慢城旅游度假区建设的意见、要求和看法,在规划环境影响评价中能够全面综合考虑公众的意见,吸取有益的建议,使得高淳国际慢城旅游度假区后续发展更趋完善和合理,制定的环保措施更符合环境保护和经济协调发展的要求,从而达到可持续发展的目的,提高度假区的环境效益和经济效益,同时使环境影响评价工作更加民主化、公众化,依法发挥公众的监督作用。

此外,通过公众参与还可加深区内及周边居民、有关单位对高淳国际慢城旅游度假区规划建设的了解,相互之间架起沟通的桥梁,有利于取得各方面的配合,促进高淳国际慢城旅游度假区的发展。

8.2 公众参与总体方案

8.2.1 公众参与对象

公众参与对象包括直接和间接受高淳国际慢城旅游度假区规划实施影响的单位和个人,按有效性、广泛性和代表性相结合的原则进行选择。

8.2.2 公众参与形式

为让更多未被直接征询到的公众有机会了解"高淳国际慢城旅游度假区总体规划(2021—2030)环境影响评价"项目,评价单位进行了网络公示、报纸公示和公告张贴,以征询他们的看法。

8.3 公众参与小结

本次公众参与工作中,度假区管委会通过网络公示、报纸公示及公告张贴等形式收集公众意见和建议,实现了规划与规划环评内容的社会公示。

两次网络公示及公告张贴期间,高淳国际慢城旅游度假区管理委员会和规划环评承担机构均未收到公众反馈意见。公众参与调查结果表明,所有被访公众和被访单位均支持慢城度假区的规划建设。

9 总体评价结论

从度假区空间布局、规划定位、土地利用等方面分析,本规划与国家、江苏省、南京市、高淳区相关发展规划相协调,与江苏省、南京市、高淳区旅游发展规划相协调;土地利用规划与《南京市高淳区国土空间规划近期实施方案》、南京市高淳区"三区三线"划定成果、《2022年度南京市高淳区预支空间规模指标落地上图方案》相协调,要求本轮用地规划积极与正在编制的南京市国土空间总体规划和高淳区国土空间规划进行充分衔接,确保度假区用地开发与国土空间总体规划一致。在生态环境保护方面,本规划与国家、江苏省、南京市相关环境保护法规、政策及规划要求相符合。

本规划区域具有一定的环境承载力,规划配套基础设施较完善,能够满足高淳国际慢城旅游度假区开发建设需求,规划实施对区域环境产生的影响较小,可确保区域生态空间管控得到强化,环境质量逐步得到改善。从环境保护的角度分析,在严格落实本报告提出的污染防治措施、生态保护措施、规划优化调整建议后,影响在可接受的范围内,不会降低区域环境功能,高淳国际慢城旅游度假区依据本轮规划进行开发建设具备环境可行性。

10 评价体会

高淳国际慢城旅游度假区起源于"桠溪生态之旅","桠溪生态之旅"位于高淳区东北部,游子山国家森林公园东麓,是一处整合了丘陵生态资源而形成的集观光休闲、娱乐度假、生态农业为一体的农业综合旅游观光景区。本评价为生态旅游度假区规划环评,评价侧重点与产业园区不同,应以生态优先为原则,综合考虑区域关键环境要素和规划实施可能产生的生态环境问题,对规划设施的生态服务功能、重点生态单元、重要开发活动实施的影响进行有针对性的分析与评价。评价的重点主要为：

① 度假区规划范围涉及生态保护红线、省级生态空间管控区域、森林公园及风景名胜区等各类保护区域,考虑保护区内对旅游项目开发有一定的限制要求,分析规划实施与管理要求的相符性,以及对森林公园及风景名胜区的影响;

② 度假区水域、农林用地占比约90%,各类建设用地占比约10%,且涉及生态保护红线、省级生态空间管控区及永久基本农田,规划区域内可开发建设的土地资源较匮乏,各类规划项目的实施可能占用一定数量的农林用地。因此应重点分析生态本底、生物多样性及生态适宜性等,重点评价规划实施对土地资源及生态环境的影响。

③ 从度假区常住人口和旅游人口容量角度分析度假区生态承载能力、旅游空间资源承载力、环境承载力等,确保旅游开发活动强度控制在区域生态环境可承载范围内,实现旅游经济与生态功能保护全面协调。

【报告书审查意见】

报告书在现状调查和评价的基础上,识别规划涉及的环境敏感目标,分析规划与其他相关规划和政策的协调性,预测规划实施对生态环境的影响,论证规划的环境合理性,开展公众参与工作,提出规划优化调整建议、避免或减少不良生态环境影响的对策与措施。报告书基础资料丰富,评价方法正确,环境影响分析预测结论基本合理,提出的规划优化调整建议和减少不良生态环境影响的对策措施原则可行,评价结论总体可信,可以作为规划优化调整和实施的依据。

对规划优化调整和实施过程的意见如下。

(一)深入践行习近平生态文明思想,完整准确全面贯彻新发展理念,以生态保护和环境质量改善为目标,有序推进度假区开发建设,合理控制开发利用强度,协同推动度假区经济高质量发展和生态环境高水平保护。

(二)严守生态保护红线。将度假区内江苏游子山国家森林公园、大荆山森林公园、瑶池风景名胜区等生态保护红线和生态空间管控区域作为保障和维护区域生态环境安全的重点,依法依规实施强制性保护,严禁不符合管控要求的各类开发建设活动。

(三)严格生态环境准入,推动高质量发展。落实报告书提出的生态环境准入要求,以打造区域知名国家级旅游度假区为目标,优先引入旅游资源综合开发服务项目,完善旅游度假配套设施,禁止与规划发展定位不符的项目入区,禁止引入别墅类房地产开发及高尔夫球场建设等项目。

(四)完善环境基础设施。加快污水处理设施及配套污水收集管网建设,确保度假区污水全收集全处理。控制民宿及农家乐发展规模,完善区内水循环处理系统。强化污水处理设施运维管理,开展雨污管网排查,有序推进管网整治与修复。推动具备接管条件的污水接至东坝街道污水处理厂和桠溪污水处理厂集中处理。

(五)建立健全生态环境监测体系和环境风险防范体系。按照报告书要求,开展环境空气、地表水、地下水、土壤、声环境等环境要素监测。根据生态环境质量变化情况,及时优化规划建设内容和生态环境保护措施。建立应急响应联动机制,提升环境风险防控和应急响应能力,保障区域生态环境安全。

(六)度假区应配备足够的环境管理人员,统一开展环境监督管理,落实环境监测、环境管理等工作。在规划实施过程中,适时开展环境影响跟踪评价。规划修编时应重新编制环境影响报告书。

(七)探索建设碳汇示范区,提高度假区生态系统功能和生态产品供给,推广节能建筑、公共交通及清洁能源,推进区内碳中和示范项目建设,提升区域碳汇能力。

案例五 东台沿海湿地旅游度假经济区规划 (2021—2035)环境影响评价

1 总论

1.1 任务由来

东台沿海湿地旅游度假经济区(以下简称"经济区")成立于2006年,为促进产业优化升级,推动区域协调发展,按照"旅游先行、工业主导、综合开发、联动发展"的发展思路,盐城市人民政府批准成立了东台沿海湿地旅游度假经济区管理委员会。经济区分为工业集中区和旅游服务经济区两部分。工业集中区规划面积约10.95 km²,重点发展绿色食品、新能源、新材料等产业(盐政复〔2011〕18号);旅游服务经济区未明确规划范围,主要结合生态养生的主题功能,为区外的黄海森林公园、永丰林生态园、条子泥等周边旅游景区提供配套的康养、医疗、文化、娱乐等休闲服务支撑,带动区域第三产业发展。

2019年,中共中央、国务院印发了《长江三角洲区域一体化发展规划纲要》,提出围绕智慧健康养老,联合打造一批高水平服务业集聚区和创新平台。2021年,《江苏省国民经济和社会发展第十四个五年规划和二○三五年远景目标纲要》正式印发,"建设长三角(东台)康养基地"作为长三角区域一体化发展的重大合作项目被提上日程。同年,《上海市国民经济和社会发展第十四个五年规划和二○三五年远景目标纲要》中也提出"推进建设长三角(东台)康养小镇项目,示范带动长三角养老合作和康养产业一体化发展"。因此,为积极响应长三角区域一体化战略,进一步贯彻落实上位规划要求,基于现有产业基础及未来发展趋势,以"产城融合、产业联动"为路线,以促进二、三产业协同发展为目标,经济区管委会组织编制了《东台沿海湿地旅游度假经济区开发建设规划(2021—2035)》,对工业集中区和旅游服务经济区进行统筹管理。根据《盐城市人民政府关于东台沿海湿地旅游度假经济区规划建设范围的批复》(盐政复〔2022〕8号),规划建设四至范围为:东至三仓农场海堤河以东50 m—海堤河岸路—G228国道,西至中粮路—六海路—弶张线—公园西路—渔舍中心河以东50 m,南至弶六路—通海路—跃进路(规划),北至开发大道—三中沟—仓东垦区海堤河以南50 m。面积约38.56 km²。在产业发展方面,以食品加工和装备机械产业作为主导工业产业,同时发展医疗保健、康养旅游等特色服务业。

依据《中华人民共和国环境保护法》《中华人民共和国环境影响评价法》《规划环境影响评价条例》等法律法规,东台沿海湿地旅游度假经济区管理委员会委托评价单位开展经济区的规划环境影响评价工作。评价单位在对经济区进行现场踏勘、收集有关资料的基础上,根据国家环保相关法律法规和相应的标准、技术要求等,编制完成了《东台沿海湿地旅游度假经济区开发建设规划(2021—2035)环境影响报告书》。

2022年11月9日,江苏省生态环境厅在江苏省南京市组织召开了《东台沿海湿地旅游度假经济区开发建设规划(2021—2035)环境影响报告书》的审查会。

1.2 评价范围

评价的时间范围为本次规划的期限,空间范围以经济区规划建设范围和主导产业为基础,兼顾周边环境现状,充分考虑相互影响,确定本次评价各环境要素的评价范围,如表1.2-1所示。

表1.2-1　评价范围一览表

序号	类别	评价范围
1	大气	经济区规划建设范围四至边界外扩2.5 km
2	地表水	经济区规划建设范围内及周边的主要河流,主要包括三仓河、新东河、港城河、三仓农场海堤河、南干河、渔舍中心河、集镇中心河等
3	土壤	经济区规划建设范围内及周边区域
4	声	经济区规划建设范围及其边界外扩0.2 km
5	地下水	经济区规划建设范围并考虑地下水流场
6	生态	经济区规划建设范围并考虑周边区域,重点关注经济区规划建设范围周边的生态保护红线、世界自然遗产地以及生态空间管控区域
7	环境风险	经济区规划建设范围及其边界外扩3 km,经济区规划建设范围周边河流

2　规划概述

2006年,盐城市人民政府批准成立了东台沿海湿地旅游度假经济区管理委员会,包括工业集中区和旅游服务经济区两部分。

2011年,管委会针对盐城市人民政府批准设立的东台沿海经济区工业集中区,组织编制了《东台沿海经济区工业集中区规划环境影响报告书》,并取得了原盐城市环境保护局的审查意见(盐环审〔2011〕79号)。规划范围:三仓河东延段以北,国防公路以东,国华路以南,临海高等级公路以西。面积约10.95 km²。产业定位:新能源利用及装备制造应用业、光伏材料及装备制造业、新材料生产及应用业(不含前道化工生产工序)、电子信息产业(不含线路板生产)、绿色食品加工业(不含酿造、制革)、绿色制造业(海洋工程装备、其他机械制造等其他轻污染及无污染的制造业(不含电镀、印染等)、仓储物流(不含危险化学品仓储)。

2020年,管委会组织编制了《东台市沿海经济区产业发展规划》,规划中提出经济区应"大力发展大健康、新能源、装备制造三大特色优势产业,并配套发展生产性服务业",该规划已于2020年12月21日取得东台市人民政府批复。

2021年,为进一步贯彻落实建设长三角(东台)康养基地重大合作项目的要求,旅游服务经济区的开发建设亟须尽快推进。同时,考虑到距离工业集中区上一轮规划编制完成已过去十余年,受国内外、省内外发展形势不断变化的影响,上一轮规划实施面临的发展环境、条件、对象出现了重大变化。在应对这些新形势、新变化、新挑战时,经济区管委会为对工业集中区和旅游服务经济区进行统筹管理,于2021年组织编制了《东台沿海湿地旅游度假经济区开发建设规划(2021—2035)》。

2.1　本次规划范围与规划期限

规划范围:东至三仓农场海堤河以东50 m—海堤河岸路—G228国道;西至中粮路—六海路—弶张线—公园西路—渔舍中心河以东50 m;南至弶六路—通海路—跃进路(规划);北至开发大道—三中沟—仓东垦区海堤河以南50 m。面积约38.56 km²。

规划期限:2021—2035年。其中规划近期至2025年,远期至2035年,规划基准年为2020年。

2.2　功能定位和发展目标

至2025年,打牢做实先进制造业发展基础,构建产业体系,完善产业链条,推动产业高质量发展;提升区域综合配套载体功能,加深先进制造业和特色服务业产业融合程度,建成省级先进制造业和特色服务业深度融合试点园区。

至2035年,培育打造食品加工和装备机械优势产业集群,以建设长三角(东台)康养基地为契机,基本建成全国具有较大影响力的食品加工产业基地、江苏沿海地区装备机械特色产业园、康养产业区域一体化"长三角标杆",力争创建国家级生态工业园示范园区,实现工业和康养产业发展协调。

2.3　规划规模

(1)用地规模

近期:至2025年,经济区规划用地面积为19.83 km²。

远期:至2035年,经济区规划用地面积为38.56 km²。

(2)人口规模

近期:至2025年,经济区规划常住及流动人口4.5万人,其中康养基地组团人口2.5万人(包括常住居民、康养人群、游客),生活配套组团人口2万人(均为常住居民)。总人口折算为常住人口约4万人。

远期:至2035年,经济区规划常住及流动人口16万人,其中康养基地组团人口14万人(包括常住居民、康养人群、游客),生活配套组团人口2万人(均为常住居民)。总人口折算为常住人口约13.2万人。

【专家点评】

经济区内有大量的居住用地,居住人口众多,对于此类生活空间占比较大的规划方案,应按近、远期明确人口数量,规划环评中根据规划人口数量进行生活污水、生活垃圾等污染源的核算、预测。由于拥有康养人群,还应结合规划建设的医院床位规模,进行医疗废物量的核算、预测。

包存宽(复旦大学)

2.4　产业发展规划

2.4.1　产业定位

经济区以食品加工产业和装备机械产业作为主导工业产业,同时发展医疗保健、康养旅游等特色服务业。

(1)食品加工产业

食品加工产业围绕康养定位重点发展绿色食品、保健食品等,例如肉制品加工、藻类产品加工、甜菊糖加工等。

(2)装备机械产业

装备机械产业围绕康养定位重点发展以医疗器械、绿色能源、通用设备等为主的成套设备及零部件制造,引导机械配件加工等传统机械制造产业工艺技术更新,坚决淘汰小规模、低附加值、高能耗、高污染的企业,禁止新增铸造产能,全面提升装备制造的智能化、高端化、绿色化水平。

(3)特色服务业

特色服务业以健康服务业为核心,发展医疗保健、康养旅游服务,同时依托世界遗产地的区位优势,发展会议、政务、文化展示等相关的商业服务业,推动服务水平与效率稳步提升,并统筹构建"医、养、游、健、学"五大功能。

① 医——率先导入瑞金医院,按照三级甲等医院的标准,建设急救、慢性疾病管理、肿瘤治疗、医学研究四大中心,计划用地 0.33 km²,设置 2 000 张床位,打造国家级区域医疗诊疗基地。

② 养——导入华东疗养院,设立东台院区,床位超 1 000 张,成立高等级体检中心及特色疗养院,建设长三角地区高端医疗保健拓展基地。

③ 游——依托上海自然博物馆,打造集生态游、康养游、研学游于一体的休闲旅游胜地。

④ 健——规范新建一批运动场馆、训练基地、文化公园,大力发展足球、网球、马拉松等特色运动,成为区域大众健康运动目的地。

⑤ 学——积极引入中福会幼儿园、上海中医药大学研究院等教育机构,设立医护、养生、文旅等实训基地,建设长三角区域综合科教中心。

📢【专家点评】

经济区设有特色服务业和康养基地,鉴于"长三角(东台)康养基地"为长三角区域一体化发展的重大合作项目,应结合经济区的功能定位和发展目标,对特色服务业的具体内容进行展开描述,体现出康养基地的功能与意义,如涉及医院和养老院,还应明确其床位数规模。

张磊(江苏省环境科学研究院)

2.4.2 产业发展空间布局

规划形成两大片区——工业片区和生活片区,在两大片区的基础上进一步细分,具体如表 2.4-1 所示。

表 2.4-1 产业发展空间布局

片区	序号	组团	重点发展产业
工业片区	1	装备机械组团	重点发展医疗器械、绿色能源、通用设备
	2	食品加工组团	重点发展绿色食品、保健食品
	3	公共服务组团	企业服务中心
生活片区	1	生活配套组团	商业服务、居民生活
	2	康养基地组团	医疗、养生、康复、文化、娱乐

(1)工业片区

工业片区具体范围为东至三仓农场海堤河以东 50 m—海堤河岸路,南至三仓河—通海大道,西至六海路,北至开发大道—三中沟—仓东垦区海堤河以南 50 m。工业片区进一步划分为三大组团,包括食品加工组团、装备机械组团、公共服务组团。各组团围绕重点发展领域,构建产业体系,完善产业链条,加强产业协作,推进经济区产业快速发展。

(2)生活片区

生活片区由生活配套组团和康养基地组团构成,具体范围为东至海堤河岸路—G228 国道,南至弶六路—通海路—跃进路,西至海城路—弶张线—公园西路—渔舍中心河以东 50 m,北至三仓河—通海大道。

康养基地组团面积约 17.1 km²,作为长三角区域一体化发展的重大合作项目,依托东台生态和自然资源优势,发挥上海品牌医疗资源与高品质开发建设优势,集健康医疗、养生养老、生态旅游、教育研学等于一体,包含瑞金医院、华东疗养院、自然博物馆、上海中医药大学研究院等多个项目。

生活配套组团主要衔接并延续康养基地发展轴线,以提供会议、政务、旅游、商务商业、文化展示服务为核心,打造对外文化交流与展示的平台,创建城市生活休闲中心,完善相关功能载体建设,为经济区建设提供坚实保障。

产业发展布局如图 2.4-1 所示,工业组团布局如图 2.4-2 所示,生活组团布局如图 2.4-3 所示。

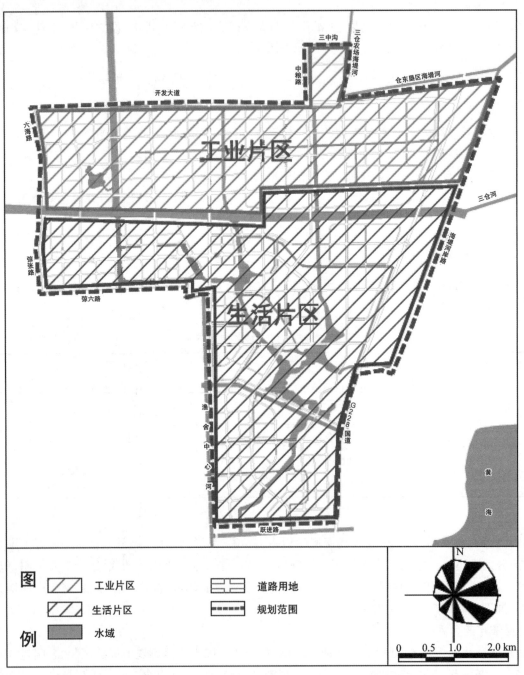

图 2.4-1　产业发展布局

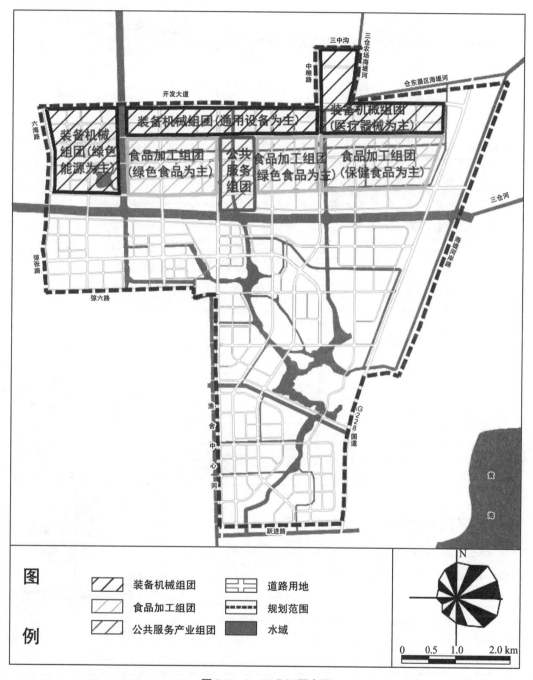

图 2.4‑2　工业组团布局

图 2.4-3　生活组团布局

📢【专家点评】

　　经济区规划面积较大,且规划产业较丰富,兼具第二产业和第三产业。因此产业发展空间布局规划中,在工业片区和生活片区的基础上,应对各产业具体布局进一步细化分区,便于后续章节进行空间布局环境合理性的深入分析,识别本轮规划产业布局中可能存在的环境影响。

张磊(江苏省环境科学研究院)

2.5　用地布局规划

至 2025 年,经济区规划近期总用地面积为 19.83 km²,其中建设用地面积为 17.74 km²,非建设用地面积为 2.09 km²;至 2035 年,经济区规划远期总用地面积为 38.56 km²,其中建设用地面积为 31.38 km²,非建设用地面积为 7.18 km²。经济区规划用地汇总表如表 2.5-1 所示。

表 2.5-1　经济区规划用地汇总表

用地名称	近期(2025 年)		远期(2035 年)	
	面积/km²	占规划面积比重/%	面积/km²	占规划面积比重/%
城乡建设用地	17.74	89.46	31.38	81.38
城乡非建设用地	2.09	10.54	7.18	18.62
总用地	19.83	100	38.56	100

2.6　基础设施规划

经济区基础设施规划主要包括给水、排水、供电、供气、供热、固废危险废物(含医疗废物)处置等,具体如表 2.6-1 所示。

表 2.6-1　基础设施建设及规划一览表

项目	名称	位置	规划规模	性质
给水	东台市南苑水厂	区外	30 万 m³/d	已建
	沿海工业地表水厂	区内	10 万 m³/d	已建 1.5 万 m³/d
排水	东台沿海污水处理有限公司	区内	5 万 m³/d	已建 1.5 万 m³/d,待扩建
供电	110 kV 弶港变电站	区外	(2×63+50) MVA	已建(63+50) MVA,待扩建
	110 kV 新洋变电站	区内	2×50 MVA	待建
	110 kV 海林变电站	区外	2×50 MVA	已建 2×50 MVA
	220 kV 袁丰变电站	区外	(180+240) MVA	已建(180+240) MVA
供气	LNG 储配站	区内	1 万 Nm³/h	已建
供热	东台沿海经济区申江能源有限公司(近期)	区内	40 t/h	已建 2×20 t/h 生物质锅炉
	沿海经济区热电联产项目(远期)	区内	2×75 t/h 高温高压燃煤锅炉+1×9 MW 抽背式汽轮发电机组	待建
固废危险废物(含医疗废物)处置	有相关经营资质的单位(优先选取盐城市域内的企业)	区外	—	—

2.6.1　给水工程

经济区用水依托东台市南苑水厂和沿海工业地表水厂。东台市南苑水厂规划供水规模为 30 万 m³/d,水源地为泰东河,现状供水规模约已达 30 万 m³/d,服务范围为东台市全域,供应经济区生活用水。沿海工业地表水厂规划供水规模为 10 万 m³/d,水源为三仓河,现状已建供水规模为 1.5 万 m³/d,服务范围为经济区,供应经济区工业用水。地下水资源仅作为辅助水源和备用水源。

2.6.2　排水工程

经济区规划排水体制为"雨污分流""清污分流"制。规划污水管网密度 3 933 m/km²。

(1) 污水工程

经济区污水处理依托东台沿海污水处理有限公司,类型为工业污水处理厂,服务范围为经济区及弶港镇。污水处理厂规划建设规模共 5 万 m³/d。现状已建工程污水处理规模为 1.5 万 m³/d,接管经济区内全范围的工业废水和生活污水,出水水质执行《城镇污水处理厂污染物排放标准》(GB 18918—2002)一级标准,尾水排入三仓农场海堤河。

规划污水处理厂扩建项目拟分近、远两期建设。

近期(2025 年):引江供水工程建成后运行,污水处理厂规模由现状的 1.5 万 m³/d 扩建至 3.5 万 m³/d,并将现有入河排污口迁建至新东河。新增的 2 万 m³/d 处理装置按照准Ⅳ类标准(即 COD≤30 mg/L、BOD_5≤6 mg/L、氨氮≤1.5 mg/L、TP≤0.3 mg/L、TN≤10 mg/L,其余指标执行一级 A 标准)进行设计与建设,同步对现有的 1.5 万 m³/d 处理装置按照准Ⅳ类标准进行提标改造。开展 30% 的中水回用,尾水排放规模为 2.45 万 m³/d,同时新建 2.45 万 m³/d 的人工湿地进行深度净化与水质保障。

远期(2035 年):引江供水工程建成后运行,污水处理厂规模由 3.5 万 m³/d 扩建至 5.0 万 m³/d,同样按照准Ⅳ类标准进行设计与建设。开展 30% 的中水回用,尾水排放规模为 3.5 万 m³/d,并同步扩建相应规模的人工湿地。

规划近远期污水处理工艺类似,均采用"调节池＋水解酸化池＋AAO 池＋反应沉淀池(电絮凝沉淀池)＋臭氧氧化＋生物活性炭滤池＋滤布滤池＋接触消毒"的工艺路线,出水水质达到《地表水环境质量标准》(GB 3838—2002)准Ⅳ类标准。尾水在排入人工湿地前达到准Ⅳ类标准。

项目分期建设情况如表 2.6-2 所示。

表 2.6-2　污水处理厂改扩建项目分期建设情况表

建设时期	建成后全厂项目情况			尾水去向	备注
	处理规模/(万 m³/d)	设计出水水质	中水回用率/%		
近期(2025 年)	3.5	准Ⅳ类	30	经人工湿地净化后排放至新东河	引江供水工程建成后运行
远期(2035 年)	5.0				

(2) 中水回用工程

污水处理厂近远期扩建工程规划开展中水回用工程和建设配套管网。近期工程规模为 3.5 万 m³/d,中水回用率 30%,中水回用规模为 1.05 万 m³/d;远期工程规模为 5.0 万 m³/d,中水回用率为 30%,中水回用规模为 1.5 万 m³/d。污水处理厂近远期工程设计出水水质执行准Ⅳ类标准,均优于《城市污水再生利用　城市杂用水水质》(GB/T 18920—2002)相关标准要求,处理后尾水直接经专设管道回用于冲厕、道路浇洒及绿化、洗车、循环冷却、雾炮车降尘等。

(3) 人工湿地工程

污水处理厂配套人工湿地规划建设地址位于通海湖公园,占地面积约 6.0 万 m²。通海湖公园中心为湖区,潜流湿地围绕其周围建设,通海湖区改造为表面流湿地,形成"垂直潜流湿地＋表面流湿地"相结合的工艺路线。

2.6.3　供热工程

规划近期,经济区供热依托东台沿海经济区申江能源有限公司,位于迎宾路和海发路西南侧,供热规模 40 t/h,服务范围为经济区,对区内工业企业进行供热。未来拟由政府牵头于区内建设沿海经济区热电联产项目,初步建设方案为2×75 t/h高温高压燃煤锅炉$+1\times9$ MW抽背式汽轮发电机组。热电联产项目拟于2025年建设完成,承接经济区内的供热负荷,同时关停东台沿海经济区申江能源有限公司2×20 t/h生物质锅炉。

同时,经济区适时新建分布式能源项目,加强太阳能、土壤源、污水源、地下水源热泵技术以支撑城市用热。

3　规划协调性分析

3.1　与区域发展规划符合性分析

本次规划与《长江三角洲城市群发展规划》《长江三角洲区域一体化发展规划纲要》《江苏沿海地区发展规划》《江苏省国民经济和社会发展第十四个五年规划和二〇三五年远景目标纲要》《盐城市国民经济和社会发展第十四个五年规划和二〇三五年远景目标纲要》《盐城市城市总体规划(2013—2030)》《盐城市"十四五"建设长三角产业协同发展示范区规划》《盐城市"十四五"沿海发展规划》《东台市国民经济和社会发展第十四个五年规划和二〇三五年远景目标纲要》《东台市城市总体规划(2015—2030)》等区域发展规划提出的产业发展、功能定位相符。

3.2　与用地相关规划符合性分析

3.2.1　与《东台市城市总体规划(2015—2030)》符合性分析

通过对《东台市城市总体规划(2015—2030)》的用地规划进行分析,经济区本轮规划与之存在6处不相符区域,不相符区域面积为15.43 km²。根据东台市自然资源和规划局出具的说明,在后续国土空间总体规划编制中将经济区用地作为建设用地纳入整体考虑,不相符地块在上位规划调整到位前,应保持现状,不得进行开发建设。

3.2.2　与《东台市国土空间规划近期实施方案》符合性分析

《东台市国土空间规划近期实施方案》已于2021年5月21日获得江苏省自然资源厅批复(苏自然资函〔2021〕543号)。通过对《东台市国土空间规划近期实施方案》进行分析,经济区本次规划少量用地涉及一般农田、水域、自然保留地和村镇建设控制区,未占用基本农田。经济区用地规划与《东台市国土空间规划近期实施方案》不相符区域面积为7.82 km²。根据东台市自然资源和规划局出具的说明,在后续国土空间规划编制中将把经济区用地作为建设用地纳入考虑。规划期土地利用开发不得违背国土空间近期实施方案,不相符地块(农林用地、自然保留地、村镇建设控制区)在上位规划调整到位前,应保持现状,不得进行开发建设。

3.2.3　与东台市"三区三线"划定成果符合性分析

根据东台市"三区三线"划定成果,经济区38.56 km²规划范围内,合计24.23 km²在城镇开发边界内,剩余14.33 km²不在城镇开发边界内。根据东台市自然资源和规划局出具的说明,在后续空间指标调整工作中,将把经济区用地纳入城镇开发空间整体考虑。在上位规划调整到位前,经济区不得对城镇开发空间以外区域进行城镇开发。

3.3 与产业发展相关政策和规划符合性分析

经济区以食品加工和装备机械产业作为主导工业产业,同时发展医疗保健、康养旅游等特色服务业。

通过对《产业发展与转移指导目录(2018年本)》《江苏省国民经济和社会发展第十四个五年规划和二〇三五年远景目标纲要》《盐城市国民经济和社会发展第十四个五年规划和二〇三五年远景目标纲要》《盐城市"十四五"新能源产业发展规划》《盐城市"十四五"制造业高质量发展规划》《东台市国民经济和社会发展第十四个五年规划和二〇三五年远景目标纲要》等产业相关发展规划进行分析,经济区规划产业发展方向与上述规划的产业发展导向相一致。

经济区将严格执行《产业结构调整指导目录(2019年本)》《鼓励外商投资产业目录(2022年版)》《产业发展与转移指导目录(2018年本)》以及《盐城市内资企业固定资产投资项目管理负面清单(2014年本)》《盐城市新一轮沿海开发产业定位和项目准入实施办法》(盐办发〔2013〕67号)、《外商投资准入特别管理措施(负面清单)(2021年版)》《市场准入负面清单(2022年版)》等产业政策要求,不引入以上文件中的禁止、淘汰和限制类项目。

此外,本轮规划环评结合以上产业政策和规划制定了环境准入条件和项目准入清单,经济区将严格按准入清单控制入园项目,围绕相关产业政策和规划中鼓励发展的项目进行招商引资。

综上,经济区本轮规划与相关产业政策和规划具有符合性。

3.4 与生态环境保护法规及规划符合性分析

经济区本轮规划与《全国"十四五"生态环境保护规划》(征求意见稿)、《江苏省"十四五"生态环境保护规划》《江苏省"十四五"文化和旅游发展规划》《盐城市"十四五"生态环境保护规划》《东台市"十四五"生态环境保护规划》《淮河流域水污染防治暂行条例》《江苏省土壤污染防治条例》《江苏省盐城条子泥市级湿地公园总体规划(2019—2023)》等相关环境保护法规及规划的要求相符合。与《中共中央 国务院关于深入打好污染防治攻坚战的意见》等环保行动方案相符。经济区本轮规划与《长江经济带发展负面清单指南(试行,2022年版)》《国务院关于加快建立健全绿色低碳循环发展经济体系的指导意见》《江苏省自然生态保护修复行为负面清单(试行)(第一批)》《近岸海域综合治理攻坚战实施方案》《江苏省近岸海域环境功能区划方案》《江苏省"三线一单"生态环境分区管控方案》《盐城市"三线一单"生态环境分区管控方案》等相关政策要求相符。

3.5 与遗产地保护要求的符合性分析

2019年7月5日,中国黄(渤)海候鸟栖息地(第一期)被列入世界遗产名录。世界遗产地范围涵盖了江苏盐城湿地珍禽国家级自然保护区北三实验区、北缓冲区、中实验区、核心区、南缓冲区、南一实验区、南二实验区、东沙实验区和大丰麋鹿保护区全部、东台条子泥区域,隶属射阳、亭湖、大丰、东台等四个县市区,总面积为2686.99 km²。世界自然遗产地划分为遗产地和缓冲区两个管理分区,其中:遗产地为禁止建设区,缓冲区为限建区和展示区。

《盐城黄海自然遗产地保护管理及可持续发展三年行动纲要〔2019—2021〕》提出,"实行和推动'三线一单'制度,严格控制涉及遗产地的项目审批,从源头控制和预防环境污染……站在长三角一体化发展高度,围绕'遗产＋'新经济,制定遗产地生态旅游规划,以建设引领性、标志性、功能性强的旅游项目为关键,高标准推进黄海湿地生态旅游业发展"。

《世界自然遗产、自然与文化双遗产申报和保护管理办法(试行)》提出,"世界遗产地范围应划入禁止建设区域,不得开展与遗产资源保护无关的建设活动;缓冲区范围应划入限制建设区域,严格控制各类景观游赏及旅游服务设施建设活动"。

经济区位于世界自然遗产地的西侧,本轮规划建设范围不涉及世界自然遗产地和缓冲区范围,东边界距离世界自然遗产地最近距离约为 3.4 km,距离缓冲区最近距离约为 0.2 km。经济区在邻近世界自然遗产地的规划建设范围东边界设置隔离带,其中三仓河以南以经济区规划建设范围东边界至 G228 国道范围(宽度 0.6 km)为隔离带,三仓河以北以世界自然遗产地缓冲区边界周边 1.0 km 与经济区规划建设范围重叠部分为隔离带。在隔离带范围内,除已建成的停车场外,其余区域均作为农林用地或防护绿地,不得进行工业、居住等开发建设活动。在靠近隔离带的一侧规划建设长三角(东台)康养基地,邻近区域主要规划建设社区康复中心、老年大学、规划展览馆、高端酒店等,规划科研用地用于建设湿地生态研究中心、中医研究院、有机食物研究中心等轻污染型科研产业,不涉及工业生产。综上所述,经济区本轮规划与遗产地保护要求相符。

【专家点评】

由于经济区区位较为敏感,邻近世界自然遗产地,遗产地内分布有国家重点保护野生动物,可能会受到经济区开发建设的影响,因此规划环评报告应关注《世界自然遗产、自然与文化双遗产申报和保护管理办法(试行)》等自然遗产地相关管理政策文件,进行相符性分析。

秦海旭(南京市环境保护科学研究院)

4 区域生态环境现状调查和评价

(1) 环境空气

《东台市 2021 年度环境质量公报》提出:"对照《环境空气质量标准》(GB 3095—2012)表 1 中二级标准,二氧化硫、二氧化氮、一氧化碳、PM$_{2.5}$ 和 PM$_{10}$ 年均值达标,臭氧日最大 8 小时平均值达标。"同时结合盐城市东台生态环境局提供的沿海经济区自动监测站(标准站)2021 年全年数据,经济区所在区域的 SO$_2$、NO$_2$、PM$_{10}$、PM$_{2.5}$、CO、O$_3$ 因子均能符合环境空气质量标准,因此判定经济区为达标区。

监测期间各监测位点 HCl、NH$_3$、H$_2$S、硫酸雾、甲醇、丙酮、TVOC、甲苯、二甲苯符合《环境影响评价技术导则 大气环境》(HJ 2.2—2018)附录 D 中的空气质量浓度参考限值的要求,氟化物监测值符合《环境空气质量标准》(GB 3095—2012)二级标准要求。综上所述,监测期间区域环境空气质量现状良好。

(2) 地表水环境

对照《地表水环境质量标准》(GB 3838—2002)中Ⅲ类水标准,监测期间三仓农场海堤河、港城河、三仓河、新东河、南干河断面监测因子中氨氮、COD、BOD$_5$、TP、高锰酸盐指数存在超标情况,其余因子均能达到相应标准。出现超标情况的原因,一方面为经济区规划建设范围地处东台市堤东灌区,地势西低东高,区域水体流动性差,水系流通性不足,区域水系无自然的上游来水,用水主要依靠安丰抽水站从通榆河提水,上游来水补给不足;另一方面是上游沿线污染物排放,包括三仓镇、安丰镇以及南沈灶镇,其中废水排放量最大的为安丰镇,其次为南沈灶镇,主要污染源为畜禽养殖及生活源。据相关资料,上游约有畜禽养殖场(点)10 个,其中安丰镇 7 个,南沈灶镇 3 个,且部分河段岸坡保护不到位,有耕翻种植现象,存在水土流失问题,生态自净能力较差,周边农业、养殖面源污染物容易进入水体,造成水质恶化。

(3) 声环境

监测期间各监测点位的昼间、夜间噪声值均满足《声环境质量标准》(GB 3096—2008)中相应声功能区标准限值要求。监测期间区域声环境质量现状良好。

（4）地下水环境

监测期间区域监测因子可达到《地下水质量标准》（GB/T 14848—2017）中的Ⅳ类及更优标准要求。

（5）土壤环境

土壤环境质量现状监测结果表明，监测期间区域各项监测指标均不超过《土壤环境质量 建设用地土壤污染风险管控标准》（GB 36600—2018）中对应用地类型的筛选值，土壤环境质量较好。

（6）底泥环境

监测期间三仓河、三仓农场海堤河和新东河的河流底泥中各项重金属指标均符合《土壤环境质量 农用地土壤污染风险管控标准》（GB 15618—2018）中的筛选值标准。

（7）生态环境

《东台沿海湿地旅游度假经济区开发建设规划对重点保护野生动植物影响评估报告》提出：评估区内已知有种子植物 58 科 116 种（含 1 变种），没有国家重点保护野生植物分布；评估区内已知有哺乳类 5 目 8 科 12 种，以小型啮齿类为主，没有国家重点保护物种分布，省级重点保护物种有 3 种；重点评估区调查记录到野生鸟类 16 目 43 科 78 属 112 种，未记录到国家一级保护野生鸟类；一般评估区调查记录到野生鸟类 94 种，包括国家一级保护野生鸟类 8 种（勺嘴鹬、东方白鹳、黑脸琵鹭、小青脚鹬、卷羽鹈鹕、黑嘴鸥、黄嘴白鹭和遗鸥）；重点评估区内已知有爬行类 2 目 3 科 7 种，未见国家重点保护物种，省级重点保护物种有 2 种；重点评估区内已知有两栖类 1 目 4 科 7 种，未见国家重点保护物种，省级重点保护物种有 1 种。

5 开发现状分析

5.1 土地利用现状

经济区规划建设范围总用地面积为 38.56 km²。现状城市建设用地 7.20 km²，占总面积的 18.67%。现状工业用地 3.34 km²，占城市建设用地的 46.39%。经济区规划建设范围尚有 0.15 km² 的村庄建设用地及 25.19 km² 的农林用地未利用。

5.2 环境基础设施运行现状

经济区规划建设范围依托的基础设施主要包括给水、排水、供热、供电等，主要基础设施现状建设情况如表 5.2 - 1 所示。

表 5.2 - 1 基础设施建设现状统计表

项目	名称	位置	现状建设规模
给水	东台市南苑水厂	区内	30 万 m³/d
	沿海工业地表水厂	区内	1.5 万 m³/d
排水	东台沿海污水处理有限公司	区内	1.5 万 m³/d
供热	东台沿海经济区申江能源有限公司	区内	2×20 t/h
供电	220 kV 袁丰变电站	区外	—
	110 kV 海林变电站	区外	—
	110 kV 弶港变电站	区外	—
供气	LNG 储配站	区内	1 万 Nm³/h

5.2.1　给水

经济区规划建设范围供水依托东台市南苑水厂,水厂位于城区南部丁新村境内,占地 7.0 ha,现总供水能力 30 万 m^3/d,给水水源为泰东河,在南苑水厂南侧、泰东河接线段北侧建有水源水厂。为应对泰东河受汛期淮河客水影响发生的水污染事件,东台市在城西北海路仙湖农业生态园内新建了一座水库作为南苑水厂应急水源,总库容 70 万 m^3,水源为泰东河。

此外,区内已建成沿海工业地表水厂为区内企业提供工业用水,现状建成规模 1.5 万 m^3/d,目前正在铺设配套供水管网,尚未正式供水。该项目已于 2018 年取得东台市水务局对取水许可申请的行政许可决定(东水许可〔2018〕9 号),并于 2019 年取得了原东台市环境保护局的环评批复(东环审〔2019〕048 号)。

5.2.2　排水

现状经济区规划建设范围内的新建区及工业区已实施雨污分流,分散的农村居民点六里舍的排水体制为雨污合流制。经济区规划建设范围内现状污水管网长度约 35.78 km,现状污水管网密度约 928 m/km^2。在产企业工业废水接管率为 100%。工业企业废水接管至东台沿海污水处理有限公司,管道沿开发大道、迎宾路、海旺路等道路铺设,管径为 400~800 mm。居民生活污水接管率为 100%。

经济区规划建设范围现状依托的污水处理厂为东台沿海污水处理有限公司,类型为工业污水处理厂,位于海堤公路与港区二路交叉口东北侧。污水处理厂现状总收水范围为经济区规划建设范围内企业的工业废水和居民生活污水,经济区规划建设范围内废水占污水处理厂总收水范围的废水的比例为 100%。污水处理厂接管废水中,工业废水占比约为 92%,生活污水占比约为 8%。规划污水处理厂规模为 5 万 m^3/d,其中 3.5 万 m^3/d 污水工程一期工程(1.5 万 m^3/d)项目已于 2007 年取得原东台市环境保护局的批复(东环函〔2007〕26 号),现状实际已建成规模为 1.5 万 m^3/d,并于 2011 年 1 月 13 日完成验收。

污水处理厂采用“混凝沉淀+厌氧水解酸化+活性污泥+混凝沉淀”的处理工艺,根据排污许可证,其尾水达到《城镇污水处理厂污染物排放标准》(GB 18918—2002)一级标准后排放,排入三仓农场海堤河,该入河排污口的使用已于 2007 年 9 月 15 日获得东台市水务局批准(东水许可〔2007〕13 号)。污水处理厂于 2019 年 9 月 27 日完成排污许可证办理,证书编号为 91320981667609017U001Q。根据排污许可证,污水处理厂允许排放量为:COD 138.15 t/a,氨氮 18.42 t/a,总氮 34.54 t/a,总磷 1.15 t/a。此外,污水处理厂已组织编制突发环境事件应急预案,并于 2021 年 7 月 15 日完成备案(备案号:3209812021049L)。污泥送东台市鑫煜污泥处置有限公司制砖。

由于现状排污口位于三仓农场海堤河,距离江苏黄海海滨国家级森林公园省级生态空间管控区域和盐城湿地珍禽国家级自然保护区国家级生态保护红线较近,因此污水处理厂正在筹备排污口改建工程,规划将现状排污口迁建至新东河与三仓河交汇处下游 0.8 km 处。目前排污口论证报告正在编制中。

原东台市环境保护局的批复(东环函〔2007〕26 号)中要求尾水“处理达到《污水综合排放标准》(GB 8978—1996)表 4 中的一级标准”后排放。之后为提升区域地表水环境质量,污水处理厂开展了提标改造工作。根据排污许可证,目前其尾水执行《城镇污水处理厂污染物排放标准》(GB 18918—2002)一级标准(其中主要污染物 BOD_5、TN、TP 达到一级 A 标准,COD、氨氮、SS 达到一级 B 标准)。在线监测表明,实际出水水质基本达到一级 A 标准。

🔊【专家点评】

排水基础设施运行现状中,应明确经济区内雨污分流开展情况、管网长度及密度、污水接管率等内容,重点关注污水处理厂的环保手续完成情况、尾水排放口的合规性、实际运行状态下出水水质达标情况等内容。

崔小爱(江苏环保产业技术研究院股份公司)

5.2.3 供热

经济区规划建设范围内企业供热依托东台沿海经济区申江能源有限公司,其集中供热(60 t/h)项目环评已于 2009 年取得原东台市环境保护局批复。现状已建设规模为 2×20 t/h。现状经济区内共有 3 家企业存在自建锅炉和炉窑,该 3 家企业目前已集中供热,自建锅炉和炉窑应急备用。

东台沿海经济区申江能源有限公司使用的燃料类型原为无烟煤,自 2021 年起已改为使用生物质燃料,环保改造项目已于 2022 年 4 月 15 日取得盐城市东台生态环境局批复(盐环表复〔2022〕81033 号),2022 年 6 月 27 日完成环境保护验收,并已取得排污许可证(91320981688333662 2001X),目前对东台市浩瑞生物科技有限公司、东台绿丰生物科技有限公司等多家企业进行集中供热。

5.3 入区企业概况

经济区规划建设范围内现有 39 家企业,合计 45 个项目,其中 33 个项目在产,11 个项目停产,1 个项目在建。区内 33 个在产项目中:33 个项目已履行环评手续,环评手续执行率 100%;33 个已履行环评手续的在产项目中,20 个已完成竣工环保验收,验收完成率 60.61%。区内 30 家在产企业中,23 家企业已完成排污许可手续,其余企业正在申报中。

5.4 资源能源开发利用与碳排放现状

5.4.1 土地资源利用现状

经济区规划建设范围总用地面积 38.56 km²。现状城市建设用地 7.20 km²,占总面积的 18.67%。现状工业用地 3.34 km²,占城市建设用地的 46.39%。经济区规划建设范围内尚有 0.15 km² 的村庄建设用地及 25.19 km² 的农林用地未利用。

5.4.2 能源利用现状

经济区规划建设范围内现状能源主要以电力、无烟煤、生物质燃料为主,企业燃煤锅炉已全部淘汰。根据对经济区规划建设范围内规模以上企业能源消耗的调查,2020 年,申江能源有限公司用于热力生产的燃料及消耗量为无烟煤 20 289 t,经济区内企业用于工业生产的燃料及消耗量为生物质燃料 808.19 t、天然气 47.08 万 m³,区内企业净调入电量 7 945.96 万 kW·h。现状综合能耗约 20 289 t 标煤。

经济区规划建设范围内规模以上企业能耗主要集中在食品加工产业。近年来,经济区经济发展较偏重于规模扩张和速度加快,而在产业结构合理性、经济发展持续性、能源资源平衡性等方面有所不足,节能降耗工作的基础仍需加强。经济区目前正在积极发展低投入、低能耗、低污染、高效益的"三低一高"产业,走新型产业发展道路,调整优化产业结构,提高高新技术项目和清洁能源项目在工业中的比重,加快经济转型升级,实现经济发展与节能降耗双赢。

5.4.3 碳排放现状

(1)现状调查

① 碳排放企业现状调查。以 2020 年为基准年,调查了经济区规划建设范围内现有已建企业的基础资料,其中重点行业企业主要有江苏万力生物科技有限公司、东台百地医用制品有限公司等,主要调查内容包括企业能源结构及各种能源消费量、净调入电力和热力量等。同时对经济区移动碳排放源进行了调查。

② 居民生活源调查。目前经济区规划建设范围内现有居民人数为 3 900 人,日常生活所用燃料为天然气。区内常住人口人均综合用气量按 0.35 m³/d 计,居民年用气天数按 365 天计。

③ 建筑源调查。目前经济区规划建设范围内建筑物现有居民人数为 3 900 人,根据《城市电力规划规范》(GB/T 50293—2014),居民人均生活用电量取 800 kW·h/(人·a)。

④ 经济区交通移动源调查。根据统计年鉴及调查资料可知,经济区规划建设范围内机动车保有量约为 600 辆,根据《乘用车企业平均燃料消耗量与新能源汽车积分并行管理办法》(工业和信息化部、财政部、商务部、海关总署、质检总局令 第 44 号)及其 2020 年修订版,结合《乘用车燃料消耗量评价方法及指标》(GB 27999—2014),本报告取机动车平均燃油系数 5.53 L/100 km,机动车年平均里程约为 1 万 km/a。

(2) 计算方法

本次规划环评主要核算经济区规划建设范围内能源活动产生的碳排放量,主要包括:化石燃料燃烧活动产生的二氧化碳排放,电力调入调出的二氧化碳间接排放。碳排放计算方法参考如下:

$$AE_{总} = AE_{燃料燃烧} + AE_{净调入电力和热力} \tag{5.4-1}$$

式中:$AE_{总}$—碳排放总量(tCO_2e);$AE_{燃料燃烧}$—燃料燃烧碳排放量(tCO_2e);$AE_{净调入电力和热力}$—净调入电力和热力的碳排放总量(tCO_2e)。

根据燃料用于电力生产还是用于其他工业生产,燃料燃烧排放量($AE_{燃料燃烧}$)计算方法不同,具体公式如下:

$$AE_{燃料燃烧} = AE_{电燃} + AE_{工燃} \tag{5.4-2}$$

式中:$AE_{电燃}$—电力生产燃料燃烧排放量(tCO_2e);$AE_{工燃}$—工业生产燃料燃烧排放量(tCO_2e)。

建设项目用于电力生产的燃料燃烧产生的排放量($AE_{电燃}$)计算方法见公式:

$$AE_{电燃} = \sum (AD_{i燃料} \times EF_{i燃料}) \tag{5.4-3}$$

式中:i——燃料种类;$AD_{i燃料}$—i 燃料燃烧消耗量(t 或 kNm³);$EF_{i燃料}$—i 燃料燃烧的二氧化碳排放因子(tCO_2e/kg 或 tCO_2e/kNm^3)。

建设项目用于电力生产之外的其他工业生产的燃料燃烧产生的排放量($AE_{工燃}$)计算方法见如下公式:

$$AE_{工燃} = \sum (AD_{i燃料} \times EF_{i燃料}) \tag{5.4-4}$$

式中:i—燃料种类;$AD_{i燃料}$—i 燃料燃烧消耗量(t 或 kNm³);$EF_{i燃料}$—i 燃料燃烧的二氧化碳排放因子(tCO_2e/kg 或 tCO_2e/kNm^3)。

净调入电力和热力的碳排放总量($AE_{净调入电力和热力}$)计算方法见以下公式:

$$AE_{净调入电力和热力} = AE_{净调入电力} + AE_{净调入热力} \tag{5.4-5}$$

式中:$AE_{净调入电力}$—净调入电力的碳排放量(tCO_2e);$AE_{净调入热力}$—净调入热力的碳排放量(tCO_2e)。

其中,净调入电力的碳排放量($AE_{净调入电力}$)计算方法见公式:

$$AE_{净调入电力} = AD_{净调入电量} \times EF_{电力} \tag{5.4-6}$$

式中:$AD_{净调入电量}$—净调入电量(MWh);$EF_{电力}$—电力排放因子(tCO_2e/MWh)。

注:电力排放因子实行每年更新,选取《省级人民政府控制温室气体排放目标责任自评估报告编制指南》中江苏的 EF_{OM} 值来计算当年净调入电力产生的碳排放量,江苏 EF_{OM} 值为 0.6829 tCO_2/MWh。

其中,净调入热力的碳排放量($AE_{净调入热力}$)计算方法见公式:

$$AE_{净调入热力} = AD_{净调入热力消耗量} \times EF_{热力} \tag{5.4-7}$$

式中:$AD_{净调入热力消耗量}$——净调入热力消耗量(GJ);$EF_{热力}$——热力排放因子(tCO_2e/GJ),为0.11 tCO_2e/GJ。

(3)计算结果

① 经济区区内工业企业现状碳排放量。根据上述计算公式,2020年经济区 $AE_{工燃}$(工业生产的燃料燃烧排放量)、$AE_{净调入电力}$(净调入电力的碳排放量)情况如表5.4-1和表5.4-2所示。

表5.4-1 2020年经济区 $AE_{工燃}$(工业生产的燃料燃烧排放量)情况

序号	燃料种类	消耗量	二氧化碳排放因子	燃料燃烧排放量/tCO_2
1	天然气	470 800 m^3	2.160 tCO_2/kNm^3	1 016.93
2	液化天然气	0.98 t	2.828 tCO_2/t	2.77
3	液化石油气	8 t	3.101 tCO_2/t	24.81
4	柴油	51.8 t	3.096 tCO_2/t	160.37
5	无烟煤	20 289 t	2.143 tCO_2/t	43 479.33
6	生物质燃料	808.19 t	2.143 tCO_2/t	1 731.95
合计				46 416.16

表5.4-2 2020年经济区 $AE_{净调入电力}$(净调入电力的碳排放量)情况

序号	项目	消耗量/(万 kW·h)	二氧化碳排放因子/(tCO_2/MWh)	排放量/tCO_2
1	净调入电力消耗量	7 945.96	0.682 9	54 262.96

② 居民生活源碳排放情况。二氧化碳排放因子按2.160 tCO_2/kNm^3 计,计算可得居民生活源碳排放量为1 076.17 t。

③ 建筑源碳排放情况。二氧化碳排放因子按0.683 t CO_2/MWh 计,计算可得建筑源碳排放量为2 130.65 t。

④ 交通移动源碳排放情况。根据现状调查结果,汽油/柴油密度按0.8 kg/L计,经济区交通移动源能源使用量约为265.44 t(汽油/柴油),根据《2006年IPCC国家温室气体清单指南》及2019修订版,能源活动过程产生的碳排放量约为543.36 t/a。

2020年经济区规划建设范围内能源活动产生的碳排放总量如表5.4-3所示。

表5.4-3 2020年经济区能源活动和消耗情况

序号	项目	排放量(tCO₂)
1	$AE_{工燃}$(工业生产的燃料燃烧排放量)	46 416.16
2	$AE_{净调入电力}$(净调入电力的碳排放量)	54 262.96
3	居民生活源碳排放量	1 076.17
4	建筑源碳排放量	2 130.65
5	交通移动源碳排放量	543.36
合计		104 429.30

综上,2020年经济区规划建设范围内的能源活动产生的碳排放总量为10.44万 tCO_2。其中工业能源活动产生的碳排放量为10.07万 tCO_2。

5.4.4 节能减碳潜力分析

规划期内,经济区将持续推进低碳工业体系的建设,注重绿色低碳技术的研发和推广应用,强化固定资产投资项目节能审查,对项目用能和碳排放情况进行综合评价,从源头推进节能降碳,同时以电机、风机、泵、压缩机、变压器、换热器、工业锅炉等设备为重点,全面提升能效标准。

此外,《江苏省"两减六治三提升"专项行动实施方案》要求:"2019 年底前,35 蒸吨/小时及以下燃煤锅炉全部淘汰或实施清洁能源替代,65 蒸吨/小时及以上燃煤锅炉全部实现超低排放,其余燃煤锅炉全部达到特别排放限值……"经济区内企业燃煤锅炉已全部淘汰,有 3 家已集中供热的企业留有自建的生物质和燃气锅炉应急备用。由于现有申江能源锅炉规模较小,燃料成本较高,随着规划的进一步实施,将建设热电联产项目对经济区内企业进行集中供热,可减少二氧化硫、氮氧化物等污染物的排放量。经济区内现有 3 处风力发电设施区域(国华一期 20 万 kW,国华三期 11 万 kW,国信 9.9 万 kW,总容量为 40.9 万 kW),区外东侧邻近 2 处光伏发电设施区域(华电尚德 4 万 kW 和苏美达 5 万 kW),在此基础上,经济区将在开发建设过程中进一步加强对风能、太阳能等清洁能源的利用,提高能源利用率和利用占比,减少对化石能源的依赖,降低工业碳排放量,间接改善环境空气质量。

由此可见,经济区未来仍有较大的节能减碳潜力。

5.5　环境风险与管理现状

5.5.1　环境风险源识别

根据江苏省《工业园区突发环境事件风险评估指南》(DB32/T 3794—2020),对经济区内可能涉及 HJ 941 附录 A 中环境风险物质的固定源、移动源进行识别,形成环境风险源清单,包括环境风险源类别、名称、地理位置、规模、主要环境风险物质名称及数量等。

根据调查,经济区规划建设范围内环境风险源清单如表 5.5-1 所示。

表 5.5-1　经济区环境风险源清单

序号	风险源类别	风险源名称
1	环境风险企业	区内环境风险企业主要为:东台市浩瑞生物科技有限公司、中粮肉食(江苏)有限公司东台分公司等企业
2	涉及环境风险物质装卸运输的港口码头	不涉及
3	涉及环境风险物质运输的道路及水路运输载具	G228 国道、通海大道等
4	尾矿库	—
5	石油天然气开采设施	—
6	加油站及加气站	经济区内设有加油站及加气站
7	集中式污水处理厂	经济区内设有集中式污水处理厂
8	集中式垃圾处理设施	—
9	风险物质	天然气、液氨、氢氧化钠、盐酸等

5.5.2　环境风险受体识别

(1)大气环境风险受体识别

大气环境风险受体包括经济区规划建设范围内及周边 3 km 范围内的居住区、医疗卫生机构、文化教育机构等。

(2)水环境风险受体识别

根据统计,经济区规划建设范围内水环境风险受体具体信息如表 5.5-2 所示。

表 5.5－2　水环境风险受体一览表

受体类别	受体名称
区内河流、排污口所在河流	三仓河
	新东河
	港城河
	三仓农场海堤河
	南干河

（3）土壤环境风险受体识别

结合《环境影响评价技术导则　土壤环境》(HJ 964—2018)，土壤环境风险受体为耕地、园地、牧草地或居民区、学校、医院等，分散分布在区内及周边。

5.5.3　经济区现有风险应急与防范能力

（1）应急预案情况

目前经济区已完成突发环境事件应急预案的编制，并于 2020 年 12 月 24 日在盐城市东台生态环境局进行了备案（备案号：3209812020091M)，于 2020 年 12 月 7 日在东台市浩瑞生物科技有限公司内开展乙醇泄漏突发环境事件应急演练。根据盐城市生态环境局发布的《2021 年盐城市企事业单位突发环境事件环境应急预案应备案名录表》，东台市浩瑞生物科技有限公司在应备案名录表中，且已完成应急预案备案。经济区规划建设范围内目前共有 3 家企业编制突发环境事件应急预案，并进行备案，企业突发环境事件应急预案均在有效期内。

表 5.5－3　经济区企业应急预案备案情况

序号	企业名称	应急预案备案编号	备案时间
1	东台市浩瑞生物科技有限公司	3209812020006M	2020 年 4 月 2 日
2	江苏万力生物科技有限公司	3209812020037L	2020 年 8 月 28 日
3	中粮家佳康(江苏)有限公司	3209812019036L	2019 年 8 月 2 日

（2）环境应急物资情况

目前经济区已组建应急指挥部，成立了各应急小组，现有环境应急物资包括消防服、安全帽、灭火器、强光手电、应急灯、安全绳、黄沙、对讲机、急救箱等。此外，为了使突发事件发生时各项应急救援工作有序开展，应急救援经费也是必不可少的，为此经济区制定了专项经费保障措施，以保证能够满足事故应急救援要求。

由于区内企业突发事件类型较多，而经济区自身的应急资源有限，一旦有突发事件发生，如果能及时有效地利用好应急资源，对突发事件控制极为有利。同时，建议经济区建立健全政府专门储备、企业代储备等多种形式的环境应急物资储备模式，建设环境应急资源数据库，提高区域综合保障能力，并针对风险较为集中的重点区域，就近设置环境应急物资储备库。

（3）环境风险防范措施

经济区规划建设范围内东台市浩瑞生物科技公司、中粮家佳康(江苏)有限公司等 10 家企业设有事故池用于收集事故废水及消防废水，基本可满足环境风险控制要求，并在雨水总排口设置闸阀，发生事故时可防止废水进入雨污水管网，确保受污染的雨水、消防水和泄漏物等不排出厂界。此外，其余企业也在厂内各环境风险单元实现了切断(围堵)、控制(洗消)、收集、降解污染物，安全防护，应急通信，环境监测，配备应急资源，等。通过上述措施的防控，在发生突发环境事件时，可有效将风险源控制在厂区范围内。

风险源布局及管理较为合理,区域环境风险可接受。

区内企业应急事故池设置情况如表5.5-4所示。

表5.5-4　区内企业应急事故池设置情况

序号	企业名称	应急事故池容积/m³
1	中粮家佳康(江苏)有限公司	2 500
2	江苏粤海饲料有限公司	360
3	东台市赐百年生物工程有限公司	500
4	东台百地医用制品有限公司	220
5	东台绿丰生物科技有限公司	60
6	江苏华晶生物科技有限公司	600
7	江苏越科新材料有限公司	130
8	东台沿海污水处理有限公司	2 600
9	东台市浩瑞生物科技有限公司	3 000
10	江苏燕山光伏设备有限公司	100

【专家点评】

结合经济区实际情况,需关注以下几点:

现状部分企业环保手续履行是否到位。关注经济区内现状企业在产项目中,是否存在"未验先投"、未完成排污许可手续等情况,如存在问题需逐一分析原因,给出整改方案和整改时限要求。

经济区内存在的企业与规划产业定位、产业布局是否相符:对照本轮规划的规划产业定位、产业布局,分析经济区内现状企业与规划的相符性,如存在问题需给出整改方案和整改时限要求。

现状部分企业与规划用地性质是否相符:对照本轮规划的用地规划方案,分析经济区内现状企业与规划的相符性,如存在问题需给出整改方案和整改时限要求。

区内河流地表水环境质量是否达标:对照《地表水环境质量标准》(GB 3838—2002),分析地表水环境现状监测中的监测数据是否达标,如不能达标需分析污染源和超标原因,并收集相关地表水环境整治方案措施,列出整治计划和达标期限。

经济区本轮用地规划方案是否与上位规划相符:对照上位《东台市国土空间规划近期实施方案》、东台市"三区三线"划定成果等上位规划,关注本轮用地规划方案与上位规划的相符性问题,并给出解决方案和后续土地开发利用要求。

经济区距离世界自然遗产地较近:关注世界自然遗产地及周边的相关管理要求,设置隔离带,提出隔离带区域的开发建设和管理要求。

崔小爱(江苏环保产业技术研究院股份公司)

经济区现状问题涉及企业环保手续、现状企业与本轮规划方案的相符性、地表水环境质量达标情况、本轮规划方案与上位规划相符性等多个方面,应深入分析问题成因,并提出有针对性的整改措施,且整改措施应明确整改期限和整改责任主体。

张磊(江苏省环境科学研究院)

关注经济区内现状企业与本轮规划的产业定位、产业布局的相符性,对于不相符的企业应明确整改方向,提出企业存续期间的管理要求。

赵洪波(南京国环科技股份有限公司)

6 环境影响识别与评价指标体系构建

本次评价以环境影响识别为基础,结合相关规划及环境背景调查情况、规划涉及的区域环境保护目标,参考国家、江苏省、盐城市、东台市生态文明建设规划和"十四五"生态环境保护规划以及《国家生态工业示范园区标准》(HJ 274—2015)等相关要求,考虑可定量数据的获取,同时结合经济区现状调查与评价的结果,以及确定的资源与环境制约因素,建立规划环境影响评价指标体系,具体如表6-1所示。

表6-1 规划环境影响评价指标体系表

类型	序号	指标	单位	近期目标(2025年)	远期目标(2035年)	现状值	现状值来源
生态空间	1	绿化覆盖率[1]	%	≥19	≥21	4.75	现状用地数据
	2	生态质量指数(EQI)[1]	—	50	50	—	—
资源能源利用	3	单位工业增加值综合能耗[2]	t标煤/万元	≤0.5	≤0.4	0.14	数据计算
	4	单位工业增加值新鲜水耗[2]	m³/万元	≤8	≤7	4.58	数据计算
	5	工业水循环利用率[1]	%	≥60	≥75	20	现状统计数据
	6	单位生产总值二氧化碳排放下降率[3]	%	完成上级下达目标		—	—
	7	单位生产总值能源消耗降低[3]	%	完成上级下达目标		—	—
	8	单位面积建设用地投资强度[1]	万元/亩	≥300	≥330	250	现状统计数据
	9	单位面积建设用地产出强度[1]	万元/亩	≥250	≥280	152	现状统计数据
	10	单位工业用地面积工业增加值[2]	亿元/km²	10.2	15.9	4.7	现状统计数据
	11	区内新能源发电就地吸纳比例[1]	%	40	60	20	现状统计数据
污染控制	12	重点污染源稳定达标排放情况[2]	%	100	100	100	现状统计数据
	13	污水集中收集率[1]	%	100	100	100	现状统计数据
	14	固体废物(含危险废物)处置利用率[2]	%	100	100	100	现状统计数据
	15	生活垃圾无害化处理率[1]	%	100	100	100	现状统计数据
	16	单位工业用地碳排放强度[1]	tCO_2/ha	≤158	≤120	301	排放数据计算
	17	单位工业用地大气颗粒物排放强度[1]	t/ha	0.039	0.042	0.36	排放数据计算
	18	区内空气环境质量达标率[1]	%	100	100	100	监测数据
	19	$PM_{2.5}$年平均质量浓度[1]	μg/m³	≤23	≤22	24	监测数据
	20	NO_2年平均质量浓度[1]	μg/m³	≤13	≤12	14	监测数据
	21	O_3年平均质量浓度[1]	μg/m³	≤106	≤105	107	监测数据
	22	区内地表水环境质量达标率[1]	%	100	100	0	监测数据
	23	近岸海域环境质量水质优良(一、二类)比例[1]	%	65	65	0	监测数据
	24	单位工业增加值废水排放量[2]	t/万元	≤8.68	≤6.94	14.89	排放数据计算
	25	单位工业增加值氮氧化物排放量[1]	kg/万元	≤0.05	≤0.03	0.31	排放数据计算
	26	单位工业增加值颗粒物排放量[1]	kg/万元	≤0.05	≤0.03	0.17	排放数据计算
	27	单位工业增加值VOCs排放量[1]	kg/万元	≤0.05	≤0.03	0.17	排放数据计算

类型	序号	指标	单位	近期目标 (2025 年)	远期目标 (2035 年)	现状值	现状值来源
	28	一般工业固体废物产率(单位工业用地面积)[1]	t/ha	≤285	≤225	345	排放数据计算
	29	一般工业固体废物产率(单位工业增加值)[1]	t/万元	≤0.28	≤0.14	0.73	排放数据计算
	30	危险废物产率(单位工业用地面积)[1]	t/ha	≤0.82	≤0.78	0.83	排放数据计算
	31	危险废物产率(单位工业增加值)[1]	t/万元	≤0.001	≤0.0005	0.002	排放数据计算
风险防控	32	区内环境风险防控体系建设完善度[2]	%	100	100	100	现状统计数据
环境管理	33	环境管理能力完善度[2]	%	100	100	90	现状统计数据
	34	区内企事业单位发生特别重大、重大突发环境事件数量[2]	—	0	0	0	现状统计数据
	35	建设项目环境影响评价完成率[1]	%	100	100	100	现状统计数据
	36	"三同时"制度执行率[1]	%	100	100	60.61	现状统计数据
信息公开	37	环境信息公开率[2]	%	100	100	100	现状统计数据
	38	生态产业信息平台完善程度[2]	%	90	100	80	现状统计数据
	39	生态产业主题宣传活动[2]	次/年	≥2	≥3	2	现状统计数据
	40	公众对环境质量改善满意度[4]	%	≥96	≥98	95	现状统计数据

注:[1] 结合经济区实际情况制定;
　　[2] 参照国家生态工业示范园区标准制定;
　　[3] 引自《东台市"十四五"生态环境保护规划》;
　　[4] 引自《盐城市"十四五"生态环境保护规划》。

7　环境影响预测与评价

7.1　规划实施生态环境压力分析

7.1.1　主要污染物排放量分析

规划期末经济区规划建设范围内排放污染物的源强估算基本思路为:估算主要考虑工业污染源和生活污染源,经济区规划建设范围内工业污染源估算考虑三部分,即已批在建项目污染源、规划新增污染源和削减污染源。

为反映经济区规划建设范围内土地利用开发时序、污水设施规模合理性和工业产业优化调整对区域环境质量的影响,本次估算设计了两种情景。情景一是至 2025 年,经济区按照本轮近期规划进行开发与建设;情景二是至 2035 年,经济区按照本轮远期规划进行开发与建设。

（1）废气污染源强

工业污染源方面,源强估算主要考虑区内在建和拟建项目,根据项目环评报告或参考相同建设规模的项目进行统计。未开发的工业地块上新增项目废气污染物排放量采用单位面积排污系数法计算。

生活污染源方面,根据本轮规划方案市政专篇中的参数,近期区内常住人口人均综合用气量取 0.15 m³/d,远期区内常住人口人均综合用气量取 0.18 m³/d,再根据《第二次全国污染源普查 生活污染产排污系数手册》(试用版)中的"城镇生活源废气污染物产排污系数"——每燃烧 1 万 m³ 天然气,所产生的污染物的量分别为 SO_2 0.005 kg、NO_x 12.48 kg、颗粒物 1.14 kg、VOCs 0.92 kg,通过计算可得到规划近期和远期生活中天然气燃烧所产生的废气污染物排放量。

削减源强为经济区内拟关停和收回地块的企业,同时考虑经济区内拟开展集中供热的企业(百地医用制品)的分散锅炉,根据各企业环评报告统计削减的废气污染量。

(2)废水污染源强

工业污染源方面,考虑经济区规划建设范围内在建项目和拟建项目,在建项目根据项目环评报告统计废水量情况,拟建项目参考相同建设规模的项目废水排放情况进行估算。经济区规划建设范围内未开发工业用地的新增废水排放量采用单位面积排污系数法计算,排污系数根据同类型产业园区类比分析确定。

生活污染源方面,经济区规划建设范围内生活用水量根据人均用水指标计算,根据《城市给水工程规划规范》(GB 50282—2016),人均生活用水按 150 L/(人·d)计算,生活污水排放系数按 0.8 计,对生活污水量进行核算。

废水产生总量计算后,按中水回用比例折算为污水处理厂的排放水量,再根据污水处理厂设计的尾水排放标准计算污染物排放量。

(3)固废污染源强估算

工业污染源方面,考虑经济区规划建设范围内在建项目和拟建项目,在建项目根据项目环评报告统计固废量情况,拟建项目参考相同建设规模的项目固废情况进行估算。经济区规划建设范围内未开发工业用地的新增固废量采用单位面积系数法计算,系数根据同类型产业园区类比分析确定。

生活污染源方面,根据《城市环境卫生设施规划标准》(GB 50337—2018),经济区居民人均生活垃圾日产生量按 1.0 kg/(人·d)计,全年按 365 天计,计算经济区生活垃圾产生量。医疗废物发生量按照下式预测:

$$G_w = Gj \times N \tag{7.1-1}$$

式中:G_w—医院医疗废物发生量,kg/d;N—医院床位数,床;Gj—医院床位医废产污系数,kg/(床·d)。

根据《第一次全国污染源普查 城镇生活源产排污系数手册》,经济区综合医院床位医废产污系数按 0.65 kg/(床·d)计,疗养院床位医废产污系数按 0.15 kg/(床·d)计,全年按 365 天计,计算经济区医疗废物发生量。

【专家点评】

进行源强和污染物排放量分析时,应根据各产业的类型特点,针对性地选取特征污染物和污染物系数进行计算。

张磊(江苏省环境科学研究院)

规划近期至 2025 年,远期至 2035 年,污染物排放分析时,也应按照规划的近远期进行分期核算。

王海涛(江苏润环环境科技有限公司)

7.1.2　污染源汇总

表 7.1-1　规划期经济区污染物排放量汇总表　　　　　　　　　　　　　　单位：t/a

污染种类	污染物	现状	规划近期		规划远期	
			新增量	期末排放量	新增量	期末排放量
大气污染物	SO_2	43.609	35.480	62.738	37.100	63.466
	NO_x	49.821	53.431	57.162	65.562	66.205
	颗粒物	27.539	27.252	49.615	31.042	52.980
	VOCs	27.327	15.486	42.813	21.796	49.027
	NH_3	13.967	0.868	13.884	1.755	14.771
	H_2S	0.125	0.026	0.109	0.044	0.127
	HCl	1.353	2.517	2.520	3.143	3.146
	硫酸雾	—	2.232	2.232	2.732	2.732
	甲苯	—	1.129	1.129	1.505	1.505
	二甲苯	0.473	1.129	1.602	1.505	1.978
废水污染物[1]	废水量	2 361 123.0	3 848 994.8	5 501 780.9	7 145 667.2	8 798 453.3
	COD	—	115.470	165.053	214.370	263.954
	氨氮	—	5.773	8.253	10.719	13.198
	总氮	—	38.490	55.018	71.457	87.985
	总磷	—	1.155	1.651	2.144	2.640
固体废物[2]	一般工业固废	115 176.92	62 221.85	177 398.77	63 248.85	178 425.77
	危险废物	277.291	290.698	567.989	872.183	1 149.474
	生活垃圾	2 812.42	14 689.00	17 501.42	48 269.00	51 081.42

注：[1] 现状无中水回用，因污水处理厂扩建后排放标准变化，因此本表中仅保留现状废水量。计算规划期末排放量时已考虑现状废水排放量的30%实现中水回用。污染物排放量计算方法为废水排放量乘以污水处理厂排放标准。削减量为污水处理厂尾水提标后减少的污染物排放量。

[2] 固体废物为发生量。

7.1.3　碳排放水平分析

（1）工业企业碳排放预测

经济区规划建设范围内 2025 年、2035 年各燃料消耗量和电力消耗量按现状的 98%、95% 计，由此计算出 2025 年碳排放总量约为 9.87 万 tCO_2/a，2035 年碳排放总量约为 9.57 万 tCO_2/a。

（2）居民生活源碳排放预测

居民生活源碳排放预测以生活所用天然气折算碳排放量。近期区内常住人口人均综合用气量按 0.15 m^3/d 计，远期区内常住人口人均综合用气量按 0.18 m^3/d 计，居民年用气天数按 365 天计，二氧化碳排放因子按 2.160 tCO_2/kNm^3 计。

至 2025 年，经济区规划建设范围内总人口折算成常住人口约 4 万人，计算可得居民生活源碳排放量为 0.47 万 tCO_2/a；至 2035 年，经济区规划建设范围内总人口折算成常住人口约 13.2 万人，计算可得居民生活源碳排放量为 1.87 万 tCO_2/a。

（3）建筑源碳排放情况

根据《城市电力规划规范》（GB/T 50293—2014），居民人均生活用电量取 800 kW·h/（人·a），二氧化碳排放因子按 0.682 9 tCO$_2$/MWh 计。至 2025 年，建筑源碳排放量为 2.19 万 tCO$_2$/a；至 2035 年，建筑源碳排放量为 7.21 万 tCO$_2$/a。

（4）交通移动源碳排放情况

根据《乘用车企业平均燃料消耗量与新能源汽车积分并行管理办法》（工业和信息化部、财政部、商务部、海关总署、市场监管总局令 第 44 号）及其 2020 年修订版，结合《乘用车燃料消耗量评价方法及指标》（GB 27999—2014），本报告取机动车平均燃油系数 5.53 L/100 km，机动车年平均里程约为 1 万 km/a，汽油/柴油密度按 0.8 kg/L 计，二氧化碳排放因子按 3.096 tCO$_2$/t 计。

至 2025 年，经济区规划建设范围内机动车保有量约为 9 600 辆，交通移动源产生的碳排放量为 1.26 万 tCO$_2$/a；至 2035 年，经济区规划建设范围内机动车保有量约为 12 300 辆，交通移动源产生的碳排放量为 1.61 万 tCO$_2$/a。

2025 年、2035 年经济区规划建设范围内能源活动产生的碳排放量如表 7.1－2 所示。

表 7.1－2　2025 年、2035 年经济区能源活动产生的碳排放量　　　　　单位：万 tCO$_2$

序号	项目	2025 年碳排放量	2035 年碳排放量
1	工业企业碳排放量	9.87	9.57
2	居民生活源碳排放量	0.47	1.87
3	建筑源碳排放量	2.19	7.21
4	交通移动源碳排放量	1.26	1.61
	合计	13.79	20.26

7.2　大气环境影响预测与评价

7.2.1　预测方案

本次预测重点为规划期末经济区废气点源、面源对大气环境的影响程度和范围，经过调查，经济区规划建设范围周边都是农用地，不涉及已批在建企业，因此本次评价不考虑周边新增污染源叠加影响。本次评价预测中 PM$_{2.5}$ 按颗粒物的 50% 进行折算。

本次评价预测方案如下：

① 预测因子：SO$_2$、NO$_2$、PM$_{10}$、PM$_{2.5}$、NH$_3$、H$_2$S、HCl、硫酸雾、VOCs、甲苯、二甲苯。

② 预测范围：经济区规划建设范围边界外扩 2.5 km。

③ 计算点：计算点包括环境空气敏感点、预测范围网格点以及区域最大地面浓度点。预测网格采用嵌套直角坐标网格，按照等间距设置。

④ 预测内容：对照《环境影响评价技术导则　大气环境》（HJ 2.2—2018）表 5 中的预测内容和评价要求，本次预测方案如表 7.2－1 所示。

表 7.2－1　预测方案

评价对象	污染源	污染源排放形式	预测内容	评价内容
区域规划	不同规划期/规划方案污染源	正常排放	短期浓度长期浓度	区域为达标区。对于基本污染物，评价叠加环境质量现状浓度后的保证率日平均质量浓度和年平均质量浓度的达标情况；对于其他污染物，评价叠加现状浓度后短期浓度的达标情况。

7.2.2 预测模型

本次评价的大气环境影响预测采用《环境影响评价技术导则 大气环境》(HJ 2.2—2018)推荐的 ARESCREEN 对规划区规划项目排放污染物的最远距离($D_{10\%}$)进行确定,从而确定规划的大气影响评价范围。

根据《环境影响评价技术导则 大气环境》(HJ 2.2—2018)表3推荐模型的适用范围,能用于本项目进一步预测的模型有 AERMOD、ADMS。本项目采用 AERMOD 预测模型进行预测。

7.2.3 预测结果

规划近期和远期经济区规划建设范围内主要大气污染物 SO_2、NO_2、PM_{10}、$PM_{2.5}$ 保证率日平均质量浓度和年平均质量浓度叠加现状浓度后均符合二类区环境质量标准;特征污染物 NH_3、H_2S、HCl、硫酸雾、VOCs、甲苯、二甲苯叠加现状浓度后的短期浓度均符合相关环境质量标准,区域环境影响可接受。

综上所述,评价区域近期和远期规划实施后,对区域大气环境影响较小,不会改变周边的大气环境功能,区域规划方案可行。

7.3 地表水环境影响预测与评价

7.3.1 预测方案

根据《东台沿海湿地旅游度假经济区开发建设规划(2021—2035)》及未来入驻人口,污水处理厂现有处理规模已不能满足未来经济区规划建设范围发展的需要,需对污水处理厂进行扩建。由于现有排污口下游3.6 km 处为盐城湿地珍禽国家级自然保护区(以下简称"保护区"),为减小污水处理厂扩建后尾水排放量增加对保护区水环境的影响,规划在污水处理厂扩建的同时迁移现有入河排污口。新排污口位于新东河(与三仓河交汇处下游0.8 km 处),距离保护区约15.2 km。

本次污水处理厂改扩建项目拟分两期建设,具体建设方案如表7.3-1所示。

表 7.3-1 污水处理厂改扩建项目分期建设情况表

建设时期	建成后全厂项目情况				尾水去向
	处理规模/(万 m³/d)	设计出水水质	中水回用率	尾水排放量/(万 m³/d)	
近期(2025年)	3.5	准IV类	30%	2.45	经人工湿地后排放至新东河
远期(2035年)	5.0			3.50	

根据经济区内企业废水排放特征,结合地表水环境质量现状监测与评价及国家总量控制要求,本次预测因子选择 COD、氨氮、TP。

本次预测考虑区域生态补水对区域水质的改善、梁垛河南闸运行调度下河流的水动力条件及污水处理厂改扩建后对区域污染物入河量的削减,计算污水处理厂不同建设时期尾水排放对新东河、南干河水质的影响。具体预测方案如表7.3-2所示。

表 7.3－2　预测方案信息表

预测方案	预测工况	预测时期	排水规模/(万 m³/d)	下游闸门调度情况	设计出水/进水水质	污染物浓度/(mg/L)		
						COD	氨氮	TP
方案 1	正常工况	近期	2.45	升闸	准Ⅳ类标准	30	1.5	0.3
方案 2				关闸				
方案 3		远期	3.5	开闸				
方案 4				关闸				
方案 5	事故工况	远期	5	开闸	—	500	45	6
方案 6				关闸				

7.3.2 预测结果

污水处理厂改扩建后,对区域现状未经处理直排入地表水体的生活污水进行统一收集处理后排放,近、远期处理厂改扩建后污染物入河量均有所削减,体现对区域水环境的正效应。

根据预测,区域生态补水工程建成后,污水处理厂近、远期尾水正常排放情况下,开闸、关闸期间,典型断面各因子均能达到地表水Ⅲ类水质标准,尾水排放对保护区水质影响较小。

污水处理厂尾水事故排放情况下,纳污河水质受影响较大(预测水质达劣Ⅴ类),因此,污水处理厂运行过程中,应注重风险防范,避免尾水事故排放。一旦发生突发水环境事件,应立即采取措施,视情况可关闭梁垛河南闸,避免对保护区水质造成影响。

由于各断面与排污口距离不同,其污染物浓度对闸门调度的响应时间有所差异。如梁垛河南闸断面,闸门开启时,河流水动力条件增强,污染物加速向下游扩散,该断面处污染物浓度升高;闸门关闭时,河流水动力条件减弱,污染物扩散能力降低,该断面处污染物浓度降低。因此,梁垛河南闸断面污染物浓度峰值出现在闸门由开转关的时刻。

本次预测基于不利情况,即不考虑人工湿地对污染物的削减作用。实际建设过程中,将在污水处理厂西侧通海湖公园周边配套建设相应规模的人工湿地,污染物将被进一步削减,有利于区域内水质的改善。

综上所述,污水处理厂的建设能够削减区域污染物入河量,对河流水质有一定的改善作用。区域生态补水工程建成后,近、远期扩建后的污水处理厂投运,其尾水达标排放情况下,河流水质能够达到地表水Ⅲ类水质标准。

7.4 地下水环境预测与评价

若污水处理厂的调节池防渗层发生开裂、老化等现象,造成污水在无防渗条件的情况下下渗,由计算结果可知,20 年内地下水污染羽在泄漏点下游的 102 m 范围内。经济区规划建设范围周边无地下水饮用水源,因此污染物对周边的地下水环境影响较小,高浓度的污染物在事故状态无防护措施的条件下,主要对废水排放处小范围内的地下水产生一定影响。因此,经济区规划建设范围内企业生产区、污水处理站等易发生泄漏的场所地面在严格按照相关防渗技术要求进行防渗处理并按要求设置集排水设施后,污水排放对周围地下水造成的影响程度较小。

地下水的取用应严格按申报量执行,若超量开采,会扩大地下水漏斗面积,容易引起地下水水位下降,破坏原有的地下水动力平衡,导致地下水水质污染,地下水资源结构受到破坏。经济区应监督区内企业严格执行地下水取水许可制度,提前制定申报下一年度取水计划,严禁无证取水、超量取水等行为。

7.5　声环境影响预测与评价

由预测结果可知,在道路旁没有任何声阻碍物(如绿化带)的情况下,对照交通干线的声环境质量标准,中心大道道路红线外 20 m 处昼间噪声值达 4a 类声功能区标准,夜间噪声值超出 4a 类声功能区标准;道路红线外 40 m 处昼间、夜间噪声值均未超过 3 类声功能区标准。一般交通噪声可能会造成道路两侧噪声超标,但根据同类区域的类比调查,道路两侧若建设 10 m 宽的松树或杉树林带可降低交通噪声 2.8～3.0 dB(A);若建设 10 m 宽、0.3 m 高的草坪,可降低噪声 0.7 dB(A);单层绿篱(高度在 1.5 m 以上)可降低噪声 3.5 dB(A)左右,双层绿篱(高度在 1.5 m 以上)则可降低噪声 5 dB(A)。经济区道路两侧绿化防护带的建设,可以进一步有效降低中心大道两侧的道路交通噪声,减少噪声对周边区域的影响。

7.6　固废处理处置及影响分析

(1)固体废物处置过程中临时堆放与运输带来的影响

固废临时堆放时,因表面干燥而引起扬尘,会对周围的大气环境造成影响。固废运输过程中,因管理措施不严、发生交通事故等,可能对沿途的环境造成一定影响。固废最终处置过程中,因处理工艺限制、净化效率有限等,可能会对水、气、土壤等造成影响。

(2)不同类型固废的影响

在一定的条件下,生活垃圾会发生化学的、物理的或生物的转化,对周围的环境造成一定的影响。生活垃圾毒性较低,但如果处理不当,垃圾中的污染成分将通过水、气、土壤、食物链等途径污染环境,危害人体健康。一般固废需占地堆放,堆积量大,虽毒性不强,但其中危害健康的成分比较容易污染土地。此外,其处置过程也可能对水、气、土壤等造成影响。规划实施过程中将产生一定量的危险废物,其本身可能带有一定的毒性与腐蚀性,因此在临时堆放、运输及处置过程中,由于一些不可预见、不可控制的突发事故,会对周围生态环境造成一定的影响。

7.7　土壤环境影响分析

在经济区本轮规划实施过程中,工业项目、交通设施等的建设均会对区域的土壤环境产生一定的影响。

工业建设项目从工业原料的生产、运输、储存到工业产品的消费与使用过程,都会对土壤环境产生影响。工业废气中的污染物,通过降水、扩散和重力作用降落至地面,渗透进入土壤,进而影响土壤环境,其中挥发性有机污染物等能够在大气中远距离传输;固体废弃物在堆放过程中产生的渗滤液进入土壤,能改变土质和土壤结构,影响土壤微生物的活动,危害土壤环境,但一般水平影响距离较小。

交通工程建设项目除了占用土地外,在交通线路建设期间,还会使土地大量裸露,土壤极易受到侵蚀;在交通线路使用期间,机动车排放的废气为大气酸沉降提供了物质基础,酸沉降将导致土壤的酸化。

7.8　生态环境影响分析

生态环境影响分析引用《东台沿海湿地旅游度假经济区开发建设规划对重点保护野生动植物影响评估报告》的内容:"规划区不在自然保护地或生态保护红线范围内,其与东侧的条子泥市级湿地公园最近距离约 0.7 km,与遗产地最近距离约 3.4 km,与江苏黄海海滨国家森林公园最近距离约 4.1 km,与江苏盐城湿地珍禽国家级自然保护区最近距离约 10.1 km,与江苏东台永丰省级湿地公园最近距离约 10.8 km。

由于地理空间上的隔离,规划实施不会对周边的自然保护地和分布的野生动植物造成直接明显影响。评估区包括重点评估区和一般评估区(重点评估区的延伸评估区)。重点评估区有国家二级保护鸟类5种,江苏省级重点保护野生动物21种;一般评估区有国家一级保护鸟类8种,国家二级保护鸟类8种。规划区毗邻弶港镇老镇区,以耕地、工矿用地等人工生态系统为主,生境类型比较单一,分布的野生动物主要是小型鸟类、啮齿类、两栖爬行类等地带性常见物种,不是留鸟、候鸟等国家重点保护野生动物的重要栖息地和停歇越冬地,没有国家重点保护野生植物分布。分区分期实施该规划对规划区内及毗邻区域国家重点保护野生动物的影响较小且总体可控。"

此外,《东台沿海湿地旅游度假经济区开发建设规划对重点保护野生动植物影响评估报告》的专家评审意见指出:"规划区不在自然保护地或生态保护红线范围内,该规划实施不会对周边的自然保护地及其野生动植物造成直接明显影响。"

7.9 社会环境影响分析

7.9.1 拆迁安置计划和建议

经济区管委会未来将对经济区规划建设范围内涉及搬迁的分散农村居住点六里舍进行拆迁,将村庄居民迁至六里安置区(位于港城大道与新城路西北侧)妥善安置。经济区应合法合规进行居民拆迁,减少或杜绝拆迁问题导致的不稳定因素对经济区开发建设造成的影响。应严格按照《江苏省城市房屋拆迁管理条例》以及相应的拆迁货币补偿办法等相关文件的要求,对被拆迁人进行合理补偿和安置,妥善解决和处理拆迁问题。

7.9.2 对周边稳定性影响分析

经济区规划建设范围内可能影响社会稳定的不利因素主要为入区项目运营过程中的大气环境污染影响、水环境污染影响、风险事故影响、职工权益损害等。

经济区管理部门及区内各企业应严格落实社会风险防范措施,妥善解决利益受损人的合理利益诉求,经济区的规划建设不会对当地社会安定造成较大不利影响。

7.9.3 社会经济效益分析

总体来说,本经济区规划建设范围内的规划建设对当地的社会影响产生较大的正效应。其建设有利于地区建立以"低消耗、低排放、高效率"为基本特征的可持续发展经济增长模式,可以更有效地利用资源和保护环境,以尽可能小的资源消耗和环境成本,获得尽可能大的经济效益和社会效益,使经济系统与自然生态系统的物质循环过程相互和谐,促进资源永续利用。

因此,从社会经济角度分析,经济区的建设对东台市的社会进步及经济发展具有促进作用。

8 环境风险评价

8.1 环境风险识别

8.1.1 环境风险企业识别

经济区规划建设范围内目前完成风险应急预案备案的风险企业共有3家,其中较大风险企业1家(东台市浩瑞生物科技有限公司),环境风险物质主要涉及盐酸、氢氧化钠和氧化钙等。

8.1.2 涉及物质风险识别

通过现场调查,根据《危险化学品目录》(2015年版本)、《有毒有害大气污染物名录(2018年)》《有毒有害水污染物名录(第一批)》(2019年)、《建设项目环境风险评价技术导则》(HJ 169—2018)、《职业性接触毒物危害程度分级》(GBZ 230—2010),识别出规划产业所涉及的主要环境风险物质为液氨、煤气、天然气、氢氧化钠、盐酸、硝酸、硫酸、甲苯、二甲苯等。

8.1.3 生产设施风险识别

(1)生产系统

经济区规划建设范围内主要发展食品加工和装备机械产业,本次规划产业相对环境风险较低,主要的环境风险产生工段为危险物质存储以及生产工段,包括酸洗、喷涂、发酵、蒸馏等,由物质风险识别可知,经济区涉及的危险化学品主要有盐酸、硫酸、硝酸、氢氧化钠等。

(2)污染控制系统

废气污染控制系统:经济区工艺废气一般经过企业相应的处理措施处理达标后再进行排放,当废气处理设施发生故障后,废气未能经过有效的处理而直接排放到大气中。若企业气体收集装置出现故障,废气未经处置直接排放。设施发生故障的主要原因是管理不善、操作失误等。

废水污染控制系统:存在的主要环境风险为企业内设污水预处理站设备故障,它将造成污染物的事故排放。故障的主要原因是管理不善、操作失误等。

8.1.4 贮运风险识别

(1)运输过程风险

经济区规划建设范围内物料的运输主要以公路运输为主。公路运输主要依靠周边公路,运输危险化学品的车辆是一个流动的危险源,一旦发生事故,就可能在一定范围内造成重大的环境污染。公路交通事故与司机安全意识、运输条件、气象条件和地理条件有关,其原因往往是复杂的、多种的,而非某个单一的原因。

(2)贮存过程风险

经济区规划建设范围内贮存过程潜在的事故原因为危险化学品包装物破损、裂缝而造成的泄漏,潜在事故主要是火灾、爆炸和有毒有害物质的泄漏所造成的环境污染。易燃、易爆液态危险品储存库房是主要可能发生事故风险的场所,所存储的物质是可能引起风险发生的物质。

8.1.5 环境风险受体识别

本次评价中的环境风险受体包括大气环境风险受体、水环境风险受体和土壤环境风险受体。大气环境风险受体主要包括经济区内及周边3 km范围内居住、医疗卫生、文化教育、科研、行政办公等主要功能区域内的人群。水环境风险受体主要包括经济区内部和周边河流。土壤环境风险受体主要为经济区内的一般农田和自然保留地,以及居住商用地等区域。

8.2 典型环境风险事故及最大可信事故设定

在综合考虑经济区规划建设范围内产业危险性物质及规划布局等因素的基础上,主要考虑盐酸储罐泄漏、液氨储罐泄漏、LNG储配站爆炸等是经济区最大可信事故。

8.3 典型环境风险事故预测评价

8.3.1 盐酸等危险化学品事故泄漏

结合经济区规划建设范围内产业所涉及的特征物质,依据企业生产特点、风险情况、行业统计分析等资料确定本次风险预测的源强。考虑到企业采取事故应急响应措施,设定在发生储罐泄漏事故 10 分钟后即可控制泄漏,并在 30 分钟后事故即已处理完毕。

由预测结果可知,液氨泄漏在最不利气象条件下毒性终点浓度 770.0 mg/m³ 的最远影响距离为 330 m,毒性终点浓度 110.0 mg/m³ 的最远影响距离为 1 480 m。事故发生时,及时实施应急处理措施,减少泄漏事故发生后泄漏的持续时间,及时疏散厂区内及周边居民,使事故影响最小化。

8.3.2 LNG 储配站爆炸

LNG 储配站在营运过程中可能发生的事故有机械破损,设备、管道连接处、阀门、法兰老化,天然气的泄漏而引起的火灾、爆炸、有毒物质排放等。国内天然气在开采、输送及使用过程中发生了几起泄漏和火灾事故,其中以管道类和站场类事故为主,事故主要由人为和操作不当引发。日常环保管理中,经济区应加强对天然气管网的检修与巡查,加强安全教育,避免开发建设过程中因施工意外而导致的天然气泄漏事故。同时,应设置专职或兼职环境风险应急人员,培训其专业应急知识,以备应急救援。一旦事故发生,公司、客运站应立即启动应急预案,专职应急人员在第一时间组织影响范围内的居民进行疏散。

8.3.3 废水事故排放分析

经济区规划建设范围内企业污水经预处理后排入东台沿海污水处理有限公司,污水处理厂规划开展扩建及改造,完成后处理规模达到 5 万 m³/d,出水执行《地表水环境质量标准》(GB 3838—2002)中准Ⅳ类标准。在运行过程中必须高度重视污水处理设施的运行情况,一旦出现事故情况,应立即停工进行检修,待污水处理设施能正常运行时方允许开工。本报告中对近、远期事故排放情况下污水处理厂尾水排放对水环境的影响进行了具体分析,结果表明:污水处理厂尾水近、远期事故排放情况下,对纳污河水质影响较大,河流污染物出现较大规模超标现象。因此污水处理厂运行过程中,应注重事故防范,建设事故池,制定相应的应急措施,避免事故发生后尾水进入水体。

若废水在意外情况下进入经济区雨水管网、排入外环境,就会造成鱼类和水生生物的死亡。可在排入水体的排污口下游迅速筑坝,切断受污染水体。酸碱性废水可采用酸碱中和将污染物转化为盐,含有机物料的废水可采用活性炭吸附的方式来处理,进而减小对水体的影响。

8.4 环境风险防范应急措施建议

按照产业发展规划,尽快制定相关政策性文件,逐步落实产业规划提出的产业优化调整方案,严格重污染、高风险的企业入区,不断提高经济区安全水平和环保水平。在企业日常管理中加强监督力度,环评审批上严格把关,禁止生产工艺及设备落后、风险防范措施存在疏漏、抗风险性能差的项目入区。加强应急保障能力的建设,经济区层面配备更全更先进的应急救援设施,完善消防体系建设。整合工业片区内企业视频监控、泄漏气/液体报警仪、污染物在线监测仪等监控设备,建设环境应急指挥平台和监控中心,对工业片区的安全生产状况实施动态监控及预警预报,及时发布预警信息。建立健全环境风险源档案库,构建以环境风险源、环境敏感目标基础信息资料为主,以环境应急法律法规、应急处置方法、应急监测方法、应急队伍联络方式、应急物资储备信息、专家咨询信息、事故案例等有关信息为辅的风险源档案库。制定相关政策,对企业的生产安全性进行定量考核,并采取奖罚措施。

9　资源环境承载力分析

9.1　水资源承载力分析

(1)水资源需求量分析

规划末期,经济区规划建设范围内居住人口生活用水量根据人均用水指标计算。规划期末,常住居民人口规模约为13.2万人,按人均生活用水150 L/d计算,生活用水总量为1.98万 m^3/d。工作人口的生活用水量放入工业用地用水量中一同核算。

规划期末经济区规划建设范围内生产用水量按照单位面积用水量指标进行核算,用水指标通过类比得到,预测结果如表9.1-1所示。

表 9.1-1　规划期末经济区生产用水量预测

用地代码	用地类型	规划期末面积/ ha	用水量指标/ [万 m^3/(ha·d)]	用水量/ (万 m^3/d)
R	居住用地	624.57	—	—
B	商业服务业设施用地	158.81	0.001 5	0.238 2
M	工业用地	793.71	0.003 0	2.381 1
S	道路与交通设施用地	525.51	0.002 5	1.313 8
U	公共设施用地	18.21	0.000 8	0.014 6
G	绿地与广场用地	670.51	0.002 0	1.341 0
A	公共管理与公共服务设施用地	342.51	0.000 9	0.308 3
H2	区域交通设施用地	3.72	0.000 5	0.001 9
E	水域与农林用地	718.45	—	—
	总计	3 856.00	—	5.598 9

综上,经济区规划建设范围内规划期末水资源需求量为:工业用地用水量约为2.38万 m^3/d,其余用地及居民生活用水量约为5.20万 m^3/d,总计约为7.58万 m^3/d。

(2)水资源供需平衡分析

经济区依托南苑水厂和工业地表水厂进行供水。南苑水厂规划供水规模30万 m^3/d,供应经济区规划建设范围内生活用水;工业地表水厂规划供水规模为10万 m^3/d,供应经济区规划建设范围内工业用水。根据水资源需求量预测结果,规划期末经济区规划建设范围内其余用地及居民生活用水量为5.20万 m^3/d,占南苑水厂规划供水规模的17.33%;规划期末经济区规划建设范围内工业用水量为2.38万 m^3/d,占工业地表水厂规划供水规模的23.81%。两个水厂可以满足经济区的用水需求。

9.2　土地资源承载力分析

土地资源综合承载力是指在一定时期、一定空间区域和一定的经济、社会、资源、环境等条件下,土地资源所能承载的人类各种活动的规模和强度的限度。针对资源、环境在内的复杂系统以及经济区特点,对土地资源人口承载力进行分析。

经济区规划建设范围内土地资源的人口承载力分析结果如表9.2-1所示。

表9.2-1　按照不同标准计算的经济区土地资源的人口承载力

总面积/km²	城市建设用地面积/km²	按国际标准计算的土地承载力/万人		按国内标准计算的土地承载力/万人	
		140 m²/人	200 m²/人	105 m²/人	120 m²/人
38.56	31.24	22.31	15.62	29.75	26.03

从表9.2-1可以看出:以国际标准计算,规划区域土地承载力是15.62万~22.31万人;以国内标准计算,规划区域土地承载力是26.03万~29.75万人。本次综合分析取人均用地标准120 m²/人,经济区可承载人口规模为26.03万人。根据预测结果,到规划期末,经济区规划建设范围内人口规模约13.2万人,在规划区域土地承载力的范围之内。

经济区规划建设范围内各类新建、改建、扩建项目应严格落实国土空间用途管制要求,不相符地块在上位规划调整到位前,应保持现状,不得进行开发建设,且应尽量减少新增用地,不占或少占耕地,处理好经济区发展同资源集约利用和生态环境保护的关系,优化土地资源配置,提高空间利用效率,提升区域发展质量。

9.3　大气环境容量分析

9.3.1　大气环境容量估算

本次评价采用AERMOD模式系统支持的模拟法进行环境容量模拟估算。根据大气环境影响预测结果,各污染物的最大预测浓度贡献值及背景浓度年均值或小时值如表9.3-1所示。以最大预测浓度、背景浓度、浓度限值、规划新增排放量为计算参数,根据模拟法原理,按照经济区规划的污染源布局和排放方式等,进行同比例增减计算,得出区域环境容量和剩余环境容量。

表9.3-1　大气环境容量计算结果一览表

序号	污染物	最大预测浓度(区域最大贡献值)/(mg/m³)	背景浓度/(mg/m³)	浓度限值/(mg/m³)	规划新增排放量/(t/a)	环境容量/(t/a)	剩余容量/(t/a)
1	SO_2	8.34×10^{-5}	6.79×10^{-3}	0.06	37.100	21 303.14	21 266.04
2	NO_2	1.64×10^{-4}	1.39×10^{-2}	0.04	65.562	9 390.56	9 325.00
3	PM_{10}	1.05×10^{-4}	4.67×10^{-2}	0.07	31.042	6 199.53	6 168.49
4	TVOC	1.48×10^{-3}	5.92×10^{-2}	0.60	21.796	7 167.94	7 146.14
5	NH_3	8.94×10^{-4}	1.28×10^{-2}	0.20	1.755	330.74	328.99
6	H_2S	1.24×10^{-4}	2.00×10^{-3}	0.01	0.044	2.55	2.51
7	HCl	1.16×10^{-3}	1.00×10^{-2}	0.05	3.143	97.54	94.40
8	硫酸雾	1.02×10^{-3}	2.50×10^{-3}	0.30	2.732	717.15	714.42
9	甲苯	5.42×10^{-4}	3.08×10^{-2}	0.20	1.505	422.84	421.34
10	二甲苯	5.42×10^{-4}	3.60×10^{-2}	0.20	1.505	409.85	408.34

9.3.2　大气环境容量分析

根据模拟法计算的剩余大气环境容量结果,将规划期末经济区规划建设范围内新增大气污染物排放量和环境容量对比,分析经济区规划发展与大气环境承载力之间的关系,可知经济区规划实施后,大气污染物各因子的新增排放量均在区域剩余环境容量之内。

9.4　水环境容量分析

水环境容量是水体在规定的环境目标下所能容纳的污染物的最大负荷,其大小与水体特征、水质目标及污染物特性有关。总量控制以当地的水环境容量为基础,考虑纳污水体水质的实际情况,对排放污染物的量进行控制。

根据地表水环境影响评价结果可知:污水处理厂的建设能够削减区域污染物入河量,对河流水质有一定的改善作用。区域生态补水工程建成后,近、远期扩建后的污水处理厂才可投运,其尾水达标排放情况下,河流水质能够达到地表水Ⅲ类水质标准。通过实施引水工程,区域水系可正常流通,水环境容量大幅提升,可以满足区域发展排水需要。

9.5　碳排放总量占用情况

2020 年经济区规划建设范围内的能源活动产生的碳排放总量为 10.44 万 tCO_2,预测规划期末经济区规划建设范围内碳排放总量约为 20.26 万 tCO_2/a。目前经济区所在区域尚未发布区域碳排放控制目标。待上级目标发布后,经济区应根据控制目标,通过发展绿色低碳技术、提高非化石能源消费比重等途径对碳排放总量进行控制,降低单位生产总值碳排放量。

9.6　总量控制分析

经济区规划建设范围内入区企业需根据建设项目环评核算的大气污染物排放量在东台市内平衡,水污染物排放总量则在污水处理厂总量内平衡。

表 9.6 - 1　污染物总量控制建议

单位:t/a

种类	控制因子	建议控制总量值
大气污染物	SO_2	63.466
	NO_x	66.205
	颗粒物	52.980
	VOCs	49.027
废水污染物	废水量	8 798 453.3
	COD	263.954
	氨氮	13.198
	总氮	87.985
	总磷	2.640

10 规划方案综合论证和优化调整建议

10.1 规划方案的环境合理性论证

10.1.1 功能定位及发展目标的环境合理性

东台沿海湿地旅游度假经济区位于东台市东部,功能定位及发展目标为:培育打造食品加工和装备机械优势产业集群,以建设长三角(东台)康养基地为契机,基本建成全国具有较大影响力的食品加工产业基地、江苏沿海地区装备机械特色产业园、康养产业区域一体化"长三角标杆",力争创建国家级生态工业园示范园区,实现工业和康养产业发展协调。

经规划分析可知,经济区的功能定位及发展目标与《江苏省国民经济和社会发展第十四个五年规划和二〇三五年远景目标纲要》《盐城市国民经济和社会发展第十四个五年规划和二〇三五年远景目标纲要》《盐城市城市总体规划(2013—2030)》《东台市国民经济和社会发展第十四个五年规划和二〇三五年远景目标纲要》《东台市城市总体规划(2015—2030)》等区域发展规划相符合。

此外,经济区本轮规划与区域土地利用规划,产业政策及规划,生态环境保护法规、政策及规划的相关要求基本符合。

因此,经济区本轮规划功能定位及发展目标具有环境合理性。

10.1.2 产业定位的环境合理性

经济区规划建设范围内以食品加工和装备机械产业作为主导工业产业,同时发展医疗保健、康养旅游等特色服务业。

经规划分析可知,经济区规划建设范围内的产业定位与《长江三角洲城市群发展规划》《长江三角洲区域一体化发展规划纲要》《江苏沿海地区发展规划》《江苏省国民经济和社会发展第十四个五年规划和二〇三五年远景目标纲要》《盐城市国民经济和社会发展第十四个五年规划和二〇三五年远景目标纲要》《盐城市城市总体规划(2013—2030)》《盐城市"十四五"建设长三角产业协同发展示范区规划》《东台市国民经济和社会发展第十四个五年规划和二〇三五年远景目标纲要》等区域发展规划提出的产业发展定位相符合。

经济区规划发展的产业类别均不属于当前国家、省、市产业政策禁止、限制或淘汰类的产业,与《产业结构调整指导目录(2019年本)》《外商投资准入特别管理措施(负面清单)(2021年版)》《产业发展与转移指导目录(2018年本)》等相关产业指导目录、产业政策及规划或规范要求相符合。

因此,经济区本轮产业定位具有环境合理性。

10.1.3 发展规模的环境合理性

根据规划规模和开发强度下的污染源分析,规划期末,经济区规划建设范围内常住人口规模13.2万人,工业和生活废水产生量3.64万 m^3/d,依托的污水处理厂规划规模5.0万 m^3/d,污水处理厂建设规模能够满足经济区污水处理需求。根据环境影响预测结果,规划实施对区域大气环境影响较小,污水处理厂中水回用率提高至30%,并配套建设人工湿地,同时对处理工艺进行提标改造,出水水质提升至准Ⅳ类标准,能够极大削减区域污染物入河排放量,对河流水质有显著的改善作用,经济区的本轮规划建设不会改变区域现状环境功能。

根据经济区环境风险预测与评价结果,经济区规划建设范围内的典型环境风险事故为盐酸储罐泄漏、LNG储配站爆炸,由预测结果可知,当风险事故发生时,采取合理的应急处理措施处置后,对生态环境及周边风险敏感目标的影响基本可以接受。

根据资源承载力分析结果,经济区规划建设范围内的供水依托南苑水厂和工业地表水厂,部分企业使用地下水作为备用水源和辅助用水,经济区规划建设范围内用水需求在以上给水设施的供水规划规模之内;对土地资源人口承载力进行分析,得出经济区规划建设范围内土地资源具备一定的承载能力。

根据经济区规划建设范围内规划期末的碳排放水平分析以及节能减碳潜力分析,持续推进低碳工业体系的建设,注重绿色低碳技术的研发、推广和应用,强化固定资产投资项目节能审查,对项目用能和碳排放情况进行综合评价,从源头推进节能降碳,经济区未来仍有较大的节能减碳潜力,规划期末规划建设范围内的碳排放水平对环境的影响基本可以接受。

综上所述,经济区的规划规模总体具有环境合理性。

10.1.4　空间布局及土地规划的环境合理性

经济区以加深先进制造业和特色服务业产业融合程度,建成先进制造业和特色服务业深度融合试点园区为定位,以"产城融合、产业联动"为路线,对工业集中区和旅游服务经济区进行统筹管理。一方面,使经济区产业发展与城市功能提升相互协调,通过改变片区内居民的生活与工作状态,发展多重业态,实现"以产促城、以城兴产";另一方面,依托国家、省、市利好政策,以建设长三角区域一体化发展的重大合作项目为契机,为区域人才引进、招商引资、就业创收等方面注入增长活力,进一步加快区域城市化建设进程,打造区域特色名片。

经济区规划建设范围内规划用地呈分片布局、相对集中的发展格局,综合考虑经济区现状产业布局及未来规划发展目标,将经济区规划成两大片区,即工业片区和生活片区。在两大片区的基础上进一步细分,其中工业片区进一步划分为三大组团,包括食品加工组团、装备机械组团、公共服务组团。生活片区由生活配套组团和康养基地组团构成。

从空间布局上看,本轮规划以功能分区。其中,工业片区集中在三仓河以北区域,有利于企业集群、工业集聚,便于企业间形成生态产业链,同时远离生活片区,有利于最大程度减轻对经济区内居民生活的影响;生活片区为区外的黄海森林公园、永丰林生态园、条子泥等周边旅游景区提供配套的康养、医疗、文化、娱乐等休闲服务支撑,带动区域第三产业发展。

经济区规划建设范围不涉及周边的国家级生态红线区域、生态空间管控区域,与江苏黄海海滨国家级森林公园生态保护红线区域最近距离约 4.1 km,与江苏黄海海滨国家级森林公园生态空间管控区最近距离约 4.3 km。

根据《东台市城市总体规划(2015—2030)》、东台市"三区三线"划定成果,经济区规划建设范围内用地规划与东台市城市总体规划、东台市"三区三线"划定成果存在部分不相符。根据《东台市国土空间规划近期实施方案》,经济区本轮规划涉及一般农田、水域和自然保留地,未占用基本农田。经济区规划建设范围不涉及围填海项目,目前新修测海岸线方案已完成,待江苏省自然资源厅正式发布。根据东台市自然资源和规划局出具的说明,经济区规划的 38.56 km² 范围都位于新修测海岸线向陆一侧。在与正式发布的测海岸线方案相符前,现行海岸线向海一侧区域应保持现状,不得进行开发建设。

综上,经济区本轮规划布局明晰,在加强各绿化带、防护带建设的前提下,规划空间布局具有环境合理性。

10.1.5　规划环保基础设施的环境合理性

(1)给水工程

经济区规划建设范围内用水依托南苑水厂和工业地表水厂。南苑水厂规划规模 30 万 m³/d,水源地为泰东河,现南苑水厂供水能力已达 30 万 m³/d,服务范围为东台市全域,供应经济区规划建设范围内生活用水,规划期末经济区规划建设范围内生产生活用水量为 5.2 万 m³/d,占南苑水厂规划供水规模的17.33%。规划建设工业地表水厂供水规模为 10 万 m³/d,水源为三仓河,服务范围为经济区,供应经济区规划建设范围内工业用水,规划期末经济区规划建设范围内工业用水量为 2.38 万 m^3/d,占工业地表水厂规划供水规模的 23.81%。南苑水厂和工业地表水厂可以满足经济区的用水需求,供水依托具备可行性。经济区内部分企业依托地下水作为水产养殖用水和企业应急备用水,均已取得地下水取水许可证,地下水供给可以满足经济区规划建设范围内的用水需求。

（2）排水工程

① 现状阶段。

在水量方面,经济区规划建设范围内污水处理依托东台沿海污水处理有限公司。东台沿海污水处理有限公司服务范围为经济区及弶港镇,现状已建规模为 1.5 万 m^3/d,经济区现状污水产生量约 0.71 万 m^3/d,区外未接管居民（弶港镇）约 40 000 人,生活用水量以 150 L/（人·d）计,污水排放系数取 0.8,则区外生活污水产生量为 0.48 万 m^3/d。污水处理厂接管范围内现状污水产生量合计 1.19 万 m^3/d,待弶港镇居民接管后,污水处理厂尚有余量 0.31 万 m^3/d。污水处理厂现有规模能满足收水范围内现状污水量接管需求。

在水质方面,原东台市环境保护局的批复（东环函〔2007〕26 号）中要求尾水“处理达到《污水综合排放标准》（GB 8978—1996）表 4 中的一级标准”后排放。后为提升区域地表水环境质量,污水处理厂开展了提标改造工作。根据排污许可证,目前其尾水执行《城镇污水处理厂污染物排放标准》（GB 18918—2002）一级标准（其中主要污染物 BOD_5、TN、TP 达到一级 A 标准,COD、氨氮、SS 达到一级 B 标准）。在线监测表明,其实际出水水质基本达到一级 A 标准。

② 规划近期阶段。

在水量方面,污水处理厂近期规划在现有基础上扩建,到 2025 年处理规模达 3.5 万 m^3/d。

经济区规划建设范围内现状污水产生量为 2 361 123.044 t/a（约 0.71 万 m^3/d）,预计到 2025 年新增污水产生量约 1.62 万 m^3/d,合计 2.33 万 m^3/d,以工业废水为主（工业废水产生量约为 1.80 万 m^3/d,占经济区污水总产生量的 77.25%）。此外,位于经济区规划建设范围外同样由污水处理厂接管的弶港镇镇区预计 2025 年人口达到 4.5 万人,按照人均生活用水 150 L/（人·d）计算,生活污水排放系数按 0.8 计,到 2025 年污水产生量为 0.54 万 m^3/d。经济区规划建设范围内和镇区污水产生总量为 2.87 万 m^3/d,在污水处理厂处理规模 3.5 万 m^3/d 的容纳范围之内。

污水处理厂规划中水回用率为 30%,到 2025 年中水回用规模为 1.05 万 m^3/d。根据《2021 中水洁厕研究报告》等相关研究,冲厕用水约占家庭生活用水的 30%,由报告中的生活用水量预测结果可知,2025 年经济区冲厕中水需求量为 0.18 万 m^3/d。根据《城镇污水再生利用工程设计规范》（GB 50335—2016）,道路广场的浇洒用水系数取 2.5 L/（m^2·d）,绿化浇灌用水系数取 2 L/（m^2·d）。由此根据经济区近期规划的道路与交通设施用地、绿地与广场用地面积计算得到道路浇洒和绿化用水量。中水可用于区内洗车,根据《江苏省城市生活与公共用水定额（2019 年修订）》,汽车洗车用水量为 40 L/（辆·次）,根据规划预计 2025 年经济区机动车保有量约 9 600 辆,合计洗车用水量约 0.04 万 m^3/d。此外,中水可用于区内热电联产项目冷却循环水补给。类比同规模的镇江宏顺热电有限公司环评报告,2×75 t/h 热电联产项目工业冷却水最大循环水量约 733 m^3/h,全年运行小时数 7 200 h,补充水量按循环水量 2% 计,可得热电联产项目的中水需求量为 0.03 万 m^3/d。

结合上述中水需求量可得,2025 年经济区规划建设范围内中水需求量为 1.64 万 m^3/d。此外,由于区内现状企业以食品加工、装备机械为主,对污水处理厂中水回用的需求量较小,且规划企业将实行集中供热,未来经济区可根据引入企业的产业规模及清洁化改造情况,考虑将中水回用于企业的冲洗、冷却等工序。综上,中水回用率 30% 的水量去向具备可行性。

在水质方面,东台沿海污水处理有限公司为工业污水厂,工业企业排放的废水中不含重金属等重污染因子,成分相对简单,污水处理厂近远期工程污水处理工艺均采用“调节池＋水解酸化池＋AAO 池＋反应沉淀池（电絮凝沉淀池）＋臭氧氧化＋生物活性炭滤池＋滤布滤池＋接触消毒”的工艺路线,能够实现工业污水及生活污水统一处理的工艺要求,使出水水质达到《地表水环境质量标准》(GB 3838—2002)中准Ⅳ类标准,尾水再通过人工湿地保障出水水质。

规划到 2025 年污水处理厂近期工程建成后,尾水排放标准执行准Ⅳ类标准,中水回用率达到 30%(即排放规模为 2.45 万 m^3/d),同时新建配套规模的人工湿地处理剩余 70% 的尾水,由预测可知,在近期污水处理厂尾水排放规模为 2.45 万 m^3/d,出水水质为准Ⅳ类标准的情况下,典型断面各因子浓度均能达到地表水Ⅲ类水质标准。污水处理厂中水主要用途为冲厕、市政道路浇洒降尘、公园绿化、洗车、企业循环冷却、雾炮车降尘等,其近期工程设计的出水水质标准优于《城市污水再生利用 城市杂用水水质》(GB/T 18920—2002)相关标准要求,中水回用具备可行性。

③ 规划远期阶段。

在水量方面,东台沿海污水处理有限公司远期规划在近期基础上扩建,到 2035 年处理规模达 5 万 m^3/d。

经济区规划建设范围内现状污水产生量为 2 361 123.044 t/a,约 0.71 万 t/d。经济区规划建设范围内预计到 2035 年新增污水产生量约 2.93 万 t/d。因此经济区规划建设范围内预计到 2035 年污水产生量 3.64 万 m^3/d,以工业废水为主(工业废水产生量为 2.01 万 m^3/d,占经济区污水总产生量的 55.22%)。此外,位于经济区规划建设范围外同样由污水处理厂接管的弶港镇镇区预计 2035 年人口达到 6.5 万人,按照人均生活用水 150 L/(人·d)计算,生活污水排放系数按 0.8 计,到 2035 年污水产生量为 0.78 万 m^3/d。经济区规划建设范围内和镇区污水产生总量为 4.42 万 m^3/d,在污水处理厂处理规模 5 万 m^3/d 的容纳范围之内。

污水处理厂规划中水回用率为 30%,到 2035 年中水回用规模为 1.5 万 m^3/d,主要用于冲厕、道路浇洒及绿化等。根据《2021 中水洁厕研究报告》等相关研究,冲厕用水约占家庭生活用水的 30%,由报告中的生活用水量预测结果可知,2035 年经济区冲厕中水需求量为 0.59 万 m^3/d。根据《城镇污水再生利用工程设计规范》(GB 50335—2016),道路广场的浇洒用水系数取 2.5 L/(m^2·d),绿化浇灌用水系数取 2 L/(m^2·d)。由此根据经济区远期规划的道路与交通设施用地、绿地与广场用地面积计算得到道路浇洒和绿化用水量。此外,中水可用于区内热电联产项目冷却循环水补给。类比同规模的镇江宏顺热电有限公司环评报告,2×75 t/h 热电联产项目工业冷却水最大循环水量约 733 m^3/h,全年运行小时数 7 200 h,补充水量按循环水量 2% 计,可得热电联产项目的中水需求量为 0.03 万 m^3/d。

结合上述中水需求量可得,2035 年经济区规划建设范围内中水需求量为 3.32 万 m^3/d。此外,由于区内现状企业以食品加工、装备机械为主,对污水处理厂中水回用的需求量较小,未来经济区可根据引入企业的产业规模及清洁化改造情况,考虑将中水回用于企业的冲洗、冷却等工序。综上,经济区规划建设范围内中水回用率 30% 的水量去向具备可行性。

在水质方面,规划到 2035 年污水处理厂远期工程建成后,尾水排放标准执行《地表水环境质量标准》(GB 3838—2002)中准Ⅳ类标准,中水回用率达到 30%(即排放规模为 3.5 万 m^3/d),排污口位置位于新东河,由预测可知,在远期污水处理厂尾水排放规模为 3.5 万 m^3/d,出水水质为准Ⅳ类标准的情况下,典型断面各因子浓度均能达到地表水Ⅲ类水质标准。因此在水质方面,规划远期阶段污水处理厂建设进度能够满足经济区开发建设需求。

📢【专家点评】

经济区在规划期内将对现状污水处理厂处理规模进行扩大,同时设置中水回用,本项目中水回用量较大,如无法充分利用,则可能造成环境风险。因此需对规划期内经济区的中水回用去向进行明确,并对中水需求量进行预测,通过将中水需求量的预测结果与同期中水回用量进行对比,论证中水回用的可达性与环境合理性。

王海涛(江苏润环环境科技有限公司)

(3) 供热工程

东台沿海经济区申江能源有限公司服务范围为经济区规划建设范围,现状已建设规模为 2×20 t/h,锅炉类型为生物质蒸汽锅炉。未来拟由政府牵头于区内建设沿海经济区热电联产项目,初步建设方案为 2×75 t/h 高温高压燃煤锅炉+1×9 MW 抽背式汽轮发电机组。热电联产项目拟于 2025 年建设完成,承接经济区内的供热负荷,同时关停东台沿海经济区申江能源有限公司 2×20 t/h 生物质锅炉。

规划实施后,将经济区规划建设范围内规划产业的用热需求类比同类产业的热负荷,预计经济区总用热需求为 39.064 t/h,规划近期依托的东台沿海经济区申江能源有限公司现状规模及拟建的热电联厂项目的规划供热规模均能满足经济区规划建设范围内产业发展的需求。综上,经济区规划建设范围内依托的环保基础设施具有环境合理性。

表 10.1-1　用热需求情况

项目		面积/ha	用热系数/[t/(h·ha)]	用热量/(t/h)
现状		—	—	16.100
经济区规划新增用热负荷	装备机械组团(绿色能源为主)	108.63	0.02	2.173
	装备机械组团(通用设备为主)	109.19	0.04	4.368
	食品加工组团(绿色食品为主)	139.94	0.08	11.195
	装备机械组团(医疗器械为主)	82.86	0.01	0.829
	食品加工组团(保健食品为主)	110.01	0.04	4.400
总计		—	—	39.064

📢【专家点评】

经济区规划方案中包含新建集中供热设施时,应依据规划方案内容、规模,进行规划期内供热需求量预测,分析规划供热设施规模与规划期内供热需求量的匹配性,论证规划供热设施规模的合理性。

张磊(江苏省环境科学研究院)

10.2　环境目标与评价指标可达性分析

对照规划环境影响评价指标体系表,从以下几个方面分析经济区环境目标和规划指标的可达性情况。

(1) 生态空间方面

经济区规划建设范围内不涉及周边的国家级生态红线区域、生态空间管控区域,与江苏黄海海滨国家级森林公园生态保护红线区域最近距离约 4.1 km,与江苏黄海海滨国家级森林公园生态空间管控区最近距离约 4.3 km。

经济区规划建设范围内规划绿地 6.71 km²,按照经济区用地规划,绿地与广场用地面积占城市建设用地的 21.40%,此外企业内部也有绿化用地,可保证人均公共绿地和经济区绿化覆盖率指标满足要求,整体绿化覆盖率指标可达。

(2) 资源能源利用方面

经济区深入推行绿色低碳建设,经济区重点引进高附加值的装备机械、食品加工项目,经济区实行清洁生产和循环经济,降低能耗、物耗。随着经济区产业和基础设施的发展建设,区域经济将高速发展,区域单位工业增加值综合能耗可以达到规划要求。此外,经济区在企业层次和区域层次可推行水分质利用和循环使用,入区企业均应建立起节约用水的观念,采取冷凝水回用、多级逆流冲洗、中水回用等节水措施,以降低新鲜水耗。深化节水型社会建设,加强取用水管控,保证新增用水需求合理,防止过度开发利用。定期开展供水管网排查检测,严防供水管网漏损。通过以上措施,可确保产业资源能源利用指标可达。

（3）污染控制方面

经济区规划建设期间,在严格执行生态环境法律法规,加强对区内重点污染源企业的日常监管和例行监测监督,严格落实各工业企业末端治理和达标排放的情况下,重点污染源主要污染物及特征污染物能够实现稳定达标排放。

经济区规划建设范围内生活垃圾由环卫部门收集处理,一般工业固废回收利用或对外出售,危险废物委托给有资质的单位进行处理。采取以上措施后,经济区规划建设范围内生活垃圾无害化处理率可达100％,危险废物处理率可达100％。

经济区规划建设范围内实行雨污分流排水体制,污水管网随道路建设,规划污水管网全覆盖,废水全部接入污水处理厂集中处理,中水回用率为30％,在严格落实本次污水工程规划的情况下,污水集中收集率100％的目标可达。

（4）风险防控方面

规划期内,经济区将定期开展环境风险评估并编制经济区环境风险应急预案,建立环境应急救援队伍并储备必要的环境应急物资和装备,定期开展应急演练。综上,环境风险防控体系建设完善度可达100％。

（5）环境管理方面

经济区规划建设范围内各企业应尽快完善环保手续,所有入区建设项目均开展环境影响评价和实施"三同时"环保竣工验收,环境影响评价完成率和三同时制度执行率100％的目标可达。

（6）信息公开方面

规划期内,经济区应严格按照《国家重点监控企业自行监测及信息公开办法(试行)》和《国家重点监控企业污染源监督性监测及信息公开办法(试行)》,对重点企业的环境信息进行公开。经济区管理部门将设置专门的生态环境科室,并设置专职岗位,积极开展生态产业信息平台建设工作和以生态工业经济区建设为主题的宣传活动。通过以上措施,可确保环境管理指标可达。

综上,区域规划环境目标和评价指标体系具有可达性。

10.3　规划方案的优化调整建议

（1）完善生态安全格局

加强经济区规划建设范围内工业片区与周边居住区之间的空间防护距离和绿化隔离带建设。工业片区内的现状居住用地周边50 m范围内应布局基本无污染的项目,不得新增大气污染源和涉气风险源,周边50~100 m范围内应布局低排放、低风险的项目,不得新增大气环境影响评价等级为一级的大气污染源,严格控制涉及恶臭异味物质、《有毒有害大气污染物名录》所列大气污染物、《危险化学品目录》所列剧毒物质排放的项目。同时加强对区内现有企业的监督管理,确保企业污染物达标排放,减小对周边敏感目标的影响。在经济区内各产业片区之间设置绿化隔离带,以减少各产业片区之间的相互影响。主干道两侧各设置宽度不少于10 m的绿化隔离带,区内其他道路两侧各布置不小于5 m的绿化带,绿化隔离带选用高大乔木结合灌木和草本。

（2）落实与国土空间规划的相符性要求

根据《东台市国土空间规划近期实施方案》,经济区规划建设范围内本次部分规划用地涉及一般农田、水域、自然保留地和村镇建设控制区,规划期内经济区开发过程中,必须严格落实一般农田占补平衡,规划期土地利用开发不得违背国土空间近期实施方案,不相符地块(农林用地、自然保留地、村镇建设控制区)在上位规划调整到位前,应保持现状,不得进行开发建设。

（3）加强对鸟类及其栖息地的保护

在经济区开发建设中，人口数量及人类活动频度的增加将对周边鸟类及其栖息地产生一定影响，应当加以管控。经济区应在邻近世界自然遗产地的规划建设范围东边界设置隔离带，其中三仓河以南以经济区规划建设范围东边界至 G228 国道范围（宽度 600 m）为隔离带，三仓河以北以世界自然遗产地缓冲区边界周边 1 000 m 与经济区规划建设范围内重叠部分为隔离带。在隔离带范围内，除已建成的停车场外，其余区域均应作为农林用地或防护绿地，不得进行工业、居住等开发建设活动。经济区内在规划和修建建筑时，应在规划设计初期将鸟类及其栖息地的保护充分纳入考虑之中，对区内园林绿化、人工湿地的修建需要进行科学合理的设计和规划，以保证各项规划和开发建设既不影响林鸟的迁徙，又可作为对开发建设中占用的鸟类栖息地的生态补偿。经济区应对区内及周边条子泥候鸟栖息区域开展跟踪监测，规划近期开发建设活动密集的时期，每年监测 3 次，覆盖迁徙季和越冬季；经济区基本开发完毕后，视跟踪监测结果可适当降低监测频次。

📢【专家点评】

经济区范围距离世界自然遗产地较近，应结合世界自然遗产地及周边区域的保护要求，设置一定范围的隔离带，隔离带内除已建成设施以外，不得再进行工业、居住等开发建设活动，且应提出有针对性的生态监测计划。

张磊（江苏省环境科学研究院）

10.4　规划环评与规划编制互动情况说明

（1）进一步优化基础设施建设规划

原规划方案中经济区规划建设范围内依托的污水处理厂为东台沿海污水处理有限公司，污水厂排口位于三仓农场海堤河。随着污水处理厂扩建计划的实施，现状纳污河道环境容量已逐渐无法满足污水处理厂排放水量的要求。建议将污水处理厂排口迁移至新东河上，配套建设尾水人工湿地，对污水处理厂实施提标改造，以进一步净化尾水，同时建设中水回用工程，减少区域开发建设对周边生态保护空间的影响。该建议已被经济区采纳。

（2）进一步优化空间布局

原规划方案中三仓河以南区域布局了居住用地、中小学用地等敏感区域，中心大道以西、三仓河以北、通海大道以南区域布局了工业用地，主要发展装备制造和绿色食品产业。为进一步减少工业片区对生活片区的影响，建议经济区对三仓河以北的工业用地实施空间退让，在三仓河以北、通海大道以南区域布设200 m 绿化防护带，在三仓河以南布设 50 m 绿化防护带。海城路以东、三仓河以北、通海大道以南区域布局了居住用地，为进一步减少周边工业片区对居住片区的影响，建议经济区调整居住用地布局，在该区域规划科研用地等人群集中度相对低的用地。海旺路与中心大道交叉口西北角、海旺路与中粮路交叉口西北角、通海大道东北侧等地布局了 3 处居住用地，建议经济区调整居住用地布局，在该区域规划工业用地。该建议已被经济区采纳。

（3）进一步优化用地布局

原规划方案中通海大道与新城路交叉口西北侧的工业用地周边布局了居住用地，该地块现状已建成中粮人才公寓，建议经济区在居住用地周边设置空间管控区，居住用地周边 50 m 范围内应布局基本无污染的项目，不得新增大气污染源和涉气风险源；居住用地周边 50～100 m 范围内应布局低排放、低风险的项目，不得新增大气环境影响评价等级为一级的大气污染源，严格控制涉及恶臭异味物质、《有毒有害大气污染物名录》所列大气污染物、《危险化学品目录》所列剧毒物质排放的项目。该建议已被经济区采纳。

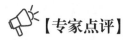【专家点评】

　　经济区用地规划方案中,工业用地和居住用地占比较大。应重点关注工业用地和居住用地之间的位置关系,结合规划产业定位、污染物排放情况、地区常年风向等分析工业用地和居住用地之间的布局合理性,如出现不合理的用地布局,应建议规划编制单位进行调整,最大程度降低工业污染物排放对居民生活的影响。

赵洪波(南京国环科技股份有限公司)

　　工业片区西部有一处居住用地,为区内企业的人才公寓,但由于此处居住用地周边分布了较多工业用地,工业企业排放的废气容易对邻近的居住区造成影响,因此应对居住用地周边区域提出管控要求,严格控制居住用地周边工业用地的大气污染源,且要求不得新增涉气风险源。

包存宽(复旦大学)

11　环境影响跟踪评价与规划所含建设项目环评要求

11.1　环境监测计划

　　本次评价制定了经济区生态环境监测计划,开展大气、地表水、地下水、声、土壤环境等例行监测,监测因子和监测频次具体如表11.1-1所示。

表11.1-1　经济区生态环境监测计划

监测内容		监测点位	监测项目	监测频次
生态环境监测	环境空气	G1 燕山光伏	HCl、硫酸雾、甲苯、二甲苯、TVOC、NH_3、H_2S、臭气浓度	每年1次,每次7天
		G2 尖南村		
	地表水	W1 污水处理厂现状排口	pH、溶解氧、COD、BOD_5、高锰酸盐指数、SS、总磷、氨氮、总氮、挥发酚、石油类、LAS、硫化物	每年1次,每次3天
		W2 港城河与迎宾路交叉处	pH、COD、BOD_5、高锰酸盐指数、SS、总磷、氨氮、总氮	
		W3 迎宾路大桥		
		W4 新东河大桥(通海大道大桥)	pH、溶解氧、COD、BOD_5、高锰酸盐指数、SS、总磷、氨氮、总氮、挥发酚、石油类、LAS、硫化物	
		W5 开发大道大桥		
	声环境	在经济区内及边界布置10个监测点位	等效连续A声级	每年1次,分昼间和夜间进行
	地下水	D1 苏美达动力	K^+、Na^+、Ca^{2+}、Mg^{2+}、CO_3^{2-}、HCO_3^-、Cl^-、SO_4^{2-}、pH、氨氮、硝酸盐、亚硝酸盐、挥发性酚类、氰化物、砷、汞、铬(六价)、总硬度、铅、氟化物、镉、铁、锰、溶解性总固体、耗氧量、硫酸盐、氯化物、总大肠菌群数、菌落总数	1次/年
		D2 海城路东侧空地		
		D3 弶港中学		

监测内容		监测点位	监测项目	监测频次
土壤		T1 燕山光伏	《土壤环境质量 建设用地土壤污染风险管控标准(试行)》中列出的 45 项因子、pH	1 次/年
		T2 中粮家佳康有限公司		
		T3 弶港镇		
		T4 临海公路西侧空地		
底泥		S1 现状污水处理厂排口	pH、铜、铅、镉、砷、汞、铬、镍、锌	1 次/年
		S2 新东河大桥下游 500 m (规划污水处理厂排口)		
生态		区内、条子泥区域滩涂栖息地、高潮位栖息地及垦区(参照现状布点)	鸟类的种类和分布	规划近期开发建设活动密集的时期,每年监测 3 次,覆盖迁徙季和越冬季;经济区基本开发完毕后,视跟踪监测结果可适当降低监测频次
污染源监测	水污染源	重点污染源	COD、氨氮、特征因子	在线监测
		一般污染源	COD、氨氮、特征因子	1 次/月
	废气污染源	工艺废气排口	相应特征因子	1 次/半年
		无组织废气监控点	无组织排放污染因子(含特征污染物)	1 次/年
	噪声源	企业固定噪声源	等效连续 A 声级	1 次/半年
风险应急监测		事故排放处	根据事故情况确定	随时
验收监测		入区项目竣工验收	按《建设项目竣工验收管理办法》执行	

📢【专家点评】

　　经济区邻近世界自然遗产地,位置较为敏感,其开发建设可能会对周边野生动物造成影响,因此应在环境监测计划中补充生态方面的跟踪监测要求,进一步跟踪规划期内周边生态环境质量的变化情况。

秦海旭(南京市环境保护科学研究院)

11.2　规划环境影响跟踪评价计划

11.2.1　评价时段和工作重点

　　为及时了解经济区建设过程对区域环境造成的影响程度,并及时提出补救方案和措施,东台沿海湿地旅游度假经济区管理委员会将在本次规划的实施过程中组织开展环境影响跟踪评价。根据时间跨度,每隔 5 年进行 1 次环境影响跟踪评价。当经济区产业定位、范围面积、功能布局、结构、规模等发生重大调整或修订时,或上位规划和周边生态空间保护要求发生重大调整时,或在例行监测中发现区域生态环境质量发生严重恶化、周边候鸟栖息区域受到严重影响时,则应当立即开展规划环境影响跟踪评价工作。主要评价内容应包括以下五个方面。

（1）规划实施及开发强度对比

说明规划实施背景,对比规划并结合图表说明规划已实施的主要内容,对比规划和规划环评确定的发展目标,说明规划实施过程中支撑性资源和能源的消耗利用量。以产业发展为重点的规划,对比规划及规划环评推进情形,重点说明规划实施过程中主要污染物排放情况;以资源开发利用为重点的规划,重点说明规划实施对区域、流域生态系统的结构、功能及受保护关键物种的影响范围和程度及其变化情况。同时回顾规划实施至开展跟踪评价期间的突发环境事件,说明规划的生态环境风险防范措施和应急响应体系的实施及其变化情况。

（2）区域生态环境演变趋势

结合国家和地方最新的生态环境管理要求,评价区域、流域大气、水、土壤、声等环境要素的质量现状和变化趋势,生态系统的变化趋势和关键驱动因素,结合区域生态保护红线管控要求,分析区域内生态环境敏感区的生态环境质量现状和存在的问题,对比实际利用资源能源的情况,结合区域资源能源利用上限,分析区域、流域资源环境承载力存在的问题及其与规划实施的关联性。

（3）公众意见调查

征求相关部门及专家意见,全面了解区域主要环境问题和制约因素,收集规划实施至开展跟踪评价期间,公众对规划产生的环境影响的投诉意见,并分析原因。

（4）生态环境影响对比评估及对策措施有效性分析

对比评估规划实际产生的生态环境影响范围、程度和规划环评预测结论,如规划、规划环评及审查意见提出的各项生态环境保护对策和措施已落实,且规划实施后区域、流域生态环境质量满足国家和地方最新的生态环境管理要求,则可认为采取的预防或减轻不良生态环境影响的对策和措施有效,可提出继续实施原规划方案的建议。

（5）生态环境管理优化建议

结合图表说明规划后续实施的空间范围和布局、发展规模、产业结构、建设时序和配套基础设施依托条件等规划内容,在规划实施区域在建项目的基础上,分情景估算规划后续实施对支撑性资源能源的需求量和主要污染物的产生量、排放量,分析规划实施的生态环境影响范围、程度和生态环境风险,根据规划已实施情况、区域资源环境演变趋势、生态环境影响对比评估、生态环境影响减缓对策和措施有效性分析等内容,结合国家和地方最新生态环境管理要求,提出规划优化调整或修订的建议。

11.2.2　组织形式、资金来源和管理要求

经济区本次规划实施过程中,应由管委会定期组织开展规划的环境影响跟踪评价,委托具有环境影响评价能力的单位编制《东台沿海湿地旅游度假经济区开发建设规划环境影响跟踪评价报告书》,并由盐城市东台生态环境局监督规划环境影响跟踪评价报告书中提出的规划优化调整建议和环境影响减缓措施的实施。开展规划环境影响跟踪评价的资金通过东台沿海湿地旅游度假经济区管理委员会的财政资金进行落实。

11.3　规划所包含的建设项目环评要求

11.3.1　建设项目环评重点内容和基本要求

在规划环评的基础上,建设项目环评应在本项目的工程分析、污染物预测与治理、环境风险等方面进行强化。

（1）工程分析

新入区项目应符合各项环境管控要求和生态环境准入清单。建设项目环评文件应根据项目的生产工

艺,对污染物产生环节、产生方式和治理措施等内容进行强化,科学核算污染源源强,以便为排污许可管理提供有效的技术支持。

(2)环境保护措施

排放二氧化硫、氮氧化物、烟粉尘、挥发性有机物的新建项目需有明确的总量来源。入区项目应明确生产废水的产生情况、治理措施和回用去向,确保无生产废水排放。建设项目环评应明确受影响敏感目标(村庄、学校、自然保护区等)的位置、规模、影响程度等内容,并在广泛征求受影响的公众和单位意见的基础上,提出减少项目建设对敏感目标影响的具体环境保护措施。

(3)环境风险评价

新引进的存在环境风险的建设项目应对环境风险评价相关内容进行深化,分析环境风险源项,计算环境风险后果。

11.3.2 建设项目环评内容简化建议

在规划环评的基础上,建设项目环评应在本项目的生态环境调查、现状调查与评价等方面进行简化:

① 对不涉及特定保护区域、环境敏感区,且满足重点管控区域准入要求的建设项目,可简化选址环境可行性和政策符合性分析,生态环境调查直接引用规划环境影响评价的结论。

② 对区域环境质量满足考核要求且持续改善、不新增特征污染物排放的建设项目,可直接引用符合时效的经济区环境质量现状和固定、移动污染源调查结论,简化现状调查与评价的内容。

③ 对依托经济区供热、清洁低碳能源供应、污水集中处理等的建设项目,对正常工况下的环境影响可直接引用规划环境影响评价的结论。

12 经济区环境管理与环境准入

12.1 环境管理方案及措施

12.1.1 环境管理方案

经济区以区内污染控制和环境质量为重点,以区内企业为重点管理对象,结合经济区现状调查与评价的结果,以及确定的资源与环境制约因素,从生态空间、资源能源利用、污染控制、风险防控、环境管理、信息公开等方面建立经济区环境管理指标和目标值。管理方案包括如下内容:

① 在当地生态环境部门的配合下,在各项目工程施工期间设立一名生态环境专职或兼职人员,负责工程建设期的生态环境工作;项目建成投产后,应设立生态环境科室,配备专职生态环境人员,并在各企业设立生态环境联络员,随时同盐城市东台生态环境局等相关部门联系并定时汇报情况,形成上下贯通的管理机构和网络,对出现的问题作出及时的反映和反馈。

② 切实落实环境保护目标责任制。根据环境规划总目标和污染物总量控制计划,按单位层层分解,建立以企业及主管部门领导为核心的管理体系,明确各自的环境责任,以签订责任状的形式,将责任落实给单位领导者,达到目标管理的目的。责任书的编制应以环境规划为依据,明确环境控制目标、环境管理目标及具体措施,同时有关政府职能部门应加强对责任书的实施监督、考核验收等工作。

③ 严格执行环境影响评价、"三同时"等制度。为保证环境规划的实施,必须严格执行目前推行的环境影响评价、"三同时"、排污税、排放污染物许可证、污染物集中处理等规章制度,特别是"污染物排放总量控制计划"。

④ 制定环保奖惩条例,对于污染治理效果较好、节能降耗效果显著等利于环境改善者,采取一定的奖励措施,对于生态环境观念淡薄、浪费能源与资源者给予重罚。

12.1.2　环境管理措施

(1)风险源监管

根据经济区规划建设范围内各企业的调查情况,涉及的风险物质主要有液氨、氢氧化钠、盐酸等。区内环境风险企业主要为东台市浩瑞生物科技有限公司、中粮肉食(江苏)有限公司东台分公司等企业。

经济区应对构成重大危险源的企业要求增加以下在线监控等措施和手段,并对其余企业同样要求加强风险管控:

① 要求各企业建立事故应急救援机构,负责处理各类污染事故,组织抢险救援与事后处置工作;

② 定期对员工进行培训,使其熟悉各类物料的性能,减少人为原因造成的环境污染事故。

(2)污染物在线监测

加强对区内企业大气污染物排放的管控力度,对重点排污单位主要排放口安装污染物排放自动监测设备。区内企业应按照排污许可证要求和监测规范,安装在线监测设备及自动留样、校准等辅助设备,实时监测获得主要污染物排放浓度、流量数据,排污许可证和监测规范未要求安装在线监测设备的,应按要求做好手工监测。重点污水排放企业须安装废水在线流量计和COD在线监测仪,并与区域生态环境监控系统联网。

(3)环保及节能设施建设

经济区根据实际情况推进环保及节能设施建设、经济区污水处理厂和管网工程的建设,加强污水处理和循环再利用。此外,经济区应推行集中供热,加快供热管网的建设工作,优化能源结构,推动能源梯级利用。

(4)环境风险防控及应急体系建设

建立环境风险应急体系。经济区设置风险应急救援指挥中心,构建与盐城市生态环境局、盐城市东台生态环境局对接的应急体系,协调本区域和地方力量,共同应对风险。建立应急资源动态管理信息库,应急资源不仅包括应急物资等,还包括信息沟通系统、应急专家等。建设完善的信息沟通网络,确保事故信息能及时反映到管理中心。

加强区域环境风险事故预警。建立完善的通信系统,利用现有的电信移动技术将报警中心的报警信号与应急指挥部主要人员的通信设备连接,一旦报警,第一时间将事故发生的讯号发送至应急指挥人员及应急小组人员的通信设备上,保证事故处理的及时性。

完善事故应急救援系统。当经济区风险应急救援指挥中心确定凭借自身力量难以有效控制风险事故时,应立即向上级单位和协作单位请求外援,并根据具体情况决定抢救等待还是撤离事故中心区域人员。依托盐城市和东台市环境监测部门对区域环境开展监测,以确定风险事故的影响程度,并对影响范围内的居民进行疏散;借助新闻媒体,向社会公布救援进展。

加强应急物资装备储备。统筹规划区域内应急物资储备种类和布局,加快建设政府储备与社会储备、实物储备与能力储备、集中储备与分散储备相结合的多层次储备体系。逐步完善应急物资生产、储备、调拨、紧急配送和监管机制,强化动态管理,建立区域应急物资保障体系。引导相关企业开展应急物资能力储备,支持有能力的企业和社会组织开展应急物资流动性储备。健全救灾物资社会捐赠和监管机制,提高社会应急救灾物资紧急动员能力。

(5)环境监管能力建设

加强环境监察执法建设。严格日常环境监管,对重点企业定期开展日常检查,强化污染源管控,坚持对重点污染源常抓不懈,完善重点污染源在线监控系统。督促重点工业企业安装在线监测监控设备,与市局生态环境部门联网,实行网格化管理,切实加大环境执法力度,提高执法效能。

完善环境执法监督和网格化监管体系。推动生态环境行政综合执法改革,增配新型的快速精准取证的执法装备,建立前端智能监管模式。推进经济区环境监管能力建设,实现区内环境管理的智能化与精准化。设置网格化监管制度,网格员配备必要的日常巡查工具。

(6)入区项目审批

按照经济区建设规划,在引进项目时严格把关,坚持高起点,发展技术含量和附加值高的项目,优先发展无污染的工业,鼓励符合区域产业链要求和符合循环经济原则的生态型项目。通过污染源的控制和管理,加强对区域的环境管理。根据《关于加强重点行业建设项目区域削减措施监督管理的通知》(环办环评〔2020〕36号),在重点行业建设项目中,建设单位是控制污染物排放的责任主体,应在提交环境影响报告书时明确污染物区域削减方案,包括主要污染物削减量、削减来源、削减措施、责任主体、完成时限,确保项目投产后区域环境质量有所改善。

(7)环境信息公开

环境信息公开与公众参与是提倡政府与企业在生态环境方面建立伙伴关系,将信息公开和公众参与逐渐融入和扩展到环境管理的各个层面,是一种新型的环境管理手段。信息公开的主要内容包括环境质量状况、污染损失、管理目标、企业环境行为、企业污染削减成本等,环境信息公开的重点是重点污染源的主要污染物排放情况,信息公开特别注意公开的公正性和信息公开的透明度。公众参与是在充分尊重公众环境知情权,实施信息公开的基础上,发挥公众参与包括社区和市场的力量,收集和整理社会各方面的反馈意见,在管理过程中体现公众意见和要求。

因此,在环境信息公开的过程中,要做到以下几个方面:① 在调查研究的基础上,建立经济区信息管理数据库;② 对经济区内的企业进行环境评价,根据评价的结果给每个企业发放绿、蓝、黄、红和黑五种颜色的小旗,红色表示警告,黑色表示不合格;③ 经济区要定期发布环境评价的信息;④ 每个企业都要接受公众的监督。

(8)推行 ISO14000 环境管理体系

ISO14000 系列标准以强化"全面管理、污染预防和持续改进"的思想为原则,它可使企业形成一种程序化、不断进行自我完善的良性循环机制,有利于企业加强科学管理和采用清洁生产方式,对节约能源、降低物耗和实现全过程控制起到积极作用。在经济区内大力推行 ISO14000 环境管理体系,鼓励进区项目通过 ISO14000 环境管理体系的认证。同时经济区也应该积极准备,以区内企业为基础,争取实现经济区 ISO14000 认证。

12.2 经济区环境准入

12.2.1 环境管控分区细化

经济区规划建设范围内应按优先保护单元和重点管控单元进行分区管控,并按照准入要求做好区域的管控工作。其中:经济区规划建设范围内农林用地、水域、绿地、居住用地面积共 20.14 km²,应作为优先保护单元;经济区规划建设范围内工业用地面积共 7.94 km²,应作为重点管控单元。

12.2.2 环境管控要求

(1)空间布局约束

① 江苏省国家级生态保护红线区。根据《江苏省国家级生态保护红线规划》,经济区规划建设范围内不涉及国家级生态保护红线,与江苏黄海海滨国家级森林公园生态红线保护区的最近距离约为 4.1 km,与东台市境内其他国家级生态保护红线区域的距离均较远。

② 江苏省生态空间管控区域。根据《江苏省生态空间管控区域规划》,经济区规划建设范围内不涉及

生态空间管控区域,与江苏黄海海滨国家级森林公园生态空间管控区域的最近距离约为 4.3 km,与东台市境内其他生态空间管控区域的距离均较远。

③ 经济区内生态空间。根据《关于规划环境影响评价加强空间管制、总量管控和环境准入的指导意见(试行)》(环办环评〔2016〕14 号)的有关要求,本次评价结合经济区规划建设范围所在区域的特征,从维护生态系统完整性的角度,识别并确定规划范围内需要严格保护的生态空间,作为区域空间开发的底线,包括经济区内的水域、绿地、农林用地,面积为 1 388.96 ha。生态空间具体分布情况如表 12.2 - 1 所示。

表 12.2 - 1　生态空间组成说明表

编号	生态空间类别	面积/ha	保护对象	准入要求	管制措施
1	水域	403.50	区内河流	—	禁止开发
2	绿地	670.51	区内绿地	绿化建设	重点保护,严格限制转变为其他性质的用地
3	农林用地	314.95	区内农林用地	—	
合计		1 388.96			

④ 经济区内生活空间。本次评价将经济区规划建设范围内的商业服务业设施用地、居住用地、公共管理与公共服务用地识别为区内生活空间,面积为 1 125.89 ha,生活空间具体分布如表 12.2 - 2 所示。

表 12.2 - 2　生活空间组成说明表

编号	生活空间类别	面积/ha	保护对象	管制措施
1	商业服务	158.81	商业区工作人群	周边企业优化内部布局,生产车间尽量远离商业区;商业区周边设置不少于 10 m 的绿化带
2	居住	624.57	区内居住人群	居住用地周边 50～100 m 范围内应布局低排放、低风险的项目,不得新增大气环境影响评价等级为一级的大气污染源,严格控制涉及恶臭异味物质、《有毒有害大气污染物名录》所列大气污染物、《危险化学品目录》所列剧毒物质排放的项目
3	行政办公、公共服务	342.51	区内办公人群	周边企业优化内部布局,生产车间尽量远离行政办公、公共服务区;办公区周边设置不少于 10 m 的绿化带
合计		1 125.89	—	—

(2) 污染物排放管控

本次评价的环境质量底线即评价区域的大气、地表水、声环境功能区划,以此作为容量管控的依据。经济区规划建设范围为环境空气二类区,需达到《环境空气质量标准》(GB 3095—2012)二级标准要求;三仓河、新东河、港城河、三仓农场海堤河划定为Ⅲ类,需达到《地表水环境质量标准》(GB 3838—2002)Ⅲ类水标准要求;声环境功能方面,经济区规划建设范围内居民住宅、文化教育、行政办公区为 1 类区,居住、商业混合区域为 2 类区,工业区域为 3 类区,主干道两侧声环境为 4a 类区,分别执行《声环境质量标准》(GB 3096—2008)的 1 类、2 类、3 类和 4a 类标准。

经济区规划建设范围内入区企业需根据建设项目环评核算的大气污染物排放量在东台市内平衡,水污染物排放总量则在污水处理厂总量内平衡。

(3) 环境风险防控

经济区规划建设范围内环境风险物质主要为天然气、液氨、氢氧化钠、盐酸等,环境风险主要为上述物质泄漏引起的次生/伴生危害以及污水处理厂废水事故排放引起的水环境风险。经济区应设置环境风险应急指挥中心,构建与盐城市生态环境局、盐城市东台生态环境局、经济区管委会对接的应急体系,协调区域与地方力量,共同应对风险。

(4) 资源开发利用

经济区规划建设范围内地表水用水量应控制在水厂规模以内。经济区规划建设范围内 2021 年期间共有 7 家企业开采取用地下水,均已办理取水许可证,其中 2 家将取消对地下水的开采,待工业地表水厂建成后,经济区规划建设范围内企业应优先使用工业地表水厂的供水,并限制区内新建企业开采地下水。

新能源开发利用方面,经济区内现有 3 处风力发电设施区域,区外东侧邻近 2 处光伏发电设施区域,在此基础上,在开发建设过程中加强对风能、太阳能等清洁能源的利用,提高能源利用率和利用占比,减少对化石能源的依赖。

土地资源开发利用方面,经济区规划建设范围内适宜作为建设用地的土地规模为 31.38 km^2。

此外,本轮规划环评针对经济区的实际情况制定了指标体系,其中资源能源利用的相关指标目标值如表 12.2 - 3 所示。

表 12.2 - 3 资源能源利用指标目标值

序号	评价指标	单位	目标值
1	单位工业增加值综合能耗	t 标煤/万元	≤0.4
2	单位工业增加值新鲜水耗	m^3/万元	≤7
3	工业用水重复利用率	%	≥75

根据经济区环境准入的要求,建立经济区规划建设范围内产业发展的生态环境准入清单,并建议经济区对清单实行动态管理模式,在后续发展过程中,依据国家和江苏省、盐城市、东台市最新的法规、政策、规划要求,以及经济区发展的需要,适时对经济区产业发展的生态环境准入清单进行调整。

【专家点评】

经济区区位较为敏感,而世界自然遗产地内的鸟类活动范围较广,准入清单应针对鸟类保护,对建筑物高度、玻璃幕墙提出要求,防止经济区内建筑对鸟类造成影响。此外,经济区还应严格控制高水耗、高能耗、高污染项目引入。

张磊(江苏省环境科学研究院)

经济区规划产业中的特色服务业包含医疗保健服务,而康养基地内设有科研用地,考虑到康养基地中分布着大量居住用地和保护目标,准入清单中应禁止引入中试及以上规模的研发项目和进行具有传染性、感染性的实验活动,防止对周边人群造成环境健康风险。

在项目准入方面,由于铸造行业的大气污染物排放量较大,而经济区内有大量居住区保护目标,经济区外邻近世界自然遗产地,对环境空气质量较为敏感,因此建议明确是否允许引入铸造行业。

在资源开发利用方面,应对地表水和地下水的资源开发利用提出要求,并明确中水回用的主要途径。

崔小爱(江苏环保产业技术研究院股份公司)

13 公众参与

本次规划环评通过网络公示和问卷调查等形式收集公众意见和建议,实现了规划与规划环评内容的社会公示,综合收集了公众的意见和建议,这些意见和建议均已在本次规划环境影响评价报告书中有所体现,这对经济区本次规划文本最终的修改和完善起到了一定的作用。此外,经济区还举办了生态环境领域论坛,邀请国内生态领域专家学者、社会环保组织代表等参与,以征询他们的看法。

本次公众参与调查中两次网上公示期间均未收到反馈意见。共发放"公众参与问卷调查表"166 份,有效回收 166 份,其中个人 155 份、单位 11 份,回收率为 100%。公众参与调查结果表明,100% 的被调查对象支持经济区的开发建设。根据公众参与网络公示和问卷调查所反映的情况看,经济区规划建设范围周边公众对经济区的规划发展持支持态度。公众在肯定了经济区发展对周边经济起了较大推动作用的同时,也对经济区提出了加强生态环境保护、进行跟踪监测评价等要求。

14　评价结论

东台沿海湿地旅游度假经济区规划建设范围选址基本符合《东台市城市总体规划(2015—2030)》《东台市国土空间规划近期实施方案》等规划文件的要求;规划产业定位与江苏省沿海开发及盐城对于该区域的发展定位一致,与《产业结构调整指导目录(2019 年本)》《鼓励外商投资产业目录(2022 年版)》等政策文件中鼓励、重点发展的产业相一致;在生态环境保护方面,与《江苏省生态空间管控区域规划》《淮河流域水污染防治暂行条例》等相关环境保护法规、政策及规划要求基本相符合。

区域环境质量状况基本良好,具有一定的环境承载力。经济区所在区域环保基础设施基本完备,能够满足经济区开发建设需要。经济区产业定位合理,污染防控措施可行,清洁生产及入区项目控制条件明确,在落实本报告书提出的各项环境保护措施及规划调整建议后,环境影响在可接受的范围,经济区依据本轮规划进行开发建设具备环境可行性。

15　评价体会

东台沿海湿地旅游度假经济区内同时规划有工业片区和居住片区,区外邻近世界自然遗产地,生态环境较敏感,区域地表水环境承载力也存在一定程度的不足。在评价过程中,需关注以下几点问题。

(1)经济区邻近世界自然遗产地

主要问题:经济区距离中国黄(渤)海候鸟栖息地(第一期)世界自然遗产地提名地最近距离 3.4 km,距离遗产地缓冲区 0.2 km,距离盐城市条子泥市级湿地公园 0.7 km。经济区的开发建设可能对周边生态敏感区造成影响。

解决方案:加强空间管控,在经济区东边界设置隔离带,保证经济区与世界自然遗产地间隔距离。对开发建设活动提出一系列优化措施,包括控制建筑高度、减少亮化工程、防治夜间噪声污染等。此外,为充分论证对周边鸟类及栖息地的影响,经济区管委会委托相关单位编制了生态专项评价报告,并向国家林草局征求意见。

(2)经济区水环境承载力不足

主要问题:经济区所在的堤东垦区地势西低东高,区域水系无自然的上游来水,仅依靠通榆河翻水与天然降雨进行补充,区域水体流动性差。根据现状监测结果,纳污河流枯水期部分常规因子为劣Ⅴ类,区域水环境承载力先天不足。后续随着经济区的开发建设与人口增加,污水产生量将呈上升趋势,需对现有污水处理厂扩大处理规模,区域经济发展与环境质量改善目标的同步实现将面临较大压力。

解决方案:规划环评对污水处理厂提出了开展提标改造、30% 中水回用、建设尾水生态安全缓冲区等要求,尽可能减少经济区水污染物排放量;同时对经济区设定了阶段性水质目标。此外,项目充分收集区域水利规划等资料,利用江苏省水利重点工程项目盘活区域水系,提高区内水环境容量。

(3)区内同时存在康养基地和工业集中区

主要问题:经济区规划形成两大片区,工业片区和生活片区。其中生活片区范围内包含长三角区域一体化发展的重大合作项目长三角(东台)康养基地,工业片区的产业发展和污染物排放易对生活片区的生态环境造成影响。

解决方案:规划环评提出了规划调整方案,进一步优化空间布局。为进一步减少工业片区对生活片区的影响,建议经济区对三仓河以北的工业用地实施空间退让,在三仓河以北、通海大道以南区域布设200 m绿化防护带,在三仓河以南布设50 m绿化防护带。建议经济区调整居住用地布局,将海城路以东、三仓河以北、通海大道以南部分敏感区域的规划居住用地调整为科研用地等人群集中度相对低的用地。

(4)经济区用地规划与上位国土空间规划不相符

主要问题:根据《东台市城市总体规划(2015—2030)》、东台市"三区三线"划定成果,经济区规划建设范围内用地规划与东台市城市总体规划、东台市"三区三线"划定成果存在部分不相符。根据《东台市国土空间规划近期实施方案》,经济区本轮规划涉及一般农田、水域和自然保留地,未占用基本农田。

解决方案:由东台市自然资源和规划局出具说明,在后续国土空间总体规划编制中将经济区用地作为建设用地纳入整体考虑之中,同时规划环评要求不相符地块在上位规划调整到位前,应保持现状,不得进行开发建设。

📢【报告书审查意见】

报告书在梳理经济区发展历程、开展生态环境现状调查和回顾性评价的基础上,分析规划与其他相关规划的协调性,识别规划实施的主要资源环境制约因素,预测和评价规划实施对区域水环境、大气环境、土壤及地下水、生态环境等方面的影响,开展环境风险评价、公众参与等工作,论证规划方案的环境合理性,提出规划优化调整建议、避免或减少不良环境影响的对策措施。报告书基础资料较翔实,评价内容较全面,采用的技术路线和方法适当,对主要环境影响的预测分析结果基本合理,提出的规划优化调整建议、预防和减缓不良环境影响的对策措施原则可行,评价结论总体可信。

总体上,经济区与中国黄(渤)海候鸟栖息地(第一期)世界自然遗产地距离较近,区域生态环境较敏感。区内新东河等地表水水体水质超标,水环境持续改善压力大。规划实施将推动区域污染物减排,促进区域环境质量改善。经济区应依据报告书和审查意见,进一步优化规划方案,强化各项环境保护、风险防范等对策和措施的落实,有效预防和减少规划实施可能带来的不良环境影响。

规划优化调整和实施过程的意见如下。

(一)规划应深入贯彻落实习近平生态文明思想,完整准确全面贯彻新发展理念,坚持生态优先、节约集约、绿色低碳发展,以生态保护和环境质量持续改善为目标,做好与国土空间总体规划和生态环境分区管控体系的协调衔接,进一步优化规划布局、产业结构和发展规模,降低区域环境风险,协同推进生态环境高水平保护与经济高质量发展。

(二)严格空间管控,优化空间布局。落实经济区东边界隔离带设置要求,经济区三仓河以南的开发建设区域距离世界自然遗产地缓冲区不得少于800 m,三仓河以北的开发建设区域距离世界自然遗产地缓冲区不得少于1 000 m。隔离带范围内,除已建成的停车场外,其余区域规划为农林用地或防护绿地,不得开展工业、居住等开发建设活动。落实报告书提出的现有生态环境问题整改措施,推动与规划用地性质不符的7家企业有序退出,细化与规划产业定位、产业布局不相符的企业的后续管理要求,优化经济区产业定位和空间布局。加强工业区与居住区生活空间的防护,居住用地周边50 m范围内应布局基本无污染的项目,落实报告书提出的生态影响减缓措施,强化对区内建筑高度及玻璃幕墙使用的管控,严格落实灯光管理,减少开发建设对鸟类迁徙、栖息的影响,确保经济区产业布局与生态环境保护、人居环境安全相协调。

(三)严守环境质量底线,实施污染物排放限值限量管理。根据国家和江苏省关于大气、水、土壤污染防治、区域生态环境分区管控、工业园区(集中区)污染物排放限值限量管理的相关要求,建立以环境质量为核心的污染物总量控制管理体系。落实生态环境准入清单中的污染物排放控制要求,推进主要污染物排放浓度和总量"双管控",确保区域环境质量持续改善。加快开展一中沟、二中沟和三中沟等河道综合整治工作,加快实施引江供水工程,改善区域地表水环境质量。2025年,经济区环境空气$PM_{2.5}$年均浓度不高于23 μg/m³,区内新东河、三仓河等河流水质应达到Ⅳ类标准。

（四）加强源头治理，协同推进减污降碳。严格落实生态环境准入清单，禁止引入铸造项目、含电镀工序(含阳极氧化、化学镀)以及排放含重金属废水的项目。强化企业特征污染物排放控制、高效治理设施建设以及精细化管控要求。引进项目的生产工艺、设备，以及单位产品能耗、污染物排放和资源利用效率等应达到同行业国内先进水平。全面开展清洁生产审核，推动重点行业依法实施强制性审核，引导其他行业自觉自愿开展审核，不断提高现有企业清洁生产和污染治理水平。落实国家、省碳达峰行动方案和节能减排要求，优化产业结构、能源结构和交通结构等规划内容，推进经济区绿色低碳转型发展，实现减污降碳协同增效目标。

（五）完善环境基础设施建设，提高基础设施运行效能。加快推进东台沿海污水处理有限公司提标改造及生态缓冲区建设，按照适度超前原则推动区内污水管网建设，确保经济区废水全收集、全处理。推进中水回用设施及配套管网建设，提高经济区中水回用率，规划期中水回用率应达到30%。开展区内入河排污口排查整治，建立名录，强化日常监管。积极推进供热管网建设，依托东台沿海经济区申江能源有限公司(近期)、沿海经济区热电联产项目(远期)实施集中供热。加强经济区固体废物减量化、资源化、无害化处理，一般工业固废、危险废物应依法依规收集、处理处置，做到"就地分类收集、就近转移处置"。

（六）建立健全环境监测监控体系。开展包括环境空气、地表水、地下水、土壤、底泥、生态等环境要素的长期跟踪监测与管理，根据监测结果适时优化规划。完善经济区环境监测监控能力，按照省、市的部署推进监测监控体系建设，根据实际情况在上、下风向布设空气质量自动监测站点，在新东河等区内及周边河流布设水质自动监测站点。推进区内排污许可重点管理单位在线监测全覆盖；暂不具备安装在线监测设备条件的企业，应做好委托监测工作。长期开展鸟类监测，开发建设期监测频次不低于每年3次，覆盖迁徙季和越冬季，开发完毕后可根据监测结果调整监测频次。

（七）健全环境风险防控体系，提升环境应急能力。完成经济区三级环境防控体系建设，完善环境风险防控基础设施，落实风险防范措施。制定环境风险应急预案，健全应急响应联动机制，建立隐患定期排查治理制度。配备充足的应急装备物资和应急救援队伍，定期开展演练。做好污染防治过程中的安全防范，组织对经济区建设的重点环保治理设施和项目开展安全风险评估和隐患排查治理，指导经济区内企业对污染防治设施开展安全风险评估和隐患排查治理。

（八）经济区应设立专门的环保管理机构并配备足够的专职环境管理人员，统一对经济区进行环境监督管理，落实环境监测、环境管理等工作要求。在规划实施过程中，适时开展环境影响跟踪评价。规划修编时应重新编制环境影响报告书。

规划环境
影响跟踪评价

☞　规划环境影响跟踪评价以改善区域环境质量和保障区域生态安全为目标，结合区域生态环境质量变化情况、国家和地方最新的生态环境管理要求和公众对规划实施产生的生态环境影响的意见，对已经和正在产生的环境影响进行监测、调查和评价，分析规划实施的实际环境影响，评估规划采取的预防或者减缓不良生态环境影响的对策和措施的有效性，研判规划实施是否对生态环境产生了重大影响，对规划已实施部分造成的生态环境问题提出解决方案，对规划后续实施内容提出优化调整建议或减缓不良生态环境影响的对策和措施。

案例六　安庆高新技术产业开发区总体发展规划环境影响跟踪评价

1　总则

1.1　跟踪评价任务由来

安徽安庆高新技术产业开发区原名为安徽安庆大观经济开发区,成立于 2003 年,2006 年由安徽省人民政府批准(皖政秘〔2006〕22 号),并经国家发改委审核认定为省级开发区,核准用地面积 1.02 km²。2013 年 12 月 31 日经安徽省人民政府的批准(皖政秘〔2013〕249 号)更名为安徽安庆高新技术产业开发区(以下简称"高新区")。

2014 年 12 月 30 日,《安徽安庆高新技术产业开发区扩区总体发展规划》获得安徽省人民政府批复同意(皖政秘〔2014〕236 号),高新区总体规划面积由 1.02 km² 扩大至 11.73 km²,规划范围东至银杏路,南至合欢路,西临环湖西路,北到丁香路,主导产业为化工新材料、高端装备制造、生物制药、现代服务业。《安徽安庆高新技术产业开发区总体发展规划环境影响报告书》于 2014 年 12 月 22 日获得原安徽省环保厅审查(皖环函〔2014〕1654 号)。

根据《中华人民共和国环境影响评价法》《规划环境影响评价条例》(中华人民共和国国务院令第 559 号)、《关于加强产业园区规划环境影响评价有关工作的通知》(环发〔2011〕14 号)、《关于开展长江经济带产业园区环境影响跟踪评价工作的通知》(环办环评函〔2017〕年 1673 号)等文件的要求,为进一步验证高新区总体发展规划环评实施后产生的环境影响,发挥规划环评对园区可持续发展的指导和保障作用,安庆高新技术产业开发区管理委员会决定开展高新区规划环境影响的跟踪评价,以了解高新区规划、原环评报告与环评批复要求的执行情况,掌握高新区的环境质量及变化趋势,排查高新区存在的主要环境问题及经济建设与项目引进所带来的矛盾,明确缓解及解决问题的措施方案,通过调整、改进、完善高新区总体发展规划,使高新区建设与环境保护协调发展,实现"双赢"的目标。

2019 年 9 月,评价单位接受委托后,对评价区域(11.73 km²)进行现场踏勘,调查、收集了有关资料,根据国家环保相关法律法规和相应的标准、技术要求等,编制完成了《安徽安庆高新技术产业开发区总体发展规划环境影响跟踪评价报告书》。2020 年 4 月 27 日,安徽省生态环境厅主持召开了技术审核会,2020 年 7 月 31 日,《安徽安庆高新技术产业开发区总体发展规划环境影响跟踪评价报告书》获得安徽省生态环境厅关于审核意见的函(皖环函〔2020〕400 号)。

1.2　高新区规划、原环评要点分析

1.2.1　安徽安庆高新技术产业开发区扩区总体发展规划(2015—2030)

(1)规划范围

东至银杏路,南至合欢路,西临环湖西路,北到丁香路,规划面积为 11.73 km²。

（2）规划目标

坚持以人为本，全面协调可持续的科学发展观，促进经济、社会、环境和谐发展，最终将高新区建设成"产业特色鲜明、区域功能完善、生态环境优越、人文底蕴深厚、经济社会和谐"的高新技术产业开发区。

（3）规划期限

规划年限为2015—2030年。

（4）功能定位

区域功能定位：安庆高新区是高新技术产业和高智力资源的密集区，安庆高新区的建设要在实现化工新材料产业、高端装备制造产业、生物制药产业等主导产业集约发展、集群发展的同时，努力成为安庆市促进技术进步和增强自主创新能力的重要载体，成为推动安庆区域经济跨越发展的强大动力，成为带动安庆区域经济发展的扩散源和辐射地。

主导产业：化工新材料产业、高端装备制造产业、生物制药产业、现代服务业。

空间结构：高新区整体规划结构可概括为"一心伴两轴，水绿间五区"。"一心伴两轴"：在地块东北部规划服务高新区乃至整个安庆西部片区的综合商业中心，同时依托环城西路和勇进路形成贯穿南北、东西的两条对外发展轴线。"水绿间五区"：充分利用园区西面的石门湖水系以及高压防护绿带，形成生态化的组团发展模式，构建支撑园区总体发展的五大功能组团。

（5）用地布局规划

高新区主要用地构成包括工业用地，同时结合布置居住、商业服务业、公共服务设施等必要的配套设施。具体用地情况如表1.2-1所示。

表1.2-1 规划建设用地一览表

序号	用地性质		用地代号	面积/ha	比例/%
1	居住用地		R	14.26	1.22
2	工业用地		M	602.37	51.35
3	仓储用地		W	31.30	2.67
4	道路广场用地		S	171.54	14.62
	其中	城市道路用地	S1	169.21	14.43
		交通场站用地	S4	2.33	0.20
5	市政公用设施用地		U	20.96	1.79
	其中	供应设施用地	U1	10.14	0.86
		环境设施用地	U2	6.63	0.57
		安全设施用地	U3	4.19	0.36
6	绿地		G	183.11	15.61
	其中	公园绿地	G1	7.39	0.63
		防护绿地	G2	175.72	14.98
7	公共管理与公共服务用地		A	6.57	0.56
	其中	行政办公用地	A1	2.17	0.18
		文化设施用地	A2	4.40	0.38
8	商业服务业设施用地		B	88.67	7.56
	其中	商业设施用地	B1	76.08	6.49
		商务设施用地	B2	11.95	1.02
		公共设施营业网点用地	B4	0.64	0.05

序号	用地性质	用地代号	面积/ha	比例/%
9	水域	—	54.22	4.62
10	总计	—	1 173.00	100

（6）基础设施规划

① 给水工程规划。园区内用水能够依靠安庆一水厂解决,远期规划规模为 50×10^4 m³/d,不再另行规划建设。按照分质供水原则,园区供水管网系统可分为生产供水管网系统、生活供水管网系统、再生水供水管网系统及消防供水管网系统。

② 污水工程规划。园区不再新建污水处理厂,对依托的原有城西污水处理厂进行扩建(规划环评要求近期规模不小于 4×10^4 m³/d,远期规模不小于 5×10^4 m³/d)。规划建议各企业在厂区内分别建设污水处理设施,以利于城西污水处理厂污水处理和中水回用。规划区污水经各企业污水预处理达城西污水处理厂接管标准后,进入城西污水处理厂处理,达《污水综合排放标准》(GB 8978—1996)表 1 和表 4 的一级标准后,排入新河,最终汇入长江。园区根据该地区地势情况,污水干管由北向南敷设。具体走向与干管管径结合各个污水分区具体安排。

③ 雨水工程规划。园区排水体制为雨污分流。规划沿园区内主要道路设置雨水排水管渠,管直径为DN600~1 600。规划雨水管道按地形坡度铺设,以减少埋深,排水管渠尽量采用暗渠或管道,以美化环境,对建成区或现状道路上的排水明渠及排水边沟应进行改造。在园区产业区内部可根据各企业具体情况设置人工水体对雨水进行蓄存,可结合企业内部的冷却水做成开敞水面,经过处理后作为中水资源的补充;同时各企业需设置初期雨水收集设施,初期雨水经收集后进污水处理厂进行处理后排放,城西污水处理厂进行扩建时需考虑预留高新区初期雨水的容量。

④ 供电规划。规划区用电由园区边界东侧安庆 220 kV 变电站引进,规划区内现有 220 kV 和 110 kV高压输电线路以及一座 110 kV 狮山变电所,狮山变电所主变容量为 50 MVA,规划在园区内新建一座化学工业园热电站。

⑤ 燃气工程规划。根据安庆市天然气利用规划,供气气源为"川气东送"。根据规划人口、气化率和各类用户的用气比例分析及对增长趋势的预测,规划区内年用气量为 1 560 000 Nm³/a。园区中压管道沿环城西路、环湖西路以及丁香路、勇进路、纬三路等布置,并与次高压燃气管相衔接,规划中压管径为DN200~300。低压管道通过调压站结合各燃气用户布置,低压管网主干管形成环网,次要管道呈枝状分布。规划在园区北部,丁香路与环城西路西南交叉处,布置一处高中压调压站,并根据实际需求设置若干中—低压调压器,其不单独占地。

⑥ 供热工程规划。园区规划采用集中供热,除曙光化工煤制氢项目自行建设高温高压锅炉直供外,园区内其他供热依托华谊安庆热电项目。华谊安庆热电项目要建设 4 台 260 t/h 锅炉(3 用 1 备),配 2 台2.5 万 kW 抽背式汽轮发电机组。

1.2.2 原规划环评要点

（1）原规划环评环境容量预测及控制要求

安庆高新区近期(2020 年)污染物总量控制指标要求如表 1.2-2 所示。

表 1.2-2　原规划环评中高新区污染物总量控制指标(2020 年)

单位:t/a

项目	COD	NH_3-N	SO_2	NO_2
指标值	1 051.5	157.7	1 861.0	2 243.8

（2）原规划环评环境保护措施

① 大气污染防治措施。

发展清洁能源,改善能源结构。为控制高新区环境空气污染,确保高新区环境空气质量达到目标要求,高新区应按发展阶段逐步推进能源结构的改进。为了适应高新区建设规模的不断扩大对能源需求增加的发展趋势,应逐步扩大燃气使用普及率。

合理布局。合理布置各企业的位置,有特征污染物排放的企业尽量不要布置在高新区的边界,以减小这些污染物对区外环境的影响,同时在每个项目实施过程中,优化厂区平面布置,确保各个项目无组织排放的特征污染物做到厂界达标。

加强工业废气污染控制。入区项目采取转化率高、废气排放量少的清洁生产工艺,所有排放化工废气的企业均应采取有效的废气治理措施,确保废气达标排放。各装置反应尾气、紧急事故排放气、罐区低压排放气等废气中污染物含量较高,不能直接排入大气,视其情况送入各装置的火炬系统、焚烧炉或进入燃料气系统回收利用。对区内煤制氢项目的锅炉设置废气在线监测设施,其他大气排放口按照环保部门具体要求设置采样口和在线监测设施。

合理布置绿化区域。植物能清除空气中的尘及吸收 SO_2,因此扩大绿化面积,能增加高新区环境大气自净能力,改善大气质量。绿化应以保护和改善生态环境为出发点,应考虑在企业与居民之间设卫生防护林带,宽度应不低于 50 m。

② 水环境保护措施。

城西污水处理厂扩建。高新区内已经建成城西污水处理厂并投产运营。城西污水处理厂一期工程规模为 2.5 万 m^3/d,首期建设规模 6 250 m^3/d,出水水质为《污水综合排放标准》一级标准。随着曙光化工、华谊新材料等企业的投产运行,城西污水处理厂已不能满足排水需求,近期应考虑扩建城西污水处理厂。建议有关部门尽快开展污水处理厂扩建的准备工作,保证规划实施过程中基础设施先行。

完善高新区排水管网系统。高新区排水体制原则上为分流制,污水、雨水分别通过各自的排水系统分流排放。建设"一企一管"的污水收集体制,各企业在厂区污水预处理站排水口设置闸门和监测孔,部分企业按照环保部门要求安装在线监测装置,当厂区排水污染物浓度较高时,应及时关闭闸门,同时将污水存放在厂区事故池内,不得进入污水管网。高新区内雨水管网收集的雨水就近排入石门湖,雨水管网在接入石门湖处需设置闸门,以防发生事故时事故废水进入石门湖水体。

建立污染物在线监测制度。高新区引入的废水排放量大于 100 m^3/d 的企业,结合"一企一管"排水体制,在厂区污水进入污水收集系统前设置规范化的排污口并设置污水采样口、流量监测设备和污染物在线监测设施,在线监测设备与安庆市环保局、大观区环保局的在线监测系统联网运行。

污水截排与集中处理。高新区污水管网建设完成后,对目前排入高新区水体的工业废水和生活污水实施全面的污水截排。严格控制企业的污水排放量和污染物排放浓度,保证污水处理工艺的稳定性。

污染源达标排放。加强污染源的管理,加大监管力度,加快各排水单位的污水处理设施建设,确保污染源的达标排放。对高新区内企业按照国家要求实施清洁生产审核。

实施水污染物总量控制。为了进一步控制污染物的排放量,减少对水环境的影响,高新区应实行规划年内的总量控制,控制水污染物排放量较大的企业进入。

同类企业要集中布局,在区内设置专区,便于废水分类集中处理,对含有特殊污染物(如重金属类)的废水单独处理,以免影响污水处理厂污水的处理效率。同时入区项目要根据污水类型设置事故池,确保事故情况下排放废水不对污水处理厂处理能力和效率产生冲击。

③ 固体废物污染防治措施。

提高工业固废综合利用水平。强化工业固体废物综合利用和处置技术开发,提高煤矸石、粉煤灰等大宗工业固体废物的综合利用水平。延伸园区的废物资源化处理链,引入专门从事废物交换的经营性交换中介,使废物交换真正市场化。

提高危险固废安全处置能力。加强危险废物的安全处置,危险废物经预处理后,分类收集,统一运送至指定地点进行安全处理。建立危险废物和医疗废物的收集、运输、处置的全过程环境监督管理体系,危险废物在收集、运输之前,高新区及其区内产生废物的企业要根据废物的性质、形态,选择安全的包装材料、包装方式,并向承运者和接收者提供安全防护要求说明,固体废物的托运者、承运者和装卸者应当按国家有关危险废物转移管理规定执行,在运输过程中应有防泄漏、散逸、破损的措施。确定重点监管的危险废物产生单位清单,加强危险废物产生单位和经营单位规范化管理,杜绝危险废物非法转移。对企业自建的利用处置设施进行排查、评估,促进危险废物利用和处置产业化、专业化和规模化发展。

④ 声环境保护措施。

加强环境噪声管理。完善环境噪声达标区管理办法,加强对公共和个人娱乐区、商业休闲区等的环境噪声管理,加强对建筑噪声以及固定噪声源的管理。

配制减噪设施。通过对道路交通的噪声防护以及敏感建筑物的减噪设施的配置,包括交通隔声屏障技术、乔木绿化隔音技术以及隔音窗、隔音墙、隔音毡等建筑隔音技术,减少噪声影响。

强化工业噪声治理。高噪声工业企业应布置在园区中距离外部居民区较远的位置,工厂布置的间隔要符合《工业企业卫生防护距离》的规定。高噪声设备或高噪声车间远离居民点,并充分利用厂房、建筑物遮挡隔声,厂区内外道路植树绿化,以减轻噪声影响。对改扩建或新建项目的新增噪声设备应选择低噪声先进设备,因地制宜采取安装消音器、隔声罩、减震底座,建隔声间、隔声门窗,车间装设吸声材料等多种措施。对新建有噪声源的项目执行环境影响评价制度,严格按照经批准的环境影响报告书(报告表)中的噪声污染防治措施实施。

⑤ 地下水环保措施。

地下水重点污染防治区是对地下水影响较大的区域,包括化工新材料产业、生物医药产业、高端装备制造产业等区域。重点防治区可采用土工膜＋沥青混凝土构造或土工膜＋混凝土构造防渗措施。

制定地下水污染应急预案,并在发现规划区地下水受到污染时立刻启动应急预案,采取应急措施防止污染扩散,防止周边居民人体健康及生态环境受到影响。地下水污染应急预案应包括:

一是若发现地下水污染事故应立即向当地环保部门及行政管理部门报告,调查并确认污染源位置;

二是若存在污染物泄漏情况,应及时采取有效措施阻断确认的污染源,防止污染物继续泄漏到地下,导致土壤和地下水受污染范围扩大;

三是对重污染区采取有效的修复措施,包括开挖并移走重污染土壤并按危险废物处置,回填新鲜土壤;对重污染区的地下水通过检测井抽出并送至事故应急池中,防止污染物在地下继续扩散;

四是对区域及周边区域的地下水敏感点进行取样检测,确定水质是否受到影响;如果水质受到影响,应及时通知相关方并立即停用受污染的地下水。

(3) 原规划环评环境监测与环境管理要求

① 环境监测。园区需按照相关要求开展环境跟踪监测:对企业废水排口常规监测项目每季度监测1次,长江、新河、石门湖水质监测纳入安庆市常规监测系统;对区域地下水在丰水期、平水期、枯水期各监测1次;园区空气质量常规监测项目每年监测2次;声环境质量每季度监测1次,每次监测分昼间和夜间;园区土壤每年监测2次。

② 环境管理。一是设立高新区环保局和设置应急事故处理中心。在安庆高新技术产业开发区内设置环境保护局,配备具有环保、化工等专业背景的专职人员,配备必要的环境监测等仪器设备,负责高新区环境管理的日常工作;设置应急事故处理中心,配备必要的设施和应急物资,同时指定专门人员负责环境风险的管理工作。二是加强园区环境应急保障体系建设,园内企业应制定环境应急预案,明确环境风险防范措施,使用液化气的化工企业编制《液化气安全事故应急专项预案》;园区管理机构应根据园区自身特点,编制《安庆高新技术产业开发区危险化学品事故应急处置和救援预案》,结合园区新、改、扩建项目的建设,不断完善各类突发环境事件应急预案。三是严格按照《关于加强化工园区环境保护工作的意见》(环发

〔2012〕54号文）及《安徽省加强化工园区环境保护工作的实施方案》，健全管理制度，强化环境管理，加强园区污染物排放监测，园区管理机构严格按照国家或地方相关环境保护标准的规定对企业特征污染物实施监督管理，杜绝有毒有害污染物超标排放；开展危险化学品环境管理登记和风险管理；加快园区环境风险预警体系建设，建立环境风险防范管理工作长效机制，建立覆盖面广的可视化监控系统，加快自动监测预警网络建设，健全环境风险单位信息库，加强重大环境风险单位的监管能力建设，逐步建立和完善集污染源监控、环境质量监控和图像监控于一体的数字化在线监控中心。四是加强入园项目环境管理。园区入园项目必须符合国家产业结构调整的要求，采用清洁生产技术及先进的技术装备，同时对特征化学污染物采取有效的治理措施，确保稳定达标排放。入园项目必须开展环境影响评价工作，园内企业应按要求编制建设项目环境影响评价文件，将环境风险评价作为危险化学品入园项目的环境影响评价的重要内容，并提出有针对性的环境风险防控措施。园区管理机构应加强对入园项目的环境管理，对园区项目主体工程和污染治理配套设施"三同时"执行情况、环境风险防控措施落实情况、污染物排放和处置等进行定期检查，完善园区环保基础设施建设和运行管理，确保各类污染治理设施长期稳定运行。

（4）原规划环评入驻企业产业政策要求

① 鼓励引进项目。鼓励入园项目主要指园区循环经济链条上的必备项目，以及低能耗、低水耗、低污染、高效益、高科技的环保型项目。鼓励入区项目主要考虑以下几个方面：园区主导产业（化工新材料、高端装备制造、生物医药）中规模、工艺、环境等方面满足行业相关要求的先进企业；园区主导产业链条上的相关高新技术企业，如利用主导产业企业的产品、副产品以及固废等的高新技术企业；《产业结构调整指导目录（2011年本）》（2013年修正）中鼓励类的项目；《外商投资产业指导目录（2011年修订）》"鼓励外商投资产业目录"中鼓励引入的项目。

另外，具体引进的企业除在上述行业中外，还需要遵循以下原则：进区项目应是科技含量高的、产品附加值高的项目，其生产工艺、设备和环保设施应达同类国际先进水平，至少是国内先进水平；废水经预处理可达到园区污水处理厂的接管标准，并确保不影响污水处理厂的处理效果，"三废"排放能实现稳定达标排放；采用有效的回收、回用技术，包括余热利用、物料回收套用、各类废水回用等；生产和使用有毒有害物品的企业，应具有完善的事故风险防范和应急措施，包括有毒有害物品的使用、运输、储存全过程。

② 限制入园项目。限制入园项目主要指国家现行产业政策未禁止或未淘汰的、园区产业链条上不可或缺的污染型入区项目。对于这一类项目，审批过程中视具体情况有条件地引入，但要严格执行环境影响评价制度，同时根据园区环境容量，把好总量控制关。限制入园项目主要包括以下几个方面：《产业结构调整指导目录（2011年本）》（2013年修正）中的限制类项目；《外商投资产业指导目录（2011年修订）》"限制外商投资产业目录"中限制引入的项目；与园区主导产业密切相关，或园区产业链条上不可或缺的污染型入区项目。

对于本园区而言，应限制以下类型企业入园：容易引起大气低空面源污染的企业项目；具有突发性环境风险的项目；耗水量大、污水处理难度大、生产工艺落后、清洁水平低的项目；装备制造企业前处理工段，主要包括含LF熔炼、高炉、电炉熔融等以及含有电镀表面处理工艺的项目；生物医药产业中所用原料含有尚未规模化种植或养殖的濒危动植物药材的产品生产项目。

此外，对于已入区企业生产规模的扩大也应进行适当控制，走向"增产不增污"或"增产减污"。园区可逐步推行排污权交易制度，即在合理分配出示排污权的基础上，对于治污措施得力、排污量未达到其排污权的企业，允许其在合理的框架内进行排污权的转让，以推动企业改进治污技术和设备，加大治污力度，同时为园区产业的升级完善创造条件。

③ 禁止入园项目。禁止入园项目主要包括以下几个方面：国家产业政策明令禁止或淘汰的项目；不符合高新区产业定位的项目；高水耗、高物耗、高能耗的项目；废水经预处理达不到污水处理厂接管标准的项目；采用落后的生产工艺或生产设备，不符合国家相关产业政策，达不到规模经济的项目。

安徽安庆高新技术产业开发区应严格按照国家发展和改革委员会2007年10月23日发布的《国家发

展改革委关于严格禁止落后生产能力转移流动的通知》（发改产业〔2007〕2792号）的要求，坚决防止落后生产能力的流动和转移。

原规划环评入园项目控制建议如表1.2-3所示。

表1.2-3　入园工业项目类型控制建议表

优先发展项目	可以利用高新区已有企业的中间产品或者副产品，有利于延长现有石化产业链和精细化工产业链，利用高新技术的新材料产业； 数控机床、船舶整机、纺织机械、食品加工机械等高端设备制造业； 有利于提高高新区工业"三废"综合利用效率的环保产业； 拥有自主知识产权的新药开发和生产，天然药物的开发和生产，使用节能降耗减排技术的原料药生产、新型药物制剂技术开发与应用
限制发展项目	有利于高新区产业链的延长但是未利用高新技术的产业
禁止发展项目	污染严重、产能过剩、技术落后的产业

④ 不符合主导产业的企业。园区内不符合园区产业发展方向的企业主要有：安徽省盛丰农资股份有限公司（已搬迁）、安庆华鹏长江玻璃有限公司、安庆市永丰置业有限公司（已搬迁）、安徽通显新材料股份有限公司、安庆宜能保温材料有限公司、安庆华兴纤维制品有限公司。对于不符合园区产业类型和各功能组团布局的企业，应限制企业发展规模，鼓励其搬迁或转产；加强环境管理，控制各特征污染因子；鼓励其开展清洁生产审核工作，减小污染物排放量。

（5）原规划环评优化调整建议及其落实情况

原环评中提出的规划调整建议如表1.2-4所示。

表1.2-4　规划环评提出的优化调整建议一览表

类别	调整原因	原规划环评调整措施和建议	执行情况
规划指导思想	本高新区以石油化工为主导产业，存在一定的环境问题，特别是大气污染，区域内不适宜大规模发展居住和商业服务业。	建议在高新区内部安排园区必需的公寓等居住用地，同时严格设置防护距离和防护隔离带，园区与主城区相对隔离。	目前园区内无居住用地，规划的居住用地尚未建设；目前与高新区距离最近的小区为茅岭佳苑，园区与茅岭佳苑之间有主干道相隔，道路两旁设置绿化隔离带。
规划用地	勇进路以北、皇冠路以南、高压走廊以西地块规划为华谊新材料基地，但产业布局规划为高端装备制造业，用地布局规划和产业布局规划二者不符。 黄土坑路以南地块规划为化工新材料专业园，临近石门湖、皖河入江口，距离长江沿岸较近，根据《长江中下游流域水污染防治规划（2011—2015年）》，长江沿岸要实施最严格的环境准入标准，坚决控制石油加工、化学原料及化学制品制造、医药制造、化学纤维制造、有色冶金、纺织、危险化学品仓储等相关建设项目。 此外，高新区范围较小，可利用工业用地不多。	调整产业布局规划，将勇进路以北、皇冠路以南、高压走廊以西地块纳入化工新材料产业园板块中。 建议黄土坑路以南地块调整为装备制造业专业园用地。 建议土地集约化利用，建议在高新区实行工业地产的模式，对于固定资产投资小于一定额度的项目，通过建设标准厂房解决经营场所；同时考虑建设工业孵化器，推动高新区内高新技术产业的发展，孵化和培育中小科技型企业。	勇进路以北、皇冠路以南、高压走廊以西地块目前已纳入化工新材料产业园板块，引进联化、三旺、春华、长华、会通、艾坚蒙等化工企业正在建设或正在办理前期相关手续。 黄土坑路以南、高压走廊以西地块现状基本未开发，后续按照《长江中下游流域水污染防治规划（2011—2015年）》《关于全面打造水清岸绿产业优美丽长江（安徽）经济带的实施意见》及《全面打造水清岸绿产业优美丽长江（安庆）经济带"1515"方案》要求发展。 按建议执行土地集约化利用，已在皇冠路以南、环城西路以东建设生命科技园标准化厂房，用于布置孵化器实验室企业。

类别	调整原因	原规划环评调整措施和建议	执行情况
基础设施规划	城西污水处理厂目前污水处理规模为 6 250 m^3/d，随着曙光化工、华谊新材料等企业的投产运行，污水处理厂处理能力不足，急需扩建。	扩建城西污水处理厂，近期规模不小于 4×10^4 m^3/d，远期规模不小于 5×10^4 m^3/d。建议污水处理厂在扩建过程中分别建设工业污水处理装置和生活污水处理装置，将生活污水和工业废水分开处理，并根据高新区产业特点，针对园区化工企业较多的实际情况设计具有针对性的工业污水处理工艺，同时设计合理的污水水质接管标准。建议污水处理厂扩建后的尾水排放标准调整为《城镇污水处理厂污染物排放标准》（GB 18918—2002）一级 B 标准。	城西污水处理厂首期 6 250 m^3/d 于 2009 年 4 月投产后，先后于 2016 年和 2018 年完成针对性的技改和扩建，新建催化反应池、絮凝沉淀池，以应对废水中难降解有机物，目前处理规模为 1.25 万 m^3/d。尾水排放按《污水综合排放标准》（GB 8978—1996）中一级标准限值实施。城西污水处理厂暂无提标计划，建议后续高新区对城西污水处理厂进行择期提标，提标后尾水排放标准调整为《城镇污水处理厂污染物排放标准》（GB 18918—2002）一级 A 标准。
	发生事故时，污染物有通过雨水管网进入石门湖的风险。	建立园区和周边水系环境风险防控体系，建立完善有效的环境风险防控设施和有效的拦截、降污、导流等措施，园区雨水管网在接入石门湖处设置闸门，当发生事故时迅速关闭雨水管网闸门，有效防止泄漏物和消防水等进入石门湖。	园区雨水管网在接入石门湖处已按建议设置闸门，在发生事故时，可有效防止泄漏物和消防水等进入石门湖。
	污水处理厂事故池为 1 600 m^3，容量不够。	建议在污水处理厂扩建方案中设置规模为 5 000 m^3 的事故池。	污水处理厂根据设计要求已建设一座有效容积 4 170 m^3 的事故池。
	部分企业如曙光、华谊使用 110 kV 电源，且需双回路供电，需规划 110 kV 线路及高压走廊。	在高新区电力工程专项规划中予以明确。	相关供电需求已在专项规划中明确。华谊项目已取消。
	城西污水处理厂尾水排水管网容量远期不够且难以扩建，建议污水处理厂规划中水回用系统。	在规划中予以明确。	城西污水处理厂尚未建设中水回用系统。
	安庆高新区内化工新材料、生物医药等企业用水量较大，且华谊热电联产项目、曙光化工项目冷却循环水使用量也较大，水资源消耗较大。	建立高新区中水回用系统，城西污水处理厂尾水经混凝过滤处理，可作为工业循环冷却水；再经进一步处理，如用膜技术处理或用活性炭吸附后，可作为工业上的工艺用水。根据安庆高新区规划及城西污水处理厂现状、扩建规划，近期可敷设中水管道，将再生水引入华谊热电联产项目作为循环冷却水、粉煤灰冲洗水及生活杂用水等，远期可作为园林绿化和市政杂用水。一些对水质要求不高的工厂企业可逐步引入再生的水。污水再生回用系统一般由污水收集、二级处理、深度处理、中水输配、用户管道等部分组成，在本规划实施过程中，需对水质需求展开细致调查，并编制《分质供水及中水回用专项规划》以指导高新区的中水回用系统建设。	高新区尚未建设中水回用系统。

类别	调整原因	原规划环评调整措施和建议	执行情况
	考虑远期开发区内引进企业对于热源的参数要求以及是否会有热能需求大的企业入驻等不确定因素。	原则上采用华谊安庆热电项目为高新区进行集中供热;在高新区边界处供热半径较大造成参数达不到部分企业的要求,或者引入了部分热量需求较大的企业等情况下,可以依托曙光煤制氢项目进行补充供热或者采用天然气进行供热;如上述仍不能满足需求,需考虑对企业的引进限制,以实现园区的规划相符性。	华谊热电项目取消实施;目前园区供热主要来自曙光化工和安庆石化;随着高新区企业的发展和安庆石化发电机组的老化,安庆石化热电部供热已不能满足高新区企业需求,根据《安庆高新技术产业开发区区域热电联产规划(2019—2030年)》,安庆石化热电部已开展改扩建前期工作。
	本高新区园区内化工企业较多,若厂区出现事故或污水处理站失效,大量高浓度废水进入污水处理厂将造成城西污水处理厂瘫痪。	在排水规划中考虑"一企一管"的污水收集方式,各企业在厂区污水预处理站排水口设置闸门和监测孔,部分企业按照环保部门要求安装在线监测装置,当厂区排水污染物浓度较高时,应及时关闭闸门,同时将污水存放在厂区事故池内,不得进入污水管网。	园区已基本实现"一企一管"的污水收集方式,曙光化工、飞凯新材料、精益精化工等重点企业已按要求安装在线监测装置,所有接管企业按建议在厂区污水预处理站排水口设置闸门和监测孔,当厂区排水污染物浓度较高时,应及时关闭闸门,同时将污水存放在厂区事故池内。
	安庆市目前无危废处置中心,高新区危险废物在储存运输过程中存在较大环境风险。	考虑到安庆市包括高新区在内目前工业结构以化工为主,危废产生量较大,本规划环评建议在安庆高新技术开发区内或周边选址建设安庆市危险废物处理中心。危废处理中心选址及建设方案应进行专项评价,并预留足够的防护距离,确保危废处理处置对周边环境的影响减至最低。	2018年,安庆市在高新区西侧约9.3 km处规划了安庆市静脉产业园(一期)PPP项目——危险废物处理中心项目,项目正在建设中,一期项目建设规模为危险废物焚烧4万 t/a 和安全填埋3万 t/a,建成后主要收集处置安庆市范围内的危险废物。园区目前依托区内的鑫祥瑞、国孚凤凰两家危废处置企业和外部的危废处置企业,待静脉产业园建成后将进一步降低高新区危废对周边环境的影响。
环境保护措施规划	新河水环境质量部分因子超标,目前暂时无环境容量。	新河水体目前已无环境容量,建议尽早开展新河环境整治工作。实施新河截污、新河生态修复等措施后,新河水质有望好转。	安庆市已对新河开展整治工程,目前,新河水环境综合整治已完成阶段性整改任务并通过验收(建城函〔2019〕1307号),水体黑臭问题基本得到解决,水质明显好转。
	规划四水厂位于排水口新河闸下游约7.9 km处,新河闸位于拟建的四水厂取水口准保护区内,对取水口存在一定影响。	建议规划四水厂取水口向上游调整,并建议在适当的时候考虑将安庆市城区江段三水厂取水口至规划的四水厂取水口之间的排污口统一迁至规划的四水厂取水口下游,以保证取水口安全。	目前安庆四水厂仍处于规划中,建议由相关部门优化调整四水厂水源地选址。
	园区缺乏统一的应急事故处理单位。	建议高新区管委会设置园区应急事故处理中心并配备必要设施。	尚未设置园区应急事故处理中心,高新区应尽快建设应急事故处理中心并配备必要设施。

1.3　评价思路

1.3.1　评价重点

根据高新区入区企业特点、《安徽安庆高新技术产业开发区总体发展规划环境影响报告书》及原安徽省环保厅审查意见(皖环函〔2014〕1654号)、高新区周边地区环境特点,本次跟踪评价重点确定为以下几点:

① 针对原规划要点、环评结论及审查意见要求,通过对高新区开发强度、土地利用、功能布局、产业定位等执行情况的调查,分析实际开发状况与拟定规划、环评及其批复之间的差异,找出开发建设中存在的问题,并提出优化调整方案。

② 通过对区内已建、在建、拟建项目的调查,高新区及周边地区环境质量跟踪监测及重点污染源废气、废水、噪声污染的监测,进一步排查高新区存在的环境问题,并针对性地提出整改补救措施。

③ 调查环保基础设施建设运转情况,在分析现状存在问题的基础上提出优化污染防治措施的方案。

④ 结合高新区产业定位和区域环境敏感特征,分析高新区风险防范措施的落实、风险应急预案制定中存在的问题,并提出优化调整建议。

1.3.2 评价范围和评价因子

（1）评价范围

本次跟踪评价的范围,以高新区规划范围为基础,并综合考虑实际影响范围、最新标准规范的有关要求而确定,具体如表 1.3-1 所示。

表 1.3-1 评价范围表

评价内容		原区域环评中的评价范围	本次评价范围
环境质量评价	大气	以正东向为 X 坐标,正北为 Y 坐标,高新区边界外延 3 km,边长 12 km×12 km 的矩形范围	高新区规划边界外扩 3 km 的范围
	地表水	石门湖、新河、长江干流安庆段	与原环评一致,石门湖、新河、长江干流安庆段
	声环境	规划高新区范围内及边界外扩 0.2 km 范围内	与原环评一致,规划高新区范围内及边界外扩 0.2 km 范围内
	地下水	以高新区所在区域为调查范围	与原环评一致,以高新区所在区域为调查范围
	土壤	—	以高新区用地规划范围为调查范围
风险评价		—	规划区用地范围内及边界外扩 3 km 范围
生态环境评价		规划区用地范围内及边界外扩 2 km 范围	与原环评一致,规划区用地范围内及边界外扩 2 km 范围

（2）评价因子

根据对高新区现状企业的调查筛选、所在区域环境质量的现状调查、上一轮规划环评及相关环境标准,确定本次跟踪评价的评价因子,具体如表 1.3-2 所示。

表 1.3-2 评价因子表

环境要素	现状评价因子		总量控制因子
	原区域环评	本次跟踪评价	
环境空气	SO_2、NO_2、PM_{10}、TSP、非甲烷总烃和 TVOC	SO_2、NO_2、PM_{10}、$PM_{2.5}$、CO、O_3、甲苯、二甲苯、二氯甲烷、NH_3、H_2S、HCl、VOCs、非甲烷总烃	SO_2、NO_x、烟(粉)尘、VOCs
地表水	DO、pH、COD、挥发酚、氨氮、氟化物、氰化物、总磷、石油类、SS	DO、pH、COD、挥发酚、NH_3-N、Cu、Zn、Cd、Pb、总汞、总铬、六价铬、甲苯、二甲苯、硫化物、苯胺、AOX(可吸收有机卤化物)、氟化物、氰化物、总磷、石油类	COD、氨氮
地下水	pH、总硬度、溶解性总固体、高锰酸钾指数、氨氮、挥发性酚类、氰化物、硫化物、石油类、甲苯、氯化物、氟化物、硫酸盐、硝酸盐、亚硝酸盐、砷、铁、镉、铜、六价铬、铅、汞、锰	K^+、Na^+、Ca^{2+}、Mg^{2+}、CO_3^{2-}、HCO_3^-、Cl^-、SO_4^{2-}、pH、氨氮、硝酸盐、亚硝酸盐、挥发性酚类、氰化物、汞、砷、铬(六价)、总硬度、铅、氟化物、镉、铁、锰、铜、溶解性总固体、溶解氧(高锰酸盐指数)、硫酸盐、氯化物、硫化物、石油类、甲苯、二甲苯、苯胺、AOX	—

续　表

环境要素	现状评价因子		总量控制因子
	原区域环评	本次跟踪评价	
声环境	昼间、夜间等效连续 A 声级	昼间、夜间等效连续 A 声级	—
土壤	—	**pH、石油烃、氟化物、氰化物、硫化物、总铬及《建设用地土壤污染风险管控标准(试行)》(GB 36600—2018)中必测的基本项目 45 项**	—
固废	工业固废(一般固废、危险固废)、生活垃圾	工业固废(一般固废、危险固废)、生活垃圾	—

注:加粗部分为本次跟踪评价增加的现状评价因子。

1.3.3　跟踪评价工作程序

通过调查规划实施情况、受影响区域的生态环境演变趋势,分析规划实施产生的实际生态环境影响,并与环境影响评价文件预测的影响状况进行比较和评估。

对规划已实施部分,如规划实施中采取的预防或者减轻不良生态环境影响的对策和措施有效,且符合国家和地方最新的生态环境管理要求,可提出继续实施原规划方案的建议。如对策和措施不能满足国家和地方最新的生态环境管理要求,结合公众意见,对规划已实施部分造成的不良生态环境影响提出整改措施。

对规划未实施部分,基于国家和地方最新的生态环境管理要求或必要的影响预测分析,提出规划后续实施的生态环境影响减缓对策和措施。如规划未实施部分与原规划相比在资源能源消耗、主要污染物排放、生态环境影响等方面发生了较大的变化,或规划后续实施不能满足国家和地方最新的生态环境管理要求,应提出规划优化调整或修订的建议。

跟踪评价工作应与规划编制进行充分衔接和互动。

高新区规划环境影响跟踪评价工作程序如图 1.3-1 所示。

2　规划实施及开发强度对比

2.1　高新区规划总体实施情况

2.1.1　高新区现状经济发展规模

安庆高新技术产业开发区规划四至范围为:东至银杏路,南至合欢路,西临环湖西路,北到丁香路。总用地面积为 11.73 km²。

目前,高新区重点发展化工产业。现已形成化工新材料、精细化工等优势产业集群,拥有曙光集团、飞凯高分子、泰发能源、鼎旺药业、恩瑞特药业等一批具有较强创新能力和市场竞争力的骨干企业。2018年,高新区实现工业总产值 113.56 亿元,同比增长 27.0%,其中规模以上工业总产值 108.43 亿元,同比增长 22.7%;实现财政收入 5.26 亿元,同比增长 48.6%,其中土地收入 0.98 亿元。截至 2018 年底,园区企业共计 89 家,其中独立供地企业包括曙光、泰发、飞凯等在内共 69 家,非独立供地企业 20 家。

2.1.2　高新区土地开发和功能布局

2018 年底,高新区已建成面积 6.912 km²,占开发总用地面积的 58.93%。其中工业用地面积为

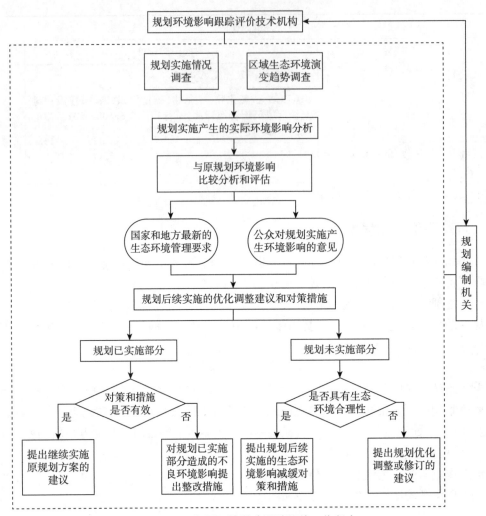

图 1.3－1 规划环境影响跟踪评价工作程序

4.960 km²,占高新区总用地面积的 42.29%;绿地总面积约 1.620 km²,占总用地面积的 13.81%;水域总面积 0.500 km²,占总用地面积的 4.26%,高新区内原茅岭村、五里村等居住区均已拆迁,安置于园区外,现状无居住区。此外,区内还有部分未开发用地,约为 2.698 km²,占高新区总用地面积的 23.00%。高新区用地现状如表 2.1－1 所示。

表 2.1－1 高新区现状用地构成表

序号	用地性质	用地代码	用地面积/km²	比例/%
1	居住用地	R	0	0
2	商业服务设施用地	B	0	0
3	工业用地	M	4.960	42.29
4	仓储用地	W	0.022	0.19
5	道路交通用地	S	1.690	14.41
6	公共管理与服务用地	A	0.060	0.51
7	市政公用设施用地	U	0.180	1.53
8	绿地	G	1.620	13.81
9	水域	E	0.500	4.26

序号	用地性质	用地代码	用地面积/km²	比例/%
10	未开发用地	—	2.698	23.00
	合计	—	11.730	100

针对原区域环评中 11.73 km² 的范围,将高新区现状(2018 年)和规划末年(2030 年)的用地构成情况列于表 2.1－2。

表 2.1－2　高新区现状和规划末年用地构成对比情况

序号	用地类别	规划末年(2030 年)		现状(2018 年)	
		规划用地面积/km²	比例/%	用地面积/km²	比例/%
1	居住用地	0.142 6	1.22	0	0
2	商业服务设施用地	0.886 7	7.56	0	0
3	工业用地	6.023 7	51.35	4.960	42.29
4	仓储用地	0.313 0	2.67	0.022	0.19
5	道路交通用地	1.715 4	14.62	1.690	14.41
6	公共管理与服务用地	0.065 7	0.56	0.060	0.51
7	市政公用设施用地	0.209 6	1.79	0.180	1.53
8	绿地	1.831 1	15.61	1.620	13.81
9	水域	0.542 2	4.62	0.500	4.26
10	未开发用地	0	0	2.698	23.00
	合计	11.730 0	100	11.730	100

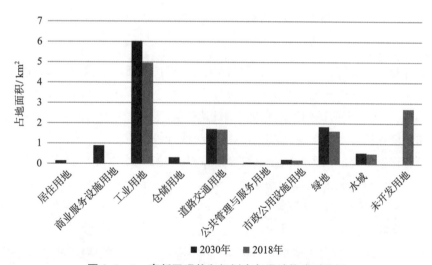

图 2.1－1　高新区现状和规划末年用地构成对比图

根据现状和规划远期高新区用地变化情况分析可知,高新区现状工业用地面积未突破规划目标值,现状工业用地规模比规划用地偏小。

园区经过几年的发展,高新区大部分工业区块中的企业以大型企业为主,布局较为合理整齐,北部、南部化工区域发展势头良好,东北部现代服务业基本未开发。

2.2 开发强度对比分析

2.2.1 高新区产业结构对比

(1) 入驻企业概况

根据现场调查以及高新区管委会、环保管理部门提供的基础资料,区内现状主要企业共89家,基本形成了以化工新材料为主的产业格局。入区企业行业类别统计如表2.2-1和图2.2-1所示。

表 2.2-1 入区企业基本情况统计表

	化学原料及化学制品制造业	药物研发（医药科研）	玻璃制造	建筑材料制造	塑料制品	化工仓储	其他	合计
企业个数/个	57	20	2	3	2	2	3	89
个数比例/%	64.04	22.47	2.25	3.37	2.25	2.25	3.37	100

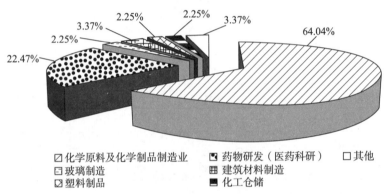

图 2.2-1 高新区行业类别基本情况分析图

(2) 产业定位相符性分析

原区域环评报告及环评批复(皖环函〔2014〕1654号)要求:"对不符合省政府确定的高新区产业定位和环保要求以及容易引起突发性环境风险的项目应禁止入区建设。新入区的化工项目其工艺装备、安全生产、污染防治及清洁生产水平应达到国际先进水平;其他类项目应达到国内先进水平,现有不符合高新区产业发展要求和环境保护要求的企业,应逐步退园淘汰或升级改造。"

高新区目前尚有4家审查前入区的企业不符合园区产业定位,本次评价要求其不得新增污染物排放量,主要包括玻璃制造、建筑材料制造以及纺织业。审查后入区的企业中有4家企业不符合园区产业要求,本次评价要求其不得新增污染物排放量。

(3) 园区企业产业调整情况

2014年高新区规划环评审查时2家不符合园区产业定位的企业已搬迁,审查后入区的企业中有13家企业因不符合园区产业要求或经营不善等原因目前已搬迁或关停。

(4) 与相关政策的相符性分析

安庆高新区环境保护局自建立以来,严格执行环保审批制度,杜绝高污染企业入驻,入区企业中无钢铁、焦化、电解铝、铸造、水泥等"两高"行业,保证了高新区整体环境质量。

高新区已实现集中供热,并积极推进区内企业的能源清洁化改造。目前区内除曙光化工、泰发能源、华鹏长江玻璃外,燃煤锅炉和工业炉窑已全部取缔;通显新材料工业炉窑使用石油焦作为燃料;巨元高分子使用生物质燃料作为导热油炉的燃料。同时高新区鼓励绿色环保产业、清洁能源产业入驻,目前入园企业大多数使用天然气等清洁能源供企业日常生产。

曙光化工煤制氢及其关联项目用汽量大且要求汽源可靠,安庆石化供热点距离曙光化工煤制氢项目约 3 km 且安庆石化供热针对安庆市市域范围,因此曙光化工保留了其供热锅炉 3 台,锅炉规模为 150 t/a。评价要求曙光化工应该按照《打赢蓝天保卫战三年行动计划》和《安庆市生态环境局关于加强重点行业执行大气污染物特别排放限值的通知》于 2020 年底完成改造,满足特别排放限值的要求。

泰发能源液化气烷烃脱氢项目用汽量大且要求汽源可靠,安庆石化供热点距离泰发能源液化气烷烃脱氢项目约 3.7 km 且安庆石化供热主要针对安庆市市域范围,因此泰发能源保留了其供热锅炉 1 台,锅炉规模为 50 t/a。评价要求泰发能源应该按照《打赢蓝天保卫战三年行动计划》和《安庆市生态环境局关于加强重点行业执行大气污染物特别排放限值的通知》于 2020 年底完成改造,满足特别排放限值的要求。

华鹏长江玻璃公司玻璃工业炉窑生产过程使用燃煤作为燃料,评价要求华鹏长江玻璃应该按照《打赢蓝天保卫战三年行动计划》和《安庆市生态环境局关于加强重点行业执行大气污染物特别排放限值的通知》于 2020 年底完成改造,满足工业炉窑治理方案要求。

通显新材料公司玻璃工业炉窑生产过程中使用石油焦作为燃料。石油焦为石油的减压渣油经焦化装置在 500～550 ℃下裂解焦化而生成的黑色固体焦炭,焦化的渣油中 30%～40% 的硫分残留在石油焦中,石油焦属于《高污染燃料目录》中的高污染燃料,不符合《国务院关于印发打赢蓝天保卫战三年行动计划的通知》《安徽省打赢蓝天保卫战三年行动计划实施方案》的要求。评价要求通显新材料于 2020 年底使用天然气作为燃料并应该按照《打赢蓝天保卫战三年行动计划》和《安庆市生态环境局关于加强重点行业执行大气污染物特别排放限值的通知》于 2020 年底完成改造,满足工业炉窑治理方案要求。

⑤ 巨元高分子导热油炉燃料为生物质燃料,根据调查,企业厂界目前暂无天然气管道,评价建议高新区尽快完善燃气管网的建设,巨元高分子尽快改用天然气燃料,并应该按照《打赢蓝天保卫战三年行动计划》和《安庆市生态环境局关于加强重点行业执行大气污染物特别排放限值的通知》于 2020 年底完成改造,满足特别排放限值的要求。

高新区在产企业中包含化工、医药类型的企业,目前高新区已督促企业开展 VOCs 整治,并督促各企业整改落实到位。

综上,目前高新区尚有 1 家石油焦工业炉窑(通显新材料)不符合《国务院关于印发打赢蓝天保卫战三年行动计划的通知》《安徽省打赢蓝天保卫战三年行动计划实施方案》《安庆市生态环境局关于加强重点行业执行大气污染物特别排放限值的通知》的要求。评价要求通显新材料于 2020 年底使用天然气作为燃料并实施改造,满足特别排放限值的要求。

2.2.2　基础设施建设现状与原规划对比分析

高新区经过近几年的发展,基础设施方面较为完善,基本可以满足园区发展需求。根据调查,高新区给水依托区外的安庆一水厂,水源是长江,高新区范围内给水管网已实现全覆盖;污水由位于高新区南侧的城西污水处理厂处理,高新区范围内现状"一企一管",主管覆盖率 100%,现状企业接管率 100%,废水集中处理率 100%,企业废水接入城西污水处理厂,目前已全面落实。天然气来自"川气东送",采用中低压两级供气系统。高新区供热主要依托安庆石化、曙光化工。

高新区的基础设施建设情况如表 2.2-2 所示。

表 2.2-2　高新区基础设施建设情况一览表

设施名称		建设情况	规划及环评批复要求	备注	与规划相符性
给水	安庆一水厂	位置:海口镇南埂村 建设情况:已建 10 万 m³/d 水源:长江 管网:已覆盖高新区	位置:海口镇南埂村 规划规模:12 万 m³/d 水源:长江 管网:覆盖高新区	—	相符

设施名称		建设情况	规划及环评批复要求	备注	与规划相符性
污水处理	城西污水处理厂	位置:高新区内南侧 建设情况:已建1.25万t/d 排污口:新河 管网:化工企业"一企一管"全面落实,已覆盖高新区	位置:高新区内南侧 规划规模:近期4万t/d,远期5万t/d 排污口:新河 管网:覆盖高新区	2018年城西污水处理厂完成续建,目前规模达1.25万t/d,已通过环保验收	相符
燃气	安庆天然气门站	气源:川气东送 气源站位置:大王庙街 管网:中低压两级	气源:川气东送 气源站位置:大王庙街 管网:中低压两级	—	相符
供热	华谊热电厂	未建设。目前,除曙光公司及周边企业由曙光公司自备锅炉房及差压发电热电站供热外,其他用热单位都由安庆石化热电部(位于园区外部,距离园区约800 m)供热,现状热负荷:最大值799.1 t/h,平均值721.4 t/h,最小值659.7 t/h	位置:菱湖北路与香樟大道交口 管网:直埋方式地下敷设	除曙光燃煤锅炉、泰发燃煤锅炉、华鹏长江玻璃的燃煤工业炉窑、通显新材料的石油焦工业炉窑外,燃煤锅炉、工业炉窑已经全部取缔,高新区供热主要依托安庆石化、曙光化工	不相符
供电	高新区变电站	位置:高新区内 建设情况:110 kV变电所 位置:勇进路和环城西路交叉口南侧。高新区东侧界外有220 kV的安庆变电站	位置:高新区内 建设情况:110 kV变电所 位置:勇进路和环城西路交叉口南侧。高新区东侧界外有220 kV的安庆变电站	—	相符

2.2.3　高新区污染物排放强度对比分析

在对高新区企业的项目污染源现状实际排放情况以及高新区减排总量进行详细调查统计的基础上,将原区域环评核定总量与现状情况进行对比,如表2.2－3所示。

表2.2－3　高新区污染物核定总量与现状排放情况对比表

污染物		现状污染物排放总量/(t/a)	原区域环评报告书核定总量/(t/a)	与现状排放总量相比的剩余量/(t/a)	现状单位面积排放污染物情况/(t/ha)	原规划近期单位面积排放污染物情况/(t/ha)
大气	SO_2	440.57	1 860.99	1 420.42	0.375 592	1.586 530
	NO_x	437.85	2 243.77	1 805.92	0.373 274	1.912 873
	烟粉尘	125.13	—	—	0.106 675	—
	VOCs	55.53	—	—	0.047 340	—
废水	废水量	134.265万	1 051.500万	917.235万	0.114 463万	0.808 440万
	COD	134.265	1 051.500	917.235	0.114 463	0.896 419
	氨氮	20.187	157.700	137.513	0.017 210	0.134 442

根据单位面积产污强度计算,现已开发区域的产污强度明显小于原规划环评的产污强度,目前,高新区未开发利用的工业用地面积约为2.698 km²,按照表中单位面积的排污强度计算,高新区用地在全部开发完成后,排污强度整体上小于原规划环评中预测的排放强度,因此,目前高新区的整体开发强度较为合理。

2.2.4　高新区环境风险调查

（1）环境风险事故调查

自2014年以来,高新区发生过1起燃爆事故,未发生过毒物泄漏及其他重大污染事故。

高新区内燃爆事故:万华油品"4.2"燃爆事故。

事故经过、起因、后果:2016年10月,万华油品有限公司将其停产闲置的厂房违法租赁给不具备安全生产条件的江苏省泰兴市盛铭精细化工有限公司,该公司使用从网络查询的生产工艺,未经正规设计,私自改造装置生产医药中间体二羟基丙基茶碱(未烘干前含有25%的乙醇)。2017年4月2日,操作人员在密闭的烘房内粉碎未干燥完全的二羟基丙基茶碱,开启非防爆粉碎机开关时,产生电火花,引爆二羟基丙基茶碱中挥发出的乙醇与空气形成的爆炸性气体,进一步引燃堆放在粉碎机周边的甲醇、乙醇等易燃危险化学品,导致事故发生。事故造成5人死亡、3人受伤。

（2）环境风险防范与应急体系建设

高新区已于2019年9月委托相关单位编制《安徽安庆高新技术产业开发区突发环境事件应急预案》,目前已通过专家评审。

高新区成立了安监局和环保局,负责建立和完善环境应急预警机制,如污染源和环境质量日常监控、接警、事故报告、组织现场处理、对外沟通等工作。

安庆高新区管理委员会已设立安庆高新区环境保护局,配备专职环保人员,及时补充、更新各企业的风险物质清单,保证在事故发生时能及时调出,有针对地采取响应措施。

高新区污染源监控系统已初步建成。高新区内22家企业设置污染源在线监控,包括安徽安庆曙光化工股份有限公司、安庆市泰发能源科技有限公司、亚同环保(安庆)有限公司等,监控仪器均与重点污染源自动监控中心实行联网,一旦企业出现治理设施运行不正常,中心平台会在第一时间报警,从而实现了对企业污染防治工作的实时监控。

高新区管委会组织成立了高新区突发环境事件应急救援领导小组(以下简称"高新区应急救援领导小组"),组长为高新区党工委书记、管委会主任,副组长为高新区党工委副书记、管委会副主任。高新区应急救援领导小组下设应急救援办公室,设在高新区管委会环保局,由高新区管委会环保局局长兼任办公室主任。高新区应急救援领导小组成员单位包括高新区管委会办公室、环境保护局、安全生产监督局、综合执法局、经济发展局、财政局、规划建设局、社会事业发展局、党群工作部等。

📢【专家点评】

梳理园区环境风险源,核实高新区应急队伍实际建设情况。细化更新重点企业环境风险应急预案及事故池设置情况。

周晓铁(安徽省环境科学学会)

2.3　环境管理要求落实情况

2.3.1　卫生防护距离落实情况

目前,高新区有37家企业按要求设置了卫生防护距离。根据现场调查发现,所有企业卫生防护距离内均没有居住区、学校、医院等敏感目标,今后也不得规划、新建环境敏感目标。

高新区内现状无居住区、学校、医院等敏感目标。距离高新区边界最近的居住区为茅岭佳苑,两者相距 50 m,中间相隔茅清路。根据《安庆市城市总体规划(2010—2030)》(2018 年修改)中心城区用地规划图,高新区内距离茅岭佳苑最近的地块规划为商业金融用地,该地块目前无任何工业企业入驻,茅岭佳苑现状不在高新区内任何企业卫生防护距离内。

2.3.2 环境信访投诉落实情况

2015 至 2019 年 12 月,安庆高新区环境保护局、安庆大观区生态环境局共调处各类环保投诉 26 件,开发区环保投诉情况统计如表 2.3-1 所示。

表 2.3-1 2015—2019 年高新区环保信访投诉统计表

年份	水污染	大气污染	噪声污染	其他	合计
2015 年	0	1	0	0	1
2016 年	0	0	0	0	0
2017 年	0	0	0	0	0
2018 年	0	15	0	1	16
2019 年	0	9	0	0	9
合计	0	25	0	1	26

通过纵向比较可以看出,从 2015 年至今年高新区环保投诉总体数量呈先增高再下降的趋势,2015—2017 年由于园区处于初步发展阶段,企业数量和规模较少,3 年环保投诉中仅仅有 1 起废气投诉;2018 年随着园区发展,企业投产数量和规模增大,环保投诉数量增加,但总体数量相对较低;2019 年随着高新区各项尤其是大气治理工作的开展,环保投诉数量较 2018 年大幅度降低,侧面反映出高新区在环保污染治理方面取得了显著成果。

通过对高新区 2015 年至 2019 年环保信访投诉进行分析得知,环保投诉类别主要以大气污染投诉为主,主要原因是高新区内部分企业废气治理不到位,同时高新区东侧临近茅岭佳苑,其与周边企业距离较近,也加剧了厂群矛盾。目前,高新区拟按照相关规范继续深化开展废气整治提升工作,高新区环境质量将逐步得到改善。

近年来,高新区以环境纠纷为切入点,抓好企业的环境监管工作。安庆市生态环境局、大观区生态环境分局、高新区环保局在接到环保信访投诉后,会第一时间赶赴现场,了解污染源源头情况,并与当事人进行沟通,研究有效的解决方案。随着环保执法力度的加强以及区域环境质量要求的不断提升,高新区的环保信访投诉均能得到妥善处理。

2.4 高新区规划指标达标情况

(1) 规划指标达标情况

根据分析可知,高新区中水回用率指标不达标,环境管理制度与能力有待完善。根据本次评价前述成果分析,不达标的原因主要为高新区未制定并实施园区节水和中水利用规划,企业内部、企业间水资源的梯级利用较少,企业积极性不够,水资源利用率较低;区内未设置其他中水回用管网等设施。

综合考虑原规划环评编制相对较早,本次评价对部分规划指标进行调整,完善跟踪评价指标体系,以符合国家和地方的环境管理要求。

(2) 后续评价指标及环境管理目标

根据高新区发展现状及区域环境质量情况,结合国家、省、市国民经济和社会发展"十三五"规划、"十三五"生态环境保护规划及区域环境质量目标管理要求,本次跟踪评价在原规划指标的基础上,参考《国家生态工业示范园区标准》(HJ 274—2015)、《工业园区循环经济评价规范》(GB/T 33567—2017)等规范文件,进一步完善高新区规划环境保护目标与评价指标。

　　根据本次跟踪评价前述对高新区发展现状的分析,高新区在基础设施建设、中水回用率、高新区环境风险防控体系建设完善度、环境监测等方面还有待改进,与国家、安徽省、安庆市各级生态环境保护规划和区域环境质量目标要求尚有一定的差距。对此,本次评价提出了相应的解决方案或建议,以提高高新区的环境管理水平,减少污染物排放,改善区域环境质量。

3　区域生态环境演变趋势分析

3.1　环境质量变化趋势分析

3.1.1　环境空气质量跟踪评价

　　达标区判定:根据安庆市生态环境局 2019 年 5 月 23 日发布的《2018 年安庆市环境质量公报》,2018年,安庆 SO_2、NO_2、PM_{10} 年平均质量浓度达到《环境空气质量标准》(GB 3095—2012)二级标准,CO 的 24小时平均质量浓度达到《环境空气质量标准》(GB 3095—2012)二级标准,$PM_{2.5}$ 年平均质量浓度均超过《环境空气质量标准》(GB 3095—2012)二级标准,超标 0.31 倍,O_3 的日最大 8 小时滑动平均质量浓度超过《环境空气质量标准》(GB 3095—2012)二级标准,超标 0.01 倍,因此本项目所在区域为不达标区,不达标因子为 $PM_{2.5}$、O_3。

　　安庆市城区环境空气质量变化趋势:根据安庆市 2015—2018 年环境空气质量数据统计,安庆市 SO_2监测浓度总体呈下降趋势,NO_2、PM_{10}、$PM_{2.5}$、CO 监测浓度呈先上升后下降的趋势,O_3 监测浓度呈持续上升趋势。

　　补充监测:现状各监测点各污染因子均能够满足《环境空气质量标准》(GB 3095—2012)二级标准等相关标准。

　　规划环评预测结果与本次监测结果对比:将现状监测结果与规划环评大气预测结果进行比对分析可知,SO_2、NO_2 各关心点现状监测值均小于规划环评远期预测值,目前,高新区的大气环境质量仍能满足《环境空气质量标准》(GB 3095—2012)二级标准。

3.1.2　地表水环境质量跟踪评价

　　长江安庆段水质变化情况:2015—2018 年长江安庆段四个水质监测断面化学需氧量(COD)、氨氮(NH_3-N)、总磷(TP)年均浓度值总体呈下降趋势,溶解氧(DO)年均浓度值总体呈上升趋势,说明长江安庆段的水质总体呈现好转趋势。

　　规划环评水环境整治落实情况:根据原规划环评,新河水体已无环境容量,应尽快开展新河环境整治工作,同时“新河龙狮桥段等入江水体黑臭严重”也是长江生态环境警示片反映的问题。2019 年,长江生态环境警示片反映的问题交办后,安庆市委、市政府及时制定整改方案,对照整改任务,积极实施并落实了整改措施。截至跟踪评价开始时段,新河水环境综合整治已完成阶段性整改任务并通过验收(建城函〔2019〕1307 号),水体黑臭问题基本得到解决,水质明显好转。

　　补充监测:监测期间石门湖各监测断面各因子均满足《地表水环境质量标准》(GB 3838—2002)Ⅲ类标准,新河各监测断面各因子均满足《地表水环境质量标准》(GB 3838—2002)Ⅳ类标准。

　　区域水环境变化趋势:与原区域环评监测期间相比,石门湖水环境质量改善明显,特别是 COD、TP 改善较显著,其余因子也相应好转,氨氮基本持平,石门湖水环境改善得益于区域近几年的水环境整治,水污染防治三年行动计划实施的成果显现;新河水水环境质量改善明显,特别是 COD、TP 改善较显著,其余因子也相应好转,氨氮基本持平,新河水环境的改善得益于近几年区域水环境整治力度,下一阶段将持续对区域进行整治,新河水环境将持续得到好转。

3.1.3 声环境质量跟踪评价

补充监测:声环境质量现状监测期间各测点昼间和夜间噪声满足《声环境质量标准》(GB 3096—2008)的相应功能区标准限值。

声环境质量变化趋势:与原环评时的噪声值相比,高新区内各监测点、各声功能类别区的昼、夜间噪声值均有不同程度的上升,主要原因是高新区近期新动工建设项目较多,导致区域声环境质量有所下降,周边环境敏感目标声环境质量基本不变。

3.1.4 地下水环境质量跟踪评价

补充监测:监测期间评价区域内的地下水各项指标均能达到《地下水质量标准》(GB/T 14848—2017)Ⅲ类标准。

地下水环境质量变化趋势:与原区域环评监测数据相比,高新区范围内现状地下水水质基本不变,区域变化不明显,pH、硝酸盐、石油类有所降低,甲苯、硫化物、挥发酚、六价铬、氰化物、汞、砷、铅、镉、锰、铜、铁等因子未检出或检出浓度很低;硫酸盐有所增高,可能是区域燃煤锅炉、燃煤工业炉窑、石油焦工业炉窑排放的二氧化硫通过大气沉降造成的,本次评价要求石油焦工业炉窑的企业替换清洁能源(天然气)并执行特别排放限值的要求,燃煤锅炉、燃煤工业炉窑的企业应实施改造,减少区域二氧化硫的排放,这样区域地下水硫酸盐浓度可以得到有效控制。

3.1.5 土壤、底泥环境质量跟踪评价

土壤环境质量监测:监测期间高新区内建设用地各监测因子均满足《土壤环境质量 建设用地土壤污染风险管控标准(试行)》(GB 36600—2018)中第二类用地筛选值,高新区外农田各监测因子均满足《土壤环境质量 农用地土壤污染风险管控标准(试行)》(GB 15618—2018)中的相应标准,区域土壤环境质量现状良好。

底泥环境质量监测:监测期间污水处理厂排口处底泥各监测因子均未超出《土壤环境质量 农用地土壤污染风险管控标准(试行)》(GB 15618—2018)中的相应风险筛选值。

土壤、底泥环境质量变化趋势:原区域环评未开展土壤和底泥环境质量监测。

3.2 生态系统结构与功能变化趋势分析

随着工业化、城市化进程的不断加速,越来越多的农业或者植被覆盖的区域被作为工业或者城市建设用地开发利用。为了反映高新区在发展过程中生态植被的变化情况,本次评价以卫星遥感资料为基础,结合实地勘察的情况,分析处理得到高新区不同时期的植被覆盖及分布变化情况。

本次评价的遥感数据选用的是美国国家航空航天局(NASA)发射的陆地卫星(Landsat)系列遥感影像,空间分辨率为 30 m。目前该资料已经在地质勘探、环境监测、防灾减灾、农林生产、生态统计等领域得到广泛应用。生态研究中,专题绘图仪(TM)遥感影像在林地分类、生物量估算、植被信息反演等方面也均有较好的应用。

从整体变化来看,高新区近年来主要表现为快速工业化、城市化的过程,突出表现为丘陵坡地和农业用地的大量消失,并伴随着工业用地等城市建设用地的不断增加,2004—2009 年高新区南部丘陵坡地经

土地平整向工业用地转化,2009—2018 年这一转化过程仍然持续,并向北部延伸。

3.3　资源承载力变化分析

3.3.1　水资源

(1)现状水资源利用量

目前,高新区用水已实现 100% 自来水接入,自来水供水由安庆市一水厂提供,沿环城西路南侧接入管径 300 mm 的给水干管,可以满足规划区用水需求和保证供水安全性。2018 年,高新区总用水量为 0.73 万 t/d(266.45 万 t/a)。

(2)现状水资源利用效率

2018 年,高新区工业总产值为 113.56 亿元,单位工业产值水耗 1.995 t/万元,低于原规划环评指标值(2020 年),即单位工业产值水耗不超过 9 t/万元。就水资源利用行业类别而言,高新区主要工业用水行业为化工新材料行业。

3.3.2　能源

(1)能源生产和消费情况

高新区能源消费主要以煤、天然气为主,另有少量生物质燃料等其他能源。2018 年,高新区综合能耗消费量为 52.812 2 万 t 标煤,其中,天然气用量为 123.95 万 m³。2018 年高新区工业总产值 113.56 亿元,单位工业产值综合能耗为 0.465 t 标煤/万元,低于原规划环评指标(2020 年),即单位工业产值综合能耗不超过 1.0 t 标煤/万元。

(2)能源利用效率

相较于 2017 年,高新区 2018 年综合能耗增加了 0.9 万 t 标煤,而单位工业产值综合能耗降低了 0.115 t 标煤/万元,能源利用效率有所提高。就能源利用行业类别而言,高新区主要工业耗能行业为化工新材料行业。

表 3.3-1　2017 年、2018 年高新区单位工业产值综合能耗统计情况

项目	2017 年	2018 年
综合能耗/t 标煤	518 979	528 122
工业总产值/万元	894 401	1 135 621
单位工业产值综合能耗/(t 标煤/万元)	0.580	0.465

4　公众参与

4.1　概述

本次环境影响跟踪评价公众参与采取网络公示、报纸公示、张贴公示等形式,公示项目名称、建设地点、建设单位、建设单位名称、建设项目概况、主要环境影响和环境保护对策及措施等,还有公众参与的方式、途径、时间等以及查看报告的方式和途径。其目的是了解公众对本项目所在区域环境质量现状的反映、公众对本项目的了解程度及反映、公众对本项目建设实施最关心的环境问题、公众对本项目建设持何

态度、公众对本项目环保方面的建议和要求等,以补充环境监测和预测中难以发现的环境问题,为环境管理提供依据。

4.2 公众意见处理情况

本次环评公众参与调查工作中,在安庆高新技术产业开发区管理委员会网站进行了2次公示,在《江淮晨报》进行了2次公示,在高新区管委会进行了1次张贴公示,在茅岭佳苑、十里村委各进行了2次张贴公示。公示期间建设单位和环评单位未收到任何形式的公众意见。

5 生态环境影响对比评估及减缓对策措施有效性分析

根据高新区环境质量演变趋势,规划环评预测与本次监测结果对比分析,实施后生态环境质量满足国家、地方最新的生态环境管理要求。从典型企业的环保措施及污染物达标排放分析、重点企业环保设施调查以及上一轮规划环评落实情况进行分析。

5.1 规划已实施部分环境影响对比评估

在对高新区企业的项目污染源现状实际排放情况以及高新区减排总量进行详细调查统计的基础上,将原区域环评核定总量与现状情况进行对比,见表2.2-3。

从分析结果可知,现状高新区大气污染物中 SO_2 和 NO_x 的排放量均低于原区域环评报告书核定的总量。

因上一轮规划期间,国家尚未将VOCs纳入总量控制指标体系,故高新区原环评报告中未对高新区VOCs总量进行核定,本次评价中仅对VOCs排放情况进行现状分析。根据《市场监管总局 国家发展改革委 生态环境部关于加强锅炉节能环保工作的通知》(国市监特设〔2018〕227号)、《打赢蓝天保卫战三年行动计划》以及《安庆市生态环境局关于加强重点行业执行大气污染物特别排放限值的通知》,高新区内的天然气锅炉均需要执行特别排放限值的要求,燃煤、生物质均需要进行改造。届时高新区 SO_2、NO_x 和烟粉尘三项污染物排放量将能得到进一步削减。

高新区发展过程中,应要求企业提高中水回用率,根据污水处理厂实际处理能力控制企业水污染物排放。大气污染物总量控制方面,高新区应依据《安徽省人民政府关于印发安徽省大气污染防治行动计划实施方案的通知》(皖政〔2013〕89号)的要求,将 SO_2、NO_x、烟粉尘和VOCs排放是否符合总量控制要求作为建设项目环境影响评价审批的前置条件。

5.2 环保措施有效性分析及整改建议

根据高新区环境质量演变趋势及规划环评预测与本次监测结果的对比分析,规划实施后生态环境质量满足国家、地方最新的生态环境管理要求。

5.2.1 重点企业环保措施调查与评价

(1)重点企业环保设施调查

为进一步了解企业的污染控制情况,对高新区内已建企业进行进一步的调查。采用现场调查和收集资料相结合的方法,对照原区域环评及批复要求对高新区内已建企业的污水治理设施、废气治理设施、废水在线自动监测仪等基础设施的建设和运行情况进行有针对性的调查,并列表统计。

（2）重点企业环保措施评价

高新区企业废水接管率为100％，企业的废水经预处理达到城西污水处理厂接管要求后，通过"一企一管"的专用明管排入城西污水处理厂集中处理，处理达标的尾水排至新河。高新区内已建在产企业均实现"一企一管"，企业污水通过明管专用管道输送至污水处理厂。

高新区内供热主要来自安庆石化或曙光化工，大部分企业的工艺废气经废气治理设施处理后能实现达标排放。

高新区内产生危废的企业均设置了危废暂存场所，产生的危废收集暂存后均委托有资质单位进行处置；一般固废按照减量化、资源化的原则，能回收利用的由各企业按照类别分别回收综合利用，或外卖给其他企业；生活垃圾由高新区环卫部门负责收运和处理。

总体来说，高新区大部分企业废水、废气治理设施能满足环保要求，废水、废气污染物能做到达标排放，但部分企业废气、废水治理措施不符合相关环保管理要求，危废贮存设施不符合规范规定，入园企业环保措施执行情况有待进一步提高。

5.2.2　环境影响减缓措施的有效性分析

根据分析调查，高新区环保建设以及企业的环保措施建设基本按原环评要求实施和管理；同时根据本次环境质量现状监测，高新区建设对周边环境影响较小，措施实施有一定成效，在一定程度上缓解了高新区建设对环境的影响。高新区在接下来的管理和项目引进过程中应有效落实规划环评中提出的环境影响减缓措施。

5.2.3　高新区风险防范措施

（1）高新区建立了环境风险防范和应急体系

高新区管委会组织成立了高新区突发环境事件应急救援领导小组（以下简称"高新区应急救援领导小组"），组长为高新区党工委书记、管委会主任，副组长为高新区党工委副书记、管委会副主任。高新区应急救援领导小组下设应急救援办公室，设在高新区管委会环保局，由高新区管委会环保局局长兼任办公室主任。高新区应急救援领导小组成员单位包括高新区管委会办公室、环境保护局、安全生产监督局、综合执法局、经济发展局、财政局、规划建设局、社会事业发展局、党群工作部等。

（2）建立事故应急池

城西污水处理厂设置了4 170 m^3 的事故池，用于储存事故状态下的废水，避免污水处理厂发生故障造成水体污染。

在废水事故池设置方面，针对污水处理装置可能发生故障造成水体污染的潜在事故，高新区废水排放重点企业按要求设置了事故应急池，且留有一定的缓冲余地，并配备了相应的处理设备（如回流泵、回流管道等）。

（3）建设了完善的地下水与土壤风险防范措施

高新区各企业地面冲洗水和固体废弃物淋滤水易渗透污染地下水，具有地下水污染的潜在风险。根据现场调查，区内各企业生产区和贮存区地面均用水泥铺成，重点企业采用高密度聚乙烯（HDPE）膜进行防渗；重点企业的地面冲洗废水和初期雨水均能及时收集起来，并送至企业污水处理设施预处理或送至污水处理厂处理。高新区依托第三方有资质的监测机构，结合项目的环境监测，对高新区周边地下水水质和土壤进行监测，以便及时发现地下水和土壤的污染情况。

6 生态环境管理优化建议

6.1 规划后续实施方案及开发强度预测

6.1.1 规划后续实施方案

高新区规划后续实施方案如表 6.1-1 所示。

表 6.1-1 高新区规划后续实施方案

类别	规划现状实施情况	规划后续实施方案
规划指导思想、主导产业	高新区近几年不断优化产业结构,发展高新技术产业,执行了相关文件及规划的要求,提高项目准入门槛,严格控制不符合相关法律法规政策以及原区域环评批复要求的项目入区。高新区现状重点发展化工新材料、生物医药两大主导产业,对不符合高新区总体规划、产业准入和环保准入条件的项目,已要求退园淘汰或者限制发展规模,未引入容易引发突发性环境风险的项目。现有的新入区化工项目(约 29 个)其工艺装备、安全生产、污染防治及清洁生产水平可以达到国际先进水平,其他类项目达到国内先进水平	在后续开发过程中,应遵循主导产业发展目标,严格限制与主导产业不相符的企业入驻,限制与规划与主导产业不相符的企业的发展规模,通过企业技术改造减少此类企业的资源能源消耗及污染物排放,并设定高新区企业退出机制
规划布局	现状华谊新材料项目未实施,勇进路以北、皇冠路以南、高压走廊以西地块拟纳入化工新材料产业园板块中,已引入联化、三旺、春华、长华 4 家化工新材料企业;黄土坑路以南、高压走廊以西地块现状大部分为未开发用地,黄土坑路以南、高压走廊以东地块现有时联、凯美特气 2 家化工企业,两家企业均为规划环评审查前入驻园区;其余地块大部分未开发。高新区内较大的水体(东风圩、汪家塘)、植被较好的坡地均予以保留,确保水域、绿地面积不少于原规划环评的指标要求。依托高压走廊和绿地系统建设减轻和避免各功能区之间、项目之间相互影响,现有化工医药企业的卫生防护距离内均无居民,新入区化工医药企业均严格设定卫生防护距离,尽可能避让环境敏感点	依据《安庆市城市总体规划(2010—2030 年)》(2018 年修改),优化调整园区规划,增强与上位规划的相符性;在高新区现有产业发展的基础上,进一步优化调整各产业组团的功能布局,促进产业集群发展,充分考虑不同行业的组团效应,新入区项目应尽量按照规划功能布局入驻,对现有不符合功能分区的项目,未来逐步进行产业升级调整
基础设施、环境影响减缓措施	近几年高新区环保基础设施不断完善,区内已实现了清污分流、雨污分流和污水集中处理,区内所有污水实现了全收集、全处理。目前城西污水处理厂已经完成技改和续建,处理规模为 1.25 万 m^3/d,并设置一座有效容积 4 170 m^3 的事故池,现状能满足高新区污水处理需求。高新区范围内污水管网已实现全面覆盖,企业废水采用"一企一管"的方式经专用明管接入城西污水处理厂,各个化工企业根据自身污水情况设置了分类收集、分质处理的预处理措施,曙光化工、泰发能源等重点化工企业已按要求安装在线监控装置、视频监控系统及自控阀门。高新区内各化工企业均已设置事故应急池,各企业能确保初期雨水、事故废水全部有效收集处理。目前,高新区内尚未建设中水回用系统。高新区除曙光、泰发外,燃煤锅炉已经全部取缔,供热主要依托安庆石化、曙光化工,部分企业已接入城市燃气管道。目前园区的集中供热由安庆石化、曙光化工提供,随着入园企业的增加,后续将无法满足高新区发展用热的需求。严格要求各企业落实各项水环境保护措施和相应等级的防渗措施,确保高新区建设不降低地表水、地下水环境质量和水体功能;严格要求各企业落实大气污染防治措施,严控挥发性有机物、有毒及恶臭气体排放,降低对周边环境敏感点的影响	高新区尽快制定并实施节水和中水利用规划,鼓励企业开展企业内部、企业间水资源的梯级利用和企业用水总量控制,切实提高水资源利用率;加快实施安庆石化热电部改造扩建,实现集中供热和热电联产,近期(2020—2022 年)淘汰安庆石化 1# 发电机,新建 1 台 410 t/h 燃煤锅炉,为高新区新增提供 83.2 t/h 的热负荷,远期(2023—2030 年)淘汰安庆石化 3# 发电机,新建 1 台 410 t/h 燃煤锅炉,为高新区新增提供 53.3 t/h 的热负荷;同时加强天然气管网的建设,新建企业尽量采用天然气作为主要能源

类别	规划现状实施情况	规划后续实施方案
危险化学品及危废管理	目前高新区对危险化学品和危险废物已建立台账和信息档案。园区全面评估了现有企业危险性风险大小，按照分级标准，对涉及危险化学品的企业进行分级，并按照分级监管范围，针对不同等级的企业实施有针对性的、差异化的监督管理。园区内危险废物全部委托具备相应危险废物处置资质的单位安全处置，并按照相关要求进行了网上申报登记、依法合规转运。现状化工企业污水处理单元产生的废物均作为危险废物进行管理	按照原规划环评审查意见的要求，配备专人对危险化学品和危险废物进行管理，建立健全相应的环境管理台账和信息档案，加强化学品环境风险管理，危险废物应按有关规定安全收集、暂存、处置，严格执行危险废物转移联单制度
环境风险	高新区安监局已健全了环境风险单位信息库，建立了环境风险防范、预警和应急体系及环境风险管理工作长效机制。目前园区应急预案正在编制。尚未建立可视化监控系统、预警网络以及集污染源监控、环境质量监控和图像监控于一体的数字化在线监控中心。重点化工企业已按要求安装视频监控系统、污染源在线监测系统，监测预警网络建设逐步完善。高新区一直坚持预防为主、防控结合，加强了企业安全生产运行和环境行为管理。区内28家重点企业已编制完成了突发环境事件应急预案，在具体项目中细化了风险应急处置措施。高新区一直高度重视安全生产引发的环境风险问题，切实做到了从源头上防范和消除环境风险隐患。高新区各企业按要求对厂区污水、初期雨水进行了有效收集，确保了污水和初期雨水直排地表水，目前高新区未发生过地表水污染事故。园区污水管网定期由运维单位维护检修，确保了管道正常使用。高新区各企业在建设时均考虑了排涝标准，保证了生产厂区干厂址运行。园区已对危化品运输安全实施严格管理	落实园区应急预案备案工作。落实园区内企业突发环境事件应急预案的编制，并按规定备案，落实重点企业应急演练频次。定期组织有关部门和单位开展应急演练，重大环境风险单位至少每年组织1次演练，其他环境风险单位至少每3年组织1次演练。加大资金投入，依托市局在线监控平台，建立自己的可视化监控系统、预警网络以及集污染源监控、环境质量监控和图像监控于一体的数字化在线监控中心
环境管理、总量控制	高新区对环境保护制度的建立和管理高度重视。高新区尚未开展空气、噪声、地下水、土壤等环境要素的环境监控，园区企业已按有关规范要求进行了环境监控工作，22家企业已建立了污染物在线监控系统，并与环保部门实现了联网。设置了安庆高新区环境保护局专门负责对园区环境的管理工作。安庆市环保局对高新区环保管理工作实施了有效监督，在环评审批中严格把关，对高新区存在的问题及时督促解决。入区项目环境影响评价执行率为100%，依法接受了环保管理，保证了园区整体环境质量，正式投产项目均已落实了环保"三同时"制度。各企业新增的大气污染物、水污染物和重金属排放总量均严格执行了污染物排放总量控制要求	制定并落实高新区环境例行监测计划，严格执行建设项目环境影响评价制度和环境保护"三同时"制度，督促现有具备验收条件、尚未完成环保竣工验收工作的企业尽快完成环境保护竣工验收工作

6.1.2　规划后续开发强度预测

（1）预测依据

规划区内现有及今后入区的企业须与规划的主导产业定位相符合，入驻企业以化工新材料、高端装备制造、生物制药、现代服务业为主。

本次现状评价水平年为2018年，根据高新区的现状回顾评价结论，采用高新区现状单位工业用地面积排污系数。未开发用地2.698 km²。

（2）预测结果分析

高新区规划期末预测结果与原规划环评对比结果如表6.1-2所示。

表 6.1-2　高新区规划期末预测结果与原规划环评对比结果

类别	名称	规划期末预测结果	原规划环评预测值	本次预测值与原规划 环评预测值对比	单位
能源消耗	综合能耗	896 248.7	47 085 000	46 188 751.3	t 标煤/a
水资源消耗	水耗	4 521 786	47 085 000	−42 563 214	t/a
废气	SO₂	440.569 4	2 042.53	−1 601.960 6	t/a
	NOₓ	437.850 4	2 453.12	−2 015.269 6	t/a
	烟粉尘	125.129 8	—	—	t/a
	VOCs	55.530 05			t/a
废水	废水量	134.265 1	1 383.7	−1 249.434 9	万 t/a
	COD	134.265 1	1 383.7	−1 249.434 9	t/a
	氨氮	20.187 33	207.6	−187.412 67	t/a
固废	一般工业固废	640 943.04	1 043 040.3	−402 097.26	t/a
	危险废物	6 931.43	45 825.5	−38 894.07	t/a

通过对照本次跟踪评价资源能源消耗、污染物排放预测值与原规划环评阶段预测值,可见所有资源能源消耗及污染物排放预测值均小于原规划环评阶段预测结果。

6.2　高新区规划方案实施制约因素

城西污水处理厂设置在新河上的尾水排污口距离新河闸约 2.3 km,规划四水厂取水口位于新河闸下游 7.9 km,城西污水处理厂尾水排污口距离规划四水厂取水口约 10.2 km。城西污水处理厂排污口位于拟建的四水厂取水口上游,对取水口存在一定影响。二水厂、三水厂位于高新区下游。安庆市二水厂、三水厂、规划四水厂对高新区发展存在制约。

据调查,目前安庆二水厂、三水厂取水口正在迁建,预计 2020 年底完成迁建工作,迁建后二水厂、三水厂位于高新区上游。目前安庆四水厂仍处于规划中,本次跟踪评价建议相关部门优化调整规划中的四水厂水源地选址。

📢【专家点评】

核实重点工业企业污染防治措施及效果,是否满足现行特别排放限值要求。进一步识别园区现有的环境问题并提出整改要求或建议,明确解决方案和时间节点。

周晓铁(安徽省环境科学学会)

7　高新区发展现状与规划的协调性及合理性分析

7.1　与区域用地相关规划的相符性分析

通过分析 2018 年 5 月安庆市人民政府发布的《安庆市土地利用总体规划(2006—2020 年)调整方案》,

安庆高新区范围内用地除林地和水域外,均为建设用地,不占用基本农田,用地现状符合土地利用规划。

将高新区用地现状与高新区原规划、《安庆市城市总体规划(2010—2030 年)》(2018 年修改)对比分析可知,高新区开发现状与原规划、《安庆市城市总体规划(2010—2030 年)》(2018 年修改)存在部分不一致之处,同时,高新区原规划和安庆市总规在部分区域也存在用地性质不一致的现象,建议安庆市高新区在新一轮规划中对不一致之处与上位规划做好衔接,使之符合上层规划。

7.2　与区域发展规划的协调性分析

高新区主导产业及功能区定位与《促进中部地区崛起"十三五"规划》《长江三角洲城市群发展规划》《安徽省国民经济和社会发展第十三个五年规划纲要》《安庆市国民经济和社会发展第十三个五年规划纲要》《安庆市城市总体规划(2010—2030 年)》(2018 年修改)等区域发展规划相符合。

7.3　与产业相关政策的相符性分析

高新区以化工新材料产业、高端装备制造产业、生物制药产业、现代服务业为主导产业。对照《产业结构调整指导目录(2019 年本)》《外商投资准入特别管理措施(负面清单)(2019 年版)》,高新区四大主导产业不属于文件中的禁止、淘汰和限制类项目。

7.4　与《关于全面打造水清岸绿产业优美丽长江(安徽)经济带的实施意见》的相符性分析

高新区距离长江主要支流皖河 0.8 km,距离长江干流岸线 2 km,高新区全域位于长江干流岸线 15 km 范围内。规划区南部约 5.7 km² 的地块位于"长江干流岸线 5 公里范围内",约 0.01 km² 的地块位于"长江主要支流岸线 1 公里范围内"。

根据现场调研及资料收集,目前高新区距离皖河 1 km 范围内存在工业用地、防护绿地等用地,不存在已建企业。本次评价要求皖河 1 km 范围内应禁止新建项目,长江干流岸线 5 km 范围内严控新建项目,长江干流岸线 15 km 范围内严管新建项目。

严格按照《关于全面打造水清岸绿产业优美丽长江(安徽)经济带的实施意见》中的相关要求,皖河 1 km 范围内 0.01 km² 的地块,除必须实施的防洪护岸、河道治理、供水、航道整治、港口码头及集疏运通道、道路及跨江桥隧、公共管理、生态环境治理、国家重要基础设施等事关公共安全和公众利益的建设项目,以及长江岸线规划确定的城市建设区内非工业项目外,不得进行开发。已批未开工的项目,依法停止建设,支持重新选址。已经开工建设的项目,严格进行检查评估,不符合岸线规划和环保、安全要求的,全部依法依规停建搬迁。长江干流岸线 5 km 范围内(面积约 5.7 km²),不得引入石油化工和煤化工等重化工、重污染项目;已批在建企业须对标评估,环保和安全不能达标的一律暂停建设,依法依规整改或搬迁;已建成企业根据相关环保要求实施提标改造,达不到环保和安全要求的,依法依规搬迁或转型。其余地块均在长江干流岸线 15 km 范围内,须严把各类项目准入门槛,严格执行环境保护标准,把主要污染物和重点重金属排放总量控制目标作为新(改、扩)建项目环评审批的前置条件,新建项目必须全部合规达标,禁止建设没有环境容量和减排总量的项目。在岸线开发、河段利用、区域活动和产业发展等方面,全面执行国家长江经济带市场准入禁止限制目录。实施备案、环评、安评、能评等并联审批,未落实生态环保、安全生产、能源节约要求的,一律不得开工建设。

本次跟踪评价建议,对位于长江主要支流皖河沿岸 1 km 范围内的 0.01 km² 地块,高新区不进行开发,并择期调整用途。

【专家点评】

提出高新区原有规划中位于长江1km范围内的地块的管控要求,即不开发,择机调出。

周晓铁(安徽省环境科学学会)

7.5 与环保规划、政策、法律、法规的相符性分析

安庆高新技术产业开发区范围位于生态保护红线范围外,距离安徽安庆沿江湿地省级自然保护区约0.8 km,符合《安徽生态保护红线划定方案》。

根据《大气污染防治行动计划》《打赢蓝天保卫战三年行动计划》和《安庆市生态环境局关于加强重点行业执行大气污染物特别排放限值的通知》,高新区应加快集中供热项目和天然气管道的建设,尽快实施锅炉、工业炉窑改造,满足特别排放限值和工业炉窑治理方案的要求。

高新区发展现状符合《水污染防治行动计划》《国务院关于印发土壤污染防治行动计划的通知》等相关文件要求。

8 后续规划实施的不确定性

8.1 与规划相符性的不确定性

本次规划环境影响跟踪评价工作涉及内容较多,涉及环保、卫生、交通、管理等各方面问题,实施过程中需要地方政府各个部门的大力支持和协作。目前,各地部门尚有部分规划未完成最新编制、修编工作,尚未获得有关部门正式批复,这给本次跟踪评价的规划协调性分析带来了一定的困难,也使分析结论存在某种程度的不确定性。

8.2 规划基础条件的不确定性分析

安庆高新区规划属于早期发展规划,虽然对规划区的土地利用、基础设施建设、公用设施、环境保护、综合防灾及建设时序等方面进行了规划,但其许多关键的领域与规模具有一定的不确定性。尚未入驻的企业类型、生产规模、生产装备、生产工艺及水平等方面的不确定,导致规划实施对区域环境的影响具有一定的不确定性。我国目前正处经济发展的转型期,开发区规划对社会经济环境影响的不确定是无法避免的,对社会经济发展的贡献度不可能准确预测,但总体影响趋势是可预见的,开发区总体规划的实施对社会和经济发展是有利的。社会经济环境影响的不确定性不会影响其评价结论的可信度。

8.3 入区企业、产排污、能源消耗等因素的不确定性

开发区原总体规划本身规划期限牵涉时间比较长,具有一定战略性。因此,在规划实施过程中,开发区内产业布局,入驻企业具体类别、规模等都有很大不确定性,其结果必将导致规划区发展具有不确定性,故评价时提出的一些环保措施及对策建议只能是一些较为宏观的,通过各章节对规划方案及规划区本身资源、环境条件等的综合分析,结合国家环境保护政策及工业发展产业政策,尽最大可能地减小入园企业

的不确定性,本评价建议对开发区入驻项目类型进行控制,鼓励和优先发展的行业应该是与规划的产业定位相一致,符合国家产业政策,风险影响相对不大的项目类型。禁止和限制规划区引进的行业和项目类型如下:禁止入驻生产工艺或生产设备不符合国家产业政策或明令禁止、限制、淘汰的建设项目,禁止入驻不满足相关产业政策文件和行业准入要求的建设项目,禁止入驻不符合清洁生产标准要求的建设项目,禁止入驻不符合规划区功能定位的建设项目类型。

同时针对规划区发展的不确定性,本评价提出在开发区发展过程分阶段进行环境影响跟踪评价,保障开发区建设对环境的影响得到及时的反馈。

8.4　基础设施建设的不确定性

由于高新区中水回用尚需进一步完善,本次评价针对基础设施提出了相应的建议要求,但其具体的实施进度仍具有一定的不确定性。

8.5　规划不确定性的应对分析

根据上述分析,由于后续规划实施存在一定的不确定性,本次评价过程中对于规划的不确定性主要通过以下方式应对:

① 高新区总体规划中明确了区内的产业定位、发展目标和发展思路。本次跟踪评价基于区域功能定位、发展现状及存在的问题及环保要求等,拟定高新区后续发展的"三线一单"。

② 广泛开展跟踪评价的公众参与工作,可以使规划所在地区的相关部门和个人及时了解本规划实施对周围环境可能产生的有利和不利影响,并结合实际情况对规划环评提出的环境保护措施进行补充和完善,保证跟踪评价提出的针对现状存在问题的整改方案更加全面、合理。

③ 由于规划本身具有不确定性,导致规划环境影响评价结论也存在一定的不确定性,故应加强规划环评的跟踪评价工作,及时分析和评估规划实施后实际产生的环境影响与环境影响评价文件预测可能产生的环境影响之间的差别,分析规划实施过程中所采取的预防或者减轻不良环境影响的对策和措施的有效性,了解公众对规划实施所产生的环境影响的意见,及时对规划提出改进意见和建议。

④ 循环经济是从资源开发、生产消耗、废物利用和社会消费的全过程考虑区域资源的综合和循环利用,以尽可能小的资源消耗和环境代价实现最大可能的区域经济效益和社会效益,是实现开发区可持续发展的有效方式。

9　高新区后续规划开发建议

9.1　后续规划环境管理完善和能力建设方案

本次跟踪评价结合现状及未来规划发展方向,对园区的环境管理工作提出以下要求。

（1）严格建设项目审批制度

随着高新区整合,规划范围可能发生重新调整,随着新一轮规划的实施,高新区规划范围、产业结构将逐渐发生较大变化。安庆市环保局以及高新区环保局在审批新入区项目或已入区企业新建项目时,应按照规划的产业发展导向,严格把关,坚持发展技术含量高、附加值高、技术档次先进的项目,优先发展无污染的项目,鼓励符合区域产业链要求和符合循环经济原则的生态型项目。

（2）推进企业环境信息公开

高新区已充分利用现代信息网络技术，创建了安庆高新技术产业开发区管理委员会网站（http://gxq.anqing.gov.cn），与安庆市政府信息公开网（http://aqxxgk.anqing.gov.cn）一起对外发布新闻及公示信息，园区下一步应定时（如年度）编制园区的环境状况报告书，通过各种信息平台和多种形式及时将区内环境信息向社会公布，充分尊重公众的环境知情权，鼓励公众参与、监督示范园区的环境管理。

（3）完善环境风险应急管理系统

园区应建立环境风险管理体系，实现对区域环境风险的有效监管与应急响应能力。建立区域危险源动态数据库，加强对区域危险源的动态监控。数据库包括使用危险化学品的企业及其涉及的危险品，危险品主要考虑 GB 5044—85 标准规定的极度危害物质和高度危害物质、强反应物和爆炸物质、高度易燃物质及放射性物质等。

（4）建立环境监控体系

建立环境监控体系。后续环境监测应根据本次跟踪评价设定的环境质量跟踪监测计划，定期开展高新区环境监测工作，逐步建立并完善常规环境监测体系。高新区环境监测体系应委托有资质的环境监测机构建立。

（5）强化日常环境执法监管

在现有环保执法监管能力的基础上，推进重点企业的"无缝隙"监管工作，通过强化项目引进管理、严格项目过程监管、确保环境执法高压态势，构建较为完善的环境监管体系。加大对各类环境违法行为的综合惩处力度，强化区域联防联控机制的建设，通过环保、公安、法院等多种形式联动执法，不断强化执法体系建设。

【专家点评】

优化跟踪监测方案，建议建设园区大气监测点自动监测系统。

徐开宇（安庆市环境监测中心站）

9.2　后续开发环境影响减缓对策与措施

本次评价结合新形势下环境整治要求，提出减缓高新区后续开发建设带来的环境影响，进一步改善区域环境质量的对策与措施，具体如下。

9.2.1　大气

优化产业结构，严格控制入区项目的条件。对排放有毒有害气体、严重影响人体健康的项目，必须从严控制。优先引进污染轻、技术先进的项目，大气污染严重的项目严禁入区。对现状不符合产业定位的企业应加强环境监管，限制其扩大规模。

优化能源结构、全面推进锅炉废气改造工作。建议加快集中供热设施的建设，积极推进能源替代，为园区后续开发建设提供基础支撑。

推进工业源废气治理。加强对现有企业生产废气治理设施的监管工作，确保设施正常运行；严格落实区内传统制造企业生产废气的治理要求，倒逼企业创新转型。进一步控制排放挥发性有机污染物等特征污染物的项目的引进，并加强现有排放挥发性有机污染物等特征污染物的企业的升级改造工作，提高原料的清洁性并加强污染控制措施，对区内排放不达标的企业实施限期整改。高新区区域范围的二氧化硫、氮氧化物、颗粒物、挥发性有机物（VOCs）全面执行大气污染物特别排放限值的要求。

9.2.2　地表水

加强企业废水污染源整治,确保达标纳管。在现有监管的基础上,进一步加强对生产企业的监管力度,从废水预处理、建立完善的废水收集和排放体系方面,确保企业生产废水治理设施正常运转,废水达标纳管,杜绝偷排。

推进排污许可证制度。积极配合省、市、区环保局,根据要求全面推行排污许可证制度,做到排污企业持证排污。

加强区内重点企业监控。继续拓宽在线监测企业覆盖面,逐步对园区所有企业废水排放实施在线监测。

加强污水处理厂提升改造。目前,高新区污水处理厂尾水处理能够稳定达到《污水综合排放标准》(GB 8978—1996)表 1 和表 4 的一级标准,达标后的尾水排入新河。建议适时对城西污水处理厂进行提标改造,将尾水排放标准提升至《城镇污水处理厂污染物排放标准》(GB 18918—2002)一级 A 标准。

9.2.3　地下水

入区企业应按照"源头控制、分区设防、污染监控、应急响应"相结合的原则,对污染物的产生、入渗、扩散、应急响应全阶段进行控制。

(1) 源头控制

高新区内各企业应对主要生产车间、清洗车间、雨水收集池、事故应急池以及可能使用的储罐区等主要构筑物采取相应的措施,防止污染物跑、冒、滴、漏,将污染物泄漏的环境风险降低到最低程度。

高新区内各生产企业如产生生产废水,应采用专管收集、输移,以便检查、维护,以防泄漏。从源头上减少污水产生,有助于地下水环境的防护。如产生危险废物,则危险废物的收集、储藏和处置应按照《危险废物贮存污染控制标准》(GB 18597—2001)等相关环保法律法规的要求实施,做好各处置场所的地下水污染防渗措施。

(2) 分区防渗

以水平防渗为主,已颁布污染控制国家标准或防渗技术规范的行业,水平防渗技术应按照相应标准或规范执行;对于未颁布相关标准的行业,根据预测结果和场地包气带特征及其防污性能,提出防渗技术要求,或者根据在建项目场地包气带防污性能、污染控制难易程度和污染物特性,提出防渗技术要求。

(3) 生产企业地下水污染防渗措施

企业污水预处理设施:污水管道须采用防渗防腐蚀材料,确保质量及使用寿命,并对管道进行定期检查;废水收集池和沉淀池要进行复合防渗,确保污染物不通过包气带下渗至地下含水层;可铺设 PE 膜、环氧地坪、抗渗混凝土等防渗性能较好的材料,渗透系数必须小于 1×10^{-7} cm/s。

各生产企业危废临时存放场所:要求危废临时存放点地面采取防渗处理,设有围堰,防止泄漏物外溢,按规定进行防渗漏处理,并搭设遮雨棚,或将危废存放在相应容器中,防止污染地下水。对于机械制造、建材、新材料等企业,建议参照《危险废物贮存污染控制标准》(GB 18597—2001)(2013 年修订)将厂区划分为重点污染防治区、一般污染防治区域。对于一般污染防治区,其防渗性能不应低于 1.5 m 厚、渗透系数为 10^{-7} cm/s 的黏土层的防渗性能;对于重点污染防治区,其防渗性能不应低于 6.0 m 厚、渗透系数为 10^{-7} cm/s 的黏土层的防渗性能。

9.2.4　固体废弃物

采用先进的生产工艺和设备,尽量减少固体废物发生量。

根据固体废物的特点,对一般工业固废分类进行资源回收或综合利用。废边角料、废包装袋、废金属等,应视其性质由业主进行分类收集,尽可能回收、综合利用,并由获利方承担收集和转运。

危险废物由有资质单位统一收集处理。

9.2.5　声环境

对于交通噪声,控制车流量,做好交通规划,合理分配各主十道车流量;控制车辆噪声源强,装载车、大型货车等高噪声车辆也是造成交通噪声重超标的主要原因之一,因此,进入高新区的机动车辆,整车噪声不得超过机动车辆噪声排放标准,禁止鸣号;加强路面保养,减少车辆颠簸产生的振动噪声。

对于工业噪声,入区项目及现有项目的改扩建必须确保厂界噪声达标,高度重视附近居民区的声环境保护。对各种工业噪声源分别采用隔声、吸声和消声等措施,必要时应置隔声设施,以降低其源强,减少噪声对周围环境的影响;项目的总图布置上应充分考虑高噪声设备的影响,合理布局,保证厂界噪声及居住区声环境功能达标。

对于建筑施工噪声,建议建筑施工采用低噪声设备,并对作业场所采取隔声等措施。如将高噪声小型设备置于室内工作,对施工场地用广告栏封闭。在施工中,要在开工15日前向环保部门申报,说明施工噪声的强度和采取的噪声污染防治措施等;建筑施工场界声超标的,要限制其作业时间,禁止夜间作业。特殊情况需连续作业的,须经环保部门批准。对施工运输车辆应规定行车路线和行车时间,严格控制其噪声的影响。

9.2.6　土壤环境

建立土壤环境质量信息数据库。开展规划区土壤环境监测工作,掌握全区土壤环境质量的整体状况,重点分析工业用地等重点区域土壤重金属、毒害有机污染物污染情况、污染来源与污染变化过程,完善污染行业企业有毒有害废物登记制度、重点污染源登记制度,从源头掌握土壤污染途径变化情况,结合3S技术建立土壤环境质量信息数据库。

加强土壤环境监管能力建设。贯彻执行土壤污染防治的法律、法规、标准,将土壤环境质量监测纳入常规监测项目,依据《场地环境调查技术导则》(HJ 25.1—2014)、《场地环境监测技术导则》(HJ 25.2—2014)等要求着力推进土壤环境调查和监测标准化建设,配套完善土壤环境监测人才、设备及检测仪器,加强对重点场地使用功能置换的全过程监测和跟踪监测。

加强土壤污染风险防范能力建设。加强土壤环境保护队伍建设,把土壤环境质量监测纳入环境监测预警体系建设中,制定土壤污染事故应急处理处置预案;完善企业搬迁场地风险评估信息服务平台和重点区域场地功能置换登记制度建设,明确污染场地风险评估责任主体技术要求,加强对重点土地功能置换过程中的环境风险防范能力建设,防止风险评估后产生的二次污染。

科学进行环境风险评估。在工业企业场地环境调查基础上进行风险评估的,污染责任人或场地使用权人应委托专业机构根据《污染场地风险评估技术导则》(HJ 25.3—2014)开展污染场地风险评估工作。受委托的单位编制《污染场地土壤及地下水污染风险评估报告》,明确场地是否需要进行修复治理。

开展污染场地治理修复。经评估论证需要开展治理修复的污染场地,污染责任人或场地使用权人应根据《污染场地土壤修复技术导则》(HJ 25.4—2014)、《工业企业场地环境调查评估与修复工作指南(试行)》等相关要求,有计划地组织开展治理修复工作,防止产生遗留污染,满足土地再开发利用的环境要求。修复方案应通过专家评审论证后实施;修复全程应开展环境监理。环保部门对验收通过的工业场地出具验收意见,作为土地进入市场流转的依据。环保部门应加强对污染场地再开发利用的全过程监督,未进行调查评估的污染场地,禁止进行土地流转;未经治理修复并通过环保验收的污染场地,禁止开工建设与治理修复无关的任何项目,环保部门不得受理审批原址新建项目的环境影响评价。

10　评价总体结论

安徽安庆高新技术产业开发区以原规划、环评及其批复为依据,着力发展化工产业,主导产业集聚逐渐显现规模效应。高新区发展规模与原规划、环评基本一致;入区项目与产业政策和用地布局规划基本相符;高新区环境管理体系较为完善,基础设施建设稍有欠缺。区域环境质量总体能够达到相应功能要求,未收到公众反对意见。综上,高新区规划执行情况较好。

经分析,高新区在进一步逐条落实规划、环评及其批复的要求,按报告书所提整改建议一一解决现状环境问题,加强重点污染源日常环境监管,强化环境管理体制及风险防范应急体系的前提下,各类污染物排放能够得到较好的控制,区域环境基本能够满足功能要求,可以实现高新区建设和环境保护的协调发展,促进区域经济的可持续发展。

11　评价体会

高新区为省级化工园区,总体发展势头较好,但也存在一些问题:

① 产业发展不平衡,目前园区主要发展化工新材料、医药制造等行业,高端装备制造、现代服务业基本未发展。

② 基础设施基本完善,但未实施中水回用和燃气管网全覆盖;未完全实施集中供热,主要依托安庆石化、曙光热电,部分企业自建供热设施。

③ 规划的南部部分地块(未开发)位于长江主要支流皖河沿岸 1 km 范围内,受《关于全面打造水清岸绿产业优美丽长江(安徽)经济带的实施意见》《全面打造水清岸绿产业优美丽长江(安庆)经济带"1515"方案》等要求的制约。

④ 园区开发现状与原规划、安庆市总体规划存在 5 处不一致的区块。

因此再遇到同类项目评价时可参照以下工作经验:

① 跟踪评价报告结构按照生态环境部《规划环境影响跟踪评价技术指南(试行)》的要求设置:总则、规划实施与开发强度对比、区域生态环境演变趋势、公众意见调查、生态环境影响对比评估及对策措施有效性分析、生态环境管理优化建议、园区发展现状与规划的协调性及合理性分析、后续规划实施的不确定性、高新区后续规划开发建议、跟踪评价结论、要求与建议。

② 根据相关要求,跟踪评价报告目前增加了后续开发强度的预测,预测依据为:假设产业定位保持不变,根据园区总体规划中明确的规划期末工业用地面积与规划目标产值,对照现状单位工业用地排污系数和单位产值排污系数分别计算规划期末开发区排污量,并取较大值作为预测值,与原规划环评预测结果对比。

③ 报告编制过程中注意与业主和各相关部门密切沟通,注意园区动态变化,完善报告内容,业主提出问题后以相关政策文件为依据积极答复业主,尽量保持双方看法的一致性。

📢【报告书审查意见】

报告书通过对规划实施以来开发区现有企业和环境现状的调查,分析了规划实施对区域环境和资源承载力的影响,梳理了规划实施以来环境方面存在的问题,并提出了整改要求和建议。审核小组认为,报告书按审核意见修改完善后,可作为下一阶段规划实施的环境管理依据。

下一步整改建议如下。

(一)结合国土空间规划,优化产业布局。进一步优化主导产业,调整各产业组团的功能布局。限制开发区非主导产业项目入驻。

（二）完善基础设施。尽快制定并实施节水和中水利用规划，切实提高水资源利用率。

（三）强化环境管理。提升环境管理水平，落实环境监控计划，定期开展环境质量监测。

（四）完善环境风险防控。尽快落实园区应急预案的备案工作，定期开展应急演练；督促相关企业落实环境风险管理要求。

（五）加大污染防控力度。入驻企业应加强并落实环境影响减缓措施，加强对污染治理设施的维护，确保污染治理设施正常运行，污染物稳定达标排放。

案例七 上海市莘庄工业区规划环境影响跟踪评价

1 总则

为促使工业区更加有序、合理开发建设和可持续发展,深入贯彻落实环发〔2011〕14号和沪环保评〔2012〕306号文件的精神和要求,上海市莘庄工业区管委会于2012年7月委托南京大学环境规划设计研究院开展上海市莘庄工业区环境影响跟踪评价工作。2014年3月12日上海市环境科学研究院主持召开了《上海市莘庄工业区跟踪环境影响报告书》(以下简称《报告书》)技术评估会。会议邀请了7名专家组成技术评估组,与会专家对《报告书》给予了高度评价。该项目按照"合理布局、统一监管、总量控制、集中治理"原则,以上海市莘庄工业区规划为主要评价对象,采用定性分析和定量分析相结合的方法体系,重点关注了工业区规划概述和规划分析、工业区开发回顾及资源环境制约因素分析、资源环境承载力评估和环境影响预测分析、规划的环境合理性综合论证等内容,比较分析和评估了工业区上一轮区域环评预测可能产生的环境影响与规划实施后实际产生的环境影响之间的差异,分析和评估了工业区上一轮区域环评及其批复提出的预防或减轻不良环境影响的对策和措施的有效性,在广泛征求公众、有关单位和专家的意见之后,进而针对现状存在的6个主要环境问题,从环境保护的角度提出了合理的规划调整建议和切实可行的环境影响减缓措施,以及工业区环境管理、监测计划和跟踪评价等要求。

该项目是上海市第一批开展规划环评和跟踪评价工作的产业区块中首个通过审批的工业园区环境影响跟踪评价项目,是对上海市工业园区环境影响跟踪评价内容和技术方法的一次成功的思考和实践,对上海市近年产业园区环境管理的新要求反映得较为充分,可作为上海市乃至国内其他园区规划环境影响跟踪评价工作的先行示范。"为全国的环境管理部门、规划编制部门、学术研究机构、环境评价机构提供了一份现阶段的优秀范本",上海市环境科学研究院教授级高工江家骅高度评价了本《报告书》。2014年8月,该《报告书》获得原上海市环境保护局《关于上海市莘庄工业区跟踪环境影响报告书审查意见的复函》(沪环保评〔2014〕331号)。该《报告书》于2016年1月经江苏省环境科学学会环境影响评价专业委员会评审,获得江苏省优秀环境影响报告书一等奖。

该项目虽然完成于2014年,与国家现有跟踪评价的要求和深度存在一定程度的差距,但是本项目的完成为上海市、江苏省乃至全国的跟踪评价技术提供了成功经验,为后续各级各类跟踪评价相关技术指南的编制提供了技术支撑。根据委托单位(上海市莘庄工业区管委会)的反馈,南大环规院课题组在《报告书》编制过程中,运用针对性的评价指标体系和先进适用的技术方法,对工业区上一轮区域环评以来的规划实施情况和环境影响进行了全面深入细致的回顾分析,从工业区空间布局、产业结构、环境基础设施、循环经济建设、环境风险防范、总量控制要求等重要方面提出了具有可操作性的建议,并将研究成果及时反馈给了工业区及环保部门。

《报告书》提出的规划调整建议、环境影响减缓措施等研究成果均已被工业区采纳并应用,具体如工业区近期优先落实"腾龙"企业、高能耗高水耗企业整改建议,为工业区制定环境保护对策和进行科学的环境管理提供了重要依据,具有显著的经济效益、社会效益和环境效益。

1.1 任务由来

上海市莘庄工业区是上海市人民政府于 1995 年 8 月批准成立的市级工业区(沪府〔1995〕28 号)。经过近 20 年的发展,工业区已步入成熟发展期,区内土地开发程度较高。2012 年,工业区已开发用地面积占总开发面积的 88%,工业用地产出强度为 97.34 亿元/km²。工业区现已形成电子信息、机械装备及汽车零部件、新材料及精细化工三大主导产业,以及平板显示产业基地和航天研发中心两大产业高地,产业集聚度达 90%。工业区正在加快产业结构调整,积极推进现有产业"退二优二、退二进三",大力发展生产性服务业,以实现二、三产业协调发展。

2007 年,莘庄工业区管委会委托华东师范大学编制完成了《莘庄工业区环境影响报告书》,于 2008 年 3 月获得上海市环保局批复(沪环保许管〔2008〕251 号)。根据《中华人民共和国环境影响评价法》《规划环境影响评价条例》《环境保护部关于加强产业园区规划环境影响评价有关工作的通知》(环发〔2011〕14 号)和《上海市环境保护局关于开展本市产业园区规划环评和跟踪评价的通知》(沪环保评〔2012〕306 号),工业区上一轮规划环评批复至今已经超过 5 年,应进行跟踪评价。

1.2 编制依据

①《上海市环境保护局关于开展本市产业园区规划环评和跟踪评价的通知》(沪环保评〔2012〕306 号),2012 年 8 月 28 日;

②《关于发布本市产业园区规划环评及跟踪评价报告编制技术要求(2013 年版)的通知》(沪环保评〔2013〕229 号),2013 年 5 月 24 日;

③《规划环境影响评价技术导则(试行)》(HJ/T 130—2003);

④《开发区区域环境影响评价技术导则》(HJ/T 131—2003);

⑤《莘庄工业区环境影响报告书》,华东师范大学,2007 年;

⑥《关于莘庄工业区环境影响报告书的审批意见》(沪环保许管〔2008〕25 号),2008 年 3 月 8 日;

⑦《上海市莘庄工业区循环经济试点实施方案》,2008 年;

⑧《上海莘庄工业园区土地集约利用评价报告》,2012 年 9 月;

⑨《上海市莘庄工业区创建国家生态工业示范园区建设规划验收报告》,2009 年。

📢【编者点评】

由于报告编制时间较早,编制依据均为当时的相关技术指南。近几年由于技术规范不断修订更新,应按现在有效的标准开展相关工作。

1.3 评价目的

根据规划环评条例及相关技术规范的要求,本次《报告书》的编制应达到下列具体工作目标:

① 通过对工业区近年来环境质量现状变化趋势的分析和工业区污染源现状的梳理排查,掌握工业区环境质量背景情况及污染源行业分布、污染特点、污染现状等,分析近 5 年来莘庄工业区的开发建设活动对工业区及周边环境产生的影响。

② 分析和评价近 5 年来莘庄工业区规划实施及规划变更过程中所采取的预防或者减轻不良环境影

响的对策和措施的有效性,通过跟踪评价及时发现区域开发建设过程中存在的环境问题,找出制约区域发展的资源环境因素,分析区域资源环境承载力对工业区未来规划发展的支撑性。

③ 进一步从环境保护角度论证工业区规划方案和开发建设的合理性,提出完善莘庄工业区新一轮发展规划和工业区建设的建议,提出区域规划和开发建设过程中环境污染综合防治的对策建议,为区域的环境综合治理提供科学依据,协助工业区主管部门建立可持续改进的环境管理机制和环境目标指标体系。

1.4　评价重点

通过现状调查识别工业区开发建设活动已带来的主要环境影响问题,分析工业区区域环境质量现状、配套的基础设施建设运作情况、资源条件、重污染源搬迁及整治情况以及区域存在的主要资源环境问题,并对原区域环评中提出的环保措施和环境监管计划的落实情况进行评价。

基于回顾性评价结论,重新评估工业区新一轮规划开发建设可能带来的直接和间接环境影响,重点关注工业区特征污染物的产生及排放情况,通过综合论证,调整原区域环评中提出的区域环境污染减缓措施或提出新的区域环境污染减缓措施,提出跟踪评价的要求及相关环境监管计划。

1.5　评价范围与评价因子

1.5.1　评价范围

本次跟踪评价的范围,以工业区范围为基础,并综合考虑工业区发展程度及周边敏感目标变化情况而确定,如表1.5-1所示。其中,根据资料调研及现场踏勘情况,工业区不存在重大危险源,因此本次风险评价范围调整为工业区边界向外扩展3 km。

表1.5-1　评价范围表

评价内容		原区域环评中的评价范围	本次评价范围
环境质量 回顾性评价	大气	工业区边界向外扩展2 km	工业区边界外向外扩展2.5 km
	地表水	工业区内主要河道,包括竹港、沙港、 六磊塘、横泾港、春申塘	与原区域环评中的评价范围一致
	声环境	工业区边界向外扩展1 km	工业区边界向外扩展0.2 km
	地下水	—	工业区全区
	土壤	—	工业区全区
	固体废弃物管理	收集、贮存及处置场所周围	与原区域环评中的评价范围一致
风险评价		工业区边界向外扩展5 km	工业区边界向外扩展3 km
生态和社会 环境评价		—	工业区全区

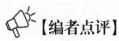【编者点评】

结合实际调整了风险评价范围,调整合理,给予了说明。

1.5.2　评价因子

根据工业区产业污染特征和原区域环评内容,以及对工业区现有企业的调查筛选,按照我国环境质量标准的要求,将原区域环评和本次环境影响跟踪评价的评价因子列于表 1.5 - 2。

表 1.5 - 2　评价因子一览表

序号	环境要素	现状评价因子		总量控制因子	
		原区域环评	本次跟踪评价	原区域环评	本次跟踪评价
1	环境空气	SO_2、NO_2、PM_{10}、TSP、苯、二甲苯、CO	SO_2、NO_2、NO_x、PM_{10}、$PM_{2.5}$、氟化物、铅、苯、甲苯、二甲苯、HCl、VOCs、二噁英、非甲烷总烃	SO_2	SO_2、NO_x、VOCs
2	地表水	SS、COD、BOD_5、氨氮、石油类、总磷、铜、铅、锌、总铬	水温、pH、COD、COD_{Mn}、BOD_5、石油类、氨氮、总磷、总氮、DO、挥发酚、铜、铅、锌、镍、六价铬	COD	COD、氨氮
3	地下水	COD、BOD_5、六六六、滴滴涕、有机磷、砷、汞、铜、铅、锌、镉、总铬、镍	色度、嗅和味、浑浊度、肉眼可见物、pH、总硬度、溶解性总固体、砷、汞、铜、铅、锌、镉、六价铬、镍、铁、锰、钼、钴、硒、铍、钡、氯化物、氟化物、硫酸盐、阴离子合成洗涤剂、硝酸盐、亚硝酸盐、碘化物、氰化物、氨氮、挥发酚、高锰酸盐指数、总大肠菌群、细菌总数、VOCs、SVOCs	—	—
4	声环境	等效连续 A 声级	等效连续 A 声级	—	—
5	土壤	无	pH、砷、镉、铬、铜、汞、镍、铅、锌、银、VOCs、SVOCs、二噁英	—	—
6	电磁辐射	无	工频电场强度、工频磁感应强度、无线电干扰场强	—	—
7	固体废物	一般工业固体废物、危险固废、生活垃圾	一般工业固体废物、危险固废、生活垃圾	—	—

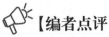

【编者点评】

该项目还增加了电磁辐射的评价,目前鲜有规划环评或跟踪评价考虑电磁辐射。

1.5.3　规划指标体系

本次评价的规划指标体系参照《综合类生态工业园区标准》(HJ 274—2009,2012 年修改版)以及《上海市莘庄工业区国家生态工业示范园区建设规划》中 2020 年的规划指标体系,具体标准值如表 1.5 - 3 所示。

表 1.5 - 3　规划指标体系表

项目	序号	指标	单位	2007 年指标值	2012 年指标值	国家标准	2020 年规划标准
经济发展	1	人均工业增加值	万元/人	19.29	25.67	≥15	≥29
	2	单位工业用地工业增加值	亿元/km^2	12.52	26.14	≥9	≥35
物质减量与循环	3	单位工业增加值综合能耗	t 标煤/万元	0.25	0.13	≤0.5	≤0.09
	4	单位工业增加值新鲜水耗	m^3/万元	11.33	6.29	≤9	≤5.8
	5	单位工业增加值废水产生量	t/万元	8.39	4.21	≤8	≤3.9
	6	单位工业增加值固废产生量	t/万元	0.07	0.03	≤0.1	≤0.02
	7	工业用水重复利用率	%	87.2	91.03	≥75	≥90
	8	工业固体废物综合利用率	%	86.45	86.67	≥85	88

项目	序号	指标	单位	2007年指标值	2012年指标值	国家标准	2020年规划标准
污染控制	9	单位工业增加值 COD 排放量	kg/万元	0.90	0.28	≤1	≤0.20
	10	单位工业增加值 SO$_2$ 排放量	kg/万元	0.66	0.04	≤1	≤0.03
	11	危险废物处理处置率	%	100	100	100	100
	12	生活污水集中处理率	%	100	100	≥85	100
	13	生活垃圾无害化处理率	%	100	100	100	100
	14	废物收集和集中处理处置能力	—	具备	具备	具备	具备
园区管理	15	环境管理制度与能力	—	完善	完善	完善	完善
	16	生态工业信息平台的完善度	%	100	100	100	100
	17	园区编写环境报告书情况	期/年	1	1	1	1
	18	重点企业清洁生产审核实施	%	100	100	100	—
	19	公众对环境的满意度	%	97.8	99.1	≥90	≥99
	20	公众对生态工业的认知率	%	96.3	98.8	≥90	≥99
其他指标	21	SO$_2$ 排放总量	t	2015 年不得突破 294.1 t			
	22	NO$_x$ 排放总量	t	2015 年不得突破 331.0 t			
	23	COD 排放总量	t	2015 年不得突破 272.6 t			
	24	氨氮排放总量	t	2015 年不得突破 103.7 t			
	25	污水纳管率	%	达到 100%			

📢【编者点评】

规划指标有来源有依据,有现状有规划,指标设置合理,目标切合实际,切忌好高骛远;考虑了 1 个经济发展综合指标,其余指标均与环保相关。

1.6　环境敏感目标

(1) 环境空气

工业区内主要环境敏感目标包括居住区(约 3.25 万人)、学校、医院和敬老院;评价范围内工业区外的主要环境敏感目标包括闵行区颛桥镇、莘庄镇、马桥镇、梅陇镇、江川路街道和松江区新桥镇的居住区(共约 47 万人)、学校、医院和敬老院。

(2) 地表水

工业区内主要河渠,包括北竹港、春申塘、北沙港、横沙河、六磊塘、邱泾港、北庙泾等,以及黄浦江上游饮用水水源保护区准保护区。其中,工业区南边界(北松公路)与黄浦江上游饮用水水源准保护区北岸陆域边界(北松公路)相邻。

(3) 声环境

工业区内及边界向外扩展 200 m 范围内的居住区、学校、医院、敬老院。

(4) 敏感目标变化

原区域环评报告中仅列出了莘庄镇区、颛桥镇区、工业区内南郊别墅、申莘居委会、春辉小区和颛元小区(现名为鑫都城居住区,即横沙河以南、瓶北路以北、中春路以东、瓶安路以西范围内的居住区域)为环境空气或声环境保护敏感目标。

　　近年来,工业区内及周边又陆续新建了居住区、学校、医院、敬老院,如 2007 年上海市群益职业技术学校由闵行区政府投资迁入元江路校区,区内元江路南侧的翔泰苑为 2009 年 12 月建成的经济适用房小区。因此,评价单位对工业区内及周边的敏感目标重新进行了调查。

1.7　评价工作程序

　　本次环境影响跟踪评价工作程序如图 1.7 - 1 所示。

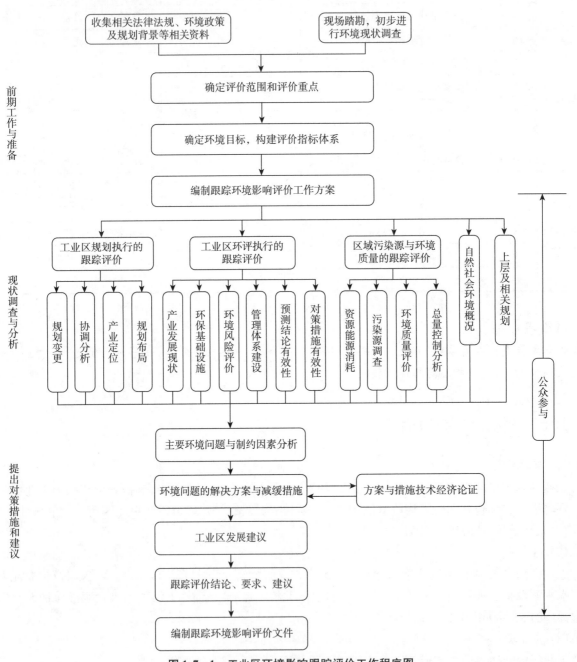

图 1.7 - 1　工业区环境影响跟踪评价工作程序图

【编者点评】

本工作流程图结合工作实际做出,而不是完全照抄导则规范,整个评价工作思路清晰。

2　工业区规划概述及规划分析

2.1　规划概述

2.1.1　工业区规划历程

1995 年 8 月,根据《上海市人民政府关于同意将闵行区莘庄工业区列为市级工业区的批复》(沪府〔1995〕28 号),上海市人民政府同意将莘庄工业区列为市级工业区,名称为"上海市莘庄工业区",总用地面积为 13.65 km²。

1995 年,莘庄工业区编制了《莘庄工业区控制性详细规划》。工业区南块规划开发用地约 10.25 km²,具体范围为:东至横沥泾(即横沥港),北至申兴路(即银都路),西至沙港,南至横沙河、邱泾港和六磊塘。1996 年 1 月,上海市城市规划管理局对莘庄工业区(南块)控制性详细规划,即 10.25 km² 开发用地进行了批复[沪规划(96)第 234 号]。

2002 年,莘庄工业区在《上海市闵行区总体规划(报审稿)》的基础上,根据闵府办发〔2001〕67 号文件《闵行区人民政府办公厅关于马桥、颛桥两镇共同参与莘庄工业区开发建设的通知》的精神对 1995 年版的规划进行修编,编制了《上海市莘庄工业区总体规划》,规划面积为 16.55 km²。此轮规划结束后,莘庄工业区的规划范围为:南至北松公路,北至银都路,西至人工河(即沙港),东至横沥港。2008 年,上海市环保局对工业区上一轮区域环评进行了批复(沪环保许管〔2008〕251 号),批复中的工业区总用地面积为 16.55 km²。

2012 年,上海市规划和国土资源管理局总体规划管理处下发《关于"工业区块控制线"区级方案入大机运行的通知》,根据该文件要求,经闵行区规划和土地管理局确认,莘庄工业区所属的 104 区块范围由银都路—沪闵路—光华路—中春路—瓶北路—沪闵路—北松公路—北竹港—元江路—北沙港所围合,总用地面积约为 14.98 km²。

与 2002 年版规划的 16.55 km² 的区块范围相比,工业区所属 104 区块的 14.98 km² 范围的变化主要是减少了光华路—邱泾港—横沙河—沪闵路—瓶北路—中春路围合的区域(该区域主要规划为居住用地,但《闵行区闵行新城 MHC10501 单元控制性详细规划》中仍规划在横沙河以南、北庙泾以东、沪闵路以西保留一小块工业用地、元吉小区、翔泰苑小区、群益职业技术学校、军事用地以及部分绿地,同时增加了光中路—邱泾港—光华路—沪闵路围合的区域(0.42 km²)。

经莘庄工业区确认,本次跟踪评价将 2002 版规划的 16.55 km² 工业区范围和新增的 0.42 km² 区块范围都考虑在内,对工业区 16.97 km² 的规划用地面积进行评价,工业区规划四至范围为:东至横沥港—光华路—邱泾港—横沙河—沪闵路,南至北松公路—竹港—元江路,西至北沙港,北至松闵区界—银都路。

产业定位及发展过程如下:

1995 年版《莘庄工业区控制性详细规划》中,工业区规划以科技为导向、兴办科技园、科工贸一体化为原则,主要发展有关现代信息技术、现代电子、生物工程技术和先进制造技术等的大型企业,兼收并机电、食品、服装行业中产品具有较大市场销售潜力的规模以上企业。

2002 年版《上海市莘庄工业区总体规划》中未对工业区的产业进行定位。2003 年,《上海工业产业导向及布局指南(2003年修订本)》对莘庄工业区的产业定位为:重点发展电气机械及器材制造业、电子及通信设备制造业、新型材料制造及加工业,建成科技含量高、附加值高、无污染的花园式现代化工业城。

为了进一步加强上海市级以上工业开发区产业导向,不断完善高附加值的产业链,2007年上海市经委对《上海工业产业导向及布局指南(2003年修订本)》进行了修改和调整,形成了《上海工业产业导向和布局指南(2007年修订本)》。该文件对莘庄工业区的产业定位为:重点发展光电子显示(形成光显平板产业链基地)、微电子及通信、航天研发及装备制造、机械及汽车零部件、新材料及精细化工等产业,建成科技含量高、附加值高、无污染的生态工业园。

2007年至2013年,莘庄工业区以《上海工业产业导向和布局指南(2007年修订本)》指导工业区的产业发展;目前,工业区已形成电子信息、机械装备及汽车零部件、新材料及精细化工三大主导产业,以及平板显示产业基地、航天研发中心两大产业高地,与该指南中对工业区的产业定位是一致的。

工业区不同规划阶段的面积、四至范围、产业定位、土地利用类型、基础设施布局和敏感目标的变化情况如表2.1-1所示。

表2.1-1 工业区不同规划阶段的实际开发情况对比表

项目	1995年	2002年	2007年	2013年
面积变化	10.25 km²	16.55 km²	16.55 km²	16.97 km²
四至范围变化	东至横沥泾,北至银都路,西至沙港,南临横沙河、邱泾港和六磊塘	南至北松公路,北至银都路,西至人工河(即沙港),东至横沥港	南至北松公路,北至银都路,西至人工河(即沙港),东至横沥港	东至横沥港—光华路—邱泾港—横沙河—沪闵路,南至北松公路—竹港—元江路,西至北沙港,北至松岗区界—银都路
产业定位变化	主要发展有关现代信息技术、现代电子、生物工程技术和先进制造技术等的大型企业,兼收并机电、食品、服装行业中产品具有较大市场销售潜力的规模以上企业	重点发展电气机械及器材制造业、电子及通信设备制造业、新型材料制造及加工业为主,建成科技含量高、附加值高、无污染的花园式现代化工业城	重点发展光电子显示(形成光显平板产业链基地)、微电子及通信、航天研发及装备制造、机械及汽车零部件、新材料及精细化工等产业,建成科技含量高、附加值高、无污染的生态工业园	已形成电子信息、机械装备及汽车零部件、新材料及精细化工三大主导产业,以及平板显示产业基地、航天研发中心两大产业高地,与《上海工业产业导向和布局指南(2007年修订本)》中对工业区的产业定位一致
土地利用类型变化	—	规划工业用地占62.66%,居住用地占5.50%,绿地占10.21%,水域占4.41%	工业用地占66.22%,居住用地占5.38%,绿地占11.42%,水域占5.08%	已开发工业用地占53.39%,居住用地占5.83%,绿地占7.31%,水域占3.60%
基础设施布局变化	—	供水:闵行二水厂和闵行三水厂; 污水处理:白龙港污水处理厂; 供电:规划35 kV变电站10个,220 kV变电站1个; 供热:供热一站(10 t/h、20 t/h、35 t/h各1台); 危废处置:无	供水:闵行二水厂(20万 m³/d),闵行三水厂(40万 m³/d); 污水处理:白龙港污水处理厂(已建200万 m³/d); 供电:35 kV变电站5个,220 kV变电站1个; 供热:供热一站(10 t/h、20 t/h、35 t/h各1台),供热二站(2×35 t/h); 危废处置:星月环保(5 000 t/a),真源废物(3 800 t/a)。	供水:上海市自来水有限公司市南水厂(307万 m³/d); 污水处理:白龙港污水处理厂(已建200万 m³/d); 供电:35 kV变电站5个,220 kV变电站1个; 供热:供热二站(2×35 t/h),华电"热电冷"三联供[2×60 MW(级)燃气—蒸汽联合循环供热机组,在建]; 危废处置:星月环保(5 000 t/a),真源废物(3 800 t/a)

项目	1995 年	2002 年	2007 年	2013 年
敏感目标变化	—	工业区内有住宅小区春辉小区 1 处	莘庄镇区、颛桥镇区、工业区内南郊别墅、申莘居委会、春辉小区和颛元小区（即鑫都城居住区）	工业区内及周边又陆续新建了居住区、学校、医院、敬老院，如 2007 年上海市群益职业技术学校由闵行区政府投资迁入元江路校区，区内元江路南侧的翔泰苑为 2009 年 12 月建成的经济适用房小区

【编者点评】

　　工业区规划历程清楚，文表结合，对各级政府批复、工业区级别、四至范围、面积、产业定位、基础设施及其变化情况等均给予了非常清晰的梳理。本次评价对象的设置结合管理实际，较合理。

2.1.2　工业区规划概述

　　由于上海市莘庄工业区未对工业区范围开展产业规划，因此本节主要概述 2002 年《上海市莘庄工业区总体规划》，并结合《上海工业产业导向和布局指南（2007 年修订本）》、控制性详细规划等，阐述工业区的选址、规划范围、规划目标、规划期限、产业导向及布局、基础设施规划等情况。

　　上海市莘庄工业区位于上海市腹地，闵行区西南部，北与莘庄镇相接，东与梅陇镇、颛桥镇相连，西、南与马桥镇接壤，西北与松江区相连，工业区地理位置优越。

　　规划总面积为 16.55 km²，规划四至范围为：南至北松公路，北至银都路，西至人工河（即沙港），东至横沥港。规划年限为 2002—2020 年，其中近期为 2005 年。

　　（1）用地布局

　　工业区规划采用组团式的布局模式，形成具有一定规模、相对独立的、各有特色的各大组团。规划区范围内分别规划了从 A～G 组团的模式，并重点发展以 C 组团为中心的高新技术产业，以高科技含量、高附加值、无污染的产业为导向，借以带动整个莘庄工业区的产业。

　　在规划区 16.55 km² 范围内，以中春路为纵轴，以光华路为横轴，将规划范围划分为 A、B、C、D、E、F、G 七大组团。其中 A 组团规划布置一、二类企业；C、D、G 三大组团规划布置一类工业（除 G 组团外，在 C、D 组团中可根据实际开发的需要相应地安排二类工业）；B 组团规划布置一类工业（高新技术用地）；E 组团规划布置一般仓储用地；F 组团以北为颛桥镇的颛溪新村，故规划考虑为居住用地，规划为金鑫居住区。F 组团与 G 组团之间规划预留了 50 m 绿化带。

　　（2）产业导向及定位

　　《上海工业产业导向和布局指南（2007 年修订本）》对莘庄工业区的产业定位为：重点发展光电子显示（形成光显平板产业链基地）、微电子及通信、航天研发及装备制造、机械及汽车零部件、新材料及精细化工等产业，建成科技含量高、附加值高、无污染的生态工业园。

　　（3）基础设施规划

　　① 给水：规划工业区日用水量 14.5 万 t，供水水源为闵行二水厂和闵行三水厂，规划在中春路上敷设 1 200 mm 上水管，在银都路、金都路、鑫都路、联农路上敷设上水支管，与沪闵路上水管连通，形成环状供水系统。

　　② 雨水：规划工业区内雨水集中排放，在区内设 6 个雨水泵站，另外在颛桥镇颛溪新村内有 1 处雨水泵站，分别排入六磊塘、横沙河和北竹港。

③污水:规划工业区内日污水量为13万t,污水总管敷设在华宁路、联农路、中春路上,在银都路、金都路、鑫都路敷设污水支管。规划污水泵站设在华宁路以东、颛兴路以北,以黄浦江上游引水管渠为界,将污水分别排入春申路污水排放系统与元江路污水排放系统。

④供电:规划在鑫都路以南、高压走廊以西设一座220 kV变电站,并在工业区设10座35 kV变电站。

⑤燃气:规划工业区用气为天然气,在金都路上敷设天然气高压管,经中春路向南至申南路以南、中春路以东的调压站,在银都路、金都路、鑫都路、联农路等路上敷设天然气中压管。

⑥道路:上海市莘庄工业区的道路结构规划是在闵行区总体规划及闵行区道路系统规划的基础上进行的,整个规划区范围内的道路结构分成三个层次,即城市主干道—城市次干道—城市支路。工业区规划范围内道路系统基本成形,红线宽度24～54 m不等,将形成10纵14横的道路系统,其中中春路与沪闵路有效地连接了南北向的对外交通,银都路与北松公路有效地连接了东西向的对外交通。

2.1.3 工业区生产性服务业集聚区规划概述

生产性服务业集聚区规划范围东至北竹港和规划的城市快速路,南至颛兴路,西至北沙港,北至金都路,东西长约1 800 m,南北长约1 500 m,总规划面积为2.02 km²。

规划目标:充分利用工业区最后的2 km²土地,完成规划区的产业升级和功能创新。推进产业结构转型,营造低碳生态环境,完善道路交通架构,提升技术创新能力。

规划总体定位:以展现城市生态网络、资源循环、时代特征为主题,立足既定目标,拓展思路,大胆突破,打造集总部经济、研发中心、商务办公、行政中心、商业服务等为一体,服务于大虹桥乃至长三角地区的生产性服务业集聚区——城市型综合产业园区。

(1)工业用地

包括总部经济区、研发中心区和产业储备区。其中总部经济区用地面积为0.495 km²,建筑面积约为76.3万 m²;研发中心区用地面积为0.146 km²,建筑面积约为29.1万 m²;产业储备区用地面积为0.316 km²,建筑面积约为42万 m²。工业用地总用地面积为0.957 km²,总建筑面积约为147.4万 m²。

(2)商务办公及配套用地

为加强生产性服务业集聚区的聚合和首领功能,规划建设商务办公及其配套设施,提供写字楼等功能业态,以求与总部经济和研发区互补协调发展。用地面积为0.432 km²,建筑面积约为85.8万 m²。

(3)市政供用设施用地

包含供电设施、供水设施、燃气设施、排水设施等,用地面积0.012 km²,建筑面积约为1 000 m²。

(4)公共绿地和生产防护绿地

公共绿地由中央创智公园组成。生产防护绿地沿华宁路、光华路两侧以及河道两岸规划,总用地面积0.293 km²。

(5)其他

光华湖、六磊塘、老紫港等水域用地面积0.104 km²,道路与交通设施用地面积0.223 km²。

2.1.4 规划项目清单

工业区近期拟引进的项目以生产性服务业项目为主,主要位于工业区内西北部的未开发用地。

表2.1－2 工业区近期规划项目表

序号	项目名称	总投资/亿元	占地面积/m²	建筑面积/m²
1	华电三联供	8.1	73 260	36 845
2	华电通用航改机项目	6.4	106 560	62 340

序号	项目名称	总投资/亿元	占地面积/m²	建筑面积/m²
3	法液空	1.5	16 668	13 000
4	友友电气	1.8	9 990	26 000
5	威文科技	1.5	9 990	26 000
6	正帆科技	1.5	11 200	28 800
7	商检中心	6.5	26 640	67 000
8	莘工科技	4.8	19 980	50 000
9	沃施园艺	2.5	9 179	18 358
10	莘泉实业	3.0	16 650	40 000
11	电气电站	4.5	24 000	33 000
12	华硕电脑销售中心	1.7	15 339	34 800
13	山崎马扎克零件中心	0.8	6 500	5 200

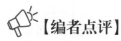【编者点评】

该工业区发展已近成熟,规划引进项目清晰,不是所有的工业区都有这种条件。

2.1.5　工业区其他规划概述

经莘庄工业区确认,本次跟踪评价确定工业区评价面积为16.97 km²,与2002年版工业区总体规划中的16.55 km²范围相比,增加了0.42 km²的面积。本次跟踪评价根据《闵行区闵行新城MHC10501单元控制性详细规划》,阐述了工业区0.42 km²范围的规划相关情况。规划四至范围为:南至光华路,北至光中路,西至邱泾港,东至沪闵路。根据闵行区闵行新城MHC10501单元的功能定位,确定0.42 km²范围的功能定位为:生态型都市工业区和科技研发基地。

2.1.6　环境保护规划

莘庄工业区未编制单独的环境保护规划,因此本节内容根据《莘庄工业区第五轮环境保护三年行动计划(2012—2014年)》确定。

《莘庄工业区第五轮环境保护三年行动计划(2012—2014年)》确定了工业区的环境保护总体目标:根据上海市、闵行区第五轮环保三年行动计划目标,工业区在前四轮环保三年行动计划实施的基础上,进一步加强环境污染综合整治,提升工业区的环境质量;进一步完善环境基础设施建设,加快产业结构调整与优化,积极引导工业区企业开展循环经济试点和清洁生产审核工作,巩固"国家生态工业示范园区"的创建成果。

在具体的行动目标中指出,进一步完善环境基础设施建设,推进老居住小区雨污分流改造工作,完善区直排污染源的截污纳管工作,至2014年工业区中已开发区域污水纳管率达到100%,同时确保新入驻企业污水纳管率达100%;加强企业环保"三同时"验收,确保工业区内企业验收率达100%;确保大气自动监测站的稳定运行;进一步推进清洁能源替代工作,加强扬尘控制,提高工业区水、气、声环境质量。进一步推进企业进行清洁生产和ISO14001认证;进一步调整产业结构,发展低碳经济,实现经济发展与资源环境保护的双赢。

2.2　规划实施情况

经过近 20 年的发展,工业区已步入成熟发展期,区内土地开发程度较高。2012 年,工业区已开发用地面积占总开发面积的 88%,工业用地产出强度为 97.34 亿元/km²,高于上海市 104 个开发区单位工业用地产出率平均值 65.50 亿元/km²。

工业区现已形成电子信息、机械装备及汽车零部件、新材料及精细化工三大主导产业,以及平板显示产业基地和航天研发中心两大产业高地,产业集聚度达 90%。工业区产业发展现状与《上海工业产业导向和布局指南(2007 年修订本)》中对莘庄工业区的产业定位要求一致。目前工业区正加快产业结构调整,积极推进现有产业"退二优二、退二进三",大力发展生产性服务业,以实现二、三产业协调发展。

工业区开发至今,基本按照原规划的产业导向和功能定位进行开发建设,但是在实际开发过程中仍存在局部产业布局不合理的问题。区内现有的基础设施建设比较完善,各设施基本按原规划进行建设。

工业区具体开发建设以及规划执行的情况详见后续章节的分析介绍。

2.3　规划协调性分析

规划协调性分析主要从规划发展定位与发展目标、产业发展规划、资源节约和环境保护三个方面分析工业区规划要素与国家和区域发展战略及规划、相关政策、法规的符合性和协调性。

莘庄工业区重点发展的产业与《产业结构调整指导目录(2011 年本)》及其修正、《外商投资产业指导目录(2011 年修订)》《产业转移指导目录(2012 年本)》《上海工业产业导向和布局指南(2007 年修订本)》《上海产业发展重点支持目录(2008)》等产业政策是相符合的;工业区的产业发展方向与"十二五"国家战略性新兴产业发展规划》《上海市战略性新兴产业发展"十二五"规划》《上海市城市总体规划(1999 年—2020 年)》《闵行区产业发展"十二五"规划》《上海市闵行新城总体规划(2007—2020 年)》等规划是相协调的;工业区的开发建设与《上海市环境保护和生态建设"十二五"规划》《闵行区生态文明建设规划》《闵行区生态建设与环境保护"十二五"规划》等规划是相协调的,但是部分区域的用地类型与闵行区闵行新城单元控制性详细规划的功能定位不相符;工业区的发展与上海张江国家自主创新示范区、向阳工业区、闵行经济技术开发区以及周边地区发展规划相容;工业区不在上海市饮用水源保护区范围内,工业区边界与取水口一级保护区的最近距离约为 8.6 km,工业区的建设符合《上海市饮用水源保护区规划》中的有关内容和要求;根据工业区历年环境质量监测数据,工业区的环境空气质量能够达到上海市环境空气质量功能区划的要求,但是地表水环境质量和声环境质量未能达到上海市水环境功能区划和上海市环境噪声标准适用区划的要求。

【编者点评】

工业区本次跟踪评价无针对评价范围的明确规划,《报告书》结合各层级规划对本工业区的规划内容进行了整合,填补了缺失的这块内容。如为规划环评,园区应对评价范围开展独立的规划。

3　工业区产业发展回顾及现状分析

3.1　工业区用地现状及布局分析

工业区发展至今,基本按照原规划布局开发建设。但是工业区在开发过程中,土地开发及用地布局方面仍存在如下问题：

　　① 工业区开发接近成熟，可利用土地资源有限，土地资源不足，人地矛盾突出；

　　② 区内产业发展不平衡，工业区目前整体呈现"北整齐""南杂乱""西开发"的现象，块开发利用水平不高；

　　③ 部分产业空间布局不够合理，突出问题表现为食品企业与其他工业企业混杂，周边的工业企业对这类食品加工企业可能存在污染隐患；

　　④ "园中园"吸纳企业门类较多，集聚发展水平仍然较低，这不利于"园中园"工业小区特色发展；

　　⑤ 颛兴路以南、中春路以东、联农路以北、邱泾港以西地块原规划为居住用地，但是布置有污染相对较大、产值较低的企业，区域环境较为敏感；

　　⑥ 工业区内敏感目标较多，区内集体村、北桥村还存在一定的工居混杂现象。

3.2　工业区产业发展回顾及现状分析

　　作为上海重要的先进制造业基地和闵行经济发展的重要载体，莘庄工业区产业升级和结构优化的压力非常明显，具体表现为：一是工业区的产业结构以第二产业为主导，而第三产业发展比较滞后；二是工业区二、三产业互动、互补、互进的产业格局尚未形成。

　　工业区内现有部分食品企业，在区内分布较分散，且与其他类型工业企业混杂，与工业区的产业定位明显不相符。

【编者点评】

《报告书》结合工业区实际提出了发展过程中的特点和不足，引导工业区后续发展。

4　工业区资源能源消耗、排污情况回顾及现状分析

4.1　工业区企业资源能源消耗调查与评价

4.1.1　综合能耗分析

（1）工业区综合能耗

2008—2012 年，莘庄工业区的能源消费仍以电力、煤炭为主，热力、石油制品和其他能源为辅。2012年，工业区综合能源消费量为 29.23 万 t 标煤，同比增加 7.54%；单位工业增加值综合能耗为 0.13 t 标煤/万元，较 2008 年下降 31.6%。工业区的综合能耗总体呈逐年上升趋势，但单位工业增加值综合能耗则呈下降趋势。

（2）企业综合能耗

《报告书》统计了莘庄工业区规上及重点企业 2012 年综合能源消耗情况，2012 年综合能耗为 22.35 万 t 标煤。其中，奥特斯（中国）有限公司的综合能源消耗量最大，为 3.97 万 t 标煤/a；另有 2 家主要耗能企业能耗超过 1 万 t 标煤，分别为上海中航光电子有限公司和上海莘庄工业区供热有限公司。此外，上海大阳日酸气体有限公司的万元工业产值综合能耗（0.704 t 标煤/万元）远大于其他企业，行业类别为化学原料和化学制品制造业。

根据莘庄工业区规上及重点企业2012年综合能源消耗统计情况分析工业区各产业的综合能耗情况可知,工业区电子信息产业综合能耗占比最高,为40.02%,电子信息产业的单位产值综合能耗为0.058 t标煤/万元。

将这些企业的能耗情况与《上海产业能效指南(2011版)》中的产值能耗标准进行对比可知,2012年工业区内共有18家企业产值能耗与标准的比例大于1,行业类别主要为电子元器件制造、医药制造、通用及专用设备制造等。其中,友发铝业(上海)有限公司产值能耗与标准的比例达到10.6,上海紫泉饮料工业有限公司产值能耗与标准的比例达到5.3。

4.1.2 新鲜水耗分析

(1)工业区新鲜水耗

莘庄工业区的新鲜用水主要是由城市自来水和企业自备水组成,其中自备水以地表水为主。工业区2008—2012年的新鲜用水量总体呈逐年上升的趋势。2012年,工业区新鲜用水量为1 146.86万t,同比上升6.6%;单位工业增加值新鲜水耗为6.29 m³/万元,较2008年下降25.7%。工业区的新鲜水耗总体呈逐年上升趋势,但单位工业增加值新鲜水耗则呈快速下降趋势。

(2)企业新鲜水耗

《报告书》统计了莘庄工业区规上及重点企业2012年新鲜水耗情况。2012年用水总量约为12 785.4万t,新鲜用水量为1 150.1万t,重复用水量为11 635.3万t,工业用水重复利用率为91.0%。其中,上海中航光电子有限公司的新鲜用水量最大,为330.2万t/a;其次为奥特斯(中国)有限公司,为288.6万t/a。此外,上海中航光电子有限公司重复用水量最大,为6 606.6万t/a;其次为上海紫江企业集团股份有限公司,为2 911.7万t/a。

《报告书》统计了莘庄工业区规上及重点企业2012年新鲜水耗情况。工业区电子信息产业新鲜水耗占比最高,为64.98%,且远高于其他产业的新鲜水耗量。工业区电子信息产业的单位产值新鲜水耗最高,为5.957 t/万元。

将这些企业的产值水耗情况与《上海产业能效指南(2011版)》中的产值水耗标准进行对比可知,2012年工业区共有22家企业产值新鲜水耗与标准的比例大于1,行业类别主要为电子元器件制造、汽车零部件制造、电气机械及通用设备制造、精细化工和医药制造等。其中,上海紫泉饮料工业有限公司的产值水耗与标准的比例达到10.44,上海华茂药业有限公司的产值水耗与标准的比例达到5.12。

📢【编者点评】

根据《上海市产业园区规划环评及跟踪评价报告编制技术要求(2013年版)》,《报告书》给出了详细的资源能源消耗数据统计表格,工业区在这方面的配合和基础数据的翔实,不是所有的工业区都能做得到。

4.2 工业区企业污染源调查与评价

4.2.1 废气

2012年莘庄工业区的大气污染物主要是燃料燃烧和生产工艺中产生的SO_2、NO_x、颗粒物、VOCs等有毒有害污染物。

工业区现由上海莘庄工业区供热有限公司对区域进行集中供热。企业现有的自建锅炉主要以燃煤、燃油和天然气锅炉为主,其中燃煤企业两家,分别为上海莘庄工业区供热有限公司和上海申沃客车有限公司,燃煤量分别为 38 197 t/a 和 2 100 t/a。

上海申沃客车有限公司已与华电三联供签订项目意向书,三联供项目 2014 年底正式启动并进行统一供气,替换原有锅炉;工业区供热一站现已停用,到 2013 年底处理完毕,工业区供热二站到 2015 年底停用,工业区锅炉 SO_2 和 NO_x 排放量大幅削减。

2012 年工业区 SO_2 排放量为 52.27 t/a,NO_x 排放量为 158.62 t/a,颗粒物排放量为 30.26 t/a,主要排放企业为上海莘庄工业区供热有限公司。根据莘庄工业区"十二五"污染物总量控制目标责任书,到 2015 年,莘庄工业区工业源 SO_2、NO_x 排放总量指标分别为 294.1 t/a、331.0 t/a。工业区 SO_2、NO_x 排放量能够满足总量控制要求。

《报告书》统计了 2012 年莘庄工业区规上及重点企业 VOCs 的排放情况,对排放量占比大于 80% 的企业所排放的 VOCs 的主要组分进行分析。各企业 VOCs 排放量的估算主要依据沪环保评〔2012〕409 号文中废气污染物总量的核算方法。

根据《报告书》,2012 年工业区规上及重点企业排放的 VOCs 总量约为 443.4 t/a,平均单位产值 VOCs 排放量为 0.184 kg/万元。其中,VOCs 排放量最大的企业为芬美意香料(中国)有限公司,其次为上海申沃客车有限公司和鹰革沃特华汽车皮革(中国)有限公司。工业区内排放 VOCs 的企业主要为精细化工、汽车制造、印刷包装、电气机械、通用设备、电子信息企业;除精细化工企业外,VOCs 均来源于企业工艺流程中的注塑、喷涂工艺。

《报告书》统计了 2012 年工业区各大产业的 VOCs 排放情况,其中汽车零部件和精细化工产业的 VOCs 排放量占比分别为 36.60% 和 38.41%,而产值占比仅分别为 21.57% 和 28.45%。此外,汽车零部件和精细化工产业的单位产值 VOCs 排放量均高于工业区的平均产值 VOCs 排放量。

4.2.2　废水

2012 年工业区规上及重点企业的废水排放总量约为 789.22 万 t/a,约占工业区废水排放总量的 96%。工业区废水排入白龙港污水处理厂进行处理。根据 2012 年度上海市公开的集中式城镇污水处理厂信息,2012 年白龙港污水处理厂出水的化学需氧量(COD)平均排放浓度为 33 mg/L,氨氮(NH_3-N)平均排放浓度为 14.9 mg/L。据此估算,2012 年工业区 COD 排放量约为 271.29 t/a,NH_3-N 排放量约为 122.49 t/a。2012 年电子信息产业的废水排放量最大,占比为 77.53%,单位产值废水排放量为 6.050 t/万元,这两项指标均远大于工业区其他产业,该行业也是工业区开展减排工作的重点对象。其中,上海中航光电子有限公司、奥特斯(中国)有限公司、上海广电富士光电材料有限公司这三家企业的废水排放量排名前三,分别为 282.39 万 t/a、228.60 万 t/a 和 74.74 万 t/a,三家企业废水排放量之和约占工业区废水排放总量的 71.25%;同时,这三家企业也是工业区所有企业中 COD 和 NH_3-N 排放量前三的企业。此外,上海紫泉饮料工业有限公司的废水排放量为 35.78 万 t/a,上海实达精密不锈钢有限公司的废水排放量为 22.68 万 t/a,电气硝子玻璃(上海)有限公司的废水排放量为 11.96 万 t/a。

根据莘庄工业区"十二五"污染物总量控制目标责任书,到 2015 年,莘庄工业区工业源 COD、NH_3-N 排放总量指标分别为 272.6 t/a、103.7 t/a。上海中航光电子有限公司、奥特斯(中国)有限公司、上海广电富士光电材料有限公司、上海紫泉饮料工业有限公司、上海实达精密不锈钢有限公司、电气硝子玻璃(上海)有限公司这六家重点家企业要求在 2014 年底前,工业废水削减率达到 10%(即 62.87 万 t/a),届时工业区主要废水污染物 COD 可削减 20.74 t/a,NH_3-N 可削减 9.37 t/a,COD 可满足总量控制要求,但是 NH_3-N 仍将不能达到控制目标。

另根据《上海市白龙港城市污水处理厂扩建二期工程环境影响报告书》,白龙港污水处理厂出水水质执行《城镇污水处理厂污染物排放标准》(GB 18918—2002)一级 B 排放标准,NH_3-N 排放浓度不超过 8 mg/L,NH_3-N 排放量不超过 65.77 t/a。在没有废水量削减的情况下,NH_3-N 能达到总量控制要求。此外,工业区内其余重点企业也应相应地制定减排指标及任务,并通过进一步优化产业结构,推进中水回用,减少工业废水排放量。

此外,工业区内部分企业涉及重金属排放,《报告书》统计了2012年工业区内涉重企业废水特征因子排放情况。2012年区内共有7家企业涉重,其中友发铝业和天安轴承2012年通过技改已不再排放重金属。

根据闵行区环保局提供的资料,工业区内现有6家企业安装有废水在线监测设备,在线监测因子包括废水量、pH和COD。《报告书》统计2013年废水在线监测企业的监测因子及达标排放情况可知,这6家企业的COD排放浓度均能够达到纳管排放标准。

4.2.3 固体废弃物

2012年,工业区规上及重点企业工业固体废物产生量为6.3万t,综合利用率为86.67%;工业区危险废物产生量为3.0万t,主要为废乳化液、有机溶剂废物、废油、废油墨等,均由具备危险废物处置资质的企业进行再生和资源化利用或处置,所有的危险废物均得到安全处理处置,处理处置率达到100%。其中,奥特斯(中国)有限公司的危废产生量最大,约占工业区危废总产生量的63.01%;上海莘庄工业区供热有限公司的一般固废产生量最大,为9 374.59 t/a。

目前,工业区已在网站上建立了固体废物交换信息平台,加强了工业区内固体废物信息交流,促进了工业区内固体废物合理、高效地循环再利用。工业固体废弃物由各企业直接利用或者通过固体废物交换信息平台实现企业间的交换和资源化利用。企业产生的危险废物由企业集中收集后送区内上海星月环保服务有限公司或上海真源废物处理有限公司,或由有相关资质的单位集中处理。工业区内已形成了较为完备的废物收集和资源化、无害化处理处置系统。

4.3 工业区企业污染防治情况调查与评价

4.3.1 企业污染防治措施调查

为进一步了解企业的污染控制情况,对工业区内典型企业的污染源进行进一步的调查。采用现场调查和收集资料相结合的方法,对照环评及批复要求对工业区内62家典型企业的污水治理设施、废气治理设施等基础设施的建设和运行情况进行有针对性的调查,并列表统计。工业区内这些重点企业废水和废气等治理设施的建设水平基本达到要求。

通过现场调查发现,工业区内企业基本都建立了危险废物申报登记制度和危险废物产生、运输、处置及最终去向的详细台账,危险废物的贮存、申报、转移等都严格遵守《上海市危险废物污染防治办法》的规定,执行"危险废物转移五联单制度"。各企业对产生的危险废物都能进行有效分类收集,并按资源化、减量化和无害化的原则委托有危废处理资质的单位处置,不能回收利用的则委托有危废处理资质的单位如星月环保服务有限公司焚烧处置或者填埋处理。

因工业区南边界靠近黄浦江上游饮用水水源准保护区,工业区内尤其是南部靠近准保护区的企业,均采取了一定的地下水污染防治措施,如在生产装置区、化学品仓库、储罐区、事故池、污水处理站和固废存放点等污染防治区采取防渗处理措施。根据三菱电机点位的地下水环境质量现状监测结果,工业区内南部靠近水源准保护区的地下水环境质量良好。

结合2012年工业区的信访投诉情况,部分企业还存在噪声扰民的问题。西门子奥钢联冶金技术(上海)有限公司、上海至正道化高分子材料有限公司因为设备运行异常,噪声排放超标。工业区环保科监督企业对相关设备进行整改之后,噪声污染得到了有效控制。

4.3.2 存在问题分析

根据2013年9—11月的现场调查,结合相关资料的分析,可知工业区内这62家典型企业中部分企业的废水及废气治理设施仍存在问题,具体如下。

(1) 废气治理

收集方式不合理。部分企业无有机废气收集设施,有机废气无组织排放或者经收集后直接排入大气中,如四国化研(上海)有限公司、上海瑞时印刷有限公司、上海辉煌通达理务有限公司、上海天伟生物制药有限公司、三菱电机上海机电电梯有限公司、上海日之升新技术发展有限公司等企业。

处理措施不合理。部分企业因为废气治理设施效率较低或废气处理方式不规范,有机废气治理效果较差,多次遭到周边居民或其他企业投诉,如芬美意香料(中国)有限公司、上海医疗器械(集团)有限公司卫生材料厂、上海寿精版印刷有限公司等企业。

排放方式不合理。部分企业排气筒高度低于 15 m,废气未做到有组织排放,如特瑞堡密封系统(中国)有限公司、上海瑞时印刷有限公司、蓝星有机硅(上海)有限公司、上海小林日化有限公司、美泰乐表面处理技术(上海)有限公司、上海东港安全印刷有限公司等企业。奥特斯(中国)有限公司废水处理设施及处理有机废气的生物滤池均为敞开式,因企业下风向处即为春华苑等居民点,且距春华苑的最近距离仅约140 m,在不利天气情况下会对下风向的春华苑等敏感目标产生影响。

(2) 废水处理

排放口设置不规范。三菱电机上海机电电梯有限公司废水排放口没有设 pH 计、流量计等监测设备,且排放口处完全敞开,没有封闭处理;废水排放口处时有堵塞现象发生,污水溢流至周围绿地上,可能会对土壤和地下水造成一定的污染。上海亚什兰化工有限公司废水排放口没有设置立式或平面固定式排放口标志牌。

(3) 固废处理

危废仓库、固废堆场不规范。上海美高森美半导体有限公司危险废物仓库中的危险废物储存量较大,且未分类堆放并得到及时处理;友发铝业(上海)有限公司的铝屑堆置场及存放仓库较为混乱,大量铝屑溢出仓库,且散乱堆放于仓库旁道路上。

4.4　工业区企业环境管理现状分析

近几年,工业区各企业不断提高企业自身的环境管理水平,具体体现如下。

(1) 企业环境管理机构与制度建设

近年来,工业区现有重点企业均有专职或兼职环保员负责日常环保管理工作,并按照环保法律、法规、标准和政策的要求,建立并完善自身环境管理机制和制度。现有企业均基本能够执行环境影响评价及"三同时"验收制度,但仍有部分企业如上海松井机械有限公司、上海新莘纺织机械有限公司、科双电子元件(上海)有限公司、皓世管道系统(上海)有限公司、上海屹尧仪器科技发展有限公司、力奇先进清洁设备(上海)有限公司、依州电子零部件(上海)有限公司、上海嘉邑机电有限公司等,因为其入区时间较早,环评手续不完善。此外,区内现有重点企业均已按照闵行区环保局的环保分级管理要求,完成了企业环保"一企一档"的整建工作。

(2) 企业环境管理体系建设

截至 2012 年底,莘庄工业区共有 97 家企业通过 ISO14001 环境管理体系认证。工业区内企业积极开展污染防治和环境风险防范,并履行环境和社会责任。现有企业基本能落实各项环保措施,确保各项污染治理设备正常运转,并不断加强企业自身的环境管理水平,不断提高企业员工的环保意识。同时,区内重点企业均能按要求进行例行或监督性环境监测。

(3) 企业清洁生产审核

截至 2012 年底,莘庄工业区评价范围内共有 30 家企业已通过清洁生产审核,重点企业清洁生产审核实施率达到 100%。此外,工业区有 27 家企业开展了清洁生产审核。各企业通过减少能源和原材料消耗,采用先进的工艺技术与设备等措施,从源头上削减污染,提高资源的利用效率,减少污染物的产生与排放。

（4）企业 OHSAS18001 建设

工业区内相关企业如上海星月环保服务有限公司等已进行职业健康安全管理体系（OHSAS18001）的认证,并定期对工作场所可能存在的有害因素进行定期检测与评价。各企业不断增强员工的职业安全卫生意识,为员工提供更为安全卫生的工作环境,降低发生伤亡事故和职业病的风险,减少从业人员由工作引起的疾病和伤害造成的损失。

4.5 小结

（1）资源能源消耗

工业区 2008—2012 年的综合能耗和新鲜水耗总体均呈逐年上升趋势,但单位工业增加值综合能耗和单位工业增加值新鲜水耗则呈下降趋势。2012 年,工业区内共有 18 家企业的产值能耗与标准的比例大于 1,高于行业产值能耗均值;另有 22 家企业的产值新鲜水耗与标准的比例大于 1,高于行业产值新鲜水耗均值。

（2）企业污染源

2012 年,莘庄工业区的大气污染物主要是燃料燃烧和生产工艺中产生的 SO_2、NO_x、颗粒物、VOCs 等有毒有害污染物。常规大气污染物的主要排放企业为上海莘庄工业区供热有限公司;VOCs 排放量最大的企业为芬美意香料（中国）有限公司,其次为上海申沃客车有限公司和鹰革沃特华汽车皮革（中国）有限公司;除精细化工企业外,VOCs 均来源于企业工艺流程中的注塑、喷涂工艺。

2012 年,工业区电子信息产业的废水排放量最大,占比为 77.53%,单位产值废水排放量为 6.050 t/万元,这两项指标均远大于工业区其他产业,该行业也是工业区开展减排工作的重点对象。其中,上海中航光电子有限公司、奥特斯（中国）有限公司、上海广电富士光电材料有限公司这三家企业的废水排放量约占工业区废水排放总量的 71.25%,同时这三家企业也是工业区所有企业中排放 COD 和 NH_3-N 排放量前三的企业。

2012 年,工业区的工业固体废物综合利用率为 86.67%。工业区危险废物主要为废乳化液、有机溶剂废物、废油、废油墨等,均由具备危险废物处置资质的企业进行再生和资源化利用或处置,且所有的危险废物均得到安全处理处置,处理处置率达到 100%。其中,奥特斯（中国）有限公司的危废产生量最大,上海莘庄工业区供热有限公司的一般固废产生量最大。

目前工业区已在网站上建立了固体废物交换信息平台,加强了工业区内固体废物信息交流,促进了工业区内固体废物合理、高效地循环再利用。工业区内已形成了较为完备的废物收集和资源化、无害化处理处置系统。

（3）企业污染防治措施调查

对工业区内企业的污水治理设施、废气治理设施等基础设施的建设和运行情况进行有针对性的调查后发现,工业区内重点企业废水和废气等治理设施的建设水平基本达到要求,危险废物均能按要求进行收集、贮存、转移和处置,部分企业存在的噪声扰民问题也已经得到解决。

但是,通过调查也发现,工业区内部分企业的废水及废气治理设施仍存在问题,表现为:废气收集方式、处理措施、排放方式不合理;废水排放口设置不规范;危废仓库、固废堆场不规范。

（4）企业环境管理

近几年,工业区各企业不断提高企业自身的环境管理水平。工业区现有重点企业均有专职或兼职环保员负责日常环保管理工作,按照环保法律、法规、标准和政策的要求,建立并完善自身环境管理机制和制度,并完成了企业环保"一企一档"的整建工作。此外,工业区内企业还积极开展环境管理体系（ISO14001）、职业健康安全管理体系（OHSAS18001）的建设。截至 2012 年底,工业区共有 97 家企业通过 ISO14001 环境管理体系认证。

　　工业区内现有企业均基本能够执行环境影响评价及"三同时"验收制度,但仍有部分企业如松井机械、新莘纺织机械、科双电子元件、皓世管道、屹尧仪器、力奇清洁设备、依州电子零部件、嘉邑机电等,因为其入区时间较早,环评手续不完善。

　　(5)企业清洁生产水平与资源能源集约利用

　　① 清洁生产。工业区积极推进区内企业开展清洁生产审核,从源头削减污染物排放。截至 2012 年底,工业区 16.97 km² 开发范围内共有 30 家企业通过清洁生产审核。部分能耗、水耗较高的企业如紫泉饮料、奥特斯、中航光电子等均已通过清洁生产审核,通用药业、友发铝业、紫东化工等能耗、水耗较高的企业正在开展清洁生产审核。

　　② 能源集约利用。近年来,工业区以提高能源利用效率为核心,以企业为实施主体,通过锅炉改造工程、热电联产工程、电机系统节能工程、能量系统优化工程、余热余压利用工程等工程的实施,积极推动区内企业节能降耗、清洁生产以及能源生态化改造。

　　③ 水资源集约利用。工业区积极推动区内企业提高水资源利用效率,鼓励企业采取中水回用、选用节水型器具、引进高新水处理设备和改进生产工艺等各种措施节约水资源;同时,全面推进区内企业开展建设节水型社会的工作,配合节水型企业(单位)的创建活动,加强用水管理基础工作,提高节约用水管理水平。

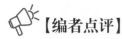

【编者点评】

　　根据《上海市产业园区规划环评及跟踪评价报告编制技术要求(2013 年版)》,《报告书》通过详细的污染物排放统计数据,识别了工业区环境管理存在的问题,体现出编制组编制报告过程中详细的现场调查工作和出色的分析总结能力,有利于下一步提出解决方案,切实为工业区的发展献计献策,体现了跟踪评价的工作价值。

5　工业区基础设施配套及运行情况分析

5.1　工业区基础设施建设

根据调查,工业区内和工业区依托的基础设施建设情况如表 5.1-1 所示。

表 5.1-1　基础设施建设情况一览表

设施名称		建设情况	原规划及环评批复要求
给水	依托区外水厂	依托水厂:上海市自来水有限公司市南水厂 位置:区外 供水能力:307 万 m³/d 取水口:黄浦江上游 管网:已覆盖工业区	依托水厂:闵行二水厂 位置:区外 规划规模:20 万 m³/d 取水口:黄浦江上游 管网:覆盖工业区
			依托水厂:闵行三水厂 位置:区外 规划规模:40 万 m³/d 取水口:黄浦江上游 管网:覆盖工业区

设施名称		建设情况	原规划及环评批复要求
污水处理	白龙港污水处理厂	位置:浦东新区川沙县合庆乡东侧 建设情况:已建 200 万 m³/d 管网:已覆盖工业区	位置:浦东新区川沙县合庆乡东侧 规划规模:远期 386 万 m³/d 管网:覆盖工业区
供电	工业区变电站	位置:工业区内 建设情况:已建 35 kV 变电站 5 个,220 kV 变电站 1 个	位置:工业区内 规划规模:35 kV 变电站 10 个,220 kV 变电站 1 个
集中供热	供热一站	已关停	位置:银都路以南,春西路以东,申旺路以北 建设规模:10 t/h、20 t/h、35 t/h 各 1 台 排气筒:60 m 管网:覆盖工业区
	供热二站	位置:横沙河以南,华宁路以东,元名明路以北 建设规模:2×35 t/h 锅炉 排气筒:80 m 管网:已覆盖工业区	位置:横沙河以南,华宁路以东,元名明路以北 建设规模:2×35 t/h 锅炉 排气筒:80 m 管网:覆盖工业区
	华电"热电冷"三联供	位置:六磊塘以南,北沙港以东,颛兴路以北 建设情况:2×60 MW(级)燃气—蒸汽联合循环供热机组(在建) 排气筒:燃气机组 40 m,尖峰锅炉 20 m 管网:在建中	原规划无此内容
危废集中处置	星月环保	位置:元江路 3198 号 核准经营规模:5 000 t/a 核准经营情况:收集、贮存、焚烧处置 服务范围:工业区内及区外	原规划无此内容
	真源废物	位置:瓶北路 150 弄 核准经营规模:3 800 t/a 核准经营情况:收集、贮存、处置 服务范围:工业区内及区外	原规划无此内容

由表 5.1-1 可见,莘庄工业区内基础设施建设完善,各设施基本按原规划建设,基础设施建设与原规划基本相符。与原规划相比,供水方面,工业区现由上海市自来水有限公司市南水厂供水,该水厂的供水能力能够满足区域的用水需求;集中供热方面,供热一站的三台锅炉(10 t/h、20 t/h、35 t/h 各 1 台)目前已停用,"热电冷"三联供项目启用后,热供二站的 2 台 35 t/h 锅炉于 2015 年底被处理,由华电三联供承担中春路以东工业区用户和工业区西北部未开发用地的冷、热负荷,能够满足莘庄工业区及附近地区的工业用气和采暖(制冷)需求。

5.2 污水集中收集与处理

5.2.1 白龙港污水处理厂

白龙港污水处理厂位于浦东新区川沙县合庆乡东侧,总占地面积为 1.65 km²,是上海市污水治理二期工程的最终处理处置所在地,主要接纳污水治理二期工程 M2 泵站、南干线 6 号泵站及 M2 泵站后沿线接入的污水,包括浦西截流系统的徐汇、静安、黄浦、卢湾、吴泾、闵行地区以及浦东新区赵家沟以南地区的污水,服务面积 271 km²,服务人口 705 万人。

为适应水质水量的逐年变化,白龙港污水处理厂分阶段进行建设。1999 年,白龙港预处理厂投产,处理规模为 172 万 m^3/d。2004 年 10 月,续建了 120 万 m^3/d 一级强化设施并投入运行,处理工艺采用混凝沉淀方式,以除磷为主要目标。2007 年进行升级改造和扩建,污水处理工艺升级,采用多模式 AAO 工艺,可根据进水水质及处理要求以及季节变化以正置 AAO、倒置 AAO、除磷模式运行。2008 年 9 月,升级扩建的生物处理系统完成调试,投入试运行,全厂总处理能力 200 万 m^3/d,出水水质达到《城镇污水处理厂污染物排放标准》(GB 18918—2002)的二级排放标准。

白龙港污水处理厂目前处理规模为 200 万 m^3/d,污水厂 2012 年实际处理水量为 216 万 m^3/d。根据 2012 年度上海市公开的集中式城镇污水处理厂信息,2012 年白龙港污水处理厂出水的 COD 平均排放浓度为 33 mg/L,$NH_3 - N$ 平均排放浓度为 14.9 mg/L。白龙港污水处理厂 2013 年内新增日处理能力 80 万 m^3/d,远期规模将达 350 万 m^3/d,成为世界最大污水处理厂,届时污水处理厂余量可满足区域现状及规划处理的需求。

5.2.2　工业区废水收集体系概况

(1) 废水收集体系概况

工业区内实行雨污排水分流制。区内所有污水经汇集后最终排入白龙港污水处理厂进行处理,工业区内企业污水纳管率为 100%。

工业区污水管网收集系统以黄浦江上游引水管渠为界。北面通过中春路污水干管,汇入春申路污水收集系统,污水经春申路 φ1 800～2 000 和虹梅路 φ2 400 吴闵污水外排工程干管转输后,最终纳入白龙港污水处理系统处理后排入长江;南侧经汇集后进入元江路污水系统,经元江路 φ1 000～1 500 污水干管转输后,汇入虹梅南路 φ2 000～2 400 吴闵污水外排工程总管,最终纳入白龙港污水处理系统处理后排入长江。工业区排水系统较为完善。

近年来通过对区内的污水管网进行新建及改造,工业区现有污水干管总长度约 37.2 km,支管总长度约 4.4 km。污水干管敷设在中春路、华宁路、元江路上,在银都路、申旺路、申富路、金都路、光中路等道路敷设有污水支管。

工业区内现设有 2 座污水泵站,一处为位于华宁路东、颛兴路北的华宁路污水泵站,平均输送废水 8 000 m^3/d;另一处为位于瓶安路西、元江路北的元江路污水泵站,日处理水量为 2 000～12 000 m^3。

(2) 污水管网输送能力分析

2012 年工业区企业工业废水排放量约为 2.49 万 m^3/d(按 330 天计);根据类比漕河泾科技绿洲南桥园区一期—1 项目废水排放情况[废水排放因子约为 0.44 万 $m^3/(d\cdot km^2)$],估算出工业区西北部未开发土地(2.02 km^2)建成企业后废水排放量约为 0.89 万 m^3/d。2012 年工业区居住人口为 3.25 万人,根据《第一次全国污染源普查城镇生活源产排污系数手册》,上海市生活污水产生系数为 185 L/(人·d),则工业区生活污水排放量为 0.60 万 m^3/d。因此,工业区现状及规划预测废水排放总量约为 3.98 万 m^3/d。

工业区污水管网输送能力为 7 万 m^3/d,工业区原区域环评预测至 2012 年工业区总的污水排放量将达到 9.5 万 m^3/d,超过管网输送能力。工业区通过大力推行区内企业节约用水,不断提高循环用水率,并严格控制新建企业的排水量,废水排放量实际未超过管网输送能力,工业区污水管网无须扩容。

5.3　集中供热

5.3.1　莘庄工业区供热二站

(1) 供热二站概况

莘庄工业区原有两个供热站,其中供热一站的 3 台锅炉(10 t/h、20 t/h、35 t/h 各 1 台)目前已停用,三联供项目启用后,热供二站的 2 台 35 t/h 锅炉于 2015 年底停用。

2004 年,上海市莘庄工业区在工业区的西南端元明路 188 号建设了一座装机容量为 70 t/h(2 台 35 t/h 锅炉)的锅炉房,即现在的供热二站。供热二站东侧为 220 kV 变电站,南与 711 研究所相邻,西至索斯科锁定技术(上海)有限公司厂界,北靠横沙河。供热二站是 24 小时 365 日不间断供气。供热二站的 2 台 35 t/h 锅炉一用一备,实际供热量为 35 t/h。

莘庄供热公司在工程建设过程中严格执行环境影响评价和环境保护"三同时"验收制度。莘庄供热公司的《莘庄工业区供热站工程环境影响报告书》于 2003 年 3 月 24 日获得闵行区环保局的批复(闵环保管〔2003〕6 号),并于 2005 年 7 月 25 日通过闵行区环保局组织的"三同时"验收(编号 2005 - 203);莘庄供热公司烟气脱硫工程项目于 2007 年 10 月 18 日获得闵行区环保局(闵环保管许表〔2007〕324 号)的批复,于 2008 年 12 月 26 日经闵行区环保局验收合格(闵环保管许验〔2008〕570 号)。

莘庄供热公司的供热二站供气压力为 1.0~1.2 MPa,温度为 200~280℃,热网管道全长约 25 km,供热半径达 5 km。莘庄供热公司现有热用户 23 家。2012 年莘庄供热公司年消耗燃煤 38 197 t,共供应用户蒸汽 217 291 t,能够满足工业区用户的用热需求。

(2)污染产生和治理

① 废气处理工艺。莘庄供热公司环境保护首先从源头上抓起,控制燃煤灰分不超过 25%,含硫量不超过 0.8%。其次严格控制"三废"的排放。供热二站烟气采用先进的三电场静电除尘器,煤渣采用封闭式的皮带输送装置送到渣仓,烟气、煤渣基本是干式处理。2007 年,供热公司投入约 200 万元安装了四座固定源烟气连续监测系统,纳入上海市环保局进行统一监控。2008 年,供热公司投资约 700 万元,采用双碱法脱硫对 4 台锅炉进行烟气脱硫改造,并于 2008 年底完成烟气脱硫项目的施工,在通过上海市环保局、闵行区环保局联合验收后投入运行。脱硫装置投运后,SO_2 排放量与投运前相比减少 70% 以上,大大改善了工业区的大气环境。

② 废水处理工艺。供热二站用水取自当地地表河水,取上来的河水一部分经净水处理后供给锅炉制汽,因净水而产生的浑水作为冲灰水和场地冲洗水,不够时再使用取上来的河水;另一部分作为间接冷却水,使用过后直接纳管排放。生活污水直接纳管排放。

由冲灰和场地冲洗而产生的废水,以及锅炉排污水,首先进入沉淀池,经沉灰后上层清液排入市政污水管道,沉淀下来的灰渣定期挖除,与煤渣一起清运。

(3)存在问题及解决措施

莘庄供热公司锅炉废气经除尘和脱硫处理后各类污染物均能达标排放,并安装了烟气在线监测设备;生产废水经污水处理设施预处理达标后与生活污水一同纳管排放。锅炉废气和生产废水均能做到定期监测。总体上,莘庄供热公司对环境保护较为重视。但是根据现场调查发现,上海莘庄工业区供热二站仍存在部分问题。供热二站的堆煤场虽然已经加盖顶棚,但是四周仍敞开,没有完全密闭,容易产生扬尘等二次污染。供热二站应建设密闭式储煤仓,或者通过实体围墙和防风抑尘网防尘,加喷洒水降尘处理,同时采用低灰分、低硫的优质煤种代替目前的用煤,进一步减少烟尘等污染物的产生量。

5.3.2 华电集团"热电冷"三联供项目

(1)项目概况

华电集团"热电冷"三联供项目是华电上海分公司根据与莘庄工业区管委会签署的合作协议建立的,用以替代莘庄供热公司并承担中春路以东工业区用户和莘庄工业区西北部未开发用地的冷、热负荷,能够满足莘庄工业区及附近地区的工业用气和采暖(制冷)的需求。该项目建成后莘庄工业区现有供热公司 2 台 35 t/h 的燃煤供热锅炉全部关闭并报废。

该项目建设 2×60 MW(级)燃气—蒸汽联合循环供热机组(其中 1 套为"1+1"模式的燃气—蒸汽联合循环抽凝式机组,1 套为"1+1"模式的燃气—蒸汽联合循环背压式机组),并预留 4 套 60 MW(级)燃气—蒸汽联合循环机组用地。

该项目冷热供应范围确定为：莘庄供热公司现有供热企业、近期发展的热用户（主要指中春路以东、沪闵路以西的企业）、莘庄工业区西北部未开发用地。根据测算，该项目最大热负荷为 92.1 t/h，最小热负荷为 21.2 t/h，平均为 46.9 t/h；最大冷负荷为 17.3 MW，最小冷负荷为 4.2 MW，年平均冷负荷 10.7 MW。热用户共有 35 家，年耗汽量约 7.7 万 t。

该项目建成后，除替代莘庄工业区现有供热公司 2 台 35 t/h 燃煤锅炉外，还替代周边 9 家企业 19 台小锅炉，其中燃煤锅炉 2 台，燃气锅炉 9 台。虽然这些燃气锅炉采用清洁能源，但锅炉吨位过小，能源利用率不高。供热公司和申沃客车的燃煤锅炉在该项目竣工验收通过后全部关闭，周边其余 8 家企业的小锅炉也逐步关闭。

（2）合理性分析

通过对莘庄工业区供热工程实施燃气"热电冷"三联供改造，燃料调整为天然气，且实现"热电冷"联供，既可满足莘庄工业区及附近地区的工业用气和采暖（制冷）的需求，也可在一定程度上减轻当地电网供电压力。

莘庄工业区该热电站是闵行区发电企业之一，也是常规大气污染物的主要排放单位之一。燃气"热电冷"三联供改造项目使热电站使用清洁能源，替代燃煤，大幅度减少二氧化硫等大气污染物的排放量，符合上海市、闵行区相关的环保要求。

5.4　工业区防护距离设置及隔离带建设情况

5.4.1　工业区防护距离设置情况

根据工业区规划和工业区原区域环评报告及批复，工业区周边未设置卫生防护距离。

工业区内仅上海市真源废物处理有限公司设置了 50 m 的卫生防护距离，且根据现状调查结果，该企业卫生防护距离内没有敏感目标。但是自 2009 年之后，工业区内新改扩建项目均未设置卫生防护距离。根据工业区内其他企业环评报告中的大气影响预测，在正常生产情况下，工艺废气不会导致区域环境质量出现超标现象，因此区内现有其他企业均未设置卫生防护距离。

5.4.2　工业区隔离带建设情况

工业区原区域环评批复中指出，应在工业区与周边居住用地之间、工业区内部组团与配套居住组团之间建设绿化隔离带，减少工业污染对居民的影响。城市主干道两侧应按要求设置一定宽度的防护隔离带，缓解交通噪声的影响。

根据现场调研情况，工业区与周边居住区之间设置了一定宽度的绿化隔离带，但是工业区西北角与居住区春华苑距离较近，区内部分企业如奥特斯、萨克斯的厂界与居住区之间仅有少量绿化。工业区内部组团与配套居住组团之间也设置了一定宽度的绿化隔离带，如工业区内北部工业组团与申莘居住区之间有约 26 m 的绿化隔离带，工业区东南部工业组团与鑫都城等居住区之间有 30 m 左右的绿化隔离带。但是部分区域如瓶北路 150 弄企业组团与鑫都城宝铭苑之间仅以北庙泾相隔，绿化带仅 3 m，且以低矮灌木为主，绿化较少；区内部分企业与集体村、北桥村紧邻，企业与居住区边界处绿化较少。工业区内主干道两侧也已按要求设置了一定宽度的防护隔离带。

5.5　小结

莘庄工业区内基础设施建设完善，各设施基本按原规划建设，基础设施建设与原规划基本相符。

（1）污水集中收集与处理

本工业区内实行雨污排水分流制，区内所有污水经汇集后最终排入白龙港污水处理厂进行处理。工业区内企业污水纳管率为100％。工业区通过大力推行区内企业节约用水，不断提高循环用水率，并严格控制新建企业的排水量，废水排放量实际未超过管网输送能力，工业区污水管网无须扩容。

（2）集中供热

莘庄供热公司锅炉废气经除尘和脱硫处理后各类污染物均能达标排放，并安装了烟气在线监测设备；生产废水经污水处理设施预处理达标后与生活污水一同纳管排放。锅炉废气和生产废水均能做到定期监测。总体上，莘庄供热公司对环境保护较为重视。

但是根据现场调查发现，上海莘庄工业区供热二站仍存在部分问题。供热二站的堆煤场虽然已经加盖顶棚，但是四周仍敞开，没有完全密闭，容易产生扬尘等二次污染。供热二站应建设密闭式储煤仓，或者通过实体围墙和防风抑尘网防尘，加喷洒水降尘处理，同时采用低灰分、低硫的优质煤种代替目前的用煤，进一步减少烟尘等污染物的产生量。

华电集团"热电冷"三联供项目建成并在区域供热管网到位后，莘庄工业区现有供热公司的2台35 t/h锅炉关停，由华电三联供项目承担中春路以东工业区用户、工业区西北部未开发用地的冷、热负荷，满足莘庄工业区及附近地区的工业用气和采暖（制冷）的需求。

（3）危险废物处理处置

上海星月环保服务有限公司和上海真源废物处理有限公司为莘庄工业区内危废处置单位。根据企业例行监测结果，这两家企业排放的污染物浓度均能达到相应的标准要求，但是在运行和管理方面仍然存在部分问题。

（4）防护距离设置

工业区周边未设置卫生防护距离。自2009年之后，工业区内的新改扩建项目均未设置卫生防护距离。

（5）绿化隔离带建设

根据现场调研情况，工业区与周边居住区之间、工业区内部组团与配套居住组团之间、工业区内主干道两侧均设置了一定宽度的绿化隔离带，但是工业区部分工业用地与周边居住区、区内配套居住区之间仍需要加强绿化隔离带的建设。

📢**【编者点评】**

《报告书》从供水、供气、供热、污水处理、隔离带设置等多方面调查了工业区配套的基础设施和相应的环保措施落实的情况，并根据调查实际提出了需要整改的方向，为工业区环境管理提供了整改提高的方向。

6　区域环境质量回顾及现状分析

6.1　区域环境敏感因素现状分析

通过实地勘查和对相关规划的分析，莘庄工业区范围内无饮用水水源保护区、自然保护区、风景旅游度假区等特殊敏感区域。通过与黄浦江上游饮用水水源保护区保护范围图的对比分析，莘庄工业区不在黄浦江上游饮用水水源保护区一级保护区、二级保护区和准水源保护区范围之内，但工业区南边界与准水源保护区北边界以北松公路为界,部分重合。

根据调查了解得知,工业区区域的绿化主要种植人工植被,以水杉、香樟、杜英、女贞、杨树和观赏灌木等为主,树种具有多样性;区域内的野生动物主要以常见鸟类、两栖类、爬行类和各类昆虫为主。区域内没有需要特殊保护的珍稀野生植物,也没有需要特殊保护的珍稀野生动物及其繁殖栖息地。

根据工业区现状布局情况,工业区内环境保护敏感目标较多。中春路以东、瓶北路以北区域为鑫都城集中居住区,分布鑫峰苑、宝铭苑、仁和花苑等居住区,元江路以北、北竹港以西分布元吉小区,工业区南部和东北部还分布集体村、北桥村等村镇的零散居民点。此外,工业区内还分布上海群益职业技术学校、鑫都幼儿园、上海师范大学闵行实验幼儿园等四所学校,上海同和精神病康复院、上海市精神卫生中心分部两家医院,以及上海大华福利院、闵行区福禄寿敬老院两家敬老院。

综合分析,莘庄工业区范围内无饮用水水源保护区、自然保护区、风景旅游度假区等特殊敏感区域,且位于黄浦江上游饮用水水源保护区一、二级保护区和准水源保护区范围之外,区域不属于生态环境功能区,无特殊的生境和需特别保护的野生动植物。但是工业区区域内分布有较多环境保护敏感目标,且区域地表水不能满足功能区划要求,区内企业有机废气排放扰民现象严重,因此,工业区区域环境仍较为敏感。

6.2　小结

(1) 环境空气

本次大气环境质量现状监测中,各监测点位各项常规污染物 SO_2、NO_2、NO_x 和 PM_{10} 的小时浓度或日均浓度均符合《环境空气质量标准》(GB 3095—2012)二级标准;各点位氟化物、HCl、铅均分别能符合《环境空气质量标准》(GB 3095—2012)、《工业企业设计卫生标准》(TJ 36—79)、《大气中铅及其无机化合物的卫生标准》(GB 7355—87)标准限值的规定;非甲烷总烃的小时浓度能满足大气污染物综合排放标准详解中的标准要求;G5,G7 点位臭气的小时浓度最大值分别为 12 和 11;G2、G3 点位二噁英日均浓度为 0.11 pg - TEQ/m^3,占标率均为 6.59%。

根据监测期间上海市 10 个国控点 $PM_{2.5}$ 的 AQI 空气质量分指数和 24 小时浓度均值,工业区区域的 $PM_{2.5}$ 日均浓度能够达到《环境空气质量标准》(GB 3095—2012)中的二级标准,满足区域环境功能要求。

在工业区空气样品中共检测出烷烃、芳香烃和卤代烃等 14 种 VOCs,参照《工业企业设计卫生标准》(TJ 36—79)、《前苏联居民区大气中有害物质的最大允许浓度(CH 245—71)》、大气污染物综合排放标准详解中的标准要求,以及计算得到的空气环境目标值(AMEG),几种 VOCs 的浓度均能达标,其余因子均未检出。

与 2005 年相比,2013 年 G4、G7 两个监测点 SO_2 日均最大浓度占标率显著下降;G3、G4 两个监测点的 NO_2 日均最大浓度占标率均有所上升,其原因与工业区近年来机动车数量不断增加有关;G3 监测点的 PM_{10} 日均最大浓度占标率有所上升,而 G4、G5、G7 的 PM_{10} 日均最大浓度占标率则较 2005 年有所下降,首要污染物防控成效渐显。

(2) 地表水

地表水监测结果显示,11 个监测断面均未能达到《地表水环境质量标准》(GB 3838—2002)Ⅳ类水质标准的要求,主要表现为氨氮、总磷超标,溶解氧未能达标。

通过对 2008 年至 2012 年工业区地表水环境质量监测数据的统计分析,以及上一轮区域环评与 2013 年地表水环境质量监测数据的对比分析,发现 2005 年至 2008 年地表水环境质量改善明显,而 2008 年至 2012 年地表水环境质量改善缓慢。这说明截污纳管工程对改善地表水环境质量起到重要作用,而进入工业区的地表水水质差是导致工业区地表水环境质量改善缓慢的一项重要原因。

(3) 地下水

地下水监测结果显示,工业区内 8 个地下水监测点除铁、锰外的各项监测指标均满足《地下水质量标准》(GB/T 14848—93)Ⅲ类标准,优于沪环保许管〔2008〕251 号中规定的地下水环境保护目标:地下水达到《地下水质量标准》(GB/T 14848—93)Ⅳ类标准。工业区的铁、锰指标能达到《地下水质量标准》(GB/T 14848—93)Ⅳ类标准,VOCs 和 SVOCs 均未检出,工业区地下水环境质量良好。

与 2005 年相比,2014 年工业区地下水环境质量总体上没有明显的变化。虽然工业区地下水环境质量能够满足《地下水质量标准》(GB/T 14848—93)Ⅳ类标准,但仍应引起工业区的足够重视,切实加强对地下水环境的保护。

(4)土壤

土壤监测结果显示,工业区内 8 个土壤监测点测得除银以外的各项土壤重金属指标均符合《土壤环境质量标准》(GB 15618—1995)中二级标准,银指标符合《展览会用地土壤环境质量评价标准(暂行)》(HJ 350—2007)中 A 级标准,二噁英指标能满足日本的土壤质量标准,VOCs 和 SVOCs 均未检出。工业区内土壤环境质量良好。

与 2007 年相比,2013 年工业区土壤环境质量整体出现一定程度的下降,虽然工业区土壤环境质量可以满足标准限值要求,但应引起工业区的足够重视,在日后的环境监管中,注重对土壤环境的保护。

(5)噪声

根据工业区环境噪声监测结果,工业区 25 个监测点位中有 3 个监测点出现了一定程度的超标现象,主要为道路交通噪声超标,其余各监测点的声环境质量均能符合《声环境质量标准》(GB 3096—2008)中相应的标准要求。

对比 2005 年的原区域环评监测,本次监测的华宁路—金都路交叉口、银都路—中春路交叉口、工业区管委会的昼间和夜间噪声值均达到了相应的声环境功能区要求,工业区声环境质量整体有所好转。可见,工业区近年来实施的"宁静工程"取得了一定的成效。但随着工业区开发建设的不断成熟,道路交通噪声对工业区的影响将呈现加大的趋势。工业区应该加大"宁静工程"建设力度,以确保各声功能区的声环境质量达标,以为工业区的生活、生产提供安静的环境。

(6)电磁辐射

工业区内各电磁辐射监测点位工频电场强度、工频磁场感应强度均符合评价标准要求。除拟建的三联供 110 kV 升压站外,工业区内其余各电磁辐射监测点处的无线电干扰场强均符合评价标准要求。

7 工业区环境风险回顾

由于工业区微电子通信、平板显示器、精细化工等行业会涉及大量易燃易爆、有毒有害物质,因而不仅存在火灾、爆炸、毒物扩散等环境风险,也存在有毒有害物质污染地面水和地下水的隐患。对此,工业区有关部门采取了一系列的风险管理措施,从技术、工艺、管理方法等方面加强对工业区内企业风险防范措施建设的管理,检查、监督工业区内各企业采取严格的防火、防爆、防泄漏措施,以及建立安全生产制度,大力提高操作人员的素质和水平。工业区已形成较为系统的应急体系,风险防范意识、应急救援程序等早已深入人心;并通过环境突发事故应急演练,增强了应对环境风险事故的能力,以便在事故发生时,可以及时地控制、消除并尽可能将其影响降至最低。

7.1 环境风险识别与分析

7.1.1 环境风险事故发生情况

自 1995 年至今,莘庄工业区尚未发生过有记录的环境风险事故,但在工业区现有及新的规划产业中,微电子通信、平板显示器制造、新材料新能源、精细化工等行业均可能涉及有毒有害危险化学品的贮存和使用,部分物质毒性较大,存在一定的环境风险。事故风险主要来自分布在区内各企业的生产系统、储存系统、运输系统和公用工程系统。由于开发建设不确定因素大,要十分准确地估计事故的发生和危害存在一定的困难,本次评价主要对区内主导产业的环境风险进行识别与评价。

7.1.2　环境风险识别

根据工业区企业调研及资料分析,参照《危险化学品重大危险源辨识》(GB 18218—2009),可知区内各生产或者使用危险化学品的企业中主要危险化学品甲苯、二甲苯、乙醇、盐酸等的存在量均低于临界量,不构成重大危险源。

由于工业区南边界紧邻黄浦江上游饮用水水源准保护区,且区内部分风险源周边分布有居住区、学校、医院等敏感目标,如巴斯夫上海涂料有限公司、上海造漆厂南面即为颛桥镇区,奥特斯西北部即为春华苑,现有风险源的易燃、易爆、有毒有害物质若发生意外情况,将会对环境和周边人群带来影响和危害。因此工业区及企业在化学品贮存规模、安全管理及选址布局等方面仍应予以重视。

7.2　风险防范措施分析

7.2.1　地面水风险防范措施

针对工业区内各企业污水处理装置故障可能对污水处理厂正常运转造成冲击负荷的潜在事故,闵行区环保局和工业区管委会要求区内所有重点废水监管企业按照要求建设事故池,留有一定的缓冲余地,并配备相应处理设备(如回流泵、回流管道等);另外,对污水处理工程中涉及的各种机械电器、仪表,必须选择质量优良、故障率低、便于维修的产品,关键设备应一开一备,易损配件应有备用,以在出现故障时能尽快更换。

为防止工业区内企业污水排放对白龙港污水处理厂产生冲击负荷,工业区要求重点废水监管企业在污水排放口安装自动监测仪,以加强对各企业排放指标的监控,并将监测数据送至闵行区环保局预警中心监控室,以及时了解企业的废水排放情况。一旦监控的污染因子超标,应及时关闭企业污水排放管,直接将污染物质排入事故池。必要时,责令发生事故的企业限产或停产,以减少环境风险。

7.2.2　地下水风险防范措施

针对工业区土层防污性能极差,厂址地面无良好的隔水层,因而各企业地面冲洗水和固体废弃物淋滤水易渗透污染地下水,产生环境灾害的潜在风险,工业区加强对各企业厂区地面防渗处理的监控,要求工业区内各企业生产区和贮存区地面均用水泥铺成,危险化学品贮存区四周设有防渗处理的地沟,初期雨水均能通过地沟及时收集起来,送污水处理站处理。

区内各企业均按要求专门建设固废分类暂存仓库,对于固体废弃物可能造成的危害,工业区加强对区内各企业固体废弃物存放的管理,区内各企业均按要求专门建设固废分类暂存仓库,并由环境保护主管部门定期对各企业固废堆放场所进行检查。

7.2.3　大气风险防范措施

工业区内各企业、各生产单体相邻建筑物的防火间距、安全卫生间距以及安全疏散通道等符合《建筑设计防火规范》(GB 50016—2006)、《石油化工企业设计防火规范》(GB 50160—2008)及相关设计规定的要求,符合产品生产、物料贮存的安全技术规定,并有利于工业区内各企业之间、厂内各车间之间的协作和联系。

罐区的布置以及储罐的间距符合有关规范的规定。易燃物料尽量布置在厂区边缘安全地带以及全年主导风向的下风向。

工业区各企业内设有足够的消防环形通道,并保证消防、气防、急救车辆等到达该区域畅通无阻。

7.2.4　区内企业风险防范措施

工业区要求各可能发生突发环境事件的企业必须针对其生产过程、危险化学品贮存、电讯电气、风险管理、检修施工等方面的工作,制定和执行严格的风险防范措施,并编制相应的环境风险应急预案,作为管理依据。

工业企业内各重点企业均按照要求制定了环境风险应急预案,并定期组织演练。按照《关于印发〈突发环境事件应急预案管理暂行办法〉的通知》(环发〔2010〕113号)的要求,企业事业单位应当在环境应急预案草案编制完成后,组织评估小组对本单位编制的环境应急预案进行评估;企业事业单位编制的环境应急预案,应当在本单位主要负责人签署实施之日起30日内报所在地环境保护主管部门备案。根据闵行区环保局应急办提供的资料,莘庄工业区的环境风险应急预案已在闵行区环保局备案,但是工业区内各企业的环境风险应急预案暂时尚未在闵行区环保局进行备案。

7.2.5　工业区风险防范措施评价与要求

对照原区域环评中的相关要求,工业区基本落实了各项风险防范措施,并具有一定的运行可行性和有效性,但仍然需要进一步改进。

(1) 工业区环境风险事故决策支持系统

为了及时发现和减少事故的潜在危害,确保生命财产和人身安全,工业区有必要建立风险事故决策支持系统。该系统内容主要包括事故查询系统、事故实时仿真系统和事故应急系统等,具体如图7.2-1所示。

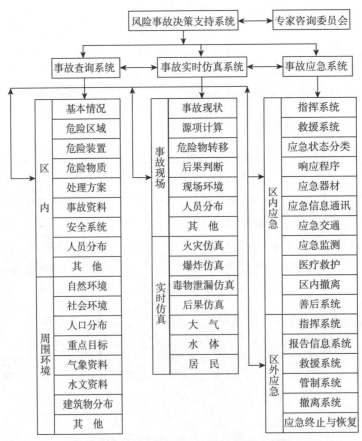

图 7.2-1　风险事故决策支持系统示意图

（2）区域事故应急监测技术支持系统

实施应急监测是做好突发性环境污染事故处理、处置的前提和关键。只有对突发事故的类型、污染危害状态提供了准确的数据资料，才能为事故处理、处置和善后恢复等提供科学依据。因此工业区协调配合上海市环保局、闵行区环保局建立了工业区事故应急监测技术支持系统。应急监测技术支持系统包括组织机构、应急网络、方法技术、仪器设备等，具体如图7.2-2所示。

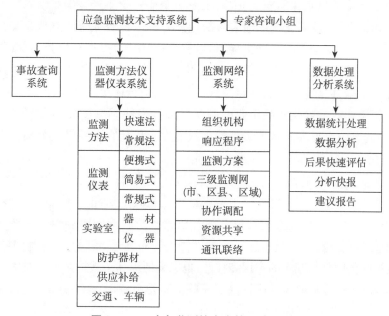

图7.2-2　应急监测技术支持系统示意图

（3）周围社会风险防范措施

工业区周围社会应急系统（包括上海市和闵行区）如图7.2-3所示，在工业区请求需要救援时启动应急系统。

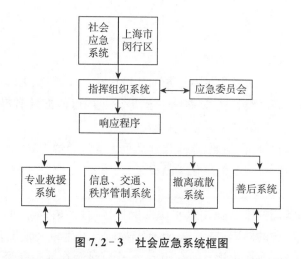

图7.2-3　社会应急系统框图

7.3　工业区事故应急预案分析

为贯彻《国家突发公共事件总体应急预案》《国家突发环境事件应急预案》《上海市突发公共事件总体应急预案》《闵行区突发公共事件总体应急预案（试行）》和《闵行区突发环境事件应急预案》，有效防范环境污染事故特别是重特大环境污染事故的发生，及时、合理处置可能发生的各类突发环境事件，有效控制和消除污染,保证人民健康及正常生活、生产活动的进行,保护生态环境,工业区于 2009 年制定了《上海市莘庄工业区突发环境事件应急预案》,并每年修订一次。

近年来,莘庄工业区突发环境事件应急领导小组根据《上海市莘庄工业区突发环境事件应急预案》制定的应急演练计划,组织或指导工业区内企业开展了一系列环境突发应急演练活动,为工业区突发环境事件处理积累了宝贵的实战工作经验。

为保障工业区内危险化学品企业的安全,推动工业区企业安全生产,2011 年 7 月 1 日,工业区在罗地亚(中国)投资有限公司举办了"危险化学品泄漏事故应急处置综合演练"暨"罗地亚安全日"活动。演练在工业区安监局、区消防支队和安全办的协助指导下,以罗地亚(中国)投资有限公司厂区内一起危险化学品泄漏事故为例,通过启动公司应急处置演练预案开展报警、疏散、抢险、救援等活动。区安监局、区消防支队、金都派出所、工业区安全办、企业代表、参与演练的三家公司全体员工 400 余人参加了现场观摩。罗地亚演练的成功经验对于工业区危险化学品企业编制突发环境事件应急预案、开展环境突发事件应急处置演练、做好危险化学品的有效管控和防范各类环境事故的发生均具有重要借鉴意义。

另外还开展了群众性救护演练竞赛,提高群众救护能力。2010 年 9 月 10 日,工业区红十字会围绕 2010 年世界急救日"急救为人人"的活动主题,在鑫泽阳光公寓举行了莘庄工业区红十字会首届群众性演练竞赛活动。竞赛由来自工业区企业救护队、工业区红十字会救护队和工业区居委会救护队的代表组成。竞赛包括心肺复苏、头部包扎、上臂骨折救治及大腿开放性骨折救治四个项目。演练过程中,专业评委对所有救护队的操作细节进行了点评和纠正,并对队员们提出的问题进行了逐一讲解和操作演示。救护演练竞赛有效地提高了救护队员们自救互救的意识和技能,也极大地提高了救护队员们对应急事件的处置能力。

为进一步普及消防安全知识,增强辖区社区居民的消防安全意识,全力营造"人人参与消防,共创平安和谐"的浓厚氛围,在工业区安全办的指导下,2013 年 5 月 28 日,申莘一居委会同金都派出所、小区物业等部门在申北路 135 弄居民小区内开展多层住宅楼居民疏散逃生演练及消防知识宣传活动,共计 80 余名群众参加此次活动。演练共由事故模拟、应急启动、应急疏散、火灾事故处理、应急结束等组成。消防疏散演练活动进一步提高了小区居民的消防安全防范意识、自救和逃生的应急反应能力,提升了小区应对突发公共事件的组织协调能力和应急处置能力,为平安小区的建设奠定了良好的基础。

7.4 小结

自 1995 年至今,莘庄工业区尚未发生过有记录的环境风险事故,但在工业区现有及新的规划产业中,微电子通信、平板显示器制造、新材料新能源、精细化工等行业均可能涉及有毒有害危险化学品的贮存和使用,部分物质毒性较大,存在一定的环境风险。

根据工业区企业调研及资料分析,参照《危险化学品重大危险源辨识》(GB 18218—2009),可知区内各生产或者使用危险化学品的企业中主要危险化学品甲苯、二甲苯、乙醇、盐酸等的存在量均低于临界量,均不构成重大危险源。

由于工业区南边界紧邻黄浦江上游饮用水水源准保护区,且区内部分风险源周边分布有居住区、学校、医院等敏感目标,现有风险源的易燃、易爆、有毒有害物质若发生意外情况,将会对环境和周边人群带来影响和危害。因此工业区及企业在化学品贮存规模、安全管理及选址布局等方面仍应予以重视。

针对工业区的环境风险,区内企业应结合工业区管理部门严格做好风险防范措施,以把各类风险事故率降到最低,并落实好应急预案和联动机制,把事故的影响、危害降到最低。

【编者点评】

工业区存在一定潜在的环境风险,《报告书》开展了环境风险回顾,对工业区现有的环境危险源进行了识别,回顾了工业区发展至今环境风险事故的发生情况,评价了园区现有环境风险防范措施及应急体系的合理性、有效性及落实情况,对工业区环境风险与周边社会应急措施的衔接和联动情况给予了说明,分析存在的问题,工作做得非常细致。

8　工业区环境管理现状

（1）区域环评执行情况

自2007年上一轮规划实施至今已6年,实施过程总体良好,工业区在日常环境监管过程中能够较好地按照原区域环评及批复中提出的各项环境监管要求开展环境监管工作,各项环境保护目标基本能够达到。但同时也存在一定不足,主要表现为地表水环境污染物超标严重、绿化隔离带设置距离不够。

（2）环境管理制度与能力

工业区在开发建设过程中持续重视环境保护工作,开发初期就设立了专门的机构,负责全区环境保护工作的统一监督管理。

工业区早在2001年11月就已获得ISO14001环境管理体系认证,2002年11月通过ISO9001质量管理体系认证,2003年11月获得OHSAS18001职业健康安全体系认证,成为全国率先通过质量、环境与健康安全三认证的工业园区。

为强化环境管理能力,深化企业主体责任落实,全面掌握企业环境保护的基本情况,改进和规范企业环境管理,减少或避免环境污染事故发生,工业区根据《关于闵行区实行污染源分级管理的实施意见》,要求区内重点企业建立了企业环境保护"一企一档"管理制度。

此外,工业区积极引导区内企业开展ISO14001环境管理体系认证和清洁生产审核。截至2012年底,工业区16.97 km² 开发范围内共有97家企业通过ISO14001环境管理体系认证,有30家企业通过清洁生产审核,重点企业清洁生产审核实施率为100%。

（3）环保投诉

工业区环保投诉呈现逐年增多的趋势,2012年环保投诉共85件,比2007年多出52件;从环保投诉类别组成来看,主要以大气污染、餐饮业、噪声污染投诉为主,其中大气污染投诉尤为突出且逐年增加。莘庄工业区严格按照信访条例调查处理,能做到事事有落实、件件有回复,信访案件处理率、结案率均为100%,经过复查都达到了整改要求。

（4）应急预案编制

工业区于2009年制定了《上海市莘庄工业区突发环境事件应急预案》,每年修订一次。工业区设立了由管委会主任担任总指挥、分管副总等担任副总指挥的突发环境事件应急领导小组,配备了充足的资金、物资保障,并定期组织开展环境突发应急宣传、培训与演练。

9　区域环境趋势分析和总量控制

（1）大气环境影响分析

原区域环评对SO_2的预测结论准确性不足,对氟化物、氯化氢的预测结论基本准确有效。

工业区在规划发展过程中,华电"热电冷"三联供项目建成并取代区内现有锅炉,区域环境空气中的SO_2、NO_x、PM_{10}浓度得到大幅度削减,环境空气质量得到改善。

（2）地表水环境影响分析

通过对工业区现状调查分析可知,工业区平板显示产业基地实际开发面积仅为原规划的平板显示产业建设用地面积的28%,这直接导致原区域环评预测量与工业区2012年实际废水排放量相差较大。

白龙港污水处理厂设计处理规模为 200 万 m^3/d,2013 年内新增日处理能力为 80 万 m^3/d,远期规模将达 350 万 m^3/d。在正常排放情况下,工业区废水纳入白龙港污水处理厂方案可行,且不会对白龙港污水处理厂的正常运行产生大的冲击负荷。

(3)声环境影响分析

从声环境功能区类别来看,工业企业厂界噪声均能达到功能区标准要求,原区域环评对工业生产噪声的预测结论基本准确;部分道路交通噪声未能达到功能区标准要求,现状监测结果与原区域环评预测结论基本一致。

随着工业区规划的进一步实施,未来道路交通噪声的防治将是工业区区域噪声防治的重点。

(4)固体废物环境影响分析

原区域环评对工业区的危险废物、生活垃圾产生量预测较为准确,而对于一般工业固体废物量的预测则与 2012 年实际情况偏离较大。

在工业区后续发展过程中,工业区西北部未开发用地上引进的企业将会产生、排放一定量固体废物,主要包括职工生活产生的生活垃圾和一般工业固体废物,危险废物产生量较少。

(5)工业区总量控制

工业区"十二五"污染物总量控制目标任务为:到 2015 年,莘庄工业区工业源 COD、NH_3-N 排放量不得突破 2010 年排放量,同时,污水处理率达到 100%;工业源 SO_2 排放量控制在 294.1 t 以内,NO_x 不得突破 2010 年排放量。

华电"热电冷"三联供项目建成投产运营替代工业区现有锅炉后,主要大气污染物完全可达到总量控制要求,两项主要大气污染物分别低于总量控制目标值:SO_2 排放量为 270.3 t/a,NO_x 排放量为 287.8 t/a。

"十二五"期间,工业区 6 家重点企业废水削减 10%,且工业区不新增工业源废水排放总量,"十二五"末工业区两项主要水污染物 COD 和 NH_3-N 的排放量均可满足总量控制要求。

【编者点评】

《报告书》对原规划环评的结论进行了有效性分析,结合规划污染源预测及影响分析结果给出了工业区的环境质量发展趋势,以及工业区规划持续实施的正面环境影响的结论。

10　公众参与

10.1　公众参与总体方案概述

本次公众参与的实施主体为规划编制单位上海市莘庄工业区管委会和评价单位南京大学环境规划设计研究院有限公司。

公众参与的对象包括直接和间接受影响的单位和个人。公众参与对象按有效、广泛和代表性相结合的原则进行选择。本次对莘庄工业区周边人群密集的居住区、周边企业、工业区内企业及居民以及工业区管理部门进行了较为细致的调查。此外,为让更多未被直接征询到的公众有机会了解上海市莘庄工业区环境影响跟踪评价项目,评价单位还在网上进行了公示和信息发布,以征询他们的看法。

评价单位在接受上海市莘庄工业区环境影响跟踪评价项目的委托后,即于 2013 年 7 月 23 日在"上海环境热线"网站(http://www.envir.gov.cn)对本次跟踪评价项目的基本信息进行了第一次公示。公示期间,未收到任何关于该环境影响跟踪评价项目的反馈信息。

本次跟踪评价于 2013 年 12 月 27 日在"上海环境热线"网站进行了第二次公示,并将简本公布于众。公示期间,未收到反馈信息。经与上海市莘庄工业区管理委员会确认,本次跟踪评价最终将工业区评价面积调整为 16.97 km²。在对评价范围内敏感目标、报告书内容进行完善之后,本次跟踪评价于 2014 年 3 月 17 日在"上海环境热线"网站进行了第三次公示,并将简本公布于众。

除了在网上发布信息,进行公示之外,评价单位还采用在《闵行报》上发布信息公告的方式,公示项目名称、项目概况、环评初步结论等信息,并提供向规划编制单位、评价单位反馈意见的途径。第二次公示同期,在工业区内所有居委会、学校、医院等敏感点以及工业区外评价范围内选取部分居委会以张贴布告的形式发布本次跟踪评价的信息,并在张贴布告处提供本次跟踪评价报告书简本供公众查阅。第二次公示结束后,在评价范围内的居民点、学校等敏感目标发放书面调查问卷。此外,在本次跟踪环评报告编制过程中,还征求了上海市环境监测中心、上海市环境科学研究院和闵行区环保局等单位的 4 位专家的意见。

10.2　公众参与调查意见分析与答复

在公众参与过程中,部分公众的意见有助于对区域环境问题更好地识别和了解,并且公众对于莘庄工业区的建设给出了极为中肯的意见和建议,说明公众关心生活空间,具有较高的环境意识。此外,4 位被访专家也对工业区的发展提出了宝贵的意见。

对公众提出的合理建议,评价单位已反馈给工业区管理部门,要求管理部门在入驻企业的选择以及今后的管理工作中予以落实。公众和被访专家提出的意见以及工业区的采纳情况说明如表 10.2-1 所示。

表 10.2-1　工业区对公众和专家意见的采纳情况

意见来源		主要意见	工业区采纳情况	工业区态度
第三次网络公示期间的公众		建议限制精细化工类、印刷等此类严重污染环境的企业,并要求区内环保局督促此类企业处理尾气,并连续监测空气质量,防止环保检查后又发生污染现象	采纳	工业区将会采取更严格的企业环境准入制度,包括严格控制精细化工和生物医药行业的发展规模,并要求区内企业加强污染控制尤其是挥发性有机废气的污染控制,确保企业废气不扰民,保证周边居民的健康和安全;同时工业区已在南郊别墅建立环境空气质量自动监测站,对工业区边界处的环境空气质量进行监控,工业区内也布设有环境空气质量例行监测点位,每年定期委托监测单位开展环境空气质量监测;工业区也会协助区环保局持续加大对区内企业污染控制措施的监管力度,防止企业发生污染现象
持"反对"态度的公众	公众1	有条件支持,企业有机废气扰民严重,在企业采取有效的废气治理措施,确保环境空气质量达标、废气不扰民的前提下,赞成工业区的进一步开发建设	部分采纳	工业区将会要求区内企业加强污染控制尤其是挥发性有机废气的污染控制,确保企业废气不扰民;但是因为整个上海地区的环境空气质量都无法做到全年达标,仅靠工业区是无法确保区域环境空气质量达标的
	公众2	化工产品全部转移,影响居民健康	无法采纳	工业区无法将区内的精细化工产业全部转移出工业区,但是将会采取更严格的企业环境准入制度,包括严格控制精细化工和生物医药行业的发展规模;此外,工业区也将会要求区内企业加强污染控制尤其是挥发性有机废气的污染控制,确保企业废气不扰民

意见来源	主要意见	工业区采纳情况	工业区态度
持"赞成"或"无所谓"态度的公众	加强工业区整体管理水平,长效管理,保护环境	采纳	工业区将会进一步加强工业区的整体管理水平以及对污染企业的长效管理,切实保护工业区及周边的环境
	做好环评和规划,限制污染型企业入驻,在污染源头进行控制	采纳	工业区正在开展工业区跟踪环境影响评价工作,同时也会要求区内企业做好项目环评工作;工业区将会采取更严格的企业环境准入制度,包括严格控制精细化工和生物医药行业的发展规模,并要求区内企业加强污染控制尤其是挥发性有机废气的污染控制,确保企业废气不扰民
	在工业区的开发建设中确保生态绿化和环境优美,对空气、水污染进行治理	采纳	工业区将不断增加环保投入,加大区内的绿地建设,以保护区内的生态和景观环境;工业区将会要求区内企业加强污染控制尤其是挥发性有机废气的污染控制,同时在加强管网建设、提高污水纳管率、强化源头控制的基础上,通过河道整治和修复,改善工业区内的地表水环境质量
专家1	工业区企群混合,敏感目标围合,各企业必须严格落实卫生防护距离控制,严格控制使用剧毒品、存在重大危险源的项目引进,通过产业升级,降低工业区污染物排放量	采纳	工业区将会要求各企业严格落实卫生防护距离控制,严格控制使用剧毒品、存在重大危险源的项目引进,通过产业升级,降低工业区污染物排放量
专家2	注意工业区大气特征污染物排放对周边大型居住区的影响	采纳	工业区在南郊别墅建有环境空气质量自动监测站,对工业区边界处的大气环境质量进行监控,同时在鑫都城居住区布设有环境空气质量例行监测点位,监控大气特征污染物排放对周边大型居住区的影响
	加强工业区酸性气体和VOCs的有效治理,降低区域污染水平,留足大气容量	采纳	工业区将会加强对企业污染物排放的监督管理,并开展有机废气综合治理,以降低区域大气污染物的排放量
	开展大气特征污染的有组织排放在线监测和边界无组织排放的在线监测,提升工业区监管水平	采纳	工业区在南郊别墅建有环境空气质量自动监测站,对工业区边界处的环境空气质量进行监控,同时要求符合条件的企业安装废气在线监控设施,对企业产生的废气进行监控
专家3	加强工业区内环境敏感目标的保护,特别是学校、敬老院	采纳	工业区将会加强对企业污染物排放的监督管理,并开展有机废气综合治理,确保企业废气不扰民
	加强工业区土壤和地下水的跟踪监测	采纳	工业区将根据本报告提出的环境监测计划,对土壤和地下水进行跟踪监测
	环境空气质量的评价仍只限于常规的 SO_2、NO_x、PM_{10}、$PM_{2.5}$,应对工业区内大气特征污染物,特别是有毒有害污染物的排放种类、排放量进行梳理	采纳	工业区将根据本报告提出的环境监测计划,继续开展对环境空气常规因子和特征因子的例行监测

意见来源	主要意见	工业区采纳情况	工业区态度
专家4	招商引资项目的行业与工业区产业定位应相符,不要造成相互制约发展;抓紧时间落实腾笼换鸟项目,引进低污染低能耗环保项目	采纳	工业区将会落实腾笼换鸟项目,同时在今后的招商引资过程中,引进与工业区产业定位相符的项目,并采取更严格的产业准入制度,从而引导低能耗、轻污染、低风险、高附加值的项目入区,从源头上杜绝高能耗、高污染、高风险项目的引入
	针对工业区内污染较严重的企业,加强长效管理,督促企业安装在线监控设备,减少污染物排放	采纳	工业区将会进一步加强对污染企业的长效管理,根据企业污染物排放情况等确定企业是否需要建设、安装污染源自动监控设备及其配套设施

📢 **【编者点评】**

《报告书》给出了公众参与方案,根据要求采取报纸公示、现场公告、网络公示、专家咨询等多种方式实施了全方位的公众参与,并对各渠道获取的意见和建议进行了逐个分析,给予了"采纳"与"不采纳"的说明,过程合法合理,结果真实有效,而不是例行公事、走流程似的"花架子"。

11　规划的环境合理性综合论证

11.1　环保基础设施建设的环境合理性

（1）污水集中处理

工业区内实行雨污排水分流制。工业区污水管网收集系统以黄浦江上游引水管渠为界,北面通过中春路污水干管,汇入春申路污水收集系统,南侧经汇集后进入元江路污水系统。区内所有污水经汇集后最终排入白龙港污水处理厂进行处理。

工业区内现设有2座污水泵站,一处为位于华宁路东、颛兴路北的华宁路污水泵站,平均输送废水8 000 m³/d;另一处为位于瓶安路西、元江路北的元江路污水泵站,日处理水量2 000～12 000 m³。

工业区内企业污水纳管率为100%。近年来通过对区内的污水管网进行新建及改造,工业区现有污水干管总长度约37.2 km,支管总长度约4.4 km。

根据估算,在不考虑工业区工业废水削减的情况下,工业区远期规划废水排放总量约为3.98万 m³/d,在工业区污水管网输送能力范围之内（7万 m³/d）。这得益于工业区大力推行区内企业节约用水,不断提高循环用水率,并严格控制新建企业的排水量。

工业区远期规划废水排放总量仅占白龙港污水处理厂现有处理能力的1.99%;远期随着白龙港污水处理厂扩容至350万 m³/d,届时工业区废水排放量将仅占白龙港污水处理厂处理能力的1.14%。工业区废水全部经预处理达到纳管标准后接入城市污水管网。因此,正常排放情况下,工业区废水纳入白龙港污水处理厂方案可行,且不会对白龙港污水处理厂的正常运行产生大的冲击负荷。

（2）集中供热

莘庄工业区原有两个供热站,其中供热一站的三台锅炉（10 t/h、20 t/h、35 t/h各1台）目前已停用,华电三联供项目启用后,热供二站的2台35 t/h锅炉于2015年底停用。供热二站的2台35 t/h锅炉一用一备,实际供热量为35 t/h。2012年莘庄工业区供热公司共供应用户蒸汽217 291 t,能够满足工业区用户的用热需求。

华电三联供项目是由华电上海分公司根据与莘庄工业区管委会签署的合作协议建立的,拟建设 2×60 MW(级)燃气—蒸汽联合循环供热机组,用以替代莘庄供热公司并承担中春路以东工业区用户、莘庄工业区西北部未开发用地的冷、热负荷,满足莘庄工业区及附近地区的工业用气和采暖(制冷)的需求。该项目建成后,除替代莘庄工业区现有供热公司 2 台 35 t/h 燃煤锅炉外,还替代周边 9 家企业 19 台小锅炉,其中燃煤锅炉 2 台,还有 9 台燃气锅炉。

项目 2014 年底正式启动并进行统一供气,能够满足工业区及附近地区的工业用气和采暖(制冷)需求并发电,实现供电、供热、供冷三联供,符合区域环境保护的要求。

(3)固体废物集中处理处置

目前工业区内有两家危险废物处置单位,分别为上海星月环保服务有限公司和上海真源废物处理有限公司。上海星月环保服务有限公司专业从事工业废弃物的收集、焚烧、处置、利用,核准危险废物处置规模 5 000 t/a,2012 年实际处置危险废物 4 584.8 t;上海真源废物处理有限公司核准经营危险废物类别为感光材料废物(HW16),规模为 3 800 t/a(其中感光材料废液 3 000 t/a,废胶片、废相纸 800 t/a),2012 年实际处置危废物 704.28 t。这两家危险废物处置单位可为工业区内及区外其他企业产生的危险固废提供有效的处理处置途径。

综上分析,工业区的污水集中处理、集中供热、固体废物集中处理处置等环保基础设施的处理能力基本能够满足工业区规划发展的需求。

11.2 规划的环境目标和评价指标可达性分析

参照《综合类生态工业园区标准》(HJ 274—2009)以及《上海市莘庄工业区国家生态工业示范园区建设规划》的远期(2020 年)指标体系,将 2012 年的指标与其进行对比分析。分析结果表明,莘庄工业区各项指标均达到或优于《综合类生态工业园区标准》中的指标要求。与《上海市莘庄工业区国家生态工业示范园区建设规划》中 2020 年的指标体系相比较,工业区各项指标均已接近规划标准值。

(1)生态工业园区标准指标可达性分析

2008—2012 年,工业区单位工业用地工业增加值和人均工业增加值这两个重要指标均有显著的增长,其中单位工业用地工业增加值提升了 48%。根据莘庄工业区"十二五"规划,工业区将进一步壮大主导产业、集聚高新技术产业。"十二五"期间,工业区产值保持年均 8%～10% 的增长速度。此外,通过推进工业区经济增长方式的转变,大力发展生产性服务业,促进工业区经济发展与周边的产城融合,总体上工业区的经济情况将继续呈现持续增长的态势。因此,工业区人均工业增加值和单位工业用地工业增加值将继续保持增长的趋势。

工业区高度重视节能降耗工作,自 2008 年起每年与工业区重点用能企业签订《节能减排责任书》,实行节能降耗目标企业责任制,随着区内企业进一步开展绿色照明、设备节能、管理节能以及余热余压热电联产等项目,单位工业增加值综合能耗将能得到进一步降低;此外,节水也一直是工业区工作的重点,工业区以创新节水机制为核心,引导企业推行水平衡测试,创建节水型企业,着力提高水资源利用效率和效益,随着节水制度的进一步完善和节水工程的进一步开展,工业区的单位工业增加值新鲜水耗也将会得到进一步的降低。

围绕国家生态工业示范园区的建设,工业区扎实推进污染减排工程。工业区一方面通过源头控制,提高环保准入门槛,严禁排污总量大、环境风险高的项目入区;另一方面,通过 6 家重点企业废水减排工程的推进,工业区单位工业增加值废水产生量和单位工业增加值 COD 排放量将能得到进一步降低。

工业区积极推进集中供热及分散锅炉清洁能源替代工程,随着"热电冷"三联供项目的建设,工业区的供热二站及其他分散的小锅炉得到替代,工业区单位工业增加值 SO_2 排放量得到大幅度的降低。

在工业区管委会和企业的共同努力下,通过广泛开展节水宣传,全民节水意识得到提升,2008—2012年工业区工业用水重复利用率有了很大的提升。通过确立更多节水试点企业,开展清洁生产、中水回用、节水器具改造、资源回收利用等工作,工业区工业用水重复利用率将会得到进一步提升。

工业区内现有企业多为来料加工型,很多企业以末端组装为主,该类企业的固体废弃物多为废纸板、废塑料、边角料等,具有较大综合利用空间。工业区对企业的固体废物积极推进分类收集和资源化利用,积极引导企业从产品设计、原料选用、工艺控制等不同方面加强管理,降低固废的产生量,推进重点企业和工业区提升固废自行利用处置能力建设。同时,工业区通过完善不同层次的再生资源回收体系,提高再生资源回收率和规模化再生利用能力。根据莘庄工业区"十二五"规划,预计到"十二五"末,工业区固体废物综合利用率将能达到88.68%。随着工业增加值的增长和固废产生量的进一步减少,工业区单位工业增加值固废产生量也将进一步降低。

(2)其他指标可达性分析

根据分析,工业区华电"热电冷"三联供项目以清洁能源天然气为燃料,建成投产运营替代工业区现有锅炉后,工业区主要大气污染物得到大幅度削减,2015年工业区 SO_2 和 NO_x 完全达到总量控制要求,两项主要大气污染物 SO_2 和 NO_x 的排放量分别比总量控制目标值低 253.94 t/a 和 277.0 t/a。

根据分析,由于工业区不新增工业源废水排放总量,同时考虑2013年工业区其他已完成的废水减排工作,以及"十二五"期间6家重点企业的废水减排目标,工业区2015年主要废水污染物 COD、NH_3-N 的排放量分别为 267.94 t、76.66 t,均能够满足总量控制要求。同时考虑白龙港污水处理厂提标改造工程的实施,工业区 COD 和 NH_3-N 的排放量将能得到进一步削减。

工业区污水纳管率已经达到100%,按照工业区的环保管理要求,区内新建项目必须具备污水纳管条件,因此工业区远期的污水纳管率也能够确保达到100%。

11.3　规划的 SWOT 分析

(1)工业区发展的有利条件(S)

① 地理优势。上海市莘庄工业区位于上海市腹地,闵行区西南部,北与莘庄镇相接,东与梅陇镇、颛桥镇相连,西、南与马桥镇接壤,西北与松江区相连,是上海重要的先进制造业基地和闵行经济发展的重要载体。随着整个上海市城市的整体外扩和闵行新城的建设,工业区配套基础设施越来越完善,轨道交通5号线从工业区东面穿过,"大虹桥"综合交通枢纽距离工业区仅15 km。

② 良好生态发展基础。工业区2004年启动国家生态工业示范园区创建工作,2010年成为全国第7家、上海首家国家生态工业示范园区。工业区始终以科学发展观、生态文明建设为引领,以"低碳智造,产城融合"为切入点,不断创新管理模式,稳步落实重点项目,切实推进工业区生态建设,这为工业区进一步的规划发展提供了指导。

③ 主导产业初具规模。工业区已步入成熟发展期,区内土地开发程度较高。目前现已形成电子信息、机械装备及汽车零部件、新材料及精细化工三大主导产业,以及平板显示产业基地和航天研发中心两大产业高地,并且已构建较为完善的生态产业链网,形成了以龙头大企业带动产业发展的四大主导产业链。

④ 基础设施建设完善。工业区基础设施建设完善,区内基本实现了道路、供水、排水、供电、煤气、蒸汽、通信等"八通一平",市政公用配套设施齐全,部分区域还做到了"九通一平"。

(2)工业区发展的制约因素(W)

① 工业区开发接近成熟,可利用土地资源有限,土地资源不足。

② 第三产业发展滞后,二、三产业互动、互补、互进的产业格局尚未形成。

③ 单位土地效率不高,企业创新能力不足,影响工业区产业的进一步升级。

④ 区内及周边环境敏感目标分布密集,工业区局部区域布局不合理,区内企业废气扰民严重,厂群矛盾集中。

⑤ 部分产业能耗、水耗、污染物排放强度相对较高,节能减排压力大。

⑥ 大气、地表水、声环境污染有超标现象,环境容量不足。

（3）工业区发展的机遇（O）

随着我国国民经济的高速发展和程式化进程的加快,生产性服务业集聚区的建设项目在全国范围内迅速增长,上海也正在加快形成以服务经济为主的产业结构的步伐;另外,虹桥综合交通枢纽将在周边形成服务能力极强的现代服务产业集群,给工业区现代服务业的发展提供了历史性的机遇。

（4）工业区发展的挑战（T）

① 要素制约。工业的可持续发展将面临更多的土地、资源、能源和环境压力,在可用土地有限的前提下,单位土地产出、单位土地资源能源利用效率以及单位土地污染物排放的控制需要达到更高的水平。

② 布局制约。工业区内及周边已经被居住区包围,区域的城市化进程将对工业区的发展产生较大的冲击。

③ 效益制约。随着宏观经济环境的日益趋紧和生产服务业发展的相对滞后,工业用地成本、劳动力成本上升较快,交易成本、商务成本居高不下,这些因素已经导致出现了产业竞争力下降、优势弱化的迹象。

【编者点评】

《报告书》分析了开发区的发展目标与定位、产业规模、产业功能布局、产业结构等方面的环境合理性及与上级规划目标等的相符性,结合实际情况给予了客观评价,重点对环保基础设施建设的环境合理性进行了分析,还创造性地进行了规划的SWOT分析,为工业区的发展提供了指导。

12 规划调整建议和环境影响减缓措施

12.1 规划实施的优化调整建议

12.1.1 建立环境准入制度

工业区应采取排污总量和排放标准更严格的产业准入制度,从而引导低能耗、轻污染、低风险、高附加值的项目入区,从源头上杜绝高能耗、高污染、高风险项目的引入。环境准入制度主要从以下几方面进行考虑。

（1）产业导向

从招商源头开始注重项目把关,按产业功能划分引进配套企业,实现全面招商向绿色招商转变,优先发展低碳高新技术产业,形成一批具有区域特色的产业集群,带动产业结构和经济结构的优化升级。引进的项目必须与国家、上海市、闵行区的产业政策、产业导向相符,必须与工业区规划的电子信息制造业、机械装备及汽车零部件、新材料及精细化工等产业定位相符。新引进项目的地均产出应不低于1.2万元/m²。

优先引进符合产业政策且低能耗、轻污染、低风险、高技术含量、高附加值的项目,对符合区域主导产业发展规划,有利于增长产业链和循环经济链、提高资源利用率、有利于优化产业结构的项目优先考虑。

在进一步壮大主导产业、集聚高新技术产业的基础上,大力发展总部经济、外包服务、专业服务、科技孵化和金融服务等生产性服务业。

遵循"发展一批、提升一批、限制一批、淘汰一批"的原则,及时制定和调整产业准入和淘汰目录,严格把握能耗和排污空间准入、总量准入和项目准入"三位一体"的准入原则,杜绝"两高一资"等不符合环保规范的项目。严格控制现有"两高"行业新增产能,新、改、扩建项目要实行产能等量或减量置换。

对于精细化工行业,本次跟踪评价建议工业区不再引进规模化的精细化工生产类项目,可引进精细化工研发类项目,区内现有精细化工企业的生产规模不得扩大。

对于生物医药行业,本次跟踪评价建议工业区保留现生物医药企业,严格控制生物医药行业的发展规模。在今后的项目引入过程中,禁止引入Ⅲ级、Ⅳ级(分级标准参照世界卫生组织对感染性微生物的危险度等级分类标准)疫苗的生产和研发项目,禁止引入实验动物标准化养殖及动物实验服务以及《产业结构调整指导目录(2011 年本)》及其修正中限制和淘汰类的项目。

对于生产性服务业,重点发展总部经济、外包服务、专业服务、科技孵化和金融服务等项目,鼓励创业投资企业、中国 500 强企业、上市公司、行业龙头企业以及国家高新技术企业的企业总部、区域总部落户,但是严格控制生物或医药研发类企业入驻。

(2)环保要求

首先,工业区引进的项目在能耗、水耗方面必须满足《上海产业能效指南(2011 版)》的要求,在污染物排放、环保治理措施等方面必须达到国家及上海市、闵行区的环保要求;其次,新引进的企业单位工业增加值的 SO_2、NO_x、VOCs、COD、NH_3-N 排放量及资源能源消耗量至少应达到国内先进水平,其污染物排放必须满足区域总量控制要求。其中,针对引进新项目的单位产值 VOCs 排放量,本报告建议不高于工业区现各行业的排放量,如表 12.1-1 所示。

表 12.1-1　新引进项目不同行业 VOCs 排放量基准

序号	行业类别	单位产值 VOCs 排放量/(kg/万元)	序号	行业类别	单位产值 VOCs 排放量/(kg/万元)
1	电子信息	0.049	4	新材料	0.042
2	机械装备	0.108	5	精细化工	0.249
3	汽车零部件	0.313	6	其他行业	0.275

按照《上海市环境保护局关于加强本市重点行业挥发性有机物(VOCs)污染防治工作的通知》(沪环保防〔2012〕422 号)的要求,工业区应严格环境准入,逐步强化 VOCs 源头管理,具体措施如下。

① 提高 VOCs 排放类项目建设要求。把 VOCs 污染控制作为重点行业建设项目环境影响评价的重要内容,采取严格的污染控制措施,逐步实行总量控制。新、改、扩建项目排放 VOCs 的生产环节应安装废气收集、回收或净化装置,净化效率应不低于 90%。电子等行业新建涂装项目必须采取有效的 VOCs 控制措施,水性涂料等低 VOCs 含量的涂料使用量占总涂料使用量的比例不低于 80%。机动车制造新建涂装项目,不得低于《清洁生产标准 汽车制造业(涂装)》(HJ/T 293—2006)的国内清洁生产先进水平。新建包装印刷项目须使用具有环境标志的油墨。

② 淘汰 VOCs 排放类项目落后产能。严格执行国家发改委《产业结构调整指导目录(2011 年本)》及其修正、工信部《部分工业行业淘汰落后生产工艺装备和产品指导目录(2010 年本)》以及《上海市产业结构调整淘汰类指导目录(2012 年本)》等文件要求。根据上海市产业结构调整协调推进联席会议办公室印发的《上海工业调整淘汰落后产能"十二五"规划》,加大对 VOCs 排放类落后产能的淘汰力度,优化 VOCs 排放产业布局调整。

(3)风险控制要求

引进项目的潜在风险及其所采取的风险防范措施必须符合环境安全要求,编制应急预案并与工业区的应急预案联动,同时,应考虑与项目周边环境敏感目标的风险控制距离,环境敏感目标应尽可能在事故影响范围之外(可根据具体环评报告中的结论确定)。

(4)清洁生产要求

引进项目的清洁生产水平至少达到国内先进水平,优先引进清洁生产水平达到国际先进水平的项目,限制引进低于国内先进水平的项目。

(5)资源能耗指标

引进项目的能源、水资源消耗水平应低于《上海产业能效指南(2011版)》中的行业均值。

(6)循环经济要求

优先引进与工业区产业链发展方向相吻合的项目,促进工业区循环经济产业链的进一步延伸。继续做大做强三大支柱行业和两大高地行业,提高产业集聚度。重点依托现有企业上游的总部、研发企业,下游的销售、物流等生产性服务业,促进产业链的纵向延伸。拓展"两头在内,中间在外"的发展模式,促进中间生产外包,推进与异地工业企业或者工业园区的联合发展。加强企业之间生态化建设,扩大补链工程范围,各行业引进上游研发企业或地区总部,下游方面引进销售企业或终端企业,以形成较为完整的产业链,在国内拥有较强的行业竞争能力。推动工业区内光电子和微电子产业链之间、新能源产业与其他产业链之间的横向耦合,完善生态产业链,构建新的循环产业链,带动工业区产业集群发展,提高工业区产业的生态效率。工业区在快速发展占地少、污染少的生产性服务业的同时,加快建设与工业区产业配套的高档商务等生活型服务业。

12.1.2 规划布局优化调整建议

根据工业区产业布局现状及发展方向以及区内外敏感目标分布情况,对工业区用地布局提出建议如下。

① 分区引导与控制土地利用,提高土地利用效率。优先保证重点项目的建设用地需要;实行建设用地投资强度和容积率"双控"标准,认真执行"双控"标准考核和奖惩办法。提高地块的建筑密度和建筑容积率,重点对工业区内微电子产业中部分容积率偏低的企业进行扩资或引进上游研发企业,鼓励其在不增加土地利用面积的情况下扩大生产规模,提升土地利用强度。

② 推进土地回购与清理工作,盘活存量土地。进一步梳理区域内未批先建、闲置不建等项目,对逾期不开发的闲置土地予以收回和尽早利用,确保土地存量得到充分利用。全面清理工业区内空关厂房,促进空关厂房的租赁,提高厂房的利用效率。建立政府引导、社会投资、风险共担、利益共享的运作机制,积极引导企业利用现有空置厂房、场地,实施改造包装,吸纳科技型、总部型企业入驻。

③ 由于元江路以南、北庙泾以东、鹤翔路以北、沪闵路以西地块建有翔泰苑等居住小区,元江路以北、北竹港以西建有元吉小区等居住小区,《闵行区闵行新城 MHC10501 单元控制性详细规划》中已经将这两片区规划的工业用地调整为居住用地,建议进一步加强翔泰苑、元吉小区、集体村、北桥村等敏感点周围企业的污染控制和环境管理。

④ 横沙河以南、北庙泾以东、瓶北路以北、沪闵路以西地块有集体村以及瓶北路 150 弄工业集中区,工业、居住混杂现象严重,区域较为敏感,且现有企业规模均较小。闵行区闵行新城 MHC10401、MHC10402 单元控制性详细规划中已经将该地块中的大部分区域调整为商居混合用地,但是远期规划仍保留有一小块工业用地(位于工业区 104 区块范围外)。由于该地块内部分企业属于颛桥镇管理,建议工业区管委会与颛桥镇协商,通过关、停、并、转、迁等措施逐步将该地块内的企业合理调整,建设居住小区以及配套的行政办公、商业服务和市政设施,以与工业区现有居住组团实现融合。

⑤ 颛兴路以南、中春路以东、联农路以北、邱泾港以西地块紧邻颛桥镇以及工业区内鑫都城居住集中区,且地块内布置有上海颛群金属喷涂有限公司、上海鼎强电工器材有限公司等污染相对较大、产值较低的企业,区域环境较为敏感。建议近期加快该地块内的企业搬迁至工业区其他工业地块内或搬迁出工

业区。

⑥ 严格按工业区土地利用规划布局入区项目,工业用地范围内不得新增居民住宅、学校、医院、养老设施等环境敏感类建筑。

此外,由于莘庄工业区总体规划编制时间较早,建议工业区根据闵行新城总体规划和相关控制性详细规划以及工业区发展现状,对工业区总体规划进行修编。

12.2 环境影响减缓措施

12.2.1 环境风险防范措施

(1) 建立应急联动响应体系

莘庄工业区应与周边工业区(吴泾工业区、闵行经济技术开发区等)建立应急联动响应体系,各方的应急预案应形成联动响应机制,便于最大限度地获取社会各方面的应急救援力量,并及时采取必要的防范措施保护周围居民的环境安全。各个工业区域的应急预案则应与莘庄工业区应急预案有效衔接,确保一旦事故发生,通过应急联动,将事故的影响降至最低。

工业区应强化应急保障能力建设,构建一体化应急管理系统。工业区安全生产管理机构要全面掌握工业区及企业应急救援的相关信息,制定工业区总体应急救援预案及专项预案。督促企业修订完善应急救援预案并与工业区总体应急救援预案相衔接,做好预案登记、备案、评审等工作。构建工业区一体化应急管理信息平台,并依托信息平台,对工业区安全生产状况实施动态监控及预警预报,定期进行安全生产风险分析,与工业区周边社区建立危险性告知和应急联动体系,特别是与邻近居住区等敏感目标形成应急联动响应机制,制定公众撤离、隔离方案,及时发布预警信息,落实防范和应急处置措施。

(2) 危险源的限制与监控

工业区内有部分企业使用危险化学品,涉及易燃易爆物质、有毒有害物质等,存在一定的环境风险,一旦出现突发事故,可能致使毒物大量外泄,通过大气或水体弥散至环境。因此,应加强对这些危险源的监控。

① 建立区域危险源动态数据库,加强对区域危险源的动态监控。数据库包括使用危险化学品的企业和存在安全隐患的企业,及其涉及的危险品或有害物质。危险品主要考虑 GBZ 230—2010 标准规定的极度危害物质和高度危害物质、强反应物和爆炸物质、高度易燃物质和放射性物质等。

② 推行清洁生产,尽可能限制有毒有害物质的使用,在满足工艺要求的前提下,尽可能使用低毒、无毒原辅材料。如汽车制造与维修、电子及电器产品等行业表面涂装工艺中全面推进水性、高固体分、粉末、紫外光固化涂料等低 VOCs 含量涂料的使用,包装印刷业必须使用符合环保要求的油墨,在皮革加工、日化等行业积极推动使用低毒、低挥发性溶剂,食品加工行业必须使用低挥发性溶剂。

③ 限制有毒物质在生产场所及有毒场所的在线量,降低环境风险。

④ 涉及危险物质的装置、贮存设施、输送管线应采用先进、安全的工艺,采取必要的防泄漏、防火防爆、防止有害物质扩散进入环境的措施。

⑤ 工业区配备环境应急监测力量,监测因子应包括区域环境风险特征因子,如氨气、氯气、磷化氢、氯化氢等有毒有害气体,确保一旦发生事故,可迅速组织监测,及时掌握事故后果,为事故应急决策提供依据。

(3) 危险化学品使用、储运风险防范措施

对于生产企业使用的有毒有害气体如氨气、氯气、磷化氢、氯化氢等危险品,其储存钢瓶应设置于专门的气瓶柜内,通过专用泵送至生产区各使用点,输送管道应为双层管道,并在管道接头、阀门处及其他可能泄漏的区域设置有毒有害气体检测仪器和报警系统,发现泄漏能立即关闭阀门。

对于有机溶剂等易燃液体及其他易燃易爆物质,其储存场所及可能泄漏的场所应采取防火、防爆措施,并设置可燃气体检测、报警系统,一旦发现泄漏,便可立即关闭阀门。

企业应建立危险品安全数据库,掌握所有涉及的危险品的理化特性、危险特性、安全操作要求、防护措施及事故应急处置措施等。加强相关员工的安全操作培训,定期开展应急演练。

危险品应由专业的危险品运输公司运输,对于毒性大的氨气、氯气、氯化氢等物质运输时应按规定路线行驶,不得在居民区及人口稠密区停留。对于电子企业使用的特殊气体,由于部分物质毒性大,建议委托专业气体公司负责特殊气体的储运及安全管理。

企业应配备相关设施或采取相关措施防止危险品转移进入环境(大气环境、水环境),防止有毒气体向大气扩散的措施包括设置水幕、稀释泄漏气体;设置事故废气收集和处理系统等。防止化学品或事故废水进入水体的措施包括设置储存区围堰,截流泄漏的液体或事故废水;设置事故废水收集系统,确保事故废水得到收集和处理,防止随雨水系统进入地表水而造成污染。

企业应建立应急监测队伍,配备相应的应急监测设施,或依靠区域应急监测力量,确保一旦发生事故,可迅速开展环境监测,及时掌握事故影响情况,指挥应急决策。

涉及危险化学品的企业应针对潜在的风险事故类型制定相应的应急预案,包括应急组织机构、危险物质数据库、事故类型及等级划分、事故分级响应程序、各类事故应急处置方案、人员紧急疏散与撤离、危险区隔离、应急监测、事故抢险及控制措施、受伤人员现场救护及医院救治、现场保护与现场洗消、应急终止、应急联络方式、应急救援保障、应急培训计划、应急演练计划等内容,此外还应该包括周边敏感目标分布及联络方式、邻近企业联络方式、工业区应急指挥部门联络方式、紧急疏散撤离路线。

12.2.2 环境敏感目标保护措施

工业区在后续开发过程中,要充分考虑到工业区内尚存的零散居民点以及村民宅基地生活环境,尽量早搬迁。根据《莘庄工业区第五轮环保三年行动计划(2012—2014)》,工业区在2014年底前完成区内紫磊村、联农村和新生村29户动拆迁工作。

规划区域内快速路两侧与沿路第一排敏感建筑之间应设置50 m的环境防护距离,规划区域内城市主干道与次干道两侧与沿路第一排敏感建筑之间应设置30 m的环境防护距离。防护带内可以设置绿化带、市政公用设施、商业用房等非噪声敏感建筑。

区域内各类市政设施主要有架空电力线、地上变电站、雨污水泵站、生活垃圾转运站等,应设置一定的环境防护距离,且环境防护距离应满足表12.2-1、表12.2-2和表12.2-3的要求。

表12.2-1 电力设施环境防护距离建议要求

设施类型	等级或规模/kV	起点	终点	环境防护距离/m
架空电力线	35	—	—	20
	110			25
	220			30
地上变电站	10	边界	敏感建筑	8
	35			15
	110			20
	220			30

表 12.2－2　雨污水输送设施环境防护距离建议要求

设施类型	等级或规模	起点	终点	环境防护距离/m
雨污水泵站	—	边界	敏感建筑	30

表 12.2－3　生活垃圾转运站环境防护距离建议要求

设施类型	等级或规模/(t/d)	起点	终点	环境防护距离/m
生活垃圾转运站	＜50	边界	敏感建筑	50
	≥50			100

12.2.3　工业企业场地再开发利用的环境安全

工业区工业企业在关停并转、破产或搬迁企业原场地采取出让方式或划拨方式重新供地的,应当在土地出让或项目批准核准前完成场地环境调查和风险评估工作,并按照《关于切实做好企业搬迁过程中环境污染防治工作的通知》(环办〔2004〕47号)、《关于保障工业企业场地再开发利用环境安全的通知》(环发〔2012〕140号)、《上海市环境保护局关于加强工业及市政场地再开发利用环境管理的通知》(沪环保防〔2013〕530号)和《上海市环保局、市规划国土资源局、市经济信息化委、市建设管理委关于保障工业企业及市政场地再开发利用环境安全的管理办法》(沪环保防〔2014〕188号)的要求办理,以保障工业企业场地再开发利用的环境安全,具体如下。

① 组织开展场地环境调查和风险评估。所有产生危险废物的工业企业、实验室和生产经营危险废物的单位,在结束原有生产经营活动,改变原土地使用性质时,必须经具有省级以上质量认证资格的环境监测部门对原址土地进行监测分析,报送省级以上环保部门审查;监测评价报告要对原址土壤进行环境影响分析,分析内容包括遗留在原址和地下的污染物种类、范围和土壤污染程度,原厂区地下管线、储罐埋藏情况和土壤、地下水污染现状等的评价情况。

经场地环境调查和风险评估属于被污染场地的,应当明确治理修复责任主体并编制治理修复方案,未经治理修复或者治理修复不符合相关标准的,不得用于居民住宅、学校、幼儿园、医院、养老场所等项目开发。未进行场地环境调查和风险评估的,未明确修复责任主体的,禁止进行土地流转。

② 开展被污染场地治理修复。对于已经开发和正在开发的外迁工业区域,要尽快制定土壤环境状况调查、勘探、监测方案,对施工范围内的污染源进行调查,确定清理工作计划和土壤功能恢复实施方案,尽快消除土壤环境污染。当地环保部门负责土壤功能修复工作的监督管理。

被污染场地治理修复完成,经监测达到环保要求后,该场地方可投入使用;被污染场地未经治理修复的,禁止再次进行开发利用,禁止开工建设与治理修复无关的任何项目。

12.3　主要环境问题、制约因素及解决方案

莘庄工业区存在的主要环境问题、制约因素及解决方案如表 12.3－1 所示。经与莘庄工业区管委会确认,工业区管委会对本次跟踪评价提出的各项规划调整和环境影响减缓措施的建议均能够予以采纳。

表 12.3－1　工业区主要环境问题、制约因素及解决方案

要点	环境问题和制约因素	解决方案
用地布局	1. 工业区开发接近成熟,可利用土地资源有限;土地资源不足,人地矛盾突出。 2. 区内产业发展不平衡,工业区目前整体呈现"北整齐""南杂乱""西开发"的现象,南区块开发利用水平不高。	1. 通过"腾笼换鸟"工程,提高单位土地资源利用率和产出率。 2. 建议工业区管委会与颛桥镇协商,通过关、停、并、转、迁等措施逐步将瓶北路150弄工业集中区内的企业合理调整。

要点	环境问题和制约因素	解决方案
	3. 部分产业空间布局不够合理,突出问题表现为食品企业与其他工业企业混杂,周边的工业企业对这类食品加工企业可能存在污染隐患。 4. "园中园"吸纳企业门类较多,集聚发展水平仍然较低,这不利于"园中园"工业小区特色发展。 5. 颛兴路以南、中春路以东、联农路以北、邱泾港以西地块原规划为居住用地,但是布置有污染相对较大、产值较低的企业,区域环境较为敏感。 6. 紫磊村建设在规划绿地上。 7. 工业区内敏感目标较多,区内集体村、北桥村还存在一定的工居混杂现象。	3. 食品加工企业宜逐步迁出工业区。 4. 进一步推进工业区内老经济小区、城中村的改造。 5. 建议近期加快颛兴路以南、中春路以东、联农路以北、邱泾港以西地块内的企业搬迁至工业区内其他工业地块内或搬迁出工业区。 6. 建议进一步加强翔泰苑、元吉小区、北桥村、集体村等敏感点周围企业的污染控制和环境管理。 7. 工业区在2014年底完成紫磊村的动拆迁工作。 8. 严格按工业区土地利用规划布局入区项目,工业用地范围内不得新增居民住宅、学校、医院、养老设施等环境敏感类建筑。
产业发展	1. 莘庄工业区第三产业发展比较滞后,工业区二、三产业互动、互补、互进的产业格局尚未形成。 2. 工业区内现有部分食品企业在区内分布较分散,且与其他类型工业企业混杂,与工业区的产业定位明显不相符。	1. 实现产业结构逐步优化,在进一步壮大主导产业的基础上,大力发展生产性服务业;实施生产性服务业集聚建设,探索产城融合发展新模式。 2. 食品加工企业宜逐步迁出工业区。
资源能源消耗	1. 工业区内共有18家企业产值能耗与标准的比例大于1,共有22家企业产值新鲜水耗与标准的比例大于1。 2. 电子信息产业及其配套企业的能耗、水耗、污染物排放强度相对较高,节能减排压力较大。	1. 严把项目准入关,实施最严格的环境准入。 2. 建议现有高能耗、高水耗企业改进生产工艺,加强管理,提高资源能源利用水平,减少污染物排放。对于部分企业采取关停并转等措施将其逐步迁出。 3. 围绕重大项目扎实推进节能减排:依托华电"热电冷"三联供项目的实施,关停工业区现有燃煤集中供热站,并淘汰工业区现有燃煤锅炉及其他小锅炉;重点推进中航光电子、广电富士、奥特斯、紫泉饮料、实达不锈钢、电气硝子玻璃这6家废水重点监管企业实施节水管理、中水回用等废水减排工程。
企业污染控制	1. 部分企业废气收集方式不合理。如四国化研、瑞时印刷、通达理、天伟制药、三菱电梯、日之升等企业无有机废气治理设施,有机废气无组织排放或者经收集后直接排入大气。 2. 部分企业废气处理措施不合理。如芬美意、卫生材料厂、寿精版等企业因为废气治理设施效率较低或废气处理方式不规范,有机废气治理效果较差,多次遭到周边居民或其他企业投诉。 3. 部分企业废气排放方式不合理。如特瑞堡密封、瑞时印刷、蓝星有机硅等企业排气筒高度低于15 m,废气未实现有组织排放;奥特斯废水处理设施及处理有机废气的生物滤池均为敞开式,在不利天气情况下会对下风向的春华苑等敏感目标产生影响。 4. 部分企业排放口设置不规范。如三菱电梯废水排放口无pH计、流量计等监测设备,且排放口处完全敞开,没有封闭处理,废水排放口处时有堵塞现象发生,污水溢流至周围绿地上,可能会对土壤和地下水造成一定的污染;亚什兰化工的废水排放口没有设置立式或平面固定式排放口标志牌。 5. 部分企业危废仓库、固废堆场不规范。美高森美危险废物仓库中的危险废物储存量较大,且未分类堆放并得到及时处理;友发铝业的铝屑堆置场及存放仓库较为混乱,大量铝屑溢出仓库,且散乱堆放于仓库旁道路上。	1. 以芬美意、奥特斯、蓝星有机硅、寿精版、卫生材料厂这5家企业作为典型,对其开展有机废气综合治理(对奥特斯废水处理设施和生物滤池产生的恶臭气体与有机废气一并进行治理)。 2. 要求企业开展废气治理措施整改,四国化研、瑞时印刷、通达理、天伟制药、三菱电梯、日之升等企业增加或改进有机废气收集处理设施,确保有机废气收集处理后达标排放;对各企业低于15 m的排气筒进行整改,确保废气有组织排放。 3. 规范企业废水排放口设置,三菱电梯对废水排放口进行规范化整治,增加pH计、流量计等监测设备,并确保排放口加盖封闭,废水不发生堵塞和溢流;亚什兰化工等企业的废水排放口设置排放口标志牌。 4. 规范企业危废仓库、固废堆场的管理,美高森美、友发铝业等企业分别对危废仓库、固废堆场进行规范化管理。

要点	环境问题和制约因素	解决方案
集中供热	1. 供热二站的堆煤场四周为敞开式,没有完全密闭,容易产生扬尘等二次污染。 2. 工业区内尚未完全实行集中供热,申沃客车还有两台燃煤锅炉。	1. 供热二站应建设密闭式储煤仓,或者通过实体围墙和防风抑尘网防尘,加喷洒水降尘处理,同时采用低灰分、低硫优质煤种代替目前的用煤,进一步减少烟尘等污染物的产生量。 2. "三联供"项目正式启动并进行统一供气之后,替换申沃客车和供热二站的燃煤锅炉。
固废处理	上海星月环保服务有限公司: 1. 企业食堂建在焚烧炉处理设施南面,与焚烧炉及进料口距离较近,存在一定的风险。 2. 焚烧炉进料口敞开,且厂区内异味较重。 3. 焚烧炉废气净化装置出口处排放的烟尘和部分重金属污染物浓度未能达到新标准(DB 31/767—2013)要求。 4. 企业未定期对土壤环境质量进行监测。 5. 企业的焚烧炉设施及危废贮存设施未设置卫生防护距离。企业在 2002 年建成工业混合垃圾焚烧炉项目并投产,当时未设置卫生防护距离,而位于企业主导风向上风向的翔泰苑于 2009 年才建成。目前企业的焚烧炉设施及危废贮存设施与周边敏感目标的最近距离为 150 m,存在一定的风险。根据同类项目的资料进行类比分析,企业与最近居民区的距离明显不能满足相关的防护距离要求。 上海真源废物处理有限公司: 1. 由于收集量不足,企业长期处于产能不饱和状态。 2. 企业将生产废水预处理后使用槽罐车运输送至上海星星肠衣有限公司污水处理站进行生化处理,不符合上海市环保局的相关环保管理要求。	上海星月环保服务有限公司: 1. 合理布局厂区内食堂等生活服务设施,注重对员工的劳动保护。 2. 对焚烧炉进料口进行密闭处理。 3. 进行专题研究,采取有效措施,以降低焚烧炉废气净化装置出口处的颗粒物和重金属浓度,2016 年 6 月 30 日前企业焚烧炉废气净化装置出口处排放的烟气能够满足 DB 31/767—2013 表 2 规定的大气污染物排放限值的要求。同时,除对焚烧设施的烟气进行连续监测外,还应对重金属类和二噁英类开展例行监测,重金属类的监测频率不少于每季一次,二噁英类的监测频率不少于每年两次。 4. 定期开展土壤环境质量监测,对《土壤环境质量标准》(GB 15618—1995)规定的项目及二噁英类指标进行测定,并上报环境主管部门备案。 5. 加强焚烧设施的运行控制,确保焚烧炉废气净化装置出口处的烟气能够稳定达标排放,同时加强突发环境污染事故的风险管理。企业如新建、改建、扩建危险废物处理处置工程或专业集中贮存场所,均应达到上海市环保局发布的《危险废物处理处置工程环境防护距离技术规范》表 1 中环境防护距离限值的要求。工业区也应加强对该企业的监管,同时建议工业区在后续产业结构和用地布局的优化调整过程中,优先考虑对该企业进行调整。 上海真源废物处理有限公司: 1. 仔细研究危险废物收集量不足,企业长期处于产能不饱和状态的问题。 2. 建议企业在厂区内自建污水处理设施对预处理后的生产废水进行生化处理后排入污水管网,或者通过专用管道输送至附近其他企业有处理能力的污水处理设施进行生化处理后排入污水管网。
绿化隔离带	工业区工业用地与周边居住区、区内配套居住区之间部分区域的绿化隔离带设置距离不够。	逐步完善工业区与周边居住区尤其是工业区西北角与春华苑之间的绿化隔离带建设,以减少工业区企业工艺废气排放对周边居住区的影响;加强工业区内部组团与配套居住组团如鑫都城居住区之间的绿化隔离带建设。
环境质量	1. 环境空气中,乙酸乙酯、非甲烷总烃占标率较高。 2. 地表水监测断面均未能达到Ⅳ类水质标准的要求,主要表现为氨氮、总磷超标,溶解氧未能达标。 3. 道路交通噪声超标严重。	1. 环境空气:加强企业工艺废气污染控制,加强 VOCs 污染控制,加强锅炉污染治理,加强建筑扬尘和道路扬尘控制,确保工业区内财政拨款单位黄标车全部淘汰。 2. 地表水环境:完善污水集中收集与处理;加强污废水纳管排放监管,规范排放口设置;加快推进与实施工业区企业节水管理、中水回用等废水减排工程;加强对河道的进一步整治和修复。 3. 声环境:逐步实施低噪声路面改造;对道路进行经常性维护,提高路面平整度;加强对固定噪声源的控制和夜间施工管理。

要点	环境问题和制约因素	解决方案
环境管理	1. 南郊别墅大气自动监测站的监测因子缺少 $PM_{2.5}$、VOCs。 2. 工业区环保投诉呈现逐年增多的趋势，主要以大气污染、餐饮业、噪声污染投诉为主，其中大气污染投诉尤为突出且逐年增加。 3. 工业区与上级环保主管部门、企业之间的环境信息传递机制不够完善。 4. 星月环保等企业尚未建立环境信息公开制度。 5. 部分企业如松井机械、新莘纺织机械、科双电子元件、皓世管道、屹尧仪器科技、力奇清洁设备、依州电子零部件、嘉邑机电等，因入区时间较早，环评手续不完善。 6. 工业区例行监测开展过程中缺少对地下水和土壤的环境质量监测。 7. 工业区内各企业的环境风险应急预案尚未在闵行区环保局进行备案。	1. 南郊别墅大气自动监测站增加 $PM_{2.5}$ 和 VOCs 的自动监测仪器设备，并将这两个因子作为监测项目进行日常监测。 2. 完善居住区与工业区间绿化隔离带建设，推进 VOCs 减排。 3. 完善工业区与上级环保主管部门、企业间的环境信息传递机制。 4. 星月环保应建立企业环境信息公开制度，向社会发布年度环境报告书，并在厂区明显位置设置显示屏，将炉温、烟气停留时间、烟气出口温度、一氧化碳等数据向社会公布，接受社会监督。 5. 松井机械、新莘纺织机械、科双电子元件、皓世管道、屹尧仪器科技、力奇清洁设备、依州电子零部件、嘉邑机电这 8 家企业应尽快补办环评手续。 6. 建议工业区委托具有监测资质和能力的监测机构定期对工业区环境空气、地表水环境、声环境、地下水环境、土壤环境进行监测。 7. 工业区内可能发生突发环境事件的企业应及时进行环境风险应急预案评估和备案。
总量控制	1. 工业区 2012 年 $NH_3 - N$ 的排放量和 2013 年 COD 的排放量未达到"十二五"末总量控制目标的要求。 2. 工业区尚未制定 VOCs 总量控制工作方案。	1. "十二五"期间，工业区内 6 家重点企业废水削减 10%；已建成成熟区的新、改、扩建项目严格按照"批项目、核总量"的审批要求执行，新、改、扩建项目的主要水污染物总量须在工业区范围内取得平衡。 2. 工业区应根据上海市环保局的减排工作进度，开展 VOCs 减排工作，建议工业区按照《上海市清洁空气行动计划(2013—2017)》的要求，针对 VOCs 排放量较大的企业，通过开展有针对性的有机废气污染治理，确保整个工业区的 VOCs 排放总量得到有效削减。

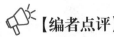【编者点评】

　　除了常规的水、气、声、固废、环境风险等以外，《报告书》还提出了针对环境保护目标的保护措施；另外，针对工业区发展现状特点，提出了保障工业企业场地再开发利用的环境安全管理要求。《报告书》根据以上跟踪评价结果，针对现状问题提出了规划调整和环境影响减缓措施的建议，做到"事事有回应，件件有着落，凡事有交代"，12.3 节成为整个跟踪评价报告书的核心和亮点内容，对工业区后续的环境管理给予了细致的指导方案。

13　环境管理、监测计划及跟踪评价

13.1　工业区环境监测计划改进方案

　　工业区工业污染源环境监测依托闵行区环境监测站开展。工业区环境监测主要针对环境质量开展例行监测，委托具有监测资质和能力的监测机构定期对工业区环境空气、地表水环境、声环境、地下水环境、土壤环境进行监测。本次评价根据工业区环境监测现状，结合新形势的环境监测要求，对工业区环境监测方案提出适当调整建议，具体如表 13.1 - 1 所示。

表 13.1－1　工业区环境监测计划改进方案

监测要素		监测点位	监测频次	监测因子
环境空气	例行监测	鑫泽阳光公寓、申富路春光路口、金都路726所内、元电路华锦路口、光华路华西路口共5个监测点	每半年一次	NO_x、TSP、铅、苯、甲苯、二甲苯、HCl、汞、NH_3、非甲烷总烃
	自动监测	南郊别墅	连续监测	SO_2、NO_2、CO、O_3、PM_{10}、$PM_{2.5}$、VOCs
地表水	例行监测	沙港进园区断面(北)、沙港进园区断面(南)、竹港(银都路)断面、竹港出园区断面(南)共4个断面	每月两次	水温、pH、DO、CODcr、高锰酸盐指数、BOD_5、氨氮、总氮、总磷、石油类、挥发酚、铅、六价铬、总铬、铜、锌
		六磊塘(沙港)断面、六磊塘(竹港)断面、春申塘(沪闵路)断面、横沙河(中春路)断面、邱泾港(申北路)断面、邱泾港(鑫都路)断面共6个监测断面	每月一次	
声环境	例行监测	鑫都城宝铭苑、申北路8号、莘庄工业区管委会、原建筑公司办公楼、春辉新村、光华路华西路交叉口、726研究所、固安捷共8个监测点	每半年一次	等效连续A声级
地下水	例行监测	南郊别墅、奥特斯、申沃客车、芬美意、中航光电子、三菱电机、鑫泽阳光公寓、华旭玻尔、汇众萨克斯、颛群金属喷涂共10个监测点 若上海市有关工业园区地下水评估技术要求的文件发布,则地下水环境质量监测按照文件要求执行	夏、冬季各一次	水位、pH、总硬度、溶解性总固体、砷、汞、铜、铅、锌、镉、六价铬、镍、氯化物、氟化物、氨氮、挥发酚、高锰酸盐指数、甲苯、二甲苯
土壤	例行监测	南郊别墅、奥特斯、申沃客车、芬美意、中航光电子、三菱电机、鑫泽阳光公寓、正帆科技共8个监测点	夏、冬季各一次	pH、砷、镉、铬、铜、汞、镍、铅、锌、甲苯、二甲苯
工业污染源		工业区工业污染物达标排放由闵行区环境监测站进行监督性监测,区内主要污染企业不少于1次/年,重点企业需要加大监测频次;此外,工业区主要污染企业应继续委托有监测资质和能力的监测机构对达标排放情况进行监测,工业区新改扩建项目排放特征污染物的应开展环境本底值监测		
应急监测		由上海市环境保护局和闵行区环境保护局负责应急监测		

13.2　跟踪评价要求

为及时掌握工业区区域环境质量变化和环境影响状况,应在不同的发展阶段,根据资源环境承载力的变化情况和区域环境保护管理的需求,以及环境影响减缓措施、循环经济建设、节能减排、污染物总量控制的实施情况等,制定新时期工业区环境保护管理与建设的具体措施,并进行环境影响评价。莘庄工业区应按照生态环境部和上海市的要求,定期对工业区进行跟踪评价,每五年开展一次。本轮跟踪评价开展五年后,工业区应组织开展下一轮跟踪评价,及时了解工业区开发建设过程中区域环境质量变化情况,并对规划环评和上一轮跟踪评价中提出的减缓措施是否得到有效贯彻落实进行评价,总结经验和教训,为区域下一轮开发建设提出环境优化建议和措施。

13.3　对建设项目环评内容简化的建议

对上海市莘庄工业区内符合规划布局的具体建设项目在编环境影响报告书(表)时,应重点做好建设项目污染防治措施的可行性、产业政策和规划的符合性分析以及环保投资估算,同时应利用本次跟踪评价的资料,结合实际情况分析已有监测资料的时效性,确定是直接采用还是补充监测个别点位或项目,简化现场监测和现状评价的内容。

鉴于工业区已建成并正常运行南郊别墅环境空气质量自动监测站,且已对五项常规监测因子进行日常监测,建议后续入区建设项目的环境影响评价,可由工业区直接提供实测数据,简化环境空气质量常规因子的监测工作。

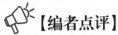

【编者点评】

《报告书》明确工业区污染源环境监测依托闵行区环境监测站开展。结合现行管理要求来看,污染源监测的主体是建设单位,不应该反映在工业区的例行监测中。工业区环境监测应主要针对环境质量开展,且应要求工业区预留这部分环境管理费用,确保相应的环境监测能够持续开展。

14 总结论

对照原环评及其批复的要求,本次环境影响跟踪评价采用实地勘查、走访调查、现状监测、数据对比及类比分析、预测等方式对上海市莘庄工业区的开发强度、产业布局、环保基础设施建设、环境质量变化、环境管理、环境风险和公众参与等方面的内容进行了全面的回顾性分析与评价,形成了以下结论:

上海市莘庄工业区以原规划、环评及其批复为依据,大力发展电子信息、机械装备及汽车零部件、新材料及精细化工三大主导产业,并已形成平板显示产业基地、航天研发中心两大产业高地,工业区现产业与规划产业导向没有冲突,产业布局总体合理,但局部仍需要调整,各项环境保护措施执行情况较好。本次跟踪评价就工业区存在的环境问题及制约因素进行了分析,并提出了规划调整建议和进一步的环境影响减缓措施。工业区在切实落实提出的整改建议和要求,强化环境管理体制的基础上,可以实现工业区建设和环境保护的协调发展,促进区域经济的可持续发展。

【报告书技术评审意见】

报告书对莘庄工业区自上一轮区域环评以来的规划实施情况进行了全面而详尽的回顾,分析了工业区产业发展、资源能源利用、污染控制及污染物排放、基础设施建设及运行、区域环境质量、区域环境管理和风险控制方面的实际情况和存在的问题,比较分析了原区域环评的预测结论与实际情况的异同,评估了原区域环评及其批复提出的预防或减轻不良环境影响对策措施的有效性。在此基础上按最新的规划、标准、产业政策、节能减排要求,分析了工业区至2020年的环境发展趋势,提出了合理的工业区总量控制建议,论证了工业区规划实际落实情况的环境合理性,进而针对现状存在的六个主要环境问题,提出了规划调整建议、减轻不良环境影响的对策措施和环境管理要求。报告书对莘庄工业区发展过程和现状(以2012年为表征)的调查较全面,描述清楚,基础资料比较翔实,将上海市对产业园区环境管理的新要求反映得较充分。报告书对跟踪评价的理解准确,指导思想明确,工作重点突出,评价内容全面,采用的技术路线与方法适当,环境影响预测分析结果基本合理,评价结论总体可信。

审查认为,报告书还需做如下补充和修改。

一、工业区规划概述及规划分析

1. 补充说明《上海市莘庄工业区总体规划》(2002年)与《闵行区闵行新城 MHC10501 单元控制性详细规划》的协调性。补充莘庄工业区与上海张江国家自主创新示范区的相容性分析。进一步补充完善《上海市莘庄工业区总体规划》(2002年)与这一地区其他相关规划的协调性分析。

2. 列表说明不同规划阶段的土地利用类型、产业定位、基础设施布局、环境保护目标等变化情况。

3. 细化生产性服务业所包含的行业和产业类型,识别可能产生的环境问题和对应的环境指标;细化规划调整后生态绿化用地变化情况;说明莘庄工业区与向阳工业园区的关系,简述向阳工业园区的规划概况。

4．进一步完善工业区与上海市环境功能区划的协调性分析。

二、工业区开发回顾及资源环境制约因素分析

（一）工业区产业发展回顾及现状分析

进一步完善入区企业归类，并在此基础上梳理工业区内产业定位明显不相容的企业名单。

（二）工业区资源能源消耗、排污情况回顾及现状分析

1．补充已批待建项目清单；核实上海巴斯夫涂料、上海造漆厂、DIC油墨等企业的VOCs排放情况，完善工业区VOCs排污企业清单；补充莘庄供热站的废气在线监测数据达标率，收集上海星月环保服务有限公司废气（尤其是二噁英）的历年环保监测数据及进行达标情况分析。

2．进一步梳理工业区内涉重企业及其排污情况。

3．补充安装废水在线监测设备的企业数量、监测因子和达标情况分析。

4．结合居民信访投诉情况，进一步梳理企业噪声污染扰民情况。

（三）工业区基础设施配套及运行情况分析

1．补充上海星月环保服务有限公司、上海真源废物处理有限公司对园区内企业危废的收集处置情况。

2．补充分析工业区内企业的危险废物收集、转移、处置体系的实际情况，作出评估并提出优化建议。

（四）区域环境敏感因素现状分析

1．工业区南边界紧邻黄浦江上游饮用水准水源保护区，报告书在分析规划环境影响敏感目标、描述规划区域的水文水系概况时应补充这一重要边界约束条件。

2．结合风险评价范围，完善识别敏感目标，敏感目标归并应合理。补充区内敏感目标所处方位，明确敏感目标所属辖区。

（五）区域环境质量回顾及现状分析

1．补充现状评价因子筛选说明。复核正己烷、非甲烷总烃、臭气浓度的环境质量标准及现状评价结果。核实苯、二甲苯监测结果大幅下降的原因。说明臭气浓度监测点的布局合理性。核实二氧化硫、氮氧化物日均值的数据有效性。TVOC不适用于环境空气质量和污染源评价。

2．补充在工业区内尚待开发的工业用地区域（金都路以南、北竹港以西、颛兴路以北、北沙港以东）的大气、地下水和土壤环境质量现状的资料。

3．补充工业区内最主要的地表水六磊塘环境质量现状的资料。工业区内的居民聚居区主要分布在北庙泾两侧，应补充北庙泾环境质量现状的资料。

4．进一步充实工业区生态环境现状的调查资料。

5．核实工业区交通道口处的声环境现状监测数据。

6．进一步完善地下水现状评价。说明土壤中铜超标的原因；建议结合砷和铬排污企业的分布，进一步分析土壤中砷和铬浓度增长的原因。

（六）工业区环境风险回顾

1．核实上海巴斯夫涂料、上海造漆厂、DIC油墨等企业的危化品使用情况，复核工业区使用危险化学品的企业清单。

2．说明现有风险源对周边环境是否存在制约因素。明确工业区企业环境风险应急预案备案情况。

（七）工业区环境管理现状

1．明确工业区内重点企业环境监测计划执行情况。

2．明确2012年环保投诉及信访的具体内容及处理情况。

（八）现存环境问题及资源环境制约因素

进一步明确莘庄工业区厂群矛盾多发和易发点，分析污染来源并提出改进措施。

三、区域环境趋势分析和总量控制

1. 补充对莘庄工业区西部 2.02 km² 待开发地块重点发展生产性服务业的规划合理性分析,分析规划实施可能产生的污染影响;提出项目的准入条件。

2. 结合环境质量现状评价结果,补充资源环境承载能力分析。

3. 大气总量控制应包括 VOCs。

四、公众参与

1. 结合敏感目标识别情况,完善公众参与,曾经出现信访投诉以及靠近工业区边界的敏感目标应全覆盖。

2. 补充说明"在基层组织宣传栏中进行信息公告"的具体情况。复核敏感目标问卷发放量。

3. 公众意见征求表和机构意见征求表中调查问题的设计,应根据两者的差异而各具针对性。

五、规划的环境合理性综合论证

1. 规划指标体系宜进一步筛选。评价指标应能充分反映政府对节能减排的刚性要求,同时应能反映报告书提出的规划优化调整建议和减缓不良环境影响的相关要求。

2. 报告书关于工业区产业规模的环境合理性分析缺乏针对性,建议进一步充实。

3. 分析工业区引入生物制药行业的合理性。

4. 应按项目设置的评价指标体系对规划的合理性进行评价,并在此基础上进行 SWOT 分析。

六、规划调整建议和环境影响减缓措施

1. 细化新引进项目的环境准入条件与要求。

2. 细化能耗、水耗超标企业的整改要求。

3. 加强对大气 VOCs 减排和异味扰民环境影响治理的力度,进一步梳理无组织排放源,开展有针对性的有机废气污染治理。

4. 上海星月环保服务有限公司危废焚烧排放的二噁英等污染物具有累积效应,根据星月环保所在地块的规划情况和周边地区土地利用现状及规划的实际情况,报告书应提出对星月环保服务有限公司的规划处置建议。

5. 补充规划实施单位对报告书提出的诸如规划工业用地和居住用地调整、企业或居民点动拆迁、完善居住区与工业用地之间绿化隔离带建设等建议的采纳情况。

6. 建议工业区内企业之间废水综合利用,以降低工业区总体纳管废水量。

7. 建议对工业区南部(近淮水源保护区边界)企业的地下水污染综合防治措施和管理提出要求。

七、环境管理、监测计划及跟踪评价

1. 环境空气监测因子应增加氨、汞、非甲烷总烃、氯化氢、$PM_{2.5}$ 等,进一步论证南郊别墅自动监测站增加 VOCs 和 $PM_{2.5}$ 的必要性。

2. 地表水监测因子应增加铬。提高对出、入区断面的监测频次。

3. 增加地下水长期监测井的数量,并复核检测季节和频次的合理性。

4. 当土地变更用途时,应按照相关要求开展场地评估。

5. 对规划所包含的具体建设项目的环境影响评价工作提出应重点评价的内容和可适当简化内容的建议。

八、其他

1. 根据国务院《规划环境影响评价条例》第四章对跟踪评价工作内容的具体要求,进一步完善跟踪评价工作程序图。

2. 补充鉴于上海城建坐标系统的图件。

【报告书行政审查意见】

依据报告书,上海市环境保护局于 2014 年 8 月 13 日出具《关于上海市莘庄工业区跟踪环境影响报告书审查意见的复函》(沪环保评〔2014〕331 号),具体内容如下:

一、莘庄工业区(以下简称"工业区")位于闵行区西南部,是上海市人民政府 1995 年批准设立的市级工业区,工业区于 2008 年开展了区域环境影响评价并报我局审查(沪环保许管〔2008〕251 号),按照国家和本市工作要求,现开展跟踪评价。

本次工业区跟踪评价范围为东至横沥港—光华路—邱泾港—横沙河—沪闵路,南至北松公路—竹港—元江路,西至北沙港,北至松闵区界—银都路,规划总用地面积 16.97 km²,重点发展光电子显示(形成光显平板产业链基地)、微电子通信、航天研发及装备制造、机械及汽车零部件、新材料及精细化工等产业,其中 2.02 km² 未开发土地,今后将规划为生产性服务业集聚区。

二、你单位委托南京大学环境规划设计研究院有限公司编制了报告书。我局委托上海市环境科学研究院对报告书进行技术评估。

三、工业区的主要环境保护目标:环境空气质量达到《环境空气质量标准》(GB 3095—2012)二级标准;地表水环境质量达到《地表水环境质量标准》(GB 3838—2002)Ⅳ类标准;工业用地区域声环境质量达到《声环境质量标准》(GB 3096—2008)3 类功能区标准,其他区域声环境质量达到《声环境质量标准》(GB 3096—2008)2 类功能区标准(交通干线两侧区域执行 4a 类标准);地下水环境质量达到《地下水质量标准》(GB/T 14848—93)Ⅳ类标准;土壤环境质量达到《土壤环境质量标准》(GB 15618—1995)二级标准,并参照执行《展览会用地土壤环境质量评价标准(暂行)》(HJ 350—2007)相应标准。

四、根据《报告书》及技术评估的意见,莘庄工业区在近年的发展过程中,基本落实了 2008 年区域环境影响评价报告书中提出的减缓不良环境影响的对策措施。但是,工业区内电子信息产业及其配套企业的能耗、水耗、污染物排放强度较高,节能减排压力较大;部分区块空间布局不尽合理,工业与居住区混杂;挥发性有机污染物控制力度不够,环境质量有待进一步提高。为进一步做好莘庄工业区的环境保护工作,根据本次跟踪评价的结论和建议,工业区在今后的规划实施过程应中应重点做好以下工作:

(一)进一步优化空间布局和功能定位。工业区应按照相关规划,采取有效措施对工业区内企业与居住区的布局进行优化和调整,工业用地内不得新建居民住宅、学校、医院、养老院等环境敏感建筑,落实工业用地与居住区之间的绿化隔离带建设,避免工业发展对居住区造成不良影响。应统筹考虑工业区内现有食品加工企业、危险废物处置企业的空间布局合理性,并优先考虑实施调整和搬迁。大力推进"腾笼换鸟"工程,通过关、停、并、转、迁等措施,加大对区内产能落后、分布凌乱、高污染的企业的集中整治力度,推进工业区内老经济小区、园中园的改造和整治。

(二)加快实施产业结构调整和升级。应按照工业区的产业导向、功能定位和环境保护目标进行开发建设,在进一步壮大主导产业的基础上,大力发展生产性服务业。及时制定和调整产业准入和淘汰目录,从资源消耗、排放指标、总量控制和循环经济等环保角度,严格入区项目的环境准入。严格控制现有精细化工产业的规模,今后精细化工产业的发展应以研发为主,不再引进规模化精细化工生产项目。严格控制生物制药行业的发展规模,禁止引入Ⅲ级、Ⅳ级疫苗的生产和研发,实验动物标准化养殖及动物实验服务等项目。

(三)围绕重大项目扎实推进节能减排。华电"热电冷"三联供项目投运后,关停现有燃煤集中供热站并按计划淘汰工业区燃煤锅炉及其他小锅炉,2015 年底建成"基本无燃煤区"。

应采取中水回用、工艺改造、节水管理等措施控制和减少工业区内现有电子信息产业及其配套企业的资源消耗及污染排放。结合重点行业挥发性有机污染物 VOCs 的污染控制,对工业区现有企业开展 VOCs 综合治理工作,加强日常监测、监督管理和预防控制。

(四)完善工业区环境基础设施。推广使用集中供能,区域内的建设项目应燃用清洁能源;实行雨污水分流制,各类污废水全部收集进入城市污水处理系统;应加强区域河道的综合整治,改善地表水系水质,使区域水环境得到长效保护;建立完善生活垃圾以及其他固体废物收集、运输、处理处置系统,防止产生二次污染。

(五)高度重视产业转型过程中产生的环境问题。工业用地转型为非工业用地,在具体项目实施前应进行土壤环境评估,对未达到功能要求的地块应进行必要的修复或使用功能的优化调整。

应重视区域内企业关停和搬迁过程中的环境问题,制定生产设施、储罐、管线等拆除清理方案和应急预案,杜绝污染事故,防范环境风险。工业区南部企业应加强地下水污染防治,避免对黄浦江上游饮用水准水源保护区造成污染。

(六)推进工业区循环经济建设。鼓励区内企业开展清洁生产,优先引进有利于完善工业区产业链、优化工业区产业结构、提高工业区资源能源利用水平的项目。按照生态工业园区的要求,开展工业区生态管理,促进区域协调、可持续发展。

(七)建立健全区域风险防范体系。提高环境风险意识,落实《上海市莘庄工业区突发环境事件应急预案》,强化应急保障能力建设,构建一体化应急管理体系及信息平台,形成应急联动响应机制。

(八)严格落实污染物总量控制要求。到"十二五"期末(即 2015 年),工业区工业源化学需氧量(COD)、氨氮(NH_3-N)、二氧化硫(SO_2)、氮氧化物(NO_x)总量分别控制在 272.6 t、103.7 t、294.1 t 和 331.0 t 以内,"十三五"期间的总量控制按照本市相关规定执行。严格落实《上海市清洁空气行动计划(2013—2017)》相关要求,采取有效措施控制和削减工业源 VOCs 排放总量。

(九)落实建设项目环境影响评价和"三同时"制度。区域内具体建设项目应执行国家和本市环保法规、标准和政策,严格实行环境影响评价和"三同时"制度。对规划中所包含的近期(一般为五年内)建设项目,在开展环境影响评价时,区域现状评价内容可以结合实际情况适当简化,对项目实施可能产生的环境影响进行重点评价。工业区内不涉及环境敏感目标(居民住宅、学校、医院、养老院等)的道路,其环评形式可简化为报告表。

(十)落实环境管理、日常监测、跟踪评价的要求。工业区应建立健全环境管理队伍和能力建设,强化日常环境监管,完善环境信息公开,建立工业区环境保护信息化系统。按照《报告书》建议,现有工业区大气自动监测站应增加细颗粒物 $PM_{2.5}$ 和 VOCs 两个日常监测因子。落实工业区日常环境监测计划。在规划实施过程中,应每隔五年进行一次环境影响跟踪评价。

五、请闵行区环保局按照本次跟踪评价的意见和建议,加强对莘庄工业区的环境管理,强化对工业区内主要生产企业的日常监管,督促区域内危险废物经营许可单位落实整改工作,支持工业区继续加强环境管理能力和环境基础设施建设,促进莘庄工业区的可持续发展。